国家出版基金项目
NATIONAL PUBLICATION FOUNDATION

现代农业高新技术成果丛书

繁殖母牛饲养管理技术

Beef Cows Feeding and Management Techniques

莫 放 李 强 主 编
田见晖 曹兵海 黄 洁 副主编

中国农业大学出版社
·北京·

内容简介

饲养繁殖母牛的收益不高且风险较大，这是我国肉牛生产发展的软肋，带犊母牛养殖经济效益低，是制约肉牛业发展的关键。本书突出全舍饲养能繁母牛的饲养管理技术，包括能繁母牛养殖规模与效益分析、我国的饲料资源（青绿饲料的利用）、母牛的营养需要及其日粮加工配合原则、肉牛产业良种繁殖（品种改良，杂交优势应用）、繁殖技术与繁殖管理、牛舍的建设、能繁母牛（空怀、妊娠、哺乳母牛）的饲养管理、犊牛饲养管理、后备母牛的培育、吊架子期幼牛的饲养管理、犊牛直线育肥技术、母牛和犊牛常见病的综合防控和治疗技术。

本书内容丰富，图文并茂，文字通俗易懂，科学，可操作性强，适合肉牛养殖专业户、养牛场各类人员和畜牧兽医工作者参考阅读，同时亦可作为相关农业院校师生的参考用书。

图书在版编目(CIP)数据

繁殖母牛饲养管理技术/莫放，李强主编. —北京：中国农业大学出版社，2011.3(2023.5 重印)

ISBN 978-7-5655-0214-9

Ⅰ.①繁…　Ⅱ.①莫…　②李…　Ⅲ.①母牛-家畜育种　②母牛-饲养管理　Ⅳ.①S823

中国版本图书馆 CIP 数据核字(2011)第 014853 号

书　　名　繁殖母牛饲养管理技术

Fanzhi Muniu Siyang Guanli Jishu

作　　者　莫　放　李　强　主编

策划编辑　张　程　潘晓丽　　**责任编辑**　潘晓丽　赵　欢

封面设计　郑　川　李尘工作室　　**责任校对**　王晓凤　陈　莹

出版发行　中国农业大学出版社

社　　址　北京市海淀区圆明园西路 2 号　　**邮政编码**　100193

电　　话　发行部 010-62731190，2620　　读者服务部 010-62732336

编辑部 010-62732617，2618　　出　版　部 010-62733440

网　　址　http://www.cau.edu.cn/caup　　**e-mail**　cbsszs@cau.edu.cn

经　　销　新华书店

印　　刷　涿州市星河印刷有限公司

版　　次　2011 年 3 月第 1 版　　2023 年 5 月第 4 次印刷

规　　格　185 mm×260 mm　　16 开本　　18.5 印张　　453 千字

定　　价　68.00 元

现代农业高新技术成果丛书
编审指导委员会

编 写 人 员

（姓名顺序按汉语拼音排列）

中国农业大学动物营养学国家重点实验室

曹兵海　陈俊阳　黄　洁　刘继军　莫　放　申跃宇

田见晖　王雅春　杨红建　张　微　张晓明　赵广永

国家肉牛产业技术体系营养饲料功能研究室　姜　军　王消消

甘肃省张掖市甘州区畜牧兽医局　张生魁

国家肉牛产业技术体系张掖综合试验站　朱跃明

甘肃省张掖市甘州区动物疫病控制中心　李　强

甘肃省张掖市甘州区畜牧兽医局甘浚镇畜牧兽医站

雒自全　马志鹏　谈　飞　邢鹏飞　赵德兵

宁夏回族自治区畜牧工作站　罗晓瑜

本书大部分内容源自公益性行业（农业）科研专项（nyhyzx07-035）研究成果。

出版说明

瞄准世界农业科技前沿，围绕我国农业发展需求，努力突破关键核心技术，提升我国农业科研实力，加快现代农业发展，是胡锦涛总书记在 2009 年五四青年节视察中国农业大学时向广大农业科技工作者提出的要求。党和国家一贯高度重视农业领域科技创新和基础理论研究，特别是 863 计划和 973 计划实施以来，农业科技投入大幅增长。国家科技支撑计划、863 计划和 973 计划等主体科技计划向农业领域倾斜，极大地促进了农业科技创新发展和现代农业科技进步。

中国农业大学出版社以 973 计划、863 计划和科技支撑计划中农业领域重大研究项目成果为主体，以服务我国农业产业提升的重大需求为目标，在"国家重大出版工程"项目基础上，筛选确定了农业生物技术、良种培育、丰产栽培、疫病防治、防灾减灾、农业资源利用和农业信息化等领域 50 个重大科技创新成果，作为"现代农业高新技术成果丛书"项目申报了 2009 年度国家出版基金项目，经国家出版基金管理委员会审批立项。

国家出版基金是我国继自然科学基金、哲学社会科学基金之后设立的第三大基金项目。国家出版基金由国家设立、国家主导，资助体现国家意志、传承中华文明、促进文化繁荣、提高文化软实力的国家级重大项目；受助项目应能够发挥示范引导作用，为国家、为当代、为子孙后代创造先进文化；受助项目应能够成为站在时代前沿、弘扬民族文化、体现国家水准、传之久远的国家级精品力作。

为确保"现代农业高新技术成果丛书"编写出版质量，在教育部、农业部和中国农业大学的指导和支持下，成立了以石元春院士为主任的编审指导委员会；出版社成立了以社长为组长的项目协调组并专门设立了项目运行管理办公室。

"现代农业高新技术成果丛书"始于"十一五"，跨入"十二五"，是中国农业大学出版社"十二五"开局的献礼之作，她的立项和出版标志着我社学术出版进入了一个新的高度，各项工作迈上了新的台阶。出版社将以此为新的起点，为我国现代农业的发展，为出版文化事业的繁荣做出新的更大贡献。

中国农业大学出版社

2010 年 12 月

前　言

肉用家畜生产中，肉畜既是生产对象也是生产产品，生产对象的多寡良莠决定产品的数量和质量。肉牛业发展的前提和基础在于繁殖母牛的多少和质量，母牛是肉牛产业发展的基础。

自 20 世纪 80 年代以来，我国的肉牛养殖已经发生了两个重大转变。一是肉牛的养殖发生了地域性的战略转移，由原来集中在牧区养殖出栏肉牛，向农副产品丰富的农区集中饲养与育肥肉牛出栏的转变；二是我国的牛肉生产实现了从传统的以役用为主向以肉用为主的商品生产方式的根本性转变。这些转变不论是对养殖户的脱贫致富还是对我国肉牛的发展都起到了里程碑的作用。由于以上转变的出现，也促使我国农区出现了肉牛带犊繁育、架子牛异地育肥以及公司＋农户等多种适合于农区肉牛育肥的生产模式。

2010 年我国牛存栏数和产肉量相比 2009 年稳中有降，预测实际存栏不足 8 000 万头，其中母牛不足 3 500 万头；母牛养殖以分散为主，母牛养殖经济效益处于微利状态，能繁母牛的不足影响肉牛养殖产业安全，牛源供应紧缺将长期困扰我国肉牛产业的发展。虽然我国已成为牛肉年产量仅次于美国和巴西的第三大牛肉生产国，但是，我国的肉牛生产不论是从品种上，还是从养殖者的技术水平和科学性上，还需要较长的时间去努力改变和提高。本书根据公益性行业（农业）科研专项子课题（西部肉牛母牛带犊体系研究及其最佳效益模式建立与推广，编号：nyhyzx07-035-09）的研究要求（建立以经济效益和生长指标为主要衡量标准的优质、高档母牛带犊养殖技术体系，制定母牛带犊养殖的技术规程，以便于示范和管理），结合项目研究的结果和我国肉牛生产体系—母牛带犊体系的母牛饲养管理实用技术，系统介绍了引进肉牛品种的利用、繁殖管理、牛舍建设、能繁母牛的饲养管理、能繁母牛疾病防治等内容，力求理论与实践相结合，内容尽量概括养牛所涉及的相关知识，旨在提高肉牛饲养管理、品种改良、防治疾病技术，普及科学养牛知识，促进肉牛养殖业健康有序地发展。

编者对所有被引用资料的作者（有些资料未注明作者）表示由衷的感谢！由于现代科技的发展日新月异，资料收集难于全面，再加上编者水平有限，对于本书中的错误和不足之处，欢迎广大前辈与同行予以指正！

编　者

2010 年 12 月

目　录

第1章

我国肉牛养殖的机遇与挑战

肉牛产业化是由良种提供、饲养管理、饲料加工、疫病防治、屠宰加工、销售及信息服务各方面组成的有机整体，各环节互相独立，又联合作用于肉牛产业化，推动产业化的发展。

牛是一种多用途的家畜，既能产奶、产肉，又可给农业生产提供役力和优质粪肥。牛能充分利用各种青粗饲料和农副产品，发展养牛业，利用作物秸秆，过腹还田，不但具有十分显著的经济效益，而且还具有良好的社会效益和生态效益，同时也是农牧户致富的途径之一。养牛已经成为我国一些地区农村经济的主导产业。

1.1 繁殖母牛饲养在肉牛产业中的地位

肉用家畜生产中，肉畜既是生产对象也是生产产品，显然生产对象的多寡良莠决定产品的数量和质量。肉牛业发展的前提和基础在于繁殖母牛的数量多少。

能繁母牛是我国畜牧业统计的词语，指已经达到生殖年龄(18 月龄以上的母牛)、有生殖能力的母牛，不论是否配种受胎，均应算作能繁殖的母牛。能繁母牛也称基础母牛。

肉牛业的发展是一个包括能繁母牛、犊牛、架子牛、育肥牛饲养，屠宰加工，贮运以及市场销售等许多相关环节的综合体系。在这一生产体系中，牛源供应的数量和质量，直接关系到整个肉牛业的兴衰。其中，决定牛源数量和质量的主要因素是母牛的数量和生产性能。

2008 年我国已成为仅次于美国和巴西，位居世界第三的牛肉生产国；同时，中国的牛肉消费量也呈上升趋势，现居全球第四位。牛肉已成为我们消费的主要肉类食品，以我国人均每年牛肉消费量 6 kg，人口按照 12.5 亿计算，国内每年牛肉需求量是 750 万 t 以上；而这一数值与发达国家的人均牛肉消费量为 50 kg/年，世界平均水平为 10 kg/年相比，我国牛肉的需求量仍然有比较大的上升空间。

发展肉牛业，提高草食家畜比重，有利于合理调整农业生产结构，发展农业循环经济，有利于保障国家食物安全，有利于促进农牧民养殖增收，为发挥区域比较优势和资源优势，加快优势区域肉牛产业的发展和壮大，构筑现代肉牛生产体系，进一步提高牛肉产品市场供应保障能力和国际市场竞争力。

肉牛饲养直接促进了农户收入增加，在肉牛主产区，饲养肉牛的家庭收入要高于未饲养肉牛的家庭。农民家庭通过饲养肉牛可直接获得较大的经济收益已经成为中国肉牛业快速发展的主要原因。根据对我国两大肉牛养殖带的入户调查资料计算，农户每养 1 头肉牛的净收入为 300～600 元，这对促进农民增收有着实在的效果。

肉牛生产的发展也促进了相关产业的发展，比如促进了饲料业、肉食品加工业、制药业、蘑菇养殖业以及皮革业的发展。我国最大的两家皮革加工企业就建立在两个最大的肉牛养殖带之中，这也说明这些相关产业的持续增长是与肉牛养殖业的持续增长息息相关的。

1.2 肉牛产业化经营是实现我国肉牛生产现代化的必由之路

肉牛产业化经营是以市场为导向，以经济效益为中心，以科技为动力，以龙头企业为载体，以基地为依托，以农、牧户为基础，以社会化服务为纽带，通过利益吸引，使牧、工、商、技组成风险共担、利益均沾的经济共同体。围绕肉牛产品实行区域化布局、专业化生产、社会化服务、企业化管理，建立农工贸一体化经营，产加销、农科教紧密结合的一条龙生产体系。我国肉牛产业经过改革开放 30 多年的发展，尤其是 1992 年以后，不足 20 年的时间，肉牛养殖得到长足的发展，肉牛产业化生产已初步形成。

1.2.1 肉牛养殖区域发展特征明显

我国的牛肉生产具有明显的区域分布和动态变化特征。从生产体系看，北部牧区主要依赖草场放牧生产架子牛，通过易地育肥减少牧区越冬牛群的数量，提高资源利用效率。农区的生产体系主要是通过利用农作物秸秆以及农户进行小规模分散饲养和中小规模育肥场的集中育肥。我国肉牛生产分布于 4 个主产区，即中原肉牛带、东北肉牛带、西南肉牛带和西北肉牛带。肉牛业发展最为迅速的是北至黄河、南至大别山、桐柏山的中原肉牛带(包括河南、河北、山东、安徽、山西、陕西、江苏和湖北省)，其中河南、山东、安徽、河北 4 省在肉牛生产中具有举足轻重的地位；东北肉牛带(包括内蒙古、河北北部、辽宁、吉林和黑龙江)发展较快，出栏率和平均胴体重均较高；西北肉牛带(陕西、甘肃、宁夏、新疆、青海)饲料资源丰富，有很大的发展潜力；西南肉牛带(包括四川、云南、贵州和广西 4 省区)的牛数众多，体型小，可利用山草坡地面积广阔，增产潜力可观。

为发挥区域比较优势和资源优势，加快优势区域肉牛产业的发展和壮大，构筑现代肉牛生产体系，进一步提高牛肉产品市场供应保障能力和国际市场竞争力，国家农业部 2009 年 1 月 24 日印发全国肉牛优势区域布局规划(2008—2015 年)，有 207 个县市区列在肉牛优势区域规划分区内，见表 1.1。目的是健全优质肉牛良种繁育体系，完善肉牛标准化饲养技术体系，建立优质安全饲草料供应体系，构筑和完善肉牛产业链体系，以加大投入和政策扶持力度，促进养牛业稳定发展，建立比较完善的产业预警机制，增强肉牛业抗风险能力，积极推进健康养殖，努力提高牛肉的质量和安全水平。

表 1.1　全国肉牛优势区域规划分区情况表(共 207 个县市)

优势区	省份	县数	县市区名称
中原优势区(51 个县市)	河　北	6	故城县、景县、无极县、南皮县、武邑县、盐山县
	安　徽	4	怀远县、临泉县、五河县、颍上县
	山　东	14	曹县、高唐县、惠民县、济阳县、嘉祥县、乐陵市、陵县、牡丹区、平阴县、齐河县、商河县、阳信县、禹城市、章丘市
	河　南	27	邓州市、方城县、扶沟县、淮阳县、鹿邑县、洛宁县、泌阳县、内乡县、平舆县、确山县、汝州市、商水县、社旗县、睢阳区、唐河县、宛城区、西华县、夏邑县、襄城县、新蔡县、新野县、鄢陵县、叶县、伊川县、永城市、虞城县、柘城县
东北优势区(60 个县市)	辽　宁	15	本溪县、桓仁县、朝阳县、喀左县、法库县、新宾县、阜新县、康平县、普兰店市、昌图县、开原县、铁岭县、西丰县、瓦房店市、新民市
	吉　林	16	德惠市、东丰县、东辽县、扶余县、公主岭市、桦甸市、蛟河市、九台市、梨树县、农安县、舒兰市、双辽市、通化县、通榆县、伊通县、榆树市
	黑龙江	17	阿城区、拜泉县、宝清县、北林区、宾县、勃利县、海伦市、集贤县、克山县、龙江县、穆棱市、讷河市、尚志市、双城市、望奎县、依安县、肇东市
	内蒙古	7	阿鲁科尔沁旗、多伦县、科左后旗、科左中旗、西乌旗、扎鲁特旗、正蓝旗
	河　北	5	丰宁县、康保县、隆化县、围场县、张北县
西北优势区(29 个县市)	陕　西	2	凤翔县、临渭区
	甘　肃	9	甘州区、泾川县、崆峒区、凉州区、灵台县、碌曲县、玛曲县、宁县、夏河县
	宁　夏	2	彭阳县、原州区
	新　疆	16	阿克苏市、阿克陶县、阿勒泰市、布尔津县、莎车县、疏附县、叶城县、奇台县、沙湾县、托里县、新源县、尼勒克县、巩留县、伊宁县、昭苏县、兵团农四师
西南优势区(67 个县市)	四　川	5	巴州区、古蔺县、南江县、平昌县、叙永县
	重　庆	3	丰都县、彭水县、石柱县
	云　南	35	昌宁县、楚雄市、大姚县、凤庆县、富宁县、广南县、会泽县、景东县、隆阳区、泸西县、禄劝县、麻栗坡县、勐海县、弥勒县、南华县、南涧县、丘北县、师宗县、双柏县、腾冲县、巍山县、新平县、宣威市、寻甸县、砚山县、漾濞县、彝良县、永德县、永平县、玉龙县、元阳县、云龙区、云县、镇雄县、镇沅县
	贵　州	9	毕节市、黎平县、纳雍县、盘县、思南县、镇宁县、织金县、遵义县、大方县
	广　西	15	八步区、桂平市、环江县、靖西县、柳江县、鹿寨县、融水县、三江县、武鸣县、武宣县、象州县、忻城县、兴宾区、宜州市、钟山县

1.2.2　发展速度快，但水平不高仍然是我国肉牛业发展的主要矛盾

其主要表现在牛的生产周期长，出栏率低，出栏牛的屠宰体重小，个体产肉量少。我国肉牛的生产方式主要是架子牛异(易)地育肥。我国目前农牧区肉牛生产的主要模式是小规模，大群体，以家庭成员为主，从牛的购入、育肥、出售以及棚舍建筑、资金筹措等均为一户负责，自负盈亏。牧区、农牧结合区、农区利用各自优势，如牧区、山区地域宽广，利用草原和山草坡地种草，适宜饲养母牛及小架子牛，建立能繁母牛基地，解决异地育肥的牛源问题；广大农区粗饲料如作物秸秆丰富，也是稳固的母牛及小架子牛养殖基地；在城镇郊区、交通方便的农牧区进行肉牛异地育肥；以城镇郊区的牲畜交易市场、屠宰厂等为销售的中心区域，形成了肉牛繁育—(交易)—肉牛育肥—(交易)—屠宰、加工、销售的产业化区域布局，有效地推动了我国肉

牛业生产。

我国农牧区肉牛养殖生产沿用的主要经营模式是产业链式发展模式，即以加工企业为龙头，龙头企业主要从事肉牛加工如屠宰或肉牛产品深加工。由于肉牛产品加工业的发展，带动相关产业协同发展，使肉牛产业从肉牛饲养开始，通过加工、销售过程中链条各环节反复增加附加值，形成肉牛产业链（图 1.1）。

农牧户（母牛、犊牛饲养）⟶农户或肥育场（架子牛饲养）$\xrightarrow[\text{（肉牛交易）}]{}$屠宰、分割加工⟶产品深加工⟶销售市场

图 1.1 **我国肉牛生产的产业链**

同时我国肉牛生产存在的主要问题是：

(1)能繁母牛的不足影响肉牛养殖产业安全。母牛的养殖是产业链的基础，现阶段我国能繁母牛的养殖主要是农户、牧户，他们获得利润是出售犊牛或架子牛（有条件的进行初步育肥）。如果母牛养殖环节出现问题，直接影响农民养殖的架子牛供应量，造成企业生产受限，反过来使养殖户效益受损，从而使区域产业萎缩。

近年由于牛肉涨价，肉牛交易市场的火爆，出现问题的主要原因是许多养牛户不愿意饲养母牛而养架子牛或后备母牛育肥，同时母牛大量被当作肉牛宰杀。母牛饲养量的减少，将使肉牛养殖链条面临断裂危险，波及肉牛养殖产业安全。

能繁母牛数量减少，牛源供应紧缺将长期困扰我国肉牛产业。随着农业机械化的推广应用，加之受母牛养殖效益低、饲料价格高、牛肉市场价格不稳定等因素的影响，我国肉牛数量一度呈萎缩状态，牛存栏量有下滑趋势。肉牛养殖"杀青、杀母"现象突出，后备母牛不足，牛源供应紧缺，造成加工企业遭遇"牛荒"。

(2)肉牛生产适度规模养殖欠发展。架子牛育肥的中度规模化养殖场较少，集中在两头（户养和大规模）。目前，肉牛生产多以 3～5 头小规模为主，生产分散、生产方式落后。而架子牛大规模异地养殖造成运力的浪费、环境的污染压力和防疫的难度。

(3)肉牛产业链条中连接不紧，利益不平衡，很少有反哺行为。肉牛产业链式发展模式中加工企业的经营，使肉牛产业化由弱质低效产业向高利润产业转变；肉牛饲养业同第二产业、第三产业结合，使属于食品工业范畴的牛肉、牛皮等加工业，属商业活牛、皮制品的流通商业与养牛业有机结合，形成"市场牵龙头、龙头带基地、基地连农户"的经营格局。建立稳固的肉牛养殖生产基地，保障经营性企业所需的优质牛源是模式发展的基础。各生产阶段之间以经济合同为纽带，保证企业和生产基地的稳固利益关系，形成稳定的利益共享、风险共担的共同体，是模式存在和发展的关键。若当地政府或事业机构健全配套服务体系，将促进肉牛产业化进程。

但各种规模加工厂、"一把刀"互争牛源，没有基地或与基地结合不密切，无法保障充足的牛源供应，更谈不上反哺母牛养殖户。

1.2.3 我国肉牛养殖(场)的适度规模发展是肉牛产业化生产的前提，我国活牛及牛肉市场主要在国内，出口及深加工的数量有限

我国肉牛产业一体化发展程度低，龙头企业带动能力弱。肉牛养殖产业链不完善，一体化

程度低；养、加、销各环节连接不紧密；大多数龙头企业与农户的利益连接不紧密，利润分配不合理，带动性不强，相互之间尚未形成"利益共享、风险共担"的产业化机制。目前所形成的龙头企业大多是初级粗加工产品多，精深加工、品牌产品少，高附加值产品更少。肉牛适度规模饲养是指肉牛生产单位或专业户在一定的内外环境条件下，通过对资金、劳力、饲养、技术、设备等生产要素的扩大投入和合理配置，在稳定提高生产效率的基础上适度扩大饲养规模，以获取规模效益。利用饲料资源丰富、饲养成本低的优势，在一定区域形成养牛乡、村，农牧户饲养能繁母牛，让其繁殖产犊，把犊牛饲养到架子牛，集中育肥，集中出售，育肥牛场和农户按企业制度经营管理。

肉牛养殖专业户（场）规模产业化经营的类型多种多样，最常见的是龙头企业带动，即以经济实力较强的肉牛场、加工厂或公司为龙头，围绕肉牛的生产、加工和销售，连接相关的企业和农户，进行一体化经营。具体有"公司＋农户"、"联合体＋农户"、"公司＋基地＋农户"等模式，在这些模式中，不可缺少的"农户"和"基地"的饲养规模受市场需求、价格牵动、人员素质、饲料供应、资金来源等因素的影响。

中国的肉牛业市场主要有三种形式，即产品的主要三个流向：①大众化市场，即集市牛肉及活牛交易，这是我国传统的最主要的肉牛市场形式；②活牛、牛肉出口，我国每年都要向香港特区、日本等地提供一定数量的活牛；③高档分割牛肉，用于高级宾馆、饭店、酒店和超市。

1.2.4　生产水平低，牛肉质量差，直接影响牛肉的市场销售及价格，造成生产效益差、产品竞争力不强，尤其是出口牛肉缺乏竞争力

我国牛的繁殖成活率在40%左右，冷冻精液人工授精技术普及率低，存栏牛头均提供牛肉量低(约40 kg)，肉牛的屠宰率在40%～50%(育肥牛可达54%)。在生产方式上，以分散经营为主，直接反映在小规模、低水平、低质量的粗放经营状态。虽然有灵活性较大的优点，但分散经营的直接结果，就是对市场和价格信息的变化反应迟钝，小生产与大市场、大服务的矛盾突出。

(1)农户繁育母牛和饲养架子牛仍是肉牛生产的基础，出栏的肉牛占到全国肉牛出栏量的80%以上。

(2)生产条件仍很简陋和薄弱，主要是中、小加工企业设备简陋，工艺落后，特别是综合加工能力差。有些肉牛主产区由于缺乏机械加工和冷贮设备，屠宰仍然依靠分散个体屠宰户手工操作，一些可开发利用的副产品被抛弃，影响着本地区养牛经济效益的提高。

(3)肉牛产业社会化服务有待提高和完善。社会化服务体系基础设施仍很薄弱，特别是服务人员素质和服务手段有待提高。全国范围内的肉牛市场网络系统尚未完善，市场功能发育还不完善，社会化分工程度不高，贮运手段落后、信息反馈迟缓等。

1.2.5　我国肉牛产业发展仍以政策推动为主，市场推动为辅

我国的养牛业一直以役用为主、肉用为辅。直到20世纪90年代初期，我国在基本解决温饱问题以后，才有了肉牛产业的概念和肉牛品种定向选育改良等一系列举措。然而，肉牛业作

为一个新兴产业得以快速发展则是近20年的事情。这20年的发展离不开各级政府的支持、扶持和引导。各级政府机构都积极地鼓励、支持并参与了养牛和牛肉生产，以政策为引导、以生产为取向使肉牛业养殖规模不断向产业化迈进。始于1992年的秸秆养牛示范县至今已在全国380多个县进行推广（是目前正在实施的最大农业技术推广项目），并被指定为秸秆养牛示范县，取得了重大贡献，提高牛肉在总肉类的比例，降低了猪肉的比例，丰富了我国消费者的动物蛋白质的来源；通过把农作物秸秆转化为反刍动物的饲料，特别是转化为牛的饲料来减少焚烧秸秆对空气和水的污染；促进包括农业产业化和增加就业在内的农村发展，使农村收入来源多样化，减缓贫困，并通过进口替代和增加出口来改善贸易平衡。2007年底我国牛存栏量约1.46亿头，其中肉牛存栏量1.06亿头，出栏4 359.5万头，牛肉总产量达到791万t，成为仅次于美国和巴西的第三大牛肉生产国，牛肉在全国肉类总产量中的比例提高到了9.3%；2008年，我国黄牛存栏9 000多万头，牛存栏数仍居世界第三位，但牛肉产量为750万t，较2007年下降5%。

目前各级政府（国家、省、市〈地〉、县）仍在出台各种政策加大信贷养牛的扶持力度，鼓励种植牧草和利用秸秆养牛，鼓励和扶持肉牛养殖的繁育良种（如肉牛应用先进技术开展胚胎移植，并享受贷款扶持政策），有些地方还放宽土地使用政策，鼓励农民利用五荒、机动地、预留地、空闲场所和闲置厂房建标准化牛舍发展肉牛产业，减免收取各项规费，部分区县免收动物防疫相关费用，开展布病监测的费用由县财政承担，开辟肉牛运输“绿色通道”等等，2009年开始农业部对在优势区的冷冻精液实行良种补贴。

虽然各种政策都有利于肉牛产业的发展，但对母牛养牛户来说要享受这些政策有待时日，主要的政策都是为了规模养殖和产业化经营，即使是秸秆处理和精液的补贴也是规模牛场或改良站，农户母牛的配种依然是要交费的，作者在甘肃试验时，2010年张掖市的甘州区已实行农户母牛配种的全免费，区财政对每头配种母牛补贴40元，有利于促进区域肉牛养殖业的发展。

1.2.6 生产周期长，发展资金不足

我国出栏肉牛中18月龄的商品牛很少，6月龄的商品牛更少，一头肉牛从配种受孕到产犊需要9个半月，从犊牛到育肥牛出栏又需要18～20个月，生产一头肉牛需28～30个月，加之肉牛养殖投资大，周期长，一个存栏20头牛的养殖户，仅购入架子牛就需7万～8万元，加上固定投资和饲料费至少需要投10万元。因此，资金不足已成为制约规模化养殖的重要因素。

政府要加大对农户饲养繁殖母牛的支持力度，如母牛养殖进行适度的补贴，建立基础母牛保险制度，降低养殖风险。在信贷方面对发展基础母牛给予必要的支持，以保护和调动养牛户饲养母牛的积极性。

肉牛龙头加工企业或育肥基地与基础母牛养殖户（育肥基地）建立起紧密的利益衔接机制，搞好龙头企业与养牛基地对接，改变肉牛养殖分散的经营模式。龙头企业要通过订单合同契约形式与农户建立稳定的购销关系。采取订单、入股、合资经营、组建农民牧业合作社，降低养殖风险，提高能繁母牛饲养和架子牛培育的经济效益，促进科学技术的推广，实现龙头与基地高效、和谐发展。

1.2.7 饲料粮的总体不足是我国肉牛产业发展所面对的挑战

肉牛生产需要粮食投入，肉类生产基本依靠饲料通过牲畜转换所取得。饲料主要有粮食、饼（粕）等精料和草原、草山、农作物副产品如秸秆等粗料两大类，我国农区富有的是秸秆。

要生产牛肉，必须在牛每日食入营养物质超过维持自身需求后有所剩余时才能实现，而这部分需用粮食等精料类来提供，见图 1.2。秸秆养牛时，秸秆所供应给牛的营养物质，仅能达到维持和部分维持营养之用，增重所需营养物质以及秸秆所提供维持需要的不足部分，则必须以精料的形式由粮食来供给。

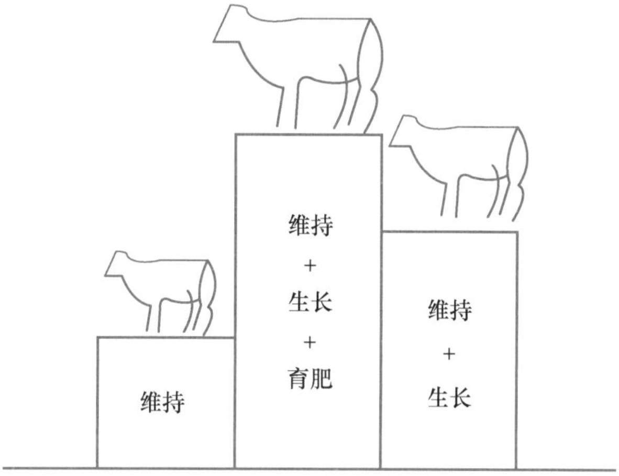

图 1.2 肉牛生产的基本原理

注：如果生产中秸秆能满足个体的维持需要，那么额外补饲的饲料（粮食）主要用于生长和育肥；1 头 400 kg 的西杂母牛，用粮食（玉米）来维持需要 3.3 kg 二级饲料玉米（26.73/8.08），很显然秸秆的合理加工利用能降低肉牛生产中的粮食投入，是节粮的养殖技术。

近年受粮食价格大幅度上涨的拉动，牛肉价格随之上涨。特别是受近年来国际粮食危机加剧、粮价迅速飙升的影响，我国部分地区粮价、饲料价格上涨明显，养牛成本较高，尤其是肥育肉牛。肉牛饲养的周期较长，按国外肉牛生产的方法或国内生产高档牛肉的技术每生产 1 kg 牛肉需要 6～8 kg 的粮食饲料。

1.3 面对挑战，促进我国区域性肉牛产业发展

面对 21 世纪社会的发展进步，我国的肉牛产业既有优势，也面临巨大的挑战。

我国牛的饲养基数大，但我国肉牛生产水平低，每头肉牛的胴体重低于世界的平均水平。我国肉牛的良种化程度低，肉牛及良种杂交改良肉牛仅占我国牛群的 15%。由于良种化水平低，再加上饲养管理粗放，经营方式落后，导致生产水平不高。大多数肉牛养殖采用低精料长周期的育肥方式，育肥饲料搭配不合理，饲料转化效率低，肉牛出栏周期相对较长，头均产肉量较少。因此，要面对挑战，促进我国区域性肉牛产业的发展，实现肉牛产业的持续发展，必须要从能繁母牛的规范健康养殖开始，做到牛源充足，牛肉品质优良，加工企业有相对固定

的供牛基地，对肉牛种源、育肥、屠宰、分割有完善的标准，实施牛肉、牛源可追溯制度，做强肉牛产业。

1.3.1 政府的扶持和配套社会化服务的跟进

政府要加大对农户饲养繁殖母牛的支持力度，如母牛养殖进行适度的补贴，建立基础母牛保险制度，降低养殖风险。在信贷方面对发展基础母牛给予必要的支持，以保护和调动养牛户饲养母牛的积极性。加强服务体系建设和技术培训力度，全面提升技术服务能力和水平。建立和完善专业培训平台，加强技术员、繁育员、饲养管理人员的技术培训，提高他们的职业技能。

1.3.2 实施良种化工程，保护地方品种资源，开展杂交改良，加强繁育体系建设

(1)品种改良是加快肉牛养殖生产的基础。在肉牛品种改良上，坚持用杂一代(西杂)或地方品种作母本，用引进品种作父本进行多元杂交，培育适合区域特色的肉牛合成系。

(2)加强选育，加强繁育体系建设。在开发中保护地方品种母牛资源，政府、企业和科研机构多方联合，加大资金投入力度，坚持本品种选育，培育出具有我国自己特色的肉牛品种或品牌，健全肉牛繁殖体系，提高基础母牛在产业链中的地位和经济效益，做大做强肉牛产业。

(3)加快优良品种繁改进度。迅速提高肉牛冻精配种比例，继续实施肉牛良种补贴政策，加强并健全原有乡镇的家畜良种繁育改良站，推动地方黄牛品种改良，走本地犊牛和架子牛供应基地之路，以保障高档牛肉生产和牛肉深加工所需的牛源。

1.3.3 大力发展农民专业合作经济组织，因地制宜，组织肉牛养殖经济共同体

随着农村改革的深化和社会主义市场经济的发展，千家万户养肉牛的“小生产”已无法适应千变万化的“大市场”，广大农民面临着生产规模小、产品进入市场难、增产难增收等问题。大力发展农民专业合作经济组织，通过农村经营体制的创新，开辟现代农业发展的新天地。政府各部门要积极配合，要多渠道筹集资金、出台政策为农民专业合作经济组织提供好的发展环境；在农民自愿的基础上，鼓励和支持养牛户(场)成立行业协会和专业合作组织，把分散的养牛户(场)组织起来，有计划安排生产，统一与龙头企业签订购销合同和服务合同，把合作社办成农民自己的经济组织；培育肉牛产业，并使之成为产业支撑，形成风险共担、利益均沾的经营机制。

从肉牛养殖现状来看，牛源生产的小规模分散养殖在今后相当长的时期内，仍然是提供牛源的主力。农业生产走向适度规模化、集约化、专业化经营是今后的发展方向。要因地制宜，根据不同情况推动养牛户的发展和壮大，在有条件的地区逐渐发展具有适度规模的集约养殖。

1.3.4　推广养牛科学技术，建立完善防疫体系，确保畜产品安全

创建能繁母牛、犊牛、架子牛和育肥牛养殖户（场）的示范场（基地），推广示范养殖技术和饲草饲料加工配合技术，降低饲养成本，增加经济效益。注重提高能繁母牛的科学饲养水平，应用不同时期母牛的补饲技术，保持和提高母牛的生产性能。

要加强能繁母牛繁殖疾病的预防和治疗，严格牛群防疫条件，建立消毒制度，开展经常性的环境卫生消毒，提高母牛繁殖率和牛群养殖经济效益。

建立畜产品质量安全电子标识溯源管理系统，完善饲料、兽药、畜产品的检测、监测设施设备，确保畜产品安全。加强兽医卫生保护，全面贯彻《中华人民共和国动物防疫法》。

1.4　我国肉牛生产体系——带犊繁育体系

我国肉牛生产的科技工作主要是：杂交改良黄牛品种；改善饲养管理条件；改变传统肥育方式；提高出栏率、提高经济效益，为优质高效肉牛业的发展服务，为农民脱贫致富奔小康服务。

我国肉牛生产是一项系统工程，见图1.3，图1.4，包括从饲草饲料生产到加工调制，从母牛饲养到繁殖改良，从犊牛培育到架子牛育肥，从屠宰加工到产品销售等，生产过程需要紧紧围绕繁殖改良、科学饲养、肥育出栏三大中心环节，逐步建立并完善技术服务体系。主要有杂交改良体系；繁殖配种体系；饲草料生产加工体系；科学饲养管理体系；肉牛肥育制度和肥育技术体系；疾病防治检疫防疫体系；产品加工销售体系。搞好产前、产中、产后的服务，其中繁殖改良是基础，且工作的中心在农牧户。

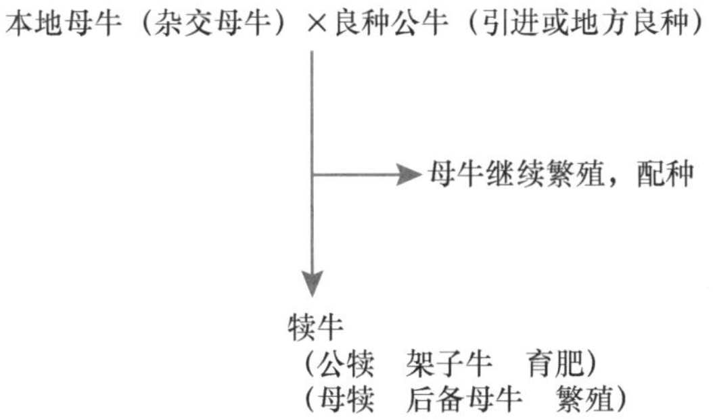

图1.3　肉牛养殖带犊繁育体系

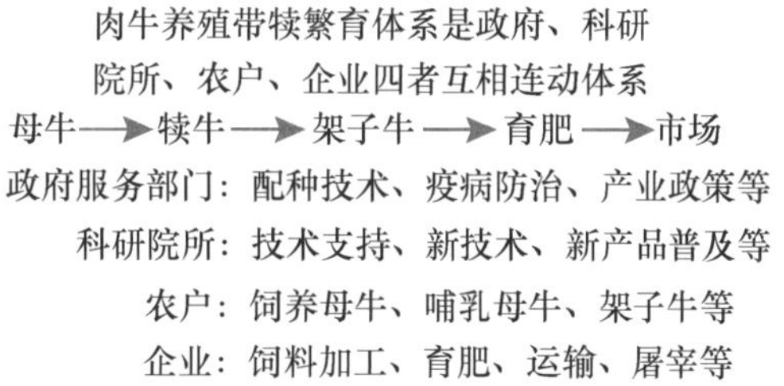

图1.4　肉牛养殖带犊繁育体系的四方联动

1.4.1　我国肉牛产业的主要经营模式

我国肉牛生产规模分布表现为分散和小规模的特点。2007年，年出栏1～10头肉牛的散养农户提供的数量占出栏量的65%左右，是我国牛肉的主要生产者，而出栏量在500头以上的规模饲养户提供的牛肉所占比率仅为4%左右。我国尽管出现了一些规模饲养场（户），但肉牛育肥阶段的生产集中度仍然非常低，市场高度分散。

我国肉牛产业的主要经营模式是:强化商品肉牛基地建设,实行区域性开发,组建养牛专业村和肉牛肥育户(场)。以产品(肉、皮)加工业为龙头,采取公司+农户,供产销一条龙,向专业化方向迈进。实行广大农户分散饲养繁殖母牛和架子牛,肥育户(场)集中肥育,适度规模经营的方式。我国幅员辽阔,各地有丰富多样的地方品种资源和饲料饲草条件,肉牛生产模式多种多样,但基本的生产体系相同或相似,即均为母牛繁殖带犊饲养体系,在散养户饲养母牛,繁殖犊牛,培育犊牛和架子牛,母畜或杂交后代母畜留作繁殖,不作为肉畜,肉牛生产基本采用自繁自育和易地育肥两种方式,具体农区和牧区模式有差异。

1.4.1.1 草原肉牛生产体系

肉牛生产的一切环节均在草原进行,繁殖母牛、犊牛、架子牛在草原饲养,且肉牛一直饲养到出栏屠宰。基本采用放牧补饲方式,其生产性能与草地的质量有极为重要的关系。一般来讲,效率较低,牛只出栏晚,产肉量低,肉质也较差。

1.4.1.2 农区肉牛生产体系

在农区饲养的母牛繁殖犊牛,犊牛断奶后继续饲养,直到出栏屠宰;这又可分为两种方式:

(1)犊牛、育肥牛直到出栏都在农户家中或以半放牧半舍饲或全舍饲的方式饲养。

(2)犊牛在农民家中养到一定体重后交易到本地或异地集中至育肥场育肥饲养后出栏,集中育肥的肉牛场多在气候、饲养、销售条件较好的地区,生产效率较高。

我国肉牛产业流程表如表1.2,图1.5所示。

表1.2 我国活牛生产流程

从事企业	农区		牧区		商品牛
	专门养殖户	家庭副业	专门养殖户	家庭副业	
母牛—犊牛生产	良好犊牛(6～12月龄180～260 kg)	良好犊牛(6～12月龄180～260 kg)	良好犊牛(6～12月龄90～160 kg)	良好犊牛(6～12月龄90～160 kg)	母牛淘汰出售 犊牛出售
	良好架子牛(18～22月龄350～400 kg)	良好架子牛(18～22月龄350～400 kg)	良好架子牛(24～30月龄350～400 kg)	良好架子牛(24～30月龄350～400 kg)	架子牛出售
直线育肥和过渡育肥	直线育肥		过渡育肥		
	育肥场	农户	专业养殖户	家庭副业	
	好的架子牛(6～12月龄开始,小于240 kg,20月龄内达500 kg以上)	较好的架子牛(6～18月龄开始,小于200 kg,育肥400 d,28月龄内达500 kg以上)	好的架子牛(6～18月龄开始,小于220 kg,育肥160 d,24月龄内达400 kg左右)	较好的架子牛(6～18月龄开始,小于200 kg,育肥160 d,24月龄内达400 kg左右)	大架子牛出售 500 kg育肥牛
短期育肥			短期育肥企业		
			短期育肥场	短期育肥专业户	
			好的架子牛(大于20月龄开始,380～420 kg,育肥90～120 d,24月龄内达500 kg左右)	较好的架子牛(30月龄开始,小于400 kg,育肥90～120 d,32月龄内达500 kg左右)	500 kg育肥牛
屠宰企业	部位分割的屠宰厂	普通屠宰厂	个体户屠宰		
肉牛	活牛,24月龄达500 kg,或高档育肥的牛	活牛,500 kg	淘汰母牛、其他活牛		

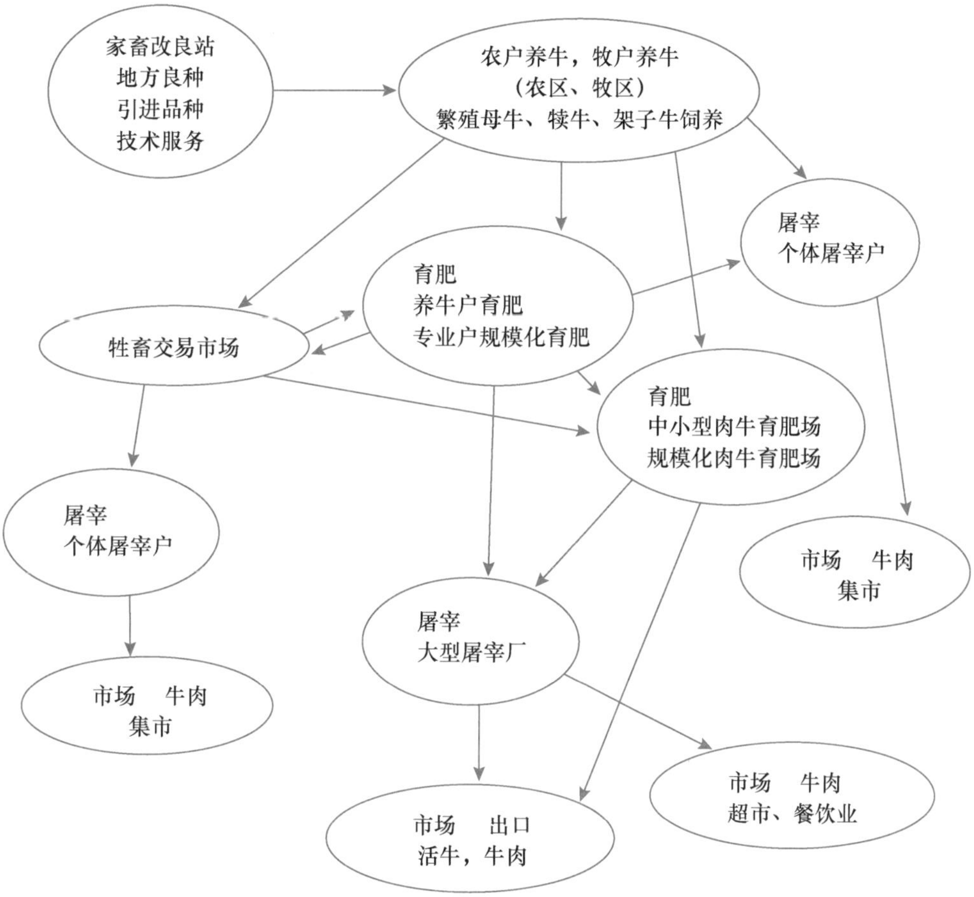

图 1.5　我国肉牛产业流程图

1.4.2　我国肉牛养殖生产模式

我国肉牛养殖模式多样化，主要有 4 种：①庭院式养殖模式。养殖户利用自家庭院发展规模养殖，一般存栏在 2～10 头，养母牛培育犊牛育肥架子牛；②专业户养殖，主要饲养购进的架子牛育肥（20～60 头），也有少部分养殖户 10～20 头母牛，自己培育犊牛育肥架子牛，这种养殖模式受资金、场地限制，养殖规模较小；③建设较大规模养殖场模式。由一人投资或者多人共同投资，兴建规模养殖场，一般存栏都在 100 头以上，多的达到 1 000 头，这种养殖模式不受场地限制，建场标准高、规模大，投入资金较多；④多户联建养殖小区模式，一般存栏在 300 头以上，此种养殖模式既解决了庭院养殖受到场地限制问题，又解决了一家一户发展规模养殖投入不足的问题。

根据我国养牛生产的区域性特征和实际情况，我国农牧区肉牛规模化生产主要经营模式有如下几种。

1.4.2.1　肉牛产业链式发展模式

地域内有较大经济实力的经营性企业，称龙头企业，企业主要从事肉牛加工如屠宰或肉牛产品深加工。肉牛产品加工业的发展，带动相关产业协同发展，使肉牛产业从肉牛饲养开始，通过加工、销售过程各环节链条反复增加附加值，形成肉牛产业链，见图 1.6。

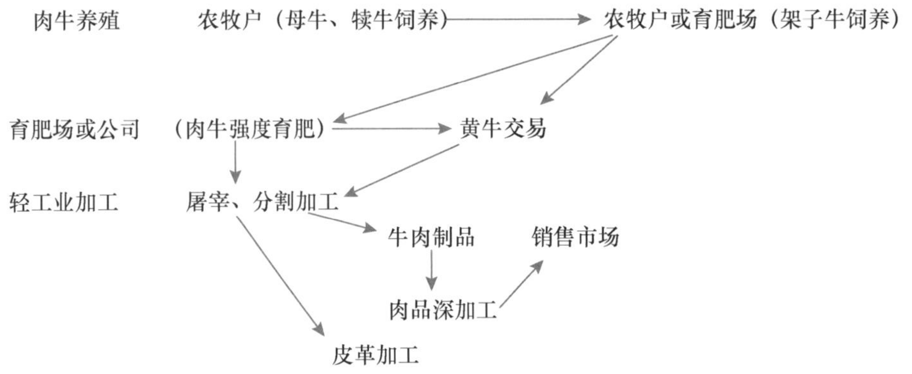

图 1.6　肉牛产业链式发展模式

肉牛产业链式发展模式中加工企业的经营，使肉牛产业化由弱质低效产业向高利润产业转变；肉牛饲养业同第二产业、第三产业结合，使属于食品工业范畴的牛肉、牛皮等加工业，属商业的活牛、皮制品的流通与养牛业有机结合；若当地政府或事业机构扶持肉牛饲养的发展，健全配套服务体系，将促进肉牛产业化进程。

1.4.2.2　**肉牛小群体大规模发展模式**

这种模式存在于广大农区或农牧交错区，这些地域有较好肉牛养殖基础和较大的养殖区域，广大农牧民养牛积极性高，以一个或多个带动能力强的肉牛育肥企业或集贸市场为龙头，农户为龙尾，实行贸农一体、产销一条龙，形成“市场牵龙头、龙头带基地、基地连农户”的经营格局，见图 1.7。要大力发展规模养殖，建立养牛专业户、专业村、专业乡和肉牛开发区，以商品肉牛生产基地为依托，以肉牛屠宰加工厂为纽带，建立一个集肉牛养殖、产品加工、贮运销售、信息传递、技术服务一体的企业集团，形成资源利用上互补，经济利益共享的产销联合体；以肉牛产业开发的“龙头”，按照市场需求组织生产和加工，形成市场牵“龙头”，“龙头”带基地，基地连农户的发展格局。建立稳固的肉牛养殖生产基地，保障经营性企业所需的优质牛源是这种模式发展的基础。各生产阶段之间以经济合同为纽带，保证企业和生产基地的稳固利益关系，形成稳定的利益共享、风险共担的共同体，是模式存在和发展的关键。

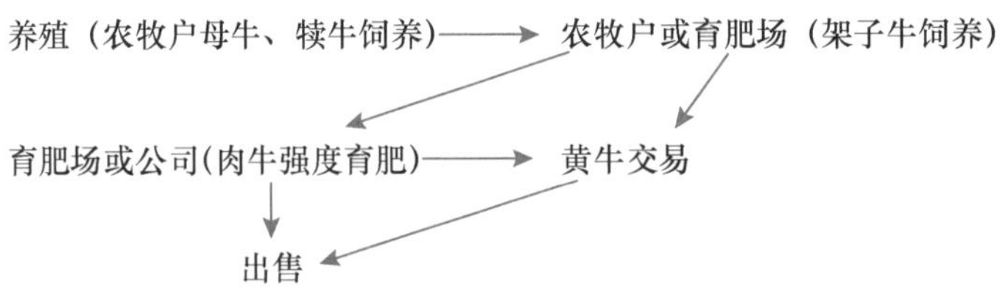

图 1.7　肉牛小群体大规模发展模式

这种模式虽然一个投资个体或农牧户饲养肉牛数量少，但以村或乡镇为一整体，组成养牛合作社或养殖协会，连片经营，统一养殖目标、统一面向市场、统一生产技术服务和防疫，实行分别投资、自主经营，把集体的优越性和个人的主动性较好的结合，既便于先进技术的传播应用，又减少了集资难、风险大等弊端，同时便于乡村规划，减少环境污染。

1.4.2.3　**资源优势互补的异地育肥模式**

肉牛异地育肥是指在甲地繁殖并培育犊牛、架子牛，在乙地专门进行肉牛育肥，发挥各自优势。这种模式存在于广大农区与牧区之间或农牧交错区，这些地域有较充裕的架子牛和充足饲料资源，且肉牛养殖基础好，广大农牧民养牛积极性高，对于肉牛育肥区是属“两头在外来料加工”型的肉牛育肥模式，见图1.8。在有先进的饲养管理技术，交通便利，宜于销售的地区，建立规模育肥场，从架子牛基地购置架子牛进行集中育肥、销售。这种模式在我国较为普遍，对减轻牧区草原负担，增加农牧民收入，提升肉牛生产质量，有效地促进母牛基地养殖的建设和架子牛的生产有积极作用。此模式的母牛繁育养殖基地(架子牛生产)与异地育肥场之间的联系比较松散，受市场供求影响较大；地区间运输架子牛增加成本，且不利于防疫。

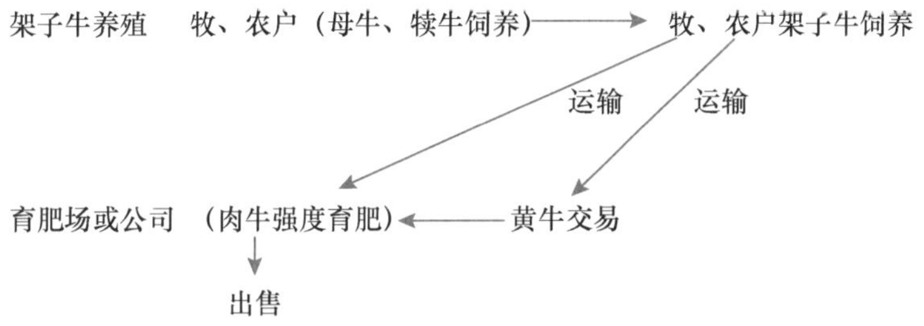

图1.8 资源优势互补的异地育肥肉牛养殖模式

1.4.3 肉牛养殖业社会化服务体系

肉牛养殖业社会化服务体系，是为肉牛养殖者(户)提供产前、产中和产后的综合配套服务。包括服务体系自身的建设要适合不同地区肉牛生产发展水平，多样化，因地制宜；开展肉牛生产全过程综合配套服务，使肉牛生产的整个产业链得到配套综合服务并提升价值。政府要加大对农户饲养繁殖母牛的支持力度，如母牛养殖进行适度的补贴，建立基础母牛保险制度，降低养殖风险。在信贷方面对发展基础母牛给予必要的支持，以保护和调动养牛户饲养母牛的积极性。

加强服务体系建设和技术培训力度，全面提升技术服务能力和水平，建立和完善专业培训平台，加强技术员、繁育员、饲养管理人员的技术培训，提高他们的职业技能。肉牛养殖业社会化服务体系包括品种改良繁育体系，饲养管理及新技术推广服务体系，饲料加工及日粮配合技术，疫病防治体系，肉产品加工、副产品加工体系，销售、运输服务体系，信息交流服务、社会保险等服务体系。

1.5 母牛养殖户牛群规模与母牛养殖效益分析

农业部统计资料显示，1995年全国肉牛存栏为13 205.8万头，到2005年减少为10 016.6万头，10年时间肉牛存栏数减少24.15%，平均每年减少2.4%，而宰杀数却以每年3.9%的幅度增加。据实地调查，目前在包括河南、山东、安徽及河北四省在内的“中原肉牛带”地区，能繁母牛存栏量只有20世纪90年代的30%，并且近两年下滑尤其严重；全国其他养牛大省的情况大致相同；基础母牛数量锐减，导致犊牛、架子牛供应严重短缺，出现全国性“牛荒”(孟庆翔，2008)。

1.5.1 母牛养殖户牛群规模调查

近年来，农村能繁母牛存栏数量减少，造成牛源供应紧张，我国肉牛产业面临严峻挑战。农村母牛养殖是肉牛产业的基础，然而关于农村母牛养殖环节的研究数据相对缺乏。为此作者在执行"公益性行业（农业）科研专项（西部肉牛母牛带犊体系研究及其最佳效益模式建立与推广，nyhyzx07-035-09）"期间有意安排硕士研究生对西部农户繁殖母牛的养殖情况进行调研，调查地点为宁夏回族自治区的固原市（原固原地区），通过深入实施调研以及对调研资料进行统计分析，研究农村母牛带犊饲养模式下，养殖户母牛饲养过程中的情况，供读者参考和借鉴。

1.5.1.1 母牛养殖规模

调研地区母牛养殖户饲养母牛头数主要集中在 1 头、2 头，分别为 51.92%，37.28%。饲养 3 头以上的较少，占 8.01%。饲养母牛数 4 头以上的很少，调研农户中，仅占 1.74%，见表 1.3。

表 1.3 调查农户母牛养殖规模状况 户

区域	n/户	养殖数/头				
		1	2	3	4	平均
原州区	152	85	59	7	1	1.48
彭阳县	82	40	27	11	4	1.72
泾源县	53	24	21	5	3	1.71
合　计	287	51.92%	37.28%	8.01%	2.79%	1.59

注：n 为调查户数。

（陈俊阳，莫放，2009）

1.5.1.2 母牛品种结构

农户母牛养殖品种繁多，其中纯种黄牛母牛占有较大的比例占 52.83%，杂交改良母牛父本以利木赞为主占 26.42%，见表 1.4。

表 1.4 调查区基础母牛的品种结构

品种指标	黄牛				杂交父本				合计
	本地牛	秦川牛	晋南牛	新疆褐牛	利木赞	西门塔尔	荷斯坦	夏洛来	
数量/头	20	87	3	2	56	33	8	10	212
比例/%	9.43	41.04	1.42	0.94	26.42	15.57	3.77	4.72	100

（陈俊阳，莫放，2009）

1.5.1.3 母牛养殖户家庭成员流动情况

母牛养殖户家庭成员中，外出打工现象普遍，外出打工户数占总调研户 60%。以 1、2 人外出打工为主，分别占 41.75%、14.39%。3 人、4 人以上外出打工家庭分别占总调研户的 2.11%、1.75%。调研户中，从事农业的人口数量主要集中在 1～2 人，占 74.39%。5 人以上农业劳动力家庭很少，仅占 2.46%，见表 1.5。

表 1.5 调查家庭成员从业情况 户

区域	各区县人数 n	外出打工人数					从事农业人口		
		0	1	2	3	4人以上	1～2	3～4	5人以上
原州区	148	57	66	20	4	1	111	35	2
彭阳县	81	39	22	15	1	4	62	18	1
泾源县	56	18	31	6	1	0	39	13	4
合计	285	40.00%	41.75%	14.39%	2.11%	1.75%	74.39%	23.16%	2.46%

(陈俊阳,莫放,2009)

1.5.1.4 母牛养殖户饲草加工的主要方式

夏季母牛养殖日粮比较单一,主要以玉米秸秆、小麦秸秆为主。在政府的技术支持和资金扶持下,很多农户都有自己的秸秆处理窖。大多数养殖户储存秸秆的方式都是传统的库房干储,常年饲喂。仅有不到10%经过生物处理或青贮加工。当地政府重视饲草资源的开发利用,免费向农户推广发送高粱、大燕麦等牧草种子,见表1.6。

表 1.6 农户饲草加工情况 户

区域	n/户	加工方式		
		秸秆加工	青饲	调制干草
原州区	150	116	49	52
彭阳县	70	65	53	18
泾源县	60	33	60	1
合计	280	76.43%	57.86%	25.36%

(陈俊阳,莫放,2009)

1.5.1.5 养殖户饲草盈亏调查分析

随着户均养殖母牛数的增加,饲草不足对饲草充足农户比值显著增加。表明农户养殖母牛越多,饲草自给就越困难,需要通过其他途径解决草畜矛盾,见图1.9和表1.7。

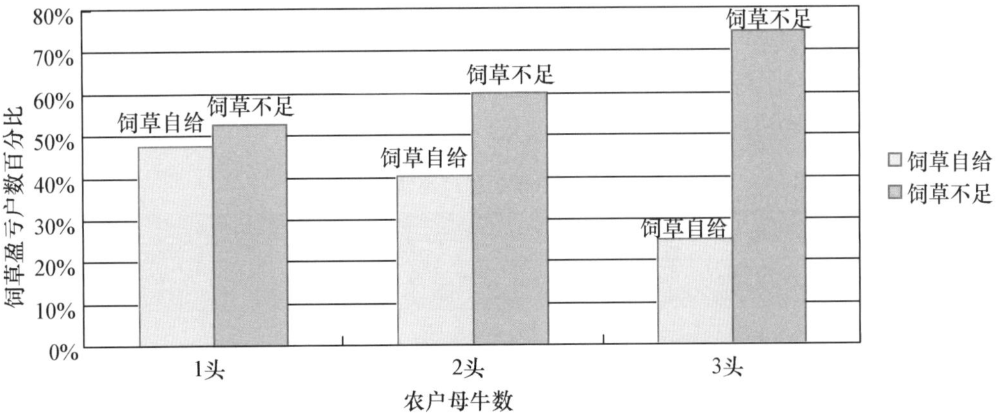

图 1.9 不同母牛养殖规模饲草盈亏农户比例分布图

(陈俊阳,莫放,2009)

表 1.7 调查农户饲草不足的解决途径 户

调研地区	样本数	饲草不足解决途径		
		刈割野草	购买秸秆	放牧
原州区	75	36	60	3
彭阳县	48	19	39	0
泾源县	40	7	37	0
合 计	163	38.04%	83.44%	1.84%

(陈俊阳,莫放,2009)

1.5.1.6 母牛日粮中精饲料投料量调查

不补饲精料农户占较大比例,不同农户母牛妊娠期(哺乳期)日粮精饲料量差异很大,见表1.8和表1.9。

表 1.8 母牛日粮组成调查表 户

调查区域	样本数	日粮组成		
		饲草	饲草+单一精料	饲草+混合精料
原州区	150	31	10	109
彭阳县	70	7	1	62
泾源县	60	30	22	8
合 计	280	24.29%	11.79%	63.93%

(陈俊阳,莫放,2009)

表 1.9 不同地区农户母牛妊娠后期精饲料水平投入情况 户

区域	精料用量/(kg/d)						
	0	0~0.5	0.5~1	1~1.5	1.5~2	2~2.5	2.5 以上
原州区	32	3	12	33	34	19	16
彭阳县	6	1	4	17	21	12	8
泾源县	28	1	5	5	9	2	8
合 计	23.91%	1.81%	7.61%	19.93%	23.19%	11.96%	11.59%

(陈俊阳,莫放,2009)

1.5.1.7 母牛养殖的经营模式

母牛养殖主要以母牛带犊繁育的家庭散养模式为主,母牛经营模式普遍为母牛+犊牛+育肥牛模式,见表1.10。

表 1.10 养殖户母牛养殖经营模式概况 户

区域	*n*	经营模式		
		母牛	母牛+犊牛	母牛+犊牛+育肥牛
原州区	152	12	23	117
彭阳县	82	3	5	74
泾源县	53	0	1	52
合 计	287	5.22%	10.10%	84.67%

(陈俊阳,莫放,2009)

从农户存栏牛构成的角度出发，将农户的经营模式分为以下三类："母牛"经营模式、"母牛＋犊牛"经营模式、"母牛＋犊牛＋架子牛"经营模式。"母牛"经营模式，是指调查中农户存栏牛群中仅养殖母牛；"母牛＋犊牛"经营模式，是指农户存栏牛群中，既有母牛也有犊牛，而没有见到育肥牛，农户没有经营架子牛育肥；"母牛＋犊牛＋育肥牛"经营模式，是指农户存栏牛中，三类牛都存在，农户除了将自己犊牛用于育肥外，还从外购入架子牛短期育肥。

1.5.2 母牛养殖的效益分析

为了便于比较，养殖的成本计算是根据母牛饲养日按头日成本计算。生产成本包括直接生产费用和间接生产费用。

直接生产费用包括母牛成本、精粗饲料费用、饲养人工费、固定资产折旧、水电费用、兽药费用。调查资料表明，粗饲料加工不同母牛采食量和加工成本不同，养殖户以干玉米秸秆为主，青绿粗饲料为辅，便于比较均按干玉米秸秆计算，采食量为 5 kg，母牛规模养殖场为青玉米秸秆青贮，采食鲜样量为 15 kg，秸秆的成本和加工费均按每吨 20 元及 30 元计算，混合精料农户多采购浓缩料每吨按 2 500 元计算，母牛规模养殖场的混合精料按每吨 2 200 元计算饲料成本，农户、专业养殖户、母牛规模养殖场的精料投入均按每天每头平均为 1 kg。

饲养人工费即饲养员报酬和福利费按孙黄初和张立军(2003)的方法计算，饲养 2 头母牛的年人工费 1 500 元，10～15 头人工费 3 000 元，200 头以上按人工费 9 000 元(需要 4 人)，综合折算出日头饲养人工费。

固定资产折旧费按每头母牛平均投资 3 000 元，10 年折旧，净残值率按照原值的 5%确定，年折旧率为 9.5%，即 285 元/年，0.78 元/(d·头)。

母牛的成本和兽药费不同规模按一致的水平，母牛价值 5 000 元，不考虑折旧；兽药费按每头每年 50 元，水电费按养殖户、专业养殖户和母牛规模养殖场分别为每头每年 10 元、20 元、50 元计算。其他直接费用如修理费、低值易耗品等按一致处理，不列入计算之内。

养殖生产中的间接生产费用主要是管理费和利息，养殖户和专业户的管理费按每头每年 50 元计算，母牛规模养殖场按管理人员计算，每人每年为 24 000 元，200 头存栏的规模养殖场按管理人员 2 人计算。利息仅计算规模养殖场的母牛资金利息，按 6%标准进行计算，确定为年 300 元/头。其他间接生产费按一致处理，也不列入计算之内，见表 1.11。

表 1.11 不同母牛养殖状况的母牛养殖效益比较

规　模	养殖户	养殖专业户	肉牛养殖小区
存栏母牛数量/头	2	10	200
粗饲料需要/[kg/(d·头)]	5	5	15(秸秆青贮)
粗饲料/[元/(d·头)]	0.25	0.25	0.75
混合精料投入/(kg/d)	1.0	1.0	1.0
精料成本/(元/d)	2.5	2.5	2.2
饲料费用投入/[元/(d·头)]	2.45	2.45	2.95
饲养人工费/[元/(d·头)]	2.05	0.82	0.49
固定资产投入/万元	0.6	3.0	60.0

续表 1.11

规　模	养殖户	养殖专业户	肉牛养殖小区
固定资产折旧/[元/(d·头)]	0.78	0.78	0.78
母牛成本/(元/头)	5 000	5 000	5 000
水电费/[元/(d·头)]	0.07	0.04	0.03
兽医费/[元/(d·头)]	0.18	0.18	0.18
管理费/[元/(d·头)]	0.14	0.14	0.66
利息费/[元/(d·头)]	0	0	0.822
总成本/[元/(d·头)]	5.67	4.41	5.91
一年总成本(12 个月,365 d)	2 069.55	1 609.65	2 157.88

按产犊间隔 15 个月计算,根据作者在甘肃省张掖市甘州区甘浚镇的试验示范推广的结果来看,犊牛 5 个月断奶补饲饲料 100 kg,体重可达 180～210 kg。本试验的饲料成本为 350 元,加上粗饲料、人工、管理按 420 元成本计算。

按产犊间隔 15 个月计算,1 头母牛提供 1 头犊牛的成本见表 1.12。

表 1.12　不同母牛养殖状况的母牛养殖效益比较　　元

规　模	养殖户	养殖专业户	肉牛养殖小区
一年总成本(12 个月)	2 069.55	1 609.65	2 157.88
母牛每月的饲养成本	172.46	134.13	179.82
5 个月犊牛的饲养成本	420	420	420
15 个月母牛养殖成本	2 586.9	2 012.1	2 697.4
为提供 5 个月断奶犊牛的总成本	3 006.9	2 432.1	3 117.4

上述计算并没考虑犊牛的成活率和母牛的死淘率,也没计算配种的收费(精液和人工费),如按照 95%犊牛成活率,计算犊牛成本为 442 元/头。

因此要想母牛养殖有正收益,犊牛的售价必须超过总成本,如表 1.12 所示,5 月龄断奶犊牛的售价必须大于 3 200 元,即犊牛的个体大(大体重),必须达到图 1.10 的目标,要想达到如图 1.10 的目标,必须对妊娠后期和哺乳阶段母牛、犊牛进行补饲,以实现犊牛尽早断奶,母牛较早发情配种,减少疾病,见图 1.10。

2010 年作者在甘州区甘浚镇选择 30 户的西杂母牛进行了妊娠后期和哺乳期的补饲试验,见表 1.13,表明补饲可以明显提高犊牛初生重,试验组初生犊牛平均体重比对照组高出 5.49 kg,提高了 13.08%,且两组差异显著($P<0.05$);同时在试验中也存在失误,有些母牛膘情较好,补饲后存在难产,初孕母牛更是如此。

表 1.13　产前母牛的补饲对犊牛初生重的影响　　kg

项　目	对照组	试验组
初生犊牛平均体重	41.97±4.79	47.46±6.64

(姜军等,2011)

我国肉牛养殖为带犊繁育体系。其中关键技术问题是科学的饲养，包括：

母牛—良好饲养　发情配种　泌乳量足够为犊牛哺乳

犊牛—成活率高　日增重大

可以达到

（公犊—架子牛　育肥）　交易时收益高

（母犊—后备母牛　繁殖）　尽早进入繁殖

（母牛—繁殖）发情配种一年一犊

需要技术支持：良种冻精，配种技术，疫病防治，饲料科学加工，饲养技术

图 1.10　肉牛养殖带犊繁育体系——体系中关键技术问题

1.5.3　"我们除了养母牛还能干什么？"，"因为有母牛，你们才有工作，我们才有机会在一起"

前一句话是作者 2010 年冬季在甘州区甘浚镇的一村级学习室培训农户繁殖母牛饲养的补饲技术时，一位四十多岁的老汉所说。后一句话是 2009 年 5 月在甘肃省张掖市甘州区的"繁殖母牛饲养技术培训"时作者对所培训的乡级畜牧兽医工作者所说。

张掖市甘州区农业种植主要是制种玉米，它的副产品就是父本的青秸秆和收获籽实后的干玉米秸秆，其他工矿企业很少，农村的主要收入是制种、外出务工、畜牧养殖。这里一直是养牛的优势区，30 多年的家畜改良造就了群体庞大的西杂母牛群（当地称河西肉牛，并正在打造百万头肉牛养殖优势区域），几乎每户都养母牛，少的 2 头，多的达 18 头。除了制种收入外，养母牛、培育犊牛，出售犊牛、架子牛、育肥牛是另一重要收入；养牛不仅消耗大量秸秆，而且还把秸秆（通过瘤胃）转化成肥料（还田），也为农户创造出增加收入的机会。

在我国的西北、西南、东北等地都有类似的区域，青粗饲料资源丰富，有传统的养牛历史。

图 1.11 至图 1.32 是作者对繁殖母牛养殖的考察图片，以此作为该章的结束。

图 1.11　甘州区的制种玉米父本植株可以用来调制青贮，也是青绿饲料

图 1.12　丰富的玉米秸秆资源是甘州区母牛的主要粗饲料，此外当地还有麦秸，种植青绿饲料

图 1.13　这是当地常用的秸秆处理机器，每家均有。比起秸秆揉搓设备差些，加工后可提高采食量

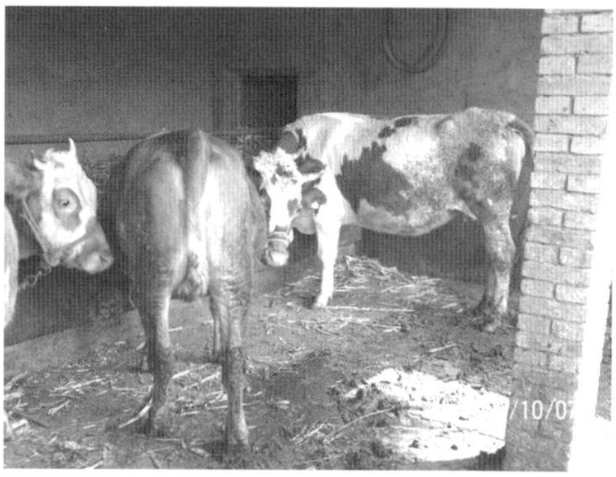

图 1.14　每家起码养殖 2 头母牛以上，大部分牛舍建在院子后，前院人居

图 1.15　典型的带犊繁育体系，根据家庭条件确定犊牛的养殖，有的犊牛养殖到 3 月龄出售，有的自己育肥出售大架子牛

图 1.16　犊牛交易（摄于甘州区甘浚镇，由于饲料和经济的关系，很多农户在犊牛 4～6 月龄就售出，每头在 2 800～3 400 元不等，取决于犊牛品种及体重）

图 1.17　作者进行的繁殖母牛补饲试验，在母牛妊娠的后 2 个月至产犊后 4 个月进行精料补饲，每头每日平均 1 kg 配合精料进行补饲，可以明显提高犊牛初生重和 60 日龄的体重，犊牛提早断奶，母牛早发情配种

图 1.18　为了提高农户的养殖水平，镇里每年都进行多次不同的技术培训，每个村的培训条件都较好，如配备多媒体

图 1.19 这是最普通的一个乡级畜牧兽医站。曾几何时，这里是唯一允许农户拉牛羊马骡进入的公家门庭，现条件改善，实行上门服务

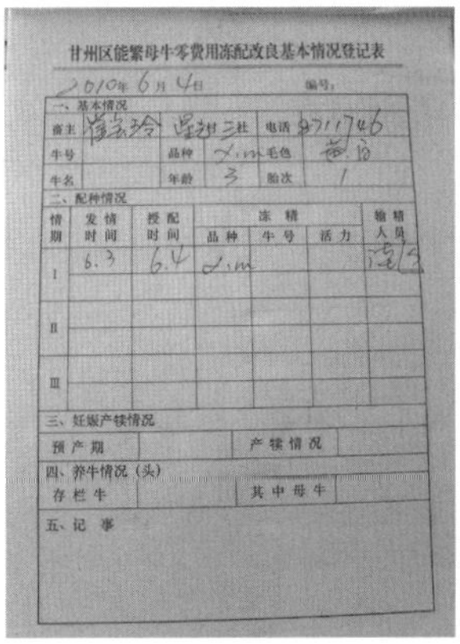
甘州区能繁母牛零费用冻配改良基本情况登记表

2010年6月4日　　编号：

一、基本情况

畜主	[illegible]	[illegible]		电话	[illegible]
牛号		品种	[illegible]	毛色	[illegible]
牛名		年龄	3	胎次	1

二、配种情况

情期	发情时间	授配时间	冻精 品种	冻精 牛号	冻精 活力	输精人员
Ⅰ	6.3	6.4	[illegible]			[illegible]
Ⅱ						
Ⅲ						

三、妊娠产犊情况

预产期		产犊情况	

四、养牛情况（头）

存栏牛		其中母牛	

五、记事

图 1.20 这是最普通的配种记录，每头母牛有一表格。甘州区对农户已免费

图 1.21 交通工具的改善，提高了时效。减少路上耗时，做到门对户服务

图 1.22 这是甘浚镇的站长，站里有 5 位工作人员服务于近 8 000 头能繁母牛及数量相当的羊、猪、禽

图 1.23 快乐地工作

图 1.24 这是补饲试验的母牛，补配合精料 1 kg/d

图 1.25　养殖技术的培训
（编者之一做动员）

图 1.26　养殖技术的培训
（编者之一做讲座）

图 1.27　课题组进行繁殖母牛补饲试验的犊牛称重

图 1.28　课题组进行繁殖母牛消化代谢试验

图 1.29　繁殖母牛养殖情况调查

图 1.30　繁殖母牛养殖情况饲料使用的调查
（编者之一）

图 1.31　张掖甘州区进行繁殖母牛比赛（2009.03.08）

图 1.32　课题组开展科技下乡活动

第2章

肉用母牛营养需要与常用饲料及其加工管理

饲料是畜牧业发展的物质基础，我国养牛业的发展，除了需要大量的优质牧草外，为提高生产性能还需要投入一定的精饲料。营养是动物的客观要求，饲料是营养物质（养分）的载体和营养素供应途径。可以用于养牛的饲料种类很多，养牛生产中饲料费用占饲养费用的70%～80%。为使养殖业不但能高产、高效，而且能获得优质的乳、肉，因地制宜尽量降低饲料的成本投入，减少不必要的浪费及消耗，有效地达到“两高一优一低耗”的目的。

2.1 肉用母牛的营养需要

牛的营养需要是指每头牛每天对水、能量、蛋白质、矿物质和维生素等营养物质的需要量。因牛的品种、生理机能、生产目的、体重、年龄和性别等不同，对营养物质的需要在数量和质量上都有很大的差别。从生理活动角度将牛的营养需要分为维持和生产两个方面，维持是指维持生命活动和保持健康所需要的营养物质，生产是指生长、泌乳、产肉、使役和妊娠所需的营养物质。

2.1.1 能量需要

肉牛要维持生命及产肉、役用等产品都要消耗能量。牛所需要的能量主要来源于饲料中的碳水化合物、脂肪和蛋白质，衡量肉牛的能量需要以“净能”来表示，即肉牛以净能体系来表示肉牛的能量需要和饲料的能值。

2.1.1.1 肉牛的能量体系

我国将肉牛的维持和增重所需能量统一起来采用综合净能表示，并以肉牛能量单位表示能量价值，缩写为RND（汉语拼音字首），英文缩写为BCEU（beef cattle energy unit）。其计算公式如下：

$$饲料综合净能值(NEmf,MJ/kg)=DE\times[(Km\times Kf\times 1.5)/(Kf+Km\times 0.5)]$$

肉牛能量单位(RND)是以 1 kg 中等玉米(二级饲料玉米,干物质 88.4%,粗蛋白质 8.6%,粗纤维 2.0%,粗灰分 1.4%,消化能 16.40 MJ/kg 干物质,Km=0.621 4,Kf=0.461 9,Kmf=0.557 3,NEmf=9.13 MJ/kg 干物质)所含的综合净能值 8.08 MJ 为一个肉牛能量单位,即 RND=NEmf(MJ)/8.08(MJ)。

2.1.1.2 生长母牛的能量需要

1. 维持需要

我国肉牛饲养标准(2000)推荐的生长母牛计算公式为:

$$NEm(kJ)=322\ W^{0.75}$$

式中,W 表示牛的体重(kg)。此公式适合于中立温度、舍饲、有轻微活动和无应激环境条件下使用,当气温低于 12℃时,每降低 1℃,维持能量消耗需增加 1%。

2. 增重需要

生长母牛的能量沉积就是增重净能 NEg,其计算公式(van Es,1978)如下:

$$NEg(kJ)=([\Delta W\times(2\,092+25.1\times W)]/[1-0.3\times\Delta W])\times 1.1$$

肉牛的综合净能需要为:

$$NEmf=(NEm+NEg)\times F$$

式中,ΔW 为日增重(kg);W 为体重(kg);F 为不同体重和日增重的肉牛综合净能需要量的校正系数,见《肉牛营养需要和饲养标准》(2000 年,中国农业大学出版社)。

2.1.1.3 繁殖母牛的能量需要

1. 空怀母牛和妊娠前期母牛的能量需要

按胎儿生长发育的实际情况,从妊娠第 6 个月开始(即 180 d),胎儿能量沉积才明显增加,因此空怀母牛和妊娠前期母牛的能量需要可按维持的能量需要供给,但对于第一胎产犊后的能量需要须在维持基础上增加 20%,第二胎产犊后增加 10%,因为要考虑母牛还在生长。

2. 妊娠后期母牛的能量需要

根据国内 78 头妊娠母牛饲养试验的结果,维持净能需要为 322 $W^{0.75}$ 的基础上,不同妊娠天数每千克胎增重需要的维持净能为:

$$NEm(MJ)=0.197\,69t-11.761\,22 \tag{2.1}$$

式中,t 为妊娠天数。

不同体重妊娠母牛的胎儿平均日增重为:

$$Gw(kg)=\frac{(15.201+0.037\,6\ W)\times 1.6\times 0.84}{142} \tag{2.2}$$

式中,Gw 为胎儿平均日增重,W 为母牛体重。

犊牛初生重与母牛体重之间的回归公式为:

$$犊牛初生重(kg)=15.201+0.037\,6\ W \quad (n=8,r=0.945\,2)$$

分娩时胎重为犊牛初生重的 1.6 倍;而妊娠后 1/2 时间胎增重占分娩时胎重的比例为

0.84；妊娠后1/2时间为142 d。根据公式(2.2)即可计算不同体重妊娠母牛的平均胎日增重。

不同妊娠天数与胎儿平均日增重关系的回归公式为：

$$胎日增重系数=0.008\ 79t-0.854\ 54 \quad (2.3)$$

式中，t 为妊娠天数。

所以，不同妊娠天数不同体重母牛的胎儿平均日增重为：

$$\begin{aligned} Gw(kg) &= (0.008\ 79t-0.854\ 54)\times\frac{(15.201+0.037\ 6\ W)\times 1.6\times 0.84}{142} \\ &= (0.008\ 79t-0.854\ 54)\times(0.143\ 9+0.000\ 355\ 8\ W) \end{aligned} \quad (2.4)$$

式中，Gw为不同妊娠天数不同体重母牛的胎日增重。

例：母牛体重为400 kg，妊娠第7个月时(210 d)，其胎日增重为：

$$Gw(kg)=(0.008\ 79\times 210-0.854\ 54)\times(0.143\ 9+0.000\ 355\ 8\times 400)=0.284$$

根据公式(2.1)和公式(2.4)即可计算不同体重母牛妊娠后期各月的用于胎儿维持净能需要，加上母牛本身用于维持的维持净能需要即为总的维持净能需要量。综合国内消化试验结果，日粮消化能浓度为10.92～12.97 MJ/kg DM时，维持净能校正为综合净能的校正系数为0.82。总的维持净能需要量乘以校正系数0.82即为综合净能(NEmf)需要量。

3. 哺乳母牛的能量需要

维持的净能需要为322 $W^{0.75}$，泌乳的净能需要为每千克4%乳脂率的标准乳3 138 kJ。根据国内测定肉用杂交母牛哺乳期各月的泌乳量，将第一至第六哺乳月的预计泌乳量按照泌乳力较好、平均、较差分别列于表2.7，以供参考。代谢能用于维持和产奶的效率相似，所以，维持和产奶净能需要都以维持净能表示。总的维持净能需要经校正后(乘以校正系数0.82)即为综合净能需要。由于第一胎次和第二胎次的母牛的生长发育尚未停止，故第一胎次泌乳期的能量需要须在维持基础上增加20%，第二胎次泌乳期增加10%。

2.1.2 肉用母牛的蛋白质需要

为了便于理解及应用，本书肉牛蛋白质需要按粗蛋白质体系确定需要量，反刍动物小肠蛋白质体系可参考《肉牛营养需要和饲养标准》(2000年，中国农业大学出版社)一书。

1. 生长母牛

维持的粗蛋白质需要(g)＝5.5 $W^{0.75}$。维持的可消化粗蛋白的需要量(g)＝3 $W^{0.75}$，200 kg体重以下用2.3 $W^{0.75}$估算。维持的小肠可消化粗蛋白的需要量(g)＝2.5 $W^{0.75}$，200 kg体重以下用2.2 $W^{0.75}$。

根据氮平衡试验结果，生长牛增重的蛋白质沉积(g/d)＝$\Delta W\times(168.07-0.168\ 69\times W+0.000\ 163\ 3\times W^2)\times(1.12-0.123\ 3\times\Delta W)$。

式中，ΔW 为日增重(kg)，W 为体重(kg)。生长公牛在此基础上增加10%。

增重的粗蛋白需要(g)＝$[\Delta W(168.07-0.168\ 69\ W+0.000\ 163\ 3\ W^2)\times(1.12-0.123\ 3\Delta W)]/0.34$。

式中，ΔW 为日增重(kg)，W 为体重(kg)。

生长母牛日粮小肠可消化粗蛋白的利用效率为 60%。幼龄时效率较高,体重 40～60 kg 可用 70%,70～90 kg 可用 65%。由此可计算出生长牛增重的小肠可消化粗蛋白质需要量。

2. 空怀母牛和妊娠前期母牛

可按维持需要供给,维持的粗蛋白质需要(g)=4.6 $W^{0.75}$,但对于第一胎产犊后的蛋白质需要须在维持基础上增加 20%,第二胎产犊后增加 10%,因为要考虑母牛还在生长。

3. 妊娠后期母牛

维持的粗蛋白质需要(g)=4.6 $W^{0.75}$。

妊娠的蛋白质需要按牛妊娠各阶段子宫和胎儿所沉积的蛋白质进行计算。妊娠 6～9 个月时粗蛋白质需要量在维持的基础上增加供给量,6 个月时为 77 g,7 个月时 145 g,8 个月时 255 g,9 个月时 403 g。

可消化粗蛋白质用于妊娠的效率按 65%计算,小肠可消化粗蛋白质用于妊娠的效率按 75%计算。

4. 哺乳母牛

维持的粗蛋白质需要(g)=4.6 $W^{0.75}$;生产需要按每千克 4%乳脂率标准乳需粗蛋白质 85 g 计算。由于第一胎次和第二胎次的母牛的生长发育尚未停止,故第一胎次泌乳期的蛋白质需要须在维持基础上增加 20%,第二胎次泌乳期增加 10%。

哺乳母牛小肠可消化蛋白质用于奶蛋白的平均效率为 0.70,泌乳的小肠可消化粗蛋白质需要量=牛奶中的蛋白质量/0.70。

2.1.3 矿物质需要

矿物质是构成骨骼和牙齿的主要成分,同时软组织和体液中也含有一定量的矿物质元素,参与体内各种代谢过程。母牛牛乳中的矿物质、维生素成分约占 1%。矿物质、维生素是母牛正常生理活动、生长发育、泌乳所必需的营养素,其缺乏明显影响繁殖性能和生产性能,见表 2.1。舍饲母牛如不饲喂矿物质、维生素添加剂,至少会引起 2 种微量元素缺乏,严重时可达 6 种。尤其在水泥地上舍饲的母牛更易造成矿物质、维生素营养不足。母牛通过采食自然饲料所获得的矿物质元素与自身所需要的差别很大,一般是钙、磷、钠、钾、镁、硫不足,铁、铜、钴、碘、锰处于临界缺乏或缺乏,锌有可能不足,硒缺或不缺,采食不能满足的部分必须用微量元素预混料进行补充。当发生常量、微量矿物质或维生素缺乏时,可以出现一种或多种症状,影响母牛的健康,造成经济损失。

表 2.1 母牛矿物质、维生素缺乏症

缺乏症	钙	磷	食盐	钠	镁	钾	硫	铁	锌	锰	铜	碘	钴	硒	维生素 A	维生素 D	维生素 E
不孕		+							+	+	+	+	+	+	+	+	+
流产		+								+	+	+		+	+		+
胎衣不下	+								+		+	+		+	+		+
生长缓慢(生长发育不良)	+	+	+	+			+		+		+		+	+	+	+	+
产奶量下降(生产性能降低)	+	+	+	+	+	+	+			+		+	+			+	
消瘦(体况不良)													+		+		
被毛、皮肤异常									+		+		+		+		
骨骼变形	+	+							+	+	+				+	+	

续表 2.1

缺乏症	钙	磷	食盐	钠	镁	钾	硫	铁	锌	锰	铜	碘	钴	硒	维生素A	维生素D	维生素E
异食癖		+	+	+		+											
食欲减退(低采食量)		+	+	+	+	+			+				+			+	
下痢											+			+	+		
青草搐搦症(低镁症)					+												
贫血								+			+		+				
肌肉营养不良(运动失调)	+				+					+	+			+	+		
视力障碍或夜盲															+		
弱蹄(腐蹄病)									+		+						

(冯仰廉等,2000)

2.1.3.1 钙、磷需要

1. 钙需要

肉牛的钙需要量(g/d)=[0.015 4×W+0.071×日增重的蛋白质(g)+1.23×日产奶量(kg)+0.013 7×日胎儿生长(g)]/0.5。

2. 磷需要

肉牛的磷需要量(g/d)=[0.028 0×W+0.039×日增重的蛋白质(g)+0.95×日产奶量(kg)+0.007 6×日胎儿生长(g)]/0.85。

2.1.3.2 食盐需要

肉牛的食盐给量应占日粮干物质的0.3%～0.5%。牛饲喂青贮饲料时,所需的食盐量比饲喂干草时多;喂高粗料日粮时要比喂高精料日粮时多;喂青绿多汁饲料时要比喂枯老粗饲料时多。

2.1.3.3 肉牛对矿物质微量元素的需要

肉牛对矿物质的需求量(表2.2),一般饲料都能满足,只有个别地区土壤中缺乏某些矿物质,才引起肉牛的矿物质供不应求。

表2.2 肉牛矿物质需要量及最大耐受量(以日粮干物质为基础)

矿物质/%	需要量		最大耐受量	矿物质/(mg/kg)	需要量		最大耐受量
	推荐量	范围			推荐量	范围	
钙	见标准	见标准	2.00	铁	50.0	50.0～100.0	1 000.0
磷	见标准	见标准	1.00	锌	30.0	20.0～40.0	500.0
钾	0.65	0.50～0.70	3.00	锰	40.0	20.0～50.0	1 000.0
钠	0.08	0.06～0.10	10.00	铜	8.0	4.0～10.0	115.0
氯	—	—	—	碘	0.5	0.2～2.00	50.0
镁	0.10	0.05～0.25	0.40	硒	0.2	0.05～0.3	2.0
硫	0.10	0.08～0.15	0.40	钴	0.1	0.07～0.11	5.0
				钼	—	—	6.0

2.1.4 维生素需要

一般情况下,成年肉牛仅需补充维生素A、维生素D和维生素E,而犊牛需要补充各种维生素。青绿饲料、酵母、胡萝卜可提供各类维生素。

(1)维生素A(或胡萝卜素)。肉用牛维生素A需要量(每千克饲料干物质中含的维生素A数量):生长育肥牛2 200 IU(或5.5 mg胡萝卜素);妊娠母牛为2 800 IU(或7.0 mg胡萝卜素);泌乳母牛为 3 800 IU(或 9.75 mg 胡萝卜素)。

(2)维生素 D。肉牛的维生素 D 需要量为每千克饲料干物质 275 IU。犊牛、生长牛和成年母牛每 100 kg 体重需 660 IU 维生素 D。

(3)维生素 E。正常饲料中不缺乏维生素 E。犊牛日粮中需要量为每千克干物质含 25 IU,成年牛为 15～16 IU。

2.1.5 肉牛对水的需要和干物质采食量

肉牛所需要的水主要来源于饮水。牛肉含水量约 64%。水占肉牛体重的 65%左右,一头育肥牛日需水 50～80 kg。

肉牛干物质进食量受体重、增重水平、饲料能量浓度、日粮类型、饲料加工、饲养方式和气候等因素的影响。干物质进食量,一般为母牛体重的 1.4%～2.7%。根据国内饲养试验结果,参考计算公式如下:

(1)生长母牛。

$$干物质进食量(kg/d)=0.062\ W^{0.75}+(1.529\ 6+0.003\ 71\times W)\times \Delta W$$

式中,W 为体重(kg),ΔW 表示日增重(kg)。

(2)妊娠后期母牛。

$$干物质进食量(kg/d)=0.062\ W^{0.75}+(0.790+0.005\ 587\times t)$$

式中,W 为体重(kg),t 为妊娠天数。

(3)哺乳母牛。

$$干物质进食量(kg/d)=0.062\ W^{0.75}+0.45\ FCM$$

式中,W 为体重,FCM 为 4%乳脂率的标准乳。

2.1.6 生长母牛和繁殖母牛的营养需要量

生长母牛和繁殖母牛的营养需要量见表 2.3 至表 2.6。

表 2.3 生长母牛的营养需要

体重/kg	日增重/kg	干物质/kg	肉牛能量单位/RND	综合净能/MJ	粗蛋白质/g	钙/g	磷/g
150	0	2.66	1.46	11.76	236	5	5
	0.3	3.29	1.90	15.31	377	13	8
	0.4	3.49	2.00	16.15	421	16	9
	0.5	3.70	2.11	17.07	465	19	10
	0.6	3.91	2.24	18.07	507	22	11
	0.7	4.12	2.36	19.08	548	25	11
	0.8	4.33	2.52	20.33	589	28	12
	0.9	4.54	2.69	21.76	627	31	13
	1.0	4.75	2.91	23.47	665	34	14

续表 2.3

体重/kg	日增重/kg	干物质/kg	肉牛能量单位/RND	综合净能/MJ	粗蛋白质/g	钙/g	磷/g
175	0	2.98	1.63	13.18	265	6	6
	0.3	3.63	2.12	17.15	403	14	8
	0.4	3.85	2.24	18.07	447	17	9
	0.5	4.07	2.37	19.12	489	19	10
	0.6	4.29	2.50	20.21	530	22	11
	0.7	4.51	2.64	21.34	571	25	12
	0.8	4.72	2.81	22.72	609	28	13
	0.9	4.94	3.01	24.31	650	30	14
	1.0	5.16	3.24	26.19	686	33	15
200	0	3.30	1.80	14.56	293	7	7
	0.3	3.98	2.34	18.92	428	14	9
	0.4	4.21	2.47	19.46	472	17	10
	0.5	4.44	2.61	21.09	514	20	11
	0.6	4.66	2.76	22.30	555	22	12
	0.7	4.89	2.92	23.43	593	25	13
	0.8	5.12	3.10	25.06	631	28	14
	0.9	5.34	3.32	26.78	669	30	14
	1.0	5.57	3.58	28.87	708	33	15
225	0	3.60	1.87	15.10	320	7	7
	0.3	4.31	2.60	20.71	452	15	10
	0.4	4.55	2.74	21.76	494	17	11
	0.5	4.78	2.89	22.89	535	20	12
	0.6	5.02	3.06	24.10	576	23	12
	0.7	5.26	3.22	25.36	614	25	13
	0.8	5.49	3.44	26.90	652	28	14
	0.9	5.73	3.67	29.62	691	30	15
	1.0	5.96	3.95	31.92	726	33	16
250	0	3.90	2.20	17.78	346	8	8
	0.3	4.64	2.84	22.97	475	15	11
	0.4	4.88	3.00	24.23	517	18	11
	0.5	5.13	3.17	25.01	558	20	12
	0.6	5.37	3.35	27.03	599	23	13
	0.7	5.62	3.53	28.53	637	25	14
	0.8	5.87	3.76	30.38	672	28	15
	0.9	6.11	4.02	32.47	711	30	15
	1.0	6.36	4.33	34.98	746	33	17
275	0	4.19	2.40	19.37	372	9	9
	0.3	4.96	3.10	25.06	501	16	11
	0.4	5.21	3.27	26.40	543	18	12
	0.5	5.47	3.45	27.87	581	20	13
	0.6	5.72	3.65	29.46	619	23	14
	0.7	5.98	3.85	31.09	657	25	14
	0.8	6.23	4.10	33.10	696	28	15
	0.9	6.49	4.38	35.35	731	30	16
	1.0	6.74	4.72	38.07	766	32	17

续表 2.3

体重/kg	日增重/kg	干物质/kg	肉牛能量单位/RND	综合净能/MJ	粗蛋白质/g	钙/g	磷/g
300	0	4.47	2.60	21.00	397	10	10
	0.3	5.26	3.35	27.07	523	16	12
	0.4	5.53	3.54	28.58	565	18	13
	0.5	5.79	3.74	30.17	603	21	14
	0.6	6.06	3.95	31.88	641	23	14
	0.7	6.32	4.17	33.64	679	25	15
	0.8	6.58	4.44	35.82	715	28	16
	0.9	6.85	4.74	38.24	750	30	17
	1.0	7.11	5.10	41.17	785	32	17
325	0	4.75	2.78	22.43	421	11	11
	0.3	5.57	3.59	28.95	547	17	13
	0.4	5.84	3.78	30.54	586	19	14
	0.5	6.12	3.99	32.22	624	21	14
	0.6	6.39	4.22	34.06	662	23	15
	0.7	6.66	4.46	35.98	700	25	16
	0.8	6.94	4.74	38.28	736	28	16
	0.9	7.21	5.06	40.88	771	30	17
	1.0	7.49	5.45	44.02	803	32	18
350	0	5.02	2.95	23.85	445	12	12
	0.3	5.87	3.81	30.75	569	17	14
	0.4	6.15	4.02	32.47	607	19	14
	0.5	6.43	4.24	34.27	645	21	15
	0.6	6.72	4.49	36.23	683	23	16
	0.7	7.00	4.74	38.24	719	25	16
	0.8	7.28	5.04	40.71	757	28	17
	0.9	7.57	5.38	43.47	789	30	18
	1.0	7.85	5.80	46.82	824	32	18
375	0	5.28	3.13	25.27	469	12	12
	0.3	6.16	4.04	32.59	593	18	14
	0.4	6.45	4.26	34.39	631	20	15
	0.5	6.74	4.50	36.32	669	22	16
	0.6	7.03	4.76	38.41	704	24	17
	0.7	7.32	5.03	40.58	743	26	17
	0.8	7.62	5.35	43.18	778	28	18
	0.9	7.91	5.71	46.11	810	30	19
	1.0	8.20	6.15	49.66	845	32	19
400	0	5.55	3.31	26.74	492	13	13
	0.3	6.45	4.26	34.43	613	18	15
	0.4	6.76	4.50	36.36	651	20	16
	0.5	7.06	4.76	38.41	689	22	16
	0.6	7.36	5.03	40.58	727	24	17
	0.7	7.66	5.31	42.89	763	26	17
	0.8	7.96	5.65	45.65	798	28	18
	0.9	8.26	6.04	48.74	830	29	19
	1.0	8.56	6.50	52.51	866	31	19

注：为简化起见，小肠可消化粗蛋白质的需要量可按表所列粗蛋白质的55%进行计算。

表 2.4　妊娠期母牛的营养需要

体重/kg	妊娠月份	干物质/kg	肉牛能量单位/RND	综合净能/MJ	粗蛋白质/g	钙/g	磷/g
300	6	6.32	2.80	22.60	409	14	12
	7	6.43	3.11	25.12	477	16	12
	8	6.60	3.50	28.26	587	18	13
	9	6.77	3.97	32.05	735	20	13
350	6	6.86	3.12	25.19	449	16	13
	7	6.98	3.45	27.87	517	18	14
	8	7.15	3.87	31.24	627	20	15
	9	7.32	4.37	35.30	775	22	15
400	6	7.39	3.43	27.69	488	18	15
	7	7.51	3.78	30.56	556	20	16
	8	7.68	4.23	34.13	666	22	16
	9	7.84	4.76	38.47	814	24	17
450	6	7.90	3.73	30.12	526	20	17
	7	8.02	4.11	33.15	594	22	18
	8	8.19	4.58	36.99	704	24	18
	9	8.36	5.15	41.58	852	27	19
500	6	8.40	4.03	32.51	563	22	19
	7	8.52	4.42	35.72	631	24	19
	8	8.69	4.92	39.76	741	26	20
	9	8.86	5.53	44.62	889	29	21
550	6	8.89	4.31	34.83	599	24	20
	7	9.00	4.73	38.23	667	26	21
	8	9.17	5.26	42.47	777	29	22
	9	9.34	5.90	47.61	925	31	23

注：为简化起见，小肠可消化粗蛋白质的需要量可按表所列粗蛋白质的55%进行计算。

表 2.5　哺乳母牛的营养需要

体重/kg	干物质/kg	肉牛能量单位/RND	综合净能/MJ	粗蛋白质/g	钙/g	磷/g
300	4.47	2.36	19.04	332	10	10
350	5.02	2.65	21.38	372	12	12
400	5.55	2.93	23.64	411	13	13
450	6.06	3.20	25.82	449	15	15
500	6.56	3.46	27.91	486	16	16
550	7.04	3.72	30.04	522	18	18

表 2.6　哺乳母牛每千克泌乳的营养需要

干物质/kg	肉牛能量单位/RND	综合净能/MJ	粗蛋白质/g	钙/g	磷/g
0.45	0.32	2.57	85	2.46	1.12

表 2.7 哺乳母牛各泌乳月预计泌乳量(4%乳脂率) kg

泌乳量	哺乳月					
	一	二	三	四	五	六
较好	10.00	9.10	8.20	7.30	6.40	5.50
平均	7.50	6.90	6.20	5.50	4.80	4.20
较差	5.00	4.60	4.10	3.70	3.20	2.80

2.2 母牛营养物质的消化与营养物质的作用

牛是反刍动物,也称复胃动物,牛的消化系统主要由胃肠道和其分泌的消化液腺体组成。牛有 4 个胃,从前向后分别称为瘤胃、网胃(又称蜂窝胃)、瓣胃和皱胃(又称为真胃)。这 4 部分在消化过程中均起着重要作用。所谓"反刍",即把吃进瘤胃的饲料再倒至口内,反复咀嚼,再吞咽下去通过网瓣胃口进入真胃。牛的消化最突出的特点是可以依靠瘤胃微生物消化粗饲料,合成牛可利用的营养物质,因此养牛要先养胃(瘤胃)。

2.2.1 瘤胃发酵

瘤胃是牛的第一胃。牛吃进的饲料首先进入瘤胃,在此发酵之后才进入后部消化道。瘤胃的体积很大,成年母牛的瘤胃体积约 150 L。瘤胃中有大量微生物,在饲料的消化中起着重要作用。瘤胃微生物包括细菌、原虫和真菌三大类。其中细菌的数量最多,1 g 瘤胃食糜中约有 100 亿个细菌、100 万个原虫。在瘤胃细菌和原虫的作用下,牛吃下的饲料首先在瘤胃中被消化。这一消化过程又叫"瘤胃发酵"。瘤胃微生物对饲料的消化作用主要表现在以下几个方面:

(1)借助于微生物产生分解酶,把碳水化合物(纤维素、半纤维素、淀粉和糖)分解为乙酸、丙酸、丁酸等挥发性脂肪酸和甲烷。

(2)饲料中的蛋白质可以部分地被分解,产生氨基酸,或进一步被分解成氨,这些产物被微生物利用,合成自身的蛋白质。同样,非蛋白氮(如尿素)也可以被分解产生氨和二氧化碳,氨可被微生物利用合成本身的蛋白质。

(3)瘤胃微生物可以合成 B 族维生素等物质。

(4)瘤胃微生物本身生长合成的蛋白质连同其他物质随着饲料被排入后部消化道,被牛消化利用。瘤胃微生物对于改善劣质饲料质量,提高饲料利用效率具有促进作用。

然而瘤胃发酵并不总是有利,如优质饼(粕)等,经瘤胃发酵反而会使饲料利用率下降,同时过多的淀粉发酵还会导致酸中毒。瘤胃微生物在发酵饲料的过程中产生了大量二氧化碳、甲烷和氨,还有少量的氢气、硫化氢、一氧化碳及其他气体。正常情况下,这些气体经呼吸道排出,当精料突然采食过多或过多采食富含皂角素的饲料时,牛不能及时排出气体,就会发生瘤胃臌胀病。

瘤胃为微生物的生长和繁殖提供了有利的环境。在良好的饲养管理条件下,牛瘤胃中发酵的干物质占瘤胃容量的 12%~16%。瘤胃微生物的数量和比例是由饲料组成特性、瘤胃内的酸碱度以及各种微生物对瘤胃环境条件的适应能力而定。为了保持瘤胃微生物的正常发酵作用及合成B族维生素、微生物蛋白质的需要，瘤胃细菌和原虫需要不断从日粮中获得营养物质，包括：

(1)能量。除纤维性物质等缓慢发酵释放的能量外，母牛还需要一定量的快速发酵释放能量的物质如糖、糖蜜或淀粉。饲养母牛的日粮必须考虑适当补饲精料，日粮有适合的精粗搭配，才能使饲料利用率达到最高值。

(2)氮源。日粮的氮源分为快速降解的氮源(如尿素)和慢速降解的氮源(如饼(粕))。两者比例合适才能使微生物的生长速度最快。

(3)无机盐。以钠、钾和磷最重要，如果饲料中使用尿素，也须考虑硫和镁，并提供其他微量元素如锌、钴(钴是合成维生素 B_{12} 的原料)。

肉牛的反刍时间每天约为 8 h，反刍时需要平静的环境。经过反刍将饲料磨碎，可使饲料暴露的表面积更大，有助于微生物对粗纤维的消化。反刍不能提高消化率，只能增加牛利用的饲料总量，因为饲料颗粒必须小到一定细度才能通过瘤胃。反刍时，每一个柔软的饲料团(即食团)从瘤胃经食管到口腔需要的时间不到 1 s。每个食团的咀嚼时间约 1 min，然后全部吞咽下去。采食优质牧草用于反刍的时间少，过瘤胃的速度快，因此采食量较大。应该牢记，牛采食的粗饲料量最多不应该超过反刍 9 h 的数量，否则容易引起消化性和营养性疾病。

2.2.2 犊牛的胃发育

犊牛出生时瘤胃最小，皱胃最大，消化过程与单胃动物相似。犊牛吃的奶经过前两个胃直接到达皱胃，皱胃分泌凝乳酶原和其他消化牛奶的酶类。如果犊牛咽得太快，牛奶就可能进入瘤胃，这时由于瘤胃的消化功能差，很容易导致消化系统疾病。当犊牛开始采食少量干物质进入瘤胃时，瘤胃才开始发育，并逐渐达到成年牛瘤胃的容积。

新生犊牛因吃奶，并由食管沟直接进入皱胃，故犊牛的皱胃发达，此时瘤-网胃的容积只有皱胃的一半(图 2.1)。至 8 周龄时瘤-网胃的容积才与皱胃相等，12 周龄时超过皱胃的 1 倍，这时瓣胃发育仍很慢。4 月龄后，随着小牛采食青草以及消化植物纤维能力的出现(主要指瘤胃，犊牛在采食青草及与母牛相伴，互相舔舌的过程中，自然接种微生物，并相继在犊牛瘤胃中繁殖起来)，前 3 个胃才迅速发育，瘤-网胃容积约达皱胃的 4 倍；至 18 月龄，瓣胃发育起来，其容积接近皱胃，这时 4 个胃的容积达到成年牛胃容积的比例。这是犊牛胃发育的一般规律，生产中不同品种、不同饲养方式、不同营养水平，尤其是提早采食青草的牛，对犊牛胃的发育以及胃黏膜结构都会有明显的影响(图 2.2)。

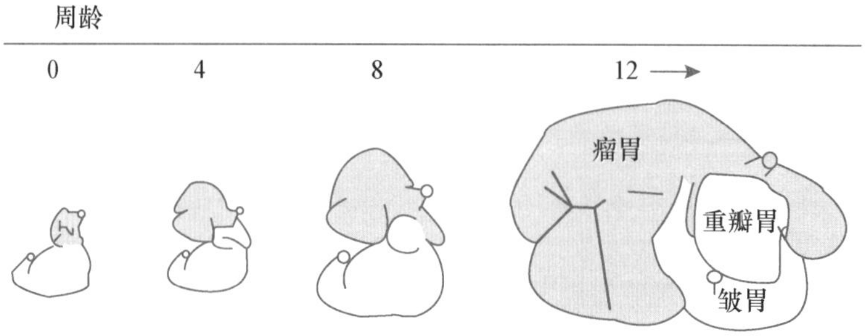

图 2.1 不同周龄犊牛瘤胃的发育

a. 哺乳和补饲干草

b. 哺乳，补饲精料和干草

图 2.2　不同饲料类型对犊牛瘤胃发育的影响

2.2.3　营养物质的作用

肉牛所需的营养物质包括能量、蛋白质、矿物质、维生素和水，但各种营养物质的需要量因其品种、年龄、性别、体重、生产目的及生产水平不同而有很大差异。要为肉牛配合日粮，除了了解营养需要外，也要了解其需要营养物质在体内的营养作用。

2.2.3.1　蛋白质

蛋白质是肉牛维持生命、生长和繁殖不可缺少的物质。在肉牛的生长发育、增膘、产奶等过程中，各部分组织都要不断地利用蛋白质来加以增长、修补和更新；精液的生成、精子和卵子的产生、乳汁的分泌都需要蛋白质。蛋白质在牛体内也可以像碳水化合物和脂肪一样，转变成热量，满足牛维持生命和肉、皮、毛生长的需要；而碳水化合物和脂肪却不能代替蛋白质的功能。因此，蛋白质是最重要的营养物质，也是牛较易缺乏的营养物质。

2.2.3.2　碳水化合物

饲料中的碳水化合物是肉牛所需能量的主要来源，以挥发性脂肪酸（乙酸、丙酸、丁酸等）和葡萄糖形式进入肉牛牛体后，氧化后变成热能，成为肉牛呼吸、运动、消化、吸收及维持体温等各种生命活动的能源。剩余的部分碳水化合物会在牛体内转变成脂肪储存起来，作为能量储备，以备饥饿时利用。碳水化合物在牛体内不能转化成蛋白质。如果碳水化合物饲料供应不足，牛体内储存的脂肪就要被动用，以用来满足牛对能量的需要。

2.2.3.3　脂肪

牛体各组织器官都含有脂肪。脂肪对牛的作用，一是供给能量和体内储存能量的最好形式；二是脂溶性维生素的溶剂，促进脂溶性维生素的吸收。脂溶性维生素 A、维生素 D、维生素 E 和胡萝卜素，必须用脂肪作为溶剂才能运送，当脂肪缺乏时，会影响这类维生素的吸收和利用。

另外，犊牛缺乏脂肪，会使其生长发育减慢，消化系统发育不良。但在一般饲料、饲草中广泛含有脂肪酸，所以一般不会缺乏。

2.2.3.4　钙和磷

牛体中的钙和磷是骨骼的主要成分。牛从胎儿生长发育时就需要大量的钙和磷，特别是泌乳期母牛和怀孕最后 2 个月的母牛需要钙和磷的量更多。

当钙、磷缺乏时，早期症状表现为食欲减少，喜欢啃食泥土、砖块、木头等物；牛与牛之间常互相舔食皮毛和咬耳朵；增重速度减慢，产乳量下降；若长期缺钙、磷或钙、磷比例不当，肉牛慢慢消瘦、生长停止，发育不正常或不发情、发情屡配不孕，会造成跛行、孕牛或哺乳母牛瘫痪，容易发生骨折等。

2.2.3.5 食盐

食盐既是调味品又是营养品。它能改善饲料的适口性，增进食欲，帮助消化，提高饲料利用率，是牛不可缺少的矿物质补充饲料之一。牛缺盐时，表现为渴求食盐，舔食有咸味的异物，食欲减退，被毛粗乱，眼无光泽，生长减慢，体重和泌乳量下降。食盐的补给量一般是：如不喂精料，可单独加在饮水中喂给，每天 20～50 g；肉牛可按精料的 1%添加。

2.2.3.6 水

肉牛饮水不足，将直接影响增重，长期缺水，将危及生命。一般哺乳期肉用犊牛采食 1 kg 干物质需水 5.4～7.4 kg；青年牛及成年牛需水量为每采食 1 kg 干物质需水 3～3.5 kg；育肥牛在以配合饲料为主时，夏秋季节每天需水 30 kg 左右。

2.2.4 母牛典型日粮配方要求

我国肉牛养殖主要以秸秆、玉米为主，营养不平衡，尤其是舍饲母牛，明显影响母牛的繁殖性能，通过补饲有明显的促生产效应，如日粮中补充蛋白质、各种矿物元素和维生素，增强瘤胃微生物活力，促进养分消化，并能满足母牛对蛋白质、矿物质和维生素的需要，改善母牛膘情，提高配种受胎率，增加母牛泌乳量，促进哺乳犊牛的生长发育。

2.2.4.1 母牛日粮配合原则

母牛不同生长阶段所需营养物质不同，饲料组成也就各有千秋，但总的原则是满足机体营养需要，既不能过多也不能过少；过多机体吸收不了，造成浪费，养殖成本提高：过少，达不到机体需要，影响生长发育。要使母牛在生产实际中获得较佳生产性能，只靠粗饲料是不可能达到的，必须对母牛进行精料补饲。母牛补饲日粮的配合应遵循以下原则：

(1)适宜的饲养标准。在实际生产中应根据实际饲养情况做必要的调整。

(2)适当的精粗比例。根据母牛的消化生理特点，适宜的粗饲料对母牛健康十分必要，以干物质为基础，日粮中粗饲料比例一般在 60%～80%，哺乳初期母牛补饲精料可高达 50%～60%。

(3)充分利用当地饲料资源。饲料种类应多样化，饲料应新鲜、无污染，对畜产品质量无影响。

(4)日粮应有一定的体积和干物质含量。所用的日粮数量要使牛吃得下、吃得饱并且能满足营养需要。

2.2.4.2 母牛典型日粮配方营养要求

农区有大量的作物秸秆，是廉价的饲料资源。但秸秆的粗蛋白质、矿物质、维生素含量低，日粮中除增加蛋白质饲料外还要注意补充食盐、小苏打等瘤胃缓冲剂及微量元素预混料。对于秸秆类型日粮进行合理营养调控，可改善饲料养分利用率。

1. 犊牛的饲料组成

犊牛是指初生后到断乳的小牛。犊牛补料的月龄主要取决于哺乳时间的长短，哺乳期一般为3～6个月；犊牛生后最初几天，各种组织器官尚未发育完全，对外界不良环境抵抗力低，适应力较弱，消化道黏膜容易被细菌穿过，皮肤保护能力差，神经系统反应不足。犊牛的饲养按其生理特点分初生期和哺乳期2个阶段，初生期为犊牛生后1～5 d，这一时期哺喂初乳，也称初乳期；5 d后哺喂常乳，称常乳期，肉用犊牛一般哺乳期为4～5个月，有的达6个月之久。

哺乳期除哺喂常乳外，开始进行补饲，特别是植物性饲料的补给可促进胃肠和消化腺发育，对瘤胃发育的影响尤为重要。补饲的营养水平高，犊牛的生长发育快。反之营养水平低，发育延缓。大量补饲高营养饲料，虽生长快，但不利于瘤胃发育，同时培育成本也高。产后15 d可训练采食精料，产后25 d可提供优质干草，让其自由采食，从50 d后开始补喂多汁饲料，3月龄以后喂青贮料。

犊牛混合精料的参考配方如下：玉米40%，饼(粕)类35%，麦麸20%，磷酸氢钙3%，食盐1%，微量元素维生素预混料1%。为预防下痢，饲料要添加抗生素。

2. 育成牛的饲料组成

犊牛6月龄结束后就进入育成期。处在幼牛阶段，由于消化机能比较差，要求粗饲料的质量要好。育成牛是小牛生长较快的时期，要保证日增重在0.43 kg以上，否则会使预留的繁殖用小母牛初次发情期和适宜配种年龄推迟。

育成牛日粮以青粗饲料为主，可不搭配或少搭配混合精料；在枯草季节应补喂优质青干草或青贮料，并适当搭配混合精料。矿物质对育成牛非常重要。钙、磷的含量和比例必须搭配合理，同时也要注意适当加微量元素。育成牛舍饲的基础饲料是干草、青草、秸秆等青粗饲料，饲喂量为体重的1.2%～2.5%，视其质量和大小而定，以优质干草为最好；在此时期，以适量青贮类饲料替换下干草是完全可以的，替换比例应视青贮料的水分含量而定。水分在80%以上的青贮料替换干草的比例为4.5∶1，水分在70%替换比例可以为3∶1；在早期过多使用青贮饲料，则小育成牛瘤胃容量不足，有可能影响生长，特别是低质青贮料更不宜多喂。

12月龄以后，育成牛的消化器官发育已接近成熟，同时小母牛又无妊娠或产乳的负担，因此，此时期如能吃到足够的优质粗料就基本上能满足营养需要；如果粗饲料质量差时要适当补喂少量精料，以满足营养需要，一般根据青粗饲料质量差异不同补饲精料1～3 kg。

育成牛参考饲料配方如下：玉米62%，糠麸15%，饼(粕)20%，磷酸氢钙2%，食盐1%，另外每千克混合精料添加维生素A 5 000 IU。

3. 空怀母牛的饲料组成

空怀母牛饲养的主要目的是保持母牛中上等膘情，以提高受胎率，繁殖母牛在配种前过瘦或过肥常常影响繁殖性能。如果精料过多而又运动不足，会造成母牛过肥，不发情；但在营养缺乏、母牛瘦弱的情况下，也会造成母牛不发情。因此舍饲条件下饲喂低质粗饲料，或放牧的冬春枯草季节，应进行补饲。对瘦弱母牛配种前1～2个月要加强营养，增加补饲精料以提高受胎率。

参考配方如下：玉米65%，饼(粕)类15%，糠麸16%，食盐1%，磷酸氢钙2%，微量元素维生素预混料1%。

4.妊娠母牛的饲料组成

母牛妊娠后,饲料要求不仅要满足本身生长发育营养需要,而且还要满足胎儿生长发育的营养需要以及为产后泌乳进行营养蓄积。母牛怀孕前几个月,由于胎儿生长发育较慢,其营养需求较少,可以和空怀母牛一样,以粗饲料为主,适当搭配少量精料。如果有足够的青草供应,可不喂精料;母牛妊娠到中后期应加强营养,尤其是妊娠的最后2～3个月,应按照饲养标准配合日粮,以青绿饲料为主,适当搭配精料,重点满足蛋白质、矿物质和维生素的营养需要,适当搭配少量的玉米、小麦麸等谷物饲料。蛋白质以豆粕质量最好,棉籽粕、菜籽粕含有毒成分,宜少喂妊娠母牛;矿物质要满足钙、磷的需要;维生素要充足以免母牛发生流产、早产、弱产及犊牛生后易发病;同时应注意防止妊娠母牛过肥,尤其是青年头胎母牛,以免发生难产。

参考配方如下:玉米50%,饼(粕)类27%,麦麸20%,磷酸氢钙2%,食盐1%。同时每天每千克饲料添加维生素A 4 000～5 000 IU。

5.哺乳期母牛的饲料组成

哺乳期母牛的主要任务是多产乳,满足犊牛生长发育所需的营养物质,哺乳母牛根据泌乳规律可以分为泌乳初期、泌乳盛期、泌乳中期和泌乳末期4个阶段。

(1)泌乳初期。通常指母牛产犊后10～15 d的阶段。此期母牛身体处于恢复阶段,产后要及时补充水分促进代谢物排出。产后2～3 d喂给易消化的优质干草,适当补饲以麦麸、玉米为主的混合精料,控制喂催乳效果好的青绿饲料、蛋白质饲料等。产犊3～4 d后可喂多汁料和精饲料,精料喂量每天不超过0.5～1 kg,增加量不宜过多,对于体质较弱的母牛在产后3 d喂给优质干草。如果体质健康,产犊后第1天就可喂给少量多汁料,6～7 d精料喂量可恢复正常水平。

(2)泌乳盛期。是指母牛产奶量最多的阶段,在产犊后16 d至2个月。这个时期母牛食欲逐步恢复正常并达到最大采食量,对日粮营养浓度要求高,适口性要好,应限制能量浓度低的粗饲料,增加精料的喂量,精粗比例在50∶50;如果日粮能量浓度较低,则可添加植物性脂肪,并相应延长采食时间。

(3)泌乳中期。是指母牛产后2个月至产后3个月的时期。此期母牛泌乳盛期已过,泌乳量下降。这一阶段,母牛采食良好,采食量达到高峰,能从正常饲料中摄取足够的营养满足自身需要,增加粗料的用量,适当减少精料的用量,将精粗比例控制在40∶60左右。

(4)泌乳末期。是母牛产后3个月以后至犊牛断奶的时期。此期应尽可能供应优质粗饲料,适当补给精料,做好断乳前准备,精粗料比例控制在30∶70左右。

母牛哺乳期精料的参考配方为:玉米60%,麦麸11%,饼(粕)类25%,磷酸氢钙2%,食盐1%,微量元素和维生素1%。

2.3 常用饲料的营养价值及其加工调制

牛常用的饲料主要有植物性饲料、矿物质饲料、特殊性饲料、动物性饲料等4大类型。以植物性饲料为基本饲料;矿物质饲料、特殊性饲料都是牛的补充饲料。

养牛生产上常用的动物性饲料主要有奶及奶制品等,主要用于培育犊牛及补充犊牛料中的蛋白质;应用较多的矿物质饲料是食盐、石粉、贝壳粉、小苏打、磷酸氢钙等,主要补充混合精料中的矿物质；而特殊饲料是为了补充日粮中某些营养物质的缺乏，有的是为了强化日粮的生产效用，有的是为了调整体内代谢，主要有微生物饲料、抗菌素饲料、尿素和过瘤胃饲料等。

植物性饲料是来源最丰富、利用最广泛的一类饲料，用于牛的植物性饲料有青绿饲料、粗饲料、多汁饲料、精饲料等。牛可利用的粗饲料主要有各种作物秸秆饲料，如玉米秸、麦秸、稻草、花生蔓等。这类饲料体积大，纤维含量高，可消化养分少，营养价值低。多数采用加工调制后，可作为粗饲料或枯草季节的补充料（填饱肚子）。

饲料的营养价值，不仅取决于饲料本身，而且还受饲料加工调制和贮存管理的影响。科学的加工调制不仅可改善适口性，提高采食量、营养价值及饲料利用率，并且还是提高养牛经济效益的有效技术手段。

2.3.1 青绿饲料

青绿饲料是指天然水分含量较大的植物性饲料，以其富含叶绿素而得名。包括天然草地牧草、栽培牧草、田间杂草、幼枝嫩叶、水生植物及菜叶瓜藤类饲料等。常见的青绿饲料有天然牧草（野草）、栽培牧草（主要有苜蓿、三叶草、草木樨、紫云英、黑麦草、苏丹草、青饲玉米等）、树叶类饲料（槐树、榆树、杨树等的树叶）、叶菜类饲料（苦荬菜、聚合草、甘蓝等）、水生饲料（水浮莲、水葫芦、水花生、绿萍等）。青绿饲料具有来源广、成本低、采集方便、加工简单、营养较全面等优点，其重要性甚至大于精、粗饲料。

青绿饲料是处于青绿状态的饲料，中国的青绿饲料资源很丰富，有 4 亿 hm^2 草地和农作物收获后的鲜秸秆及广泛的山区或平原的闲散青绿饲料植物。处于青绿状态的饲料，特点是含水率较高，通常在 80%以上，青绿饲料的粗纤维含量介于精饲料与粗饲料之间。

2.3.1.1 青绿饲料的营养特点

不同种类的青绿饲料之间营养特性差别很大，即使是同一种青绿饲料在不同生长阶段，其营养价值也有很大差别，如青绿饲料粗纤维含量较低，消化率比较高；维生素含量高，而粗饲料几乎不含维生素，谷物饲料维生素含量也不高，以青绿饲料为基础日粮，通常不需补充维生素；青绿饲料矿物元素含量也高，以青绿饲料为基础日粮可以不补充（或仅少量补充）矿物元素（微量元素）。因此，如何发挥青绿饲料与秸秆饲料的营养互补作用，其关键在于“科学利用”。

（1）蛋白质含量丰富。青绿饲料禾本科牧草和蔬菜类饲料的粗蛋白质含量在 1.5%～3%，豆科青绿饲料的蛋白质含量在 3.2%～4.4%，按干物质计算，前者为 13%～15%，后者为 18%～24%，不仅如此，青绿饲料的赖氨酸、色氨酸和氨化物的含量也较多，所以青绿饲料生物学价值较高，较一般籽实饲料高出 20%～30%。青绿饲料含有丰富的蛋白质，用其作为肉牛的基础日粮能满足各种生理状态下肉牛对蛋白质的相对需要量。如以干物质计算，青绿饲料中粗蛋白质含量比禾本科籽实中的还要多，例如苜蓿干草中粗蛋白质含量为 20%左右，相当于玉米籽实中粗蛋白质含量的 2.5 倍，约为大豆饼的一半。由于青绿饲料都是植物体的营养器官，其中所含的氨基酸组成也优于禾本科籽实，尤其是赖氨酸、色氨酸等含量更高。因此，青绿饲料的蛋白质生物学价值较高；一般为 70%～80%，远远高于其他植物饲料。

（2）富含多种维生素。青绿饲料中含有丰富的维生素，尤其是胡萝卜素含量高，为 50～80 mg/kg；此外，青绿饲料中 B 族维生素，维生素 E、维生素 C、维生素 K 的含量较高，是各种维生素的廉价来源。如日粮中经常保证有一定的青绿饲料，则基本上能满足肉牛维生素的营养需要(但青绿饲料不含维生素 D,需要从其他饲料补充)。

(3)适口性好。青绿饲料柔软多汁,纤维性物质含量较低,适口性好,能刺激肉牛采食量;青绿饲料中含有较多的无氮浸出物,占干物质的 40%～50%,易被母牛消化吸收,且具有刺激牛消化液分泌的作用,在日粮中加入青绿饲料后,会提高整个日粮的利用率。所以青绿饲料既可视为母牛的保健调养性饲料,又可成为母牛的基本饲料。此外,青绿饲料还含有各种矿物质,其种类和含量因植物品种、土壤条件、施肥情况等不同而不同。青绿饲料的矿物质含量高,占饲料鲜重的 1.5%～2.5%,是母牛的矿物质的良好来源,牧草的钙含量为 0.4%～0.8% DM(干物质),磷含量为 0.2%～0.35% DM,钙、磷比例为 1∶1 至 1∶2,符合牛对钙磷的比例要求,一般以青绿饲料为主饲喂的母牛不易出现钙的缺乏症。

(4)体积大,水分含量高。含水量高,陆生植物的水分含量在 75%～90%,而水生植物的水分在 95%左右,因此这类饲料的干物质含量和能量含量低。一方面,它是肉牛摄入水分的主要途径之一;另一方面,也反映了青绿饲料的营养浓度较低,特别是消化能每千克鲜重仅含 1 250～2 500 kJ。因此,仅以青绿饲料满足肉牛所有的营养是不够的,应注意与能量饲料、蛋白质饲料配合使用,青饲补饲量不要超过日粮干物质的 20%。

2.3.1.2 青绿饲料的种类及其利用

青绿饲料种类多、数量大、分布广,是饲料中的一个大家族,青绿饲料种类根据种植情况有 3 类。

第一类是人工种植的饲料作物,如黑麦草、紫云英、三叶草、聚合草、甘薯、甜菜、子粒苋等;

第二类是农作物副产品,如甘薯藤、甜菜叶、白菜帮、萝卜缨、南瓜藤等;

第三类是采集的野生饲料,如葛藤、马齿苋、蒲公英、水葫芦、绿萍、鸭跖草、槐叶、柳叶、榆叶、紫穗槐叶等。

牛利用青绿饲料有两种方式:一是放牧,牛在牧地上采食鲜嫩的青绿饲料,除有毒植物外,牛都可以采食,包括各种新鲜野草,栽培牧草以及各种枝叶等;二是舍饲,多利用青刈牧草,干草、青贮饲料等。

1.牧草

牧草大体上分为天然牧草和人工栽培牧草两大类。天然牧草系指草原牧草、田(林)间杂草及路边野生牧草,是牧区、农区养牛重要的饲草资源。这类牧草以禾本科、豆科、菊科、莎草科、藜科等分布广,利用多。天然牧草单位面积产草量不高,而且产草量及草的营养价值随季节的变换差异较大。其干物质中以无氮浸出物含量最高,占 40%～50%,粗纤维 25%～30%,粗蛋白质 10%～15%。除维生素 D 外,其他维生素含量丰富;矿物质中钙的含量一般比磷高,但钙、磷比例适度。

栽培牧草是指将单位面积产量高、营养价值较全、牛羊喜食的牧草,经人们有意识、有计划地加以栽培和种植。栽培牧草多以禾本科和豆科牧草为主,其用途有专作饲料的,也有饲料和绿肥兼用的,栽培有单种和混播两种方式。栽培的品种主要有:苏丹草、燕麦草、苜蓿、毛叶苕子、草木樨、紫云英、三叶草、沙打旺、聚合草等。栽培牧草除部分鲜饲外,多制成干草或加工成草粉,以供冬季饲草缺乏时调剂使用。

无论是天然牧草还是栽培牧草,其利用都存在一定的实际问题,并注意以下几点。

(1)利用要适时。一般在植物抽穗开花之前利用比较适宜,此时牧草正处于生长旺盛期,不但产草量高,蛋白质、维生素及其他营养含量较丰富;而且牧草柔软多汁,粗纤维和木质素含量低，适口性好，容易消化。在此之前，牧草低矮，产草量低，不利于母牛采食和人工收获，也不利于牧草的再生。而错过花期，牧草变老，木质化很快，虽产草量较高，但营养含量、适口性、消化率都将大大下降；因此牧草在利用上有较强的时间性。

(2)放牧要合理。对天然草场而言，过度放牧导致牧草退化已成为一个严重的问题。为了合理利用草场，开发牧草资源，应建立严格的牧场管理制度，实行划区轮牧。

(3)喂量要适宜。青绿饲料有许多优点，母牛特别喜食，加之来源广泛，成本低廉，一些地区农户在缺乏一定的科学饲养知识的情况下大量饲喂母牛，这是一种错误的做法，因为青绿饲料水分含量高，体积大，肉牛采食后虽有饱感，但因其干物质及其他养分的摄食不足，反而不利于母牛生长潜力的发挥。

(4)要防止中毒及其他疾病。天然牧草品种繁杂，难免夹杂一些有毒有害植株，在放牧肉牛时要事先检查，防止毒草中毒。栽培牧草在收获后要及时饲喂或妥善保存，防止发生霉变引起中毒。农区田(林)间杂草和野草利用时，应防止肉牛误食喷洒过农药的草，以免引起农药中毒。

2. 青刈饲料

青刈饲料是人工播种、专供牛羊饲用的青饲作物。常见的品种有青刈玉米、青刈高粱、箭舌豌豆、雀麦、燕麦、黑豆、蚕豆和甜菜等。其青刈时间相对较长，如青刈玉米在抽穗、乳熟、蜡熟、成熟期均可；箭舌豌豆在嫩苗、花前、花初、盛花、花后均可。青刈饲料应随饲随割，争取鲜饲，若刈后喂不完或来不及饲喂，则应摊开或架起存放。

宜作青刈饲料的作物必须具备以下条件：①能适应当地气候条件，耕作简单，可纳入粮草轮作计划。②播种期长，生长期短，生长发育旺盛，单位面积营养物质产量高，刈割后再生力强。③株高叶茂，粗纤维少，木质化慢，适口性好。

青刈饲料作物的利用应掌握好青刈时间，不同作物在其不同生长阶段的养分含量及消化率差异很大。我国常用的几种青刈饲料作物有青刈玉米(青饲玉米)、青刈高粱、雀麦、燕麦、黑豆、箭舌豌豆、蚕豆、饲用甘蓝和甜菜等。

(1)青刈玉米、高粱。在禾本科青绿饲料中以青刈玉米品质最好，老化晚，饲用期长，晚些收获干物质单位面积产量增加。青刈玉米柔软多汁，适口性好。青刈高粱也是牛的好饲料，特别是甜高粱。

(2)青饲大麦、燕麦。青饲大麦是优良的青绿多汁饲料，生长期短、分蘖力强，再生力强。通常于孕穗至开花期收割饲喂，开花期以后老化，品质下降。

燕麦叶多茎少，叶宽长，柔软多汁，适口性好，是一种很好的青绿饲料。收获期对营养成分影响不大，从乳熟期至成熟期均可收获。

(3)黑麦草。适于在我国河南、河北、陕西、山东等地栽培，特点是生长快，分蘖力强，茎叶柔软光滑，品质好，适口性也好。一年可作多次收割。饲喂牛应在抽穗前或抽穗开花期收割。按干物质计算，多年生黑麦草每千克含综合净能 0.83 个肉牛能量单位，粗蛋白质 17.3%，可消化粗蛋白质 12.7%，粗纤维 25%，钙 0.78%，磷 0.25%，是禾本科牧草中可消化物质较高的一种牧草。

(4)无芒雀麦。多年生草本植物，抗旱、耐寒、耐碱。由于分蘖力强，耐践踏，故适于放牧利用。适时刈割其营养价值接近豆科牧草。按干物质计，无芒雀麦每千克含综合净能 0.84 个肉牛能量单位，粗蛋白质 27.9%，可消化粗蛋白质 17.9%，粗纤维 23%，钙 0.64%，磷 0.34%。

(5)苜蓿。为豆科多年生草本植物,品质好,产量高,适应性强,不论青饲、放牧或调制干草均可利用,被誉为"牧草之王"。苜蓿粗蛋白含量高,消化率可达70%~80%。另外,苜蓿富含多种维生素和微量元素,同时还含有一些未知促生长因子,对母牛泌乳均具良好作用。苜蓿一年可收割几茬,但苜蓿茎木质化比禾本科草早且快。通常认为有1/10~1/2植株开花时收割适宜。

(6)青刈豆苗。包括青刈大豆、青刈秣食豆、青刈豌豆和青刈蚕豆等,是很好的一类青饲作物。与青饲禾本科作物相比,蛋白质含量高,且品质好,营养丰富,适时刈割的豆苗茎叶鲜嫩柔软,适口性好,富含蛋白质和各种氨基酸,胡萝卜素、维生素 B_1、维生素 B_2、维生素C和各种矿物质含量也高。刈割越早品质越好,但产量低。通常在开花至荚果形成时期刈割,此时茎叶生长繁茂,干物质产量最高,品质也好。可整喂或切短饲喂,但过多采食易患臌胀症,应与其他饲料搭配饲喂为宜。除供青饲外,在开花结荚时期刈割的豆苗,还可供调制干草用,但应注意如带荚,则含有大量抗营养因子,生喂往往产生负效果,最好进行熟化或钝化处理。秋季调制的干草,颜色深、品质佳,是牛的优良越冬饲料。也可制成草粉,作为牛配合饲料的原料。

(7)草木樨。既属优良豆科牧草,又属重要的水土保持和蜜源植物。草木樨作饲料可青饲、青贮和放牧,也可调制干草。按干物质计,草木樨每千克含综合净能0.52个肉牛能量单位,粗蛋白质19%,钙2.74%,磷0.02%。草木樨含香豆素,但含量有别,以无味草木樨适口性较佳。草木樨保存不当易发生霉烂,霉烂时香豆素可在霉菌作用下产生双香豆素,使维生素K失效,从而导致动物因外伤、去势、去角等血流不止,严重时还会引起动物死亡。

(8)紫云英。紫云英又称红花草,是豆科黄芪属一年生或越年生草本植物。我国长江流域及以南各地均广泛栽培,属于绿肥、饲料兼用作物。喜温暖气候,生长适宜温度为15~20℃,气温较高地区生长不良。紫云英鲜嫩多汁,适口性好,牛喜欢采食。现蕾期营养价值最高,以干物质计,粗蛋白质含量为31.76%,粗脂肪含量为4.14%,粗纤维含量为11.82%,无氮浸出物含量为44.46%。由于现蕾期产量仅为盛花期的53%,就营养物质总量而言,则以盛花期刈割为佳。盛花期后虽粗蛋白含量减少,粗纤维含量增加,但总的养分含量仍比一般豆科牧草高。紫云英可青饲、青贮或制成干草粉,均是养牛的好饲料。

(9)苕子。苕子是一年生或越年生豆科植物,在我国栽培的主要有普通苕子和毛苕子2种。普通苕子又称春苕子、普通野豌豆、普通舌豌豆等。毛苕子又名冬苕子、毛野豌豆等,是水田或棉田的重要绿肥作物。

普通苕子干物质中粗蛋白质含量为18.6%,粗脂肪含量为2.5%,粗纤维含量为26.9%,无氮浸出物含量为41.7%,粗灰分含量高达10.3%。普通苕子营养价值较高,茎枝柔嫩,生长茂盛,叶多,适口性好,是各类家畜喜食的优质牧草。既可青饲,又可青贮、放牧或调制干草。

毛苕子干物质中粗蛋白质含量为23.1%,粗脂肪含量为2.8%,粗纤维含量为27.5%,无氮浸出物含量为34.6%,粗灰分含量高达12.0%。毛苕子生长快,茎叶柔嫩,可青饲、调制干草或青贮。毛苕子蛋白质和矿物质含量都很丰富,无论鲜草或干草,适口性均好。普通苕子或毛苕子的籽实中氰苷经水解酶分解后会释放出氢氰酸,饲用前须浸泡、淘洗、磨碎、蒸煮,同时要避免大量、长期、连续使用,以免中毒。

(10)沙打旺。沙打旺又叫直立黄芪、苦草,在我国北方各省均有分布。沙打旺适应性强,产量高,是饲料、绿肥、固沙保土等方面的优良牧草。

沙打旺的茎叶鲜嫩,营养丰富,是各种家畜的好饲料。以干物质计算,沙打旺粗蛋白质含量为23.5%、粗脂肪含量为3.4%、粗纤维含量为15.4%、无氮浸出物含量为44.3%。但沙打旺为黄芪属牧草，含有硝基化合物，有苦味，微有毒性，大量鲜喂会使牛小肠黏膜出现出血点。干制后可避免。饲喂时沙打旺与玉米或其他禾本科作物和牧草青贮，可改善适口性。

(11)黑麦。黑麦是禾本科黑麦属一年或越年生草本植物，在我国南方、北方推广面积均较大，适应性广，耐旱、抗寒、耐瘠薄，分蘖再生能力强，生长速度快，产量高。黑麦具有营养丰富全面、适口性好和饲用价值高等优点，干物质中粗蛋白质占18%，尤其是赖氨酸含量较高，是玉米和小麦的4～6倍，脂肪含量也高，并含有丰富的铁、铜和锌等微量元素和胡萝卜素。黑麦以秋播为主，一般冬前不青割，待翌年3月初进入旺盛生长期开始青割，直到夏播前还可青割2～3次，每次青割留茬7～10 cm，最后一次麦收时刈割，但不留茬。随着黑麦物候期的延长，植株逐渐老化，粗蛋白质含量逐渐下降，头茬饲草粗蛋白含量高，可以作为蛋白质饲料使用。除了利用其青饲外，也可制作青贮或晒制青干草。

(12)象草。又称紫狼尾草，原产于热带非洲，在我国南方各省区有大面积栽培。象草产量高、管理粗放、利用期长，已成为南方青绿饲料的重要来源。象草营养价值较高，茎叶干物质中含粗蛋白质10.58%、粗脂肪1.97%、粗纤维33.14%、无氮浸出物44.70%、粗灰分9.61%。象草主要用于青刈和青贮，也可以调制成干草备用。适时刈割，柔软多汁，适口性好，利用率高，是牛的好饲草。

此外，鸡脚草、牛尾草、羊草、披碱草、苏丹草、三叶草、金花菜等鲜草既可直接饲喂母牛，也可以调制成干草或制作青贮。

3.叶菜类及非淀粉质根茎类饲料

这类饲料多是蔬菜和经济作物的副产品。其来源广，数量大，品种多。用作饲料的菜叶主要有萝卜叶、甘蓝叶、甜菜叶等；而根茎类主要包括直根类的胡萝卜、白萝卜及甜菜等(不包括薯类)。菜叶类由于采集与利用时间上的差异，其营养价值差别很大。这类饲料的共同特点是：质地柔软细嫩，水分含量高，一般为80%～90%，干物质含量较少，干物质中蛋白质含量在20%左右，其中大部分为非蛋白氮化合物。粗纤维含量少，能量不足，但矿物质丰富。

菜叶饲料应新鲜饲喂，如一时不能喂完，应妥善贮存。防止一些硝酸盐含量较高的菜叶如白菜、萝卜、甜菜等由于堆放发热而致硝酸盐还原为亚硝酸盐，从而发生亚硝酸盐中毒现象。已经还原变质的饲草不得饲喂肉牛，以防中毒。

(1)聚合草。属多年生草本植物，是一种以叶为主的饲草，产量高，适应性强，利用期长，营养丰富为其特点。聚合草具有黄瓜香味，牛喜食，因鲜草叶面生有短刚毛，整叶鲜喂适口性较差，但切碎或打浆后混入精料中饲喂效果较好。聚合草的营养成分按干物质计，每千克含0.6～0.7个肉牛综合净能单位，粗蛋白质24.3%，粗纤维29.1%，钙1.98%，磷0.34%。

(2)饲用甜菜。干物质中主要是糖类，蛋白质1%～2%，纤维少，适口性强，矿物质中钾盐较多呈硝酸盐形式，因此熟喂时，不应放置过久，以防中毒。一般饲喂时洗净切碎，喂量每天每头牛30～40 kg。

(3)非淀粉根茎类。主要包括胡萝卜、白萝卜、菊芋、蕉藕等。该类饲料产量高，耐贮存。水分含量高，粗纤维、粗蛋白、维生素含量低(除胡萝卜外)为其特点。

胡萝卜含丰富的胡萝卜素，一般多作为冬季调剂饲料。干物质13%左右，含可溶性糖类多，纤维素较少，蛋白质含量不多，胡萝卜常用作肉牛的饲料，主要用以补充所需的胡萝卜素。一般喂量每天每头成年母牛最高25 kg；储藏时，最好用沙埋法，可防腐烂和营养损耗。

(4)瓜类饲料。水分最多,占鲜重的 90%~95%。干物质中,含可溶性糖类和淀粉多,纤维素较少,黄色瓜类富含胡萝卜素。试验证明,瓜类饲料是促进母牛泌乳的极好饲料,有不可替代的营养作用。目前栽培最多的是饲用南瓜,产量比食用南瓜多1倍,早熟又高产。

(5)藤秧类。主要有南瓜藤、丝瓜藤、甘薯藤、马铃薯藤、豆角秧、豇豆秧、豌豆秧及花生秧等,其营养特点和菜叶类基本相似。

4. 树叶类饲料

用树叶嫩枝作饲料,在我国已较普遍。有的已形成工厂化生产,加工各种叶粉,可用作饲料的树种有:刺槐、榆树、桑树、桐树、松树、白杨、箣条、柠条等。树叶饲料含有丰富的蛋白质、胡萝卜素和粗脂肪。营养价值随树种和季节不同而变化。树叶饲料常含有单宁,含量在 2% 以下时,有健胃收敛作用;超过限量时,对消化不利。树叶饲料的采集比较费事,但这类饲料与人类不争粮食,值得大力开发。

(1)紫穗槐、刺槐叶。紫穗槐叶粉约含粗蛋白质 23.2%,粗脂肪 5.01%,无氮浸出物 39.3%,钙 1.76%,磷 0.31%;刺槐叶粉含粗蛋白质 19.1%,粗脂肪 5.4%,无氮浸出物 44.6%,钙 2.4%,磷 0.03%。两者富含多种维生素(尤以胡萝卜素和维生素 B_2 含量高)。采集季节不同,槐叶质量不同。一般春季质量较好,夏季次之,秋季较差。但过早采集影响林木生长,因此,科学采集时间宜在不影响林木生长的前提下尽量提前。北方可在 7 月底、8 月初开采,最迟不超过 9 月上旬。采集过迟,绿叶变黄,营养价值大幅度下降。

(2)苹果树叶、橘树叶、桑叶。苹果枝叶来源广、营养价值高,一般含粗蛋白 9.8%,粗脂肪 7%,粗纤维 8%,无氮浸出物 59.8%,钙 0.29%%,磷 0.14%。

橘树叶粗蛋白含量较高,同时每千克橘树叶约含维生素 C 150 mg,并含单糖、双糖、淀粉和挥发油,橘树叶具舒肝、通气、化痰、消肿解毒等药效。

鲜桑叶含粗蛋白 4%,粗纤维 6.5%,钙 0.65%。桑树枝、叶营养价值接近,宜鲜用,否则营养价值下降。叶枝量大时,可阴干贮藏供冬季饲用。

(3)松叶。松叶主要是指马尾松、黄山松、油松以及桧、云杉等树的针叶。马尾松针叶粗蛋白 6.5%~9.6%,粗纤维 14.6%~17.6%,钙 0.45%~0.62%,磷 0.02%~0.04%。松叶富含维生素、微量元素、氨基酸、植物激素等。针叶一般以每年 11 月至翌年 3 月采集较好,其他时间因针叶含脂肪和挥发性物质较多,易对牛胃肠和泌尿器官产生不良影响。采集时应选嫩绿肥壮松针,采集后避免阳光暴晒,采集到加工不应超过 3 d。

5. 水生饲料

主要指水浮莲、水葫芦、水花生、红萍、水芹菜和水竹叶等。水生饲料具有质地柔软、生长快、产量高、利用时间长、能充分利用水面等优点。但营养价值相对较低,生喂易感染蛔虫、姜片吸虫和肝片吸虫等传染性寄生虫病,因此饲喂时应注意消毒和合理搭配,以提高其营养价值,用其喂牛,应定期驱虫。

2.3.1.3 青绿饲料的合理利用和应注意的问题

青绿饲料除加工成草制品(干草、青贮、草粉、草颗粒、草捆等)外,在生产中还是以鲜喂为主。牛可大量利用青绿饲料,尤其是母牛养殖。但是青绿饲料不能作为牛唯一的饲料来源。合理的搭配青绿饲料,才能降低饲养成本,又能取得良好的生产效益。要使青绿饲料得到理想的饲喂效果,必须注意以下几个方面的问题:①注意多样搭配,青干搭配、营养互补,适当晾晒和精细采集,注意在最佳营养期收割饲喂。②青绿饲料粗纤维、木质素含量少,不利于牛羊反刍，用于喂牛羊等反刍家畜时应适当补饲优质青干草，一般夏秋季补干草占日粮的30%，冬季补干草占日粮的70%；对水分较大的牧草如菊苣等叶菜类，应晾晒至水分降到60%以下再喂，否则易引起母牛、犊牛拉稀。③青绿饲料中的营养物质，以叶片中含量最多，叶柄次之，茎秆最少。如苜蓿75%～80%的粗蛋白存在于叶片中，比茎秆中的含量高1.5倍，但叶片中粗纤维含量却比茎秆少一半；因此，在收割采集、运输、贮存青绿饲料时，一定要注意保存叶片。④不同的牧草品种其营养特点不同，若单独饲喂易导致营养偏失。禾本科牧草富含碳水化合物，豆科牧草富含蛋白质，叶菜类牧草富含维生素、矿物质等；单喂禾本科草易导致矿物质缺乏，单喂豆科牧草会引发臌胀病。因此应注意合理搭配。

1. 适时刈割

青绿饲料的营养价值受土壤、肥料、收获期和气候等因素的影响。土壤地区性缺乏微量元素会使饲料中缺乏某些微量元素而造成母牛某些微量元素缺乏症，如内陆地区土壤缺碘易引起母牛甲状腺肿大，又如东北土壤缺硒易引起母牛缺硒；收获过早，饲料幼嫩，含水分多，产量低、品质差；收获过晚，粗纤维含量高，消化率下降；多雨地区土壤受冲刷，钙质易流失，饲料中钙含量低。所以应当适时收割，并针对地域性补充矿物质饲料及微量元素。

适时刈割。青绿饲料营养价值变动大，青绿饲料的老嫩决定着其营养价值的高低。植物生长早期营养价值较高、但产量较低。生长后期，虽干物质产量增加，但由于纤维素含量增加，木质化程度提高，营养价值下降。柔嫩的青绿饲料营养丰富，易消化；而老的植株则纤维化程度高，营养转化为不易吸收的木质素和纤维素，降低了利用效率。青绿饲料品种不同，利用方法不同，其最佳利用时间是不一样的，禾本科一般在孕穗期（图2.3b，c），豆科则在初花（花蕾期）至盛花期（图2.3d），叶菜类牧草应在叶簇期收割（图2.3a），此时蛋白质、维生素等各种营养物质含量最高。

青绿饲料的饲用力求新鲜，合理搭配。青绿饲料直接鲜喂应适当提前刈割，青贮利用和晒制干草则应适当推迟。青草和叶菜类应保持新鲜，堆放过程中容易腐烂，产生有害健康的亚硝酸盐类，宜随割随喂。注意青粗搭配和适当晾晒（图2.5），青绿饲草不宜单独饲喂，一定要补充和掺入适量干青草、谷物饲料（玉米、高粱等）和蛋白质饲料（豆饼、花生饼等）（图2.4a，b，c，d，e）。

图2.3a 青绿饲料的合理收刈
——叶菜类

图2.3b 青绿饲料的合理收刈
——人工种植黍类

图 2.3c　青绿饲料的合理收刈
——禾本科草

图 2.3d　青绿饲料的合理收刈
——苜蓿草

图 2.4a　青绿饲料的搭配
——与糠麸类

图 2.4b　青绿饲料的搭配
——与秸秆类混合

图 2.4c　青绿饲料的搭配
——青草与秸秆类

图 2.4d　青绿饲料的搭配
——藤蔓与秸秆类

图 2.4e 青绿饲料的搭配
——青秸秆与麦秸

图 2.5 某些牧草需要晒干后才能利用
如苜蓿草

2. 注意训饲，更换时注意过渡

当母牛的日粮由其他饲草更换为青草时须有 7～10 d 的过渡期，即每天逐渐增加青草喂量，切莫突然大幅度更换，否则轻者造成母牛拉稀，严重时引起臌胀，造成死亡。如苜蓿等豆科牧草含有皂角素，母牛大量采食鲜嫩苜蓿后，可在瘤胃内形成大量泡沫样物质，引起臌胀，严重时甚至引起死亡。

对有些适口性差、有异味的牧草，如串叶松香草，初次饲喂时应进行训饲，首次掺的量在 20%左右，以后逐渐增多，一般经 3～5 d 训饲，多能适应，此时可足量投喂。为减少牛择食嫩茎叶而丢弃粗老茎秆造成的损失，饲喂时可适当切断，以 8～10 cm 为宜。青绿饲料的饲喂量因牛的体重不同而不同，一般每日每头青绿饲料适宜喂量大致为体重的5%～8%。

3. 注意堆放保存

青绿饲料含水分高，刈割后细胞并未死亡，继续进行呼吸代谢等作用，并产生热量，所以在气温较高时(大于 20℃)必须注意堆放厚度。通常应摊开，厚度不要超过 20 cm，并且不宜严密覆盖和挤压，否则易发热变质，牛吃了会引起消化系统疾病。变质饲草的营养也大幅度被破坏损耗。所以收割后的牧草切忌堆置，应摊开晾晒，厚度小于 20 cm，以免发热霉败，暂时吃不完的要晒制成干草。

同时当气温低于－5℃时，含水分多的青绿饲料容易冻结，牛吃大量冰冻饲料会造成瘤胃温度大幅度下降，消化能力降低，消化紊乱，拉稀，孕牛会导致流产等。

4. 注意防中毒

牛对草的选择性不强，一般会误食毒草，在放牧时要事先仔细检查，以防食入毒草引起中毒。栽培牧草在收获后要及时饲喂或妥善保存(如摊开或架起)，以防发生霉变而引起中毒。喷洒过农药的牧草要严禁喂牛，以防农药引起中毒。给农作物、树木和果园喷洒农药时，其田间、林间和园间的杂草万万不可喂牛。早春季节肉牛放牧或饲喂大量豆科牧草、幼嫩牧草、带霜牧草或有露水的牧草，都会引起瘤胃臌气的发生，应予以预防。

(1)防止亚硝酸盐中毒。青绿饲料如蔬菜、饲用甜菜、萝卜叶、芥菜叶、油菜叶等均含有硝酸盐，硝酸盐本身无毒或低毒，但是在细菌作用下，硝酸盐可被还原为有毒的亚硝酸盐。青绿饲料堆放时间长，发霉腐败、加热或煮后放置过夜均会促进细菌的作用。因此，在上述情况下应注意防止亚硝酸盐中毒。亚硝酸盐中毒症状表现为不安、腹痛、呕吐、吐白沫、震颤、呼吸困难、血液呈酱油色等症状，可用1%美蓝溶液注射，每千克体重1～2 mL解毒。

(2)防止氢氰酸中毒。青绿饲料中一般不含有氢氰酸，但在高粱幼苗、玉米苗、马铃薯幼芽、亚麻叶、蓖麻籽饼、南瓜蔓等中含有氰苷配糖体(氰甙)。含氰苷配糖体的饲料经过堆放、发霉或霜冻枯萎，在植物体内特殊酶的作用下，通过植物体内脂解酶的作用被水解生成氢氰酸，或在瘤胃中经瘤胃微生物作用，氰苷水解生成氢氰酸，氢氰酸进入血液引起中毒。因此，以上牧草的幼苗不能喂牛羊，一般要长到抽穗后或植株达1.5 m以上再收割第一茬。氢氰酸对牛有较强的毒性，中毒症状表现为腹痛、胀痛、呼吸困难，呼出气体有苦杏仁味，站立行走不稳，黏膜呈白色或带紫色，牙关紧闭，最后因呼吸麻痹而死亡。可用1%亚硝酸钠或1%美蓝溶液肌肉注射解毒。

(3)防臌气病。苜蓿、红三叶、白三叶、草木樨等豆科牧草的蛋白质品质好，富含维生素、钙和微量元素，适口性好，但青绿时尤其是幼嫩阶段含有皂素，牛羊饲喂过多，在瘤胃中产生大量的泡沫，易发生瘤胃臌气病，应特别注意；放牧前先喂以干草，露水未干前缓放牧，一次采食量不可过大；如豆科牧草和禾本科牧草混播，也可防止或减少臌气病的发生。

(4)其他中毒症。

①防止草木樨中毒。草木樨和三叶草本身不含有毒物质，但含香豆素，当草木樨霉变或在细菌作用下香豆素变为双香豆素，后者对维生素K有颉颃作用，易造成中毒，主要发生在牛。草木樨中毒常见的症状表现为血凝时间变慢，皮下出现血肿，鼻流出血样泡沫。出现中毒症状时可用维生素K治疗。饲喂草木樨时应注意逐渐增加饲喂量，不能突然大量饲喂，不要喂发霉变质的草木樨和苜蓿。

②防止农药中毒。蔬菜地、瓜地、庄稼地等刚喷洒过农药的地域，其周围的草、蔬菜等不能用作饲料。等下过雨或经过1个月后再割草或放牧利用，以防引起农药中毒。中毒，可根据喷洒农药的种类具体对症治疗。

③防止某些植物因含有毒素而引起中毒。许多植物都含有草酸盐，食量大时会发生中毒现象；在豆科的羽扇豆、禾本科的草芦和紫草科的聚合草等青绿饲料中生物碱含量比较高，牛、羊等家畜大量采食后均可发生中毒；尤其容易发生在早春放牧牛羊中，由于饥饿或饲喂较长时间干草后，较容易发生。某些植物也能引起牛羊采食后中毒，主要有栎属植物、蕨属植物、棘属植物、发生黑斑病的甘薯、霉玉米、霉稻草等。此外，发霉严重的粗饲料会因含有大量霉菌代谢物造成对瘤胃微生物抑制，导致消化不良、拉稀，严重破坏牛的健康甚至死亡。

④蓄积性中毒。有些青绿饲料本身含有毒成分，如马铃薯中含有毒的龙葵素，苜蓿中含叶红质、串叶松香草中含有三萜类化合物，这些有毒物质在动物体内达到一定浓度就会造成中毒。因此，在利用这类青绿饲料时，一定要将日食量控制在15%，最好与其他青绿饲料搭配使用。

5.青绿饲料的合理利用与加工调制

铡短和切碎是青绿饲料最简单的加工方法，一般青绿饲料可以铡成3 cm长的短草，加工后不仅便于牛咀嚼、吞咽，还能减少饲料的浪费。青绿饲料的利用方法有：

(1)放牧。青绿饲料是牛放牧的优良草料，是蛋白质和维生素的良好来源。青绿饲料幼嫩时不耐践踏，放牧会影响其生长发育，因此不宜过早放牧。青草地雨后或有露水时，要根据青草的种类和具体情况决定是否放牧，以防破坏草地或由豆科牧草导致臌胀病的发生。应注意每次放牧时间不宜过长。

(2)青饲。青饲费工较多,成本高,但可避免放牧时的践踏、粪尿污染和干燥贮存时养分的损失。与放牧一样,青饲可使牛采食到新鲜幼嫩的饲草,与干草和青贮相比可提高增重、增加产乳量、生物效价高。青饲时,青绿饲料的收割和利用时间应根据各种青绿饲料的适宜刈割期来确定。一般豆科牧草在盛花期收割,禾本科牧草在蜡熟期收割,单位面积产量高,营养价值也较好。青绿饲料饲喂量应根据青绿饲料的营养价值、牛的生长发育阶段等灵活掌握。在不影响牛生长发育、生产性能的基础上,尽量增加喂量,以节省精料、降低生产成本。饲喂方法根据具体情况选择,可以整株饲喂,也可经切短、粉碎和揉碎等方法处理再饲用。

(3)调制干草。调制干草的方法有自然干燥法、人工干燥法、人工化学干燥法和机械干燥法(图 2.6a,b;图 2.7;图 2.8),干草的饲用价值受调制方法或调制技术水平的影响。自然条件下晒制的干草,养分损失大,干物质损失率达到 10%~30%,可消化养分损失达到 50%以上;人工快速干燥的干草,养分损失不到 5%,对消化率几乎无影响。

图 2.6a 牧草的堆晒——放在房顶

图 2.6b 牧草的堆晒——放在房顶

图 2.7 调制干草——禾本科青草晾晒

图 2.8 调制干草——小堆晾晒

(4)调制青贮饲料。青贮是青绿饲料在密封条件下,经过物理、化学和微生物等因素的相互作用后,在相当长的时间内仍能保持其质量相对不变的一种保鲜技术。青贮能有效保持青绿饲料的营养品质,养分损失少。一般禾本科青绿饲料含糖量高,容易青贮。豆科牧草含糖量低,含蛋白质高,易发生酪酸发酵,使青贮料腐败变质,较难制作青贮。但作为优良的牧草资源，进行豆科青绿饲料的青贮调制对养牛业的发展有着重要的实践意义。因此，豆科牧草在青贮时可使用青贮添加剂或与含糖量较多的饲料混合青贮。

(5)打成草捆。草捆是应用最为广泛的草产品，其他草产品基本上都是在草捆的基础上进一步加工而来的。草捆的加工工艺简单，成本低，主要通过自然干燥法使青绿饲料脱水干燥，然后打捆。

(6)生产草粉和草颗粒。草粉是将适时刈割的青绿饲料经快速干燥粉碎而成的青绿状草产品。目前，许多国家都把青草粉作为重要的蛋白质、维生素饲料来源。青草粉加工业已逐渐形成一种产业，叫青绿饲料脱水工业，就是把优质牧草经人工快速干燥后，粉碎成草粉或者再加工成草颗粒(图 2.9，图 2.10)，或者切成碎段后压制成草块、草饼等。草粉可以使用于配合饲料，使用量一般为 10%～15%。

(7)生产叶蛋白饲料。叶蛋白或称植物浓缩蛋白、绿色蛋白浓缩物，它是以新鲜牧草或青绿饲料作物茎叶为原料，经磨碎、压榨分离后所取得高质量的蛋白质浓缩物(简称 LPC)。叶蛋白饲料相对于青绿饲料而言纤维素含量低，不会因冲淡日粮的能量浓度而降低生产性能，蛋白质利用率高。发展叶蛋白加工工业已成为解决蛋白质饲料供给不足的主要措施之一。

图 2.9 草颗粒——苜蓿草

图 2.10 草颗粒配合饲料——秸秆颗粒饲料

2.3.2 粗饲料

干物质中粗纤维含量在 18%以上的饲料均属粗饲料。包括青干草、秸秆及秕壳等。

2.3.2.1 干草

干草是青绿饲料在尚未结籽时刈割，经过日晒或人工干燥制成的，优质干草叶多，适口性好，胡萝卜素、维生素 D、维生素 E 含量丰富。不同种类的牧草质量不同，禾本科干草粗蛋白质含量为 7%～13%，豆科干草为 10%～21%，粗纤维含量为 20%～30%，所含能量为玉米的 30%～50%。

调制干草的牧草应适时收割，刈割时间过早水分多，不易晒干；过晚营养价值降低。禾本科草类在抽穗期，豆科草类在孕蕾及初花期刈割为好。制作青干草时应尽量缩短干燥时间，保证均匀一致，减少营养物质损失。另外，在干燥过程中尽可能减少机械、雨淋等损失。

(1)干草的饲喂方法。干草的饲喂方法有自由采食或限量饲喂。在自由采食时，牛对同样质量的干草颗粒或草块的采食量高于长草或切短的草；限量饲喂多见于将精饲料和粗饲料按供给量人工饲喂或采用全混合日粮(TMR)的情况。如果数量充足,给牛饲喂禾本科干草的数量可以不受限制。对于豆科干草来说,采食数量应逐步提高,否则,易引起臌胀。单独饲喂干草时,其进食量为母牛体重的1.5%~2.0%,干草质量越好,进食量越高,干草尽量与一定的精饲料搭配饲喂。

(2)干草贮存与管理。调制好的青干草应及时妥善收藏保存,以免引起青干草发酵、发热、发霉变质,降低其饲用价值。具体收藏方法可因具体情况和需要而定,但不论采用什么方法贮藏,都应尽量缩小与空气的接触面,减少日晒雨淋等影响(图2.11a,b,c,d,e)。干草贮藏库应建在牛群饲养相对集中的区域。选择向阳、背风、干燥、平坦、管理方便、便于运输的地段,与周围建筑物应保持20 m以上距离。为降低运输费用及减小贮藏库面积,干草应先进行打捆处理。青干草的贮藏可临时露天堆垛或建造干草棚或青干草专用贮存仓库,避免日晒雨淋。堆垛时干草和棚顶应保持一定距离,有利于通风散热。为了保证垛藏青干草的品质和避免损失,对贮藏的青干草要指定专人负责检查和管理,应注意防水、防潮、防霉、防火、防人为破坏,更要注意防止啮齿类动物的破坏和污染。堆垛初期,定期检查,如发现棚顶有漏缝,应及时加以修补,当垛内的发酵温度超过45~55℃时,应及时采取散热措施,否则干草会被毁坏,或有可能发生自燃着火。散热办法是用一根粗细和长短适当的直木棍,先端削尖,在草垛适当部位打几个通风眼,使草垛内部降温。

图2.11a 青干草的贮存——临时露天堆放(一)

图2.11b 青干草的贮存——草棚

图2.11c 青干草的贮存——临时露天堆放(二)

图2.11d 青干草的贮存——临时露天堆放(三)

图 2.11e 青干草的贮存——临时露天堆放(四)

2.3.2.2 秸秆

农作物收获籽实后的茎秆、叶片等统称为秸秆。秸秆中粗纤维含量高,可达 30%～45%,其中木质素多,一般为 6%～12%。单独饲喂秸秆时,难以满足牛对能量和蛋白质的需要。秸秆中无氮浸出物含量低,此外还缺乏一些必需的微量元素,并且利用率很低。

(1)玉米秸。玉米秸粗蛋白质含量为 3%～6%,粗纤维为 25%。同一株玉米秸的营养价值,上部比下部高,叶片较茎秆高。玉米穗苞叶和玉米芯营养价值很低。

(2)麦秸。营养价值低于玉米秸。其中木质素含量很高,可利用能量低,消化率低,适口性差,是质量较差的粗饲料。小麦秸蛋白质含量低于大麦秸,春小麦秸比冬小麦秸好,燕麦秸的饲用价值较高。该类饲料不经处理,对牛没有多大营养价值。

(3)稻草。是我国南方地区的主要粗饲料来源。粗蛋白质含量为 2.6%～3.2%,粗纤维 21%～33%。能值低于玉米秸、谷草,优于小麦秸。灰分含量高,主要是不可利用的硅酸盐,钙、磷含量均低。

(4)谷草。质地柔软,营养价值较麦秸、稻草高。

(5)豆秸。指豆科秸秆,大豆秸木质素含量高达为 20%～23%,消化率极低,对牛营养价值不大。与禾本科秸秆相比,粗蛋白质含量和消化率较高。在豆秸中,蚕豆秸和豌豆秸品质较好。

(6)秸秆的贮存。秸秆的贮藏方法是否合理,对秸秆品质影响很大。若秸秆含水较多,堆垛时营养物质发生分解和破坏,严重时会引起秸秆发酵、发热、发霉而使秸秆变质,染有不良气味,营养价值会大大降低,所以应注意堆垛技术。不论用什么方法贮藏,都应尽量缩小与空气接触面积,减少日晒雨淋等影响(图 2.12;图 2.13;图 2.14;图 2.15a,b,c,d,e)。

调制好的秸秆应及时收藏,收藏的方法可因具体情况和需要而定。数量较多时可露天堆放,选择通风干燥且不易积水的地方,有条件时将秸秆晾晒成小捆,捆扎好上垛,垛好,上要封顶,以防止漏雨;数量不大时,一般多采取室内堆放的方法,或垛于草棚内以防止日晒雨淋。严禁把麦秸、玉米秸运到居住区储存或者集中村边成片存放,必须远离村庄,与村庄或居民区距离至少保持 500 m 以上,并远离高压线、加油站,避免对国家、集体和群众的利益造成损害。秸秆经过长期贮存后,适口性也差,营养价值下降。因此,过长时间的贮存或隔年贮藏的方法是不适宜的。

图 2.12　秸秆的晾晒

图 2.13　秸秆的晾晒、堆放

图 2.14　秸秆的堆放——库内堆放

图 2.15a　秸秆露天堆放(一)

图 2.15b　秸秆露天堆放(二)

图 2.15c　秸秆露天堆放(三)

图 2.15d　秸秆露天堆放(四)

图 2.15e　秸秆露天堆放(五)

2.3.2.3　秕壳

指籽实脱离时分离出的夹皮、外皮等，营养价值不高，尤其是稻壳和花生壳质量较差。

(1)豆荚。含粗蛋白质 5%～10%，无氮浸出物 42%～50%，适于用作牛的粗饲料。

(2)谷类皮壳。包括小麦壳、大麦壳、高粱壳、稻壳、谷壳等，营养价值低于豆荚，稻壳的营养价值最差。

(3)棉籽壳。含粗蛋白质 4.0%～4.3%，粗纤维 41%～50%，无氮浸出物 34%～43%。棉籽壳含棉酚 0.01%，要注意喂量要逐渐增加，1～2 周即可适应，注意防止棉酚中毒。

(4)玉米穗轴。玉米穗轴中含有 45%～55%的碳水化合物，1%～3%的蛋白质和 0.5%～3%的脂肪。玉米穗轴碾压或粉碎成豆粒大小的碎屑，然后用清水浸泡 2～6 h，与精料混合可以饲喂育肥肉牛，但要适当补充优质青贮或干草。

(5)棉秆。在没有其他秸秆类粗饲料条件下经晒干粉碎后可做粗饲料使用，粗纤维含量高，且木质化程度高。

2.3.2.4　低质秸秆饲料的加工调制与处理

低质粗饲料如秸秆、秕壳、荚壳、竹笋壳等，由于适口性差、消化率低、营养价值不高，直接单独饲喂反刍动物，往往难以达到应有的饲喂效果。为了提高牛对秸秆的消化利用率，生产实践中常对这些低质粗饲料进行适当的加工调制和处理，加工处理的方法可分为物理加工、化学处理、生物学处理和复合处理。

(1)物理方法。对秸秆进行切短、粉碎、揉搓、制成颗粒饲料、碾青、盐化等(图 2.16，图 2.17)。物理方法一般不能改善秸秆的消化利用率，但可以改善适口性，减少浪费。秸秆粉碎后与精料混合使用，提高秸秆采食量。

(2)化学处理——氨化和碱化。粗饲料中纤维素和木质素结合紧密，木质素对消化率的影响最大。碱化或氨化处理的主要目的是用化学方法使木质素和纤维素、半纤维素分离，从而提高瘤胃微生物对纤维素和半纤维素的消化利用率。①碱化。适合生产使用的碱化法是用石灰乳处理秸秆，100 kg 秸秆，需 3 kg 生石灰，加水 200～250 kg，将石灰乳均匀喷洒在粉碎的秸秆上，堆放在水泥地面上，经 1～2 d 后即可直接饲喂牲畜。这种方法成本低，生石灰到处都有，方法简便，效果明显。②氨化处理。氨化处理使秸秆质地变软，气味糊香，适口性大大增强，消化率提高。氨化能使秸秆粗纤维消化率提高 21%，采食量提高 30%以上，含氮量增加 1～

1.5 倍，但氨化时氮的利用率低，大量的氮以氨的形式放掉。氨化处理适用于清洁未霉变的秸秆饲料，一般在氨化前先铡短至 2～3 cm，氨化处理有用液氨处理堆贮法和用氨水处理及尿素处理的窖贮法、小垛处理法（图 2.18，图 2.19）。氨化的时间应根据气温来确定，一般 1 个月左右。饲喂时一般经 2～5 d 自然通风将氨味放掉后才能饲喂，如暂时不喂可不必开封放氨。③氨碱复合处理。为了既提高秸秆饲料的营养成分含量，又提高饲料的消化率，把氨化与碱化二者的优点结合利用。如稻草氨化处理的消化率仅 55%，而复合处理后则达到 71.2%。

（3）秸秆饲料生物学处理——添加微生物处理技术。秸秆饲料常见的生物处理方法有 3 种：①自然发酵法。青贮是最常见的一种。②微生物发酵法。另加微生物发酵，即目前常称的微贮。③酶解技术。生物学方法是通过微生物和酶的作用，使粗饲料纤维部分降解，并且产生乳酸和菌体蛋白，改善适口性、消化率和营养价值。秸秆饲料的生物处理对粗纤维分解作用不大，主要起到软化秸秆的作用，并能产生一些糖、有机酸，可提高适口性。但在发酵时产生热能，使饲料中的能量损失。秸秆饲料添加微生物处理就是在农作物秸秆中，加入微生物高效活性菌种（如乳酸菌类或真菌类）与可溶性碳水化合物、食盐混合物，放入密封的容器（如水泥池、土窖）中贮藏，经一定的发酵过程，使农作物秸秆变柔变软，有酸味。

（4）复合机械处理技术。将物理、化学处理和机械成型加工调制相结合，即先对秸秆饲料进行切碎或粗粉碎，再进行碱化或氨化等化学预处理，然后添加必要的营养补充剂，进一步通过机械加工调制成秸秆颗粒饲料或草块。通过复合处理技术，既可达到秸秆氨化或碱化处理的效果，又可显著改善秸秆饲料的物理性状和适口性，大大提高秸秆饲料的密度，有利于其运输、储存和利用，因而有利于实施工厂化高效处理。

图 2.16　干秸秆的粉碎加工

图 2.17　玉米秸秆的打捆

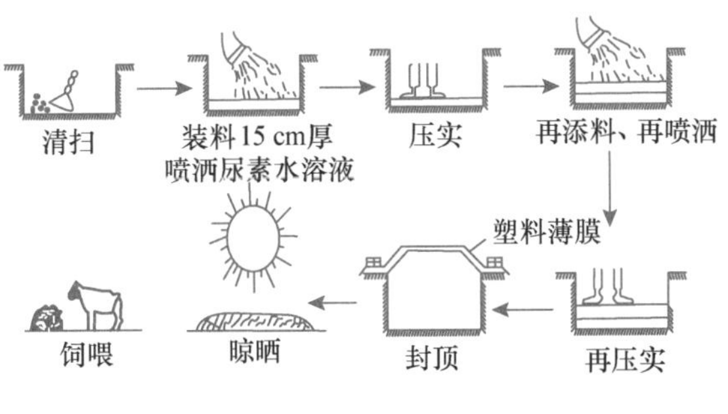

图 2.18　用尿素和碳铵制作氨化秸秆与喂牛示意图

图 2.19　氨化秸秆——液氨处理

2.3.2.5 常用青粗饲料的加工调制

(1)玉米秸。玉米秸在所有秸秆中的消化率是较高的,特别是在青绿时期,消化率可达55%～60%,同时还含有一定量的糖分,可制作出质量较为满意的青贮饲料。因此,对于玉米秸应及时收割制作青贮。玉米秸干黄后,消化率和营养物质的含量迅速下降,即使经过氨化或复合化学处理后,消化率也基本上只能达到玉米秸青贮的水平。干黄后的玉米秸茎秆粗大,质量粗糙,但消化率相对较高,因此在用玉米秸饲喂肉牛时,可以不进行化学处理,但要进行切碎或粗粉碎处理(大筛孔或无筛底粉碎)(图 2.16),也可切碎后再进行化学处理。

(2)稻草和麦秸。干的稻草和麦秸均不能制作青贮,其消化率较低。要获得较好的饲喂效果,最好进行氨化或尿素加氢氧化钙处理后再饲喂。稻草和麦秸可以不切或切短后饲喂,过细粉碎对肉牛没有必要。

(3)豆秸等。豆秸的细胞内容物比稻草和麦秸高,但细胞壁的木质化程度较高,目前所采用的化学处理对豆科秸秆的效果较差,这类秸秆可粉碎后直接饲喂。

(4)青干草。铡短后直接或与麦秸、玉米秸等饲草混合后饲喂。

(5)青绿饲料。鲜饲时宜铡短后与麦秸、玉米秸混合后饲喂。鲜苜蓿草饲喂过多易造成牛的瘤胃臌胀,有条件时可调制"花草",方法是将鲜刈割的青绿饲草如苜蓿或青刈玉米及时运到晒场上迅速铺开,在其上、下各铺一层干秸秆,用石磙或拖拉机来回碾压,使青绿饲料的汁液能渗透到秸秆中,晒干后混合堆垛,铡短饲喂。

2.3.3 青贮饲料

青贮饲料是牛的理想粗饲料,已成为日粮中不可缺少的部分。青秸秆青贮就是将新鲜的作物秸秆切(铡)碎,装入密闭的容器内,造成厌氧条件,利用微生物的发酵作用,调制出营养丰富、消化率高的饲料,达到长期贮存的一种简单可靠而经济的方法。用青贮的方法保存秸秆饲料,比制干草的方法效果好。一般农作物秸秆青绿时都可青贮,常用的有专门种植的青贮玉米(带穗),收获后的青绿玉米秸、高粱秸、甘薯秧等,其中以青玉米秸青贮最多。一般制作青贮饲料的原料含干物质30%～35%为宜,可溶性碳水化合物含量按干物质计以7%～8%较为理想。青贮原料水分高时,可先割下,放在田中使其凋萎一段时间后再行加工贮存;如直接贮制,因青贮原料水分过高,则会产生质量差的青贮饲料。

2.3.3.1 常用的青贮原料

(1)青刈带穗玉米。玉米带穗青贮,即在玉米乳熟后期收割,将茎叶与玉米穗整株切碎进行青贮,这样可以最大限度地保存蛋白、碳水化合物和维生素,具有较高的营养价值和良好的适口性,是牛的优质饲料。玉米带穗青贮干物质中含粗蛋白8.4%,碳水化合物12.7%。

(2)青玉米秸。收获果穗后的玉米秸上能保留1/2的绿色叶片,应尽快青贮,不应长期放置。若部分秸秆发黄,3/4的叶片干枯视为青黄秸,青贮时每100 kg需加水5～15 kg。

(3)各种青草。各种禾本科青草所含的水分与糖分均适宜用于调制青贮饲料。豆科牧草如苜蓿因粗蛋白含量高,可制成半干青贮或混合青贮。禾本科草类在抽穗期,豆科草类在孕蕾及初花期刈割为好。

(4)其他原料。甘薯蔓、白菜叶、萝卜叶等都可作为青贮原料,将原料晾晒到含水60%～70%,然后青贮;如直接青贮需加入麸皮,调节水分至70%。

(5)青贮原料的切短长度。细茎牧草以 7～8 cm 为宜，玉米等较粗的作物秸秆不要超过 1 cm。

2.3.3.2 青贮容器类型

(1)青贮窖青贮(图 2.20a,c,d,e,f,g,h)。如是土窖，四壁和底衬上塑料薄膜(永久性窖可不铺衬)。先在窖底铺一层 10 cm 厚的干草，以便吸收青贮液汁，然后把铡短的原料逐层装入压实(图 2.21;图 2.23a,b,c)。最后一层应高出窖口 0.5～1 m，用塑料薄膜覆盖，然后用土封严，四周挖好排水沟(图 2.22;图 2.23d)。封顶后 2～3 d，在下陷处填土，使其紧实隆凸。

(2)塑料袋青贮(图 2.20b)。青贮原料切得很短，喷入(或装入)塑料袋，逐层压实，排尽空气压紧后扎口即可。

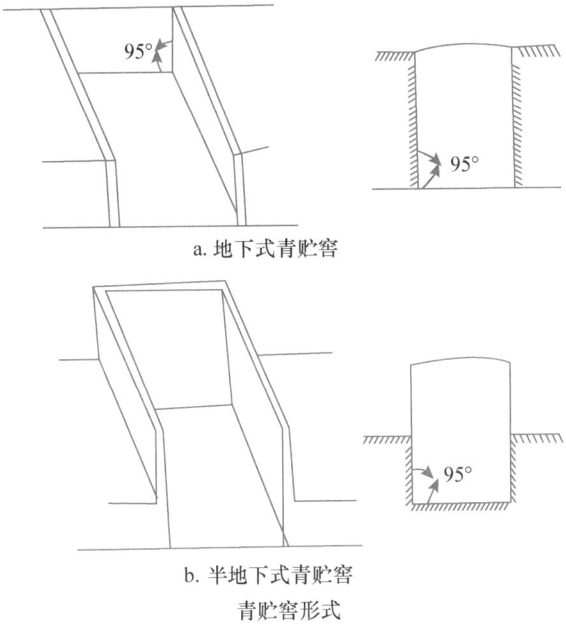

图 2.20a 青贮的容器——简图

图 2.20b 青贮的容器——塑料袋式

图 2.20c 青贮的容器——地上青贮池

图 2.20d 青贮的容器——地上青贮垄

图 2.20e　青贮的容器——地下窖

图 2.20f　青贮的容器——地下窖/简易

图 2.20g　青贮的容器——半地下窖(一)

图 2.20h　青贮的容器——半地下窖(二)

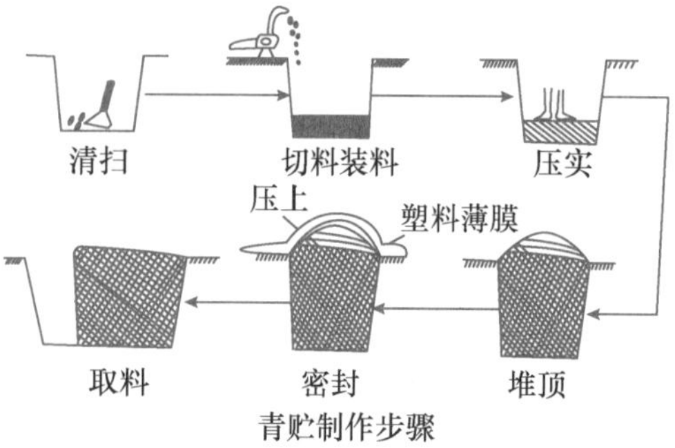

图 2.21　青贮过程示意图

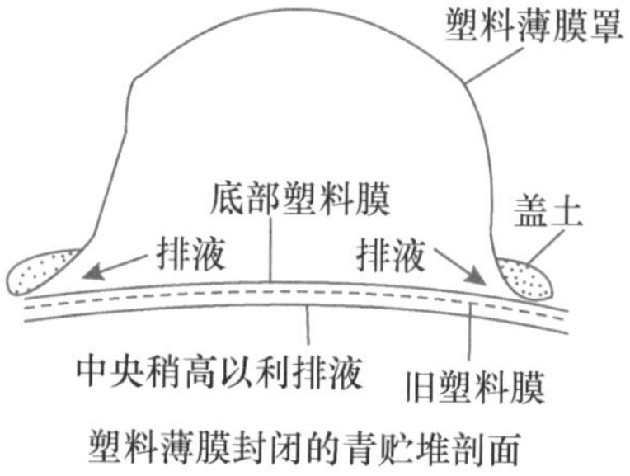

图 2.22　青贮封窖时封闭示意图

图 2.23a　青贮调制——窖的准备

图 2.23b　青贮调制——原料的装填

图 2.23c　青贮调制——原料压实

图 2.23d　青贮调制——窖顶的密封

2.3.3.3　特殊青贮饲料的制作

(1)低水分青贮。亦称半干青贮,其干物质含量比一般青贮饲料高1倍多,无酸味或微酸,适口性好,色深绿,养分损失少。制作低水分青贮时,青绿饲料原料应迅速风干。在收割后24～30 h内,豆科牧草含水量达50%左右,禾本科牧草达到45%,在低水分状态下装窖、压实、封严。

(2)混合青贮。常用于豆科牧草与禾本科牧草混合青贮以及含水量较高的牧草(如紫云英等)与作物秸秆进行的混合青贮。豆科牧草与禾本科牧草混合青贮时的比例以1∶1.3为宜。

(3)添加剂青贮。是在青贮时加一些添加剂来影响青贮的发酵作用,如添加各种可溶性碳水化合物、接种乳酸菌、加入酶制剂等可促进乳酸发酵;加入各种酸类、抑菌剂等可抑制腐生菌的生长;加入尿素、氨化物等可提高青贮饲料的养分含量。

2.3.3.4　青贮质量简易评定

主要根据色、香、味和质地判断青贮料的品质。优良的青贮料颜色呈黄绿色或青绿色,有光泽;气味芳香,有酒酸味;表面湿润,结构完好,疏松,容易分离。不良的青贮料呈黑色或褐色,气味刺鼻,腐烂,黏滑结块,不能饲喂。用pH值试纸测定值为4.2以下为优良的青贮料(图2.24)。

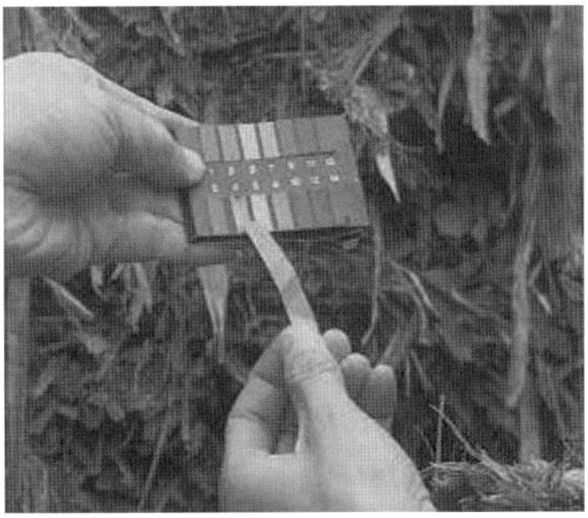

图 2.24　青贮质量的评定——测定pH值

2.3.3.5　青贮窖管理

为了提高青贮饲料的品质和营养水平，青贮饲料贮好后，要加强对青贮窖管理（图2.25a，b，c）。

（1）防止进水，再次密封。距青贮窖四周0.5～1.0 m处挖一条排水沟，防止雨水向窖内渗入，并经常检查青贮窖四壁、窖顶有无裂纹，有裂纹时应及时覆土压实，防止透气和进水。窖顶应高出四周窖壁，类似馒头状，下雨时雨水能及时流到窖外，冬天下雪时也要及时清除窖顶积雪，以保证窖顶没有积水。

（2）经常检查，防止踩压出洞，防止受冻。密封的青贮池要经常检查，严防人、畜踩踏，一旦发现踩踏和裂缝要及时用土填平。青贮窖密封以后，要严格防止踩压出漏洞，引起透气变质。要用砖、土坯或树枝把窖围起来，防止牲畜进入踩坏窖顶。若出现结冰的青贮饲料，不要直接饲喂给家畜，尤其是妊娠期的母牛，容易造成流产。青贮时，要在窖上堆垛一些干草、秸秆等，以防青贮饲料受冻。

（3）防止二次发酵。青贮饲料开封取样后，及时的密封，避免与空气进行长时间接触。开窖取用青贮饲料时，要从窖的一端开始，按一定的厚度，自表面一层一层地往下取，使青绿饲料始终保持一个平面，切忌由一处挖洞掏取或全部掀开，每次取用后必须用塑料布或草帘盖严，以免霉烂、冻结或掉进泥土（图2.26a，b，c，d）。青贮过程中，利用青贮添加剂，防止青贮饲料二次发酵（图2.27，图2.28）。

图2.25a　青贮窖的管理——挖排水沟

图2.25b　青贮窖的管理——窖顶防护

图2.25c　青贮窖的管理——防雨淋

图2.26a　青贮饲料的取用管理——一端开取

图2.26b 青贮饲料的取用管理——取后注意覆盖

图 2.26c 青贮饲料的取用管理——分层取用

图2.26d 青贮饲料的取用管理——注意保持卫生

图 2.27 添加青贮添加剂(一)

图 2.28 添加青贮添加剂(二)

2.3.3.6 青贮饲料的饲喂技术及饲喂注意事项

一般青贮在制作45 d后即可取用。开始饲喂时，有些牛不习惯采食，为使牛有个适应过程，喂量应由少到多，循序渐进。一般母牛与育肥牛每天喂量18～25 kg，役牛10～15 kg。

注意取料数量，每次取料数量够饲喂1 d为宜，不要一次取料长期饲喂，以免饲料腐烂变质。建议每天上、下午各取1次，每次取用的厚度应不少于10 cm，保证青贮饲料的新鲜品质，适口性也好，营养损失降到最低点，达到饲喂青贮饲料的最佳效果。取出的青贮饲料不能暴露在日光下，应放置在牛舍内阴凉处。

2.3.4 糟渣类饲料

糟渣类饲料是甜菜、禾谷类、豆类等生产糖、酒、醋、酱油等的工业副产品，如甜菜渣、淀粉渣、醋渣、酒渣、啤酒糟、白酒糟、饴糖渣、豆腐渣、酱油渣等，都可用作牛的饲料。糟渣类饲料特点是水分含量高，干物质中蛋白质含量因原料而异，不耐贮存，适口性较好，价格低廉，合理饲用可降低饲料成本；如果喂量不加限制，或单独饲喂，效果不好，牛容易患消化障碍病和营养缺乏病；各种糟渣因原料不同、生产工艺不同、水分不同，营养价值差异很大，长期固定饲喂某种糟渣时，应对其所含主要营养物质进行测定。

(1)啤酒糟。鲜糟中含水分75%以上，干糟中蛋白质为20%～25%，体积大，纤维含量高。可用于奶牛和肉牛日粮。鲜糟日用量不超过10～15 kg，干糟不超过精料的30%为宜。

(2)白酒糟。因制酒原料不同，营养价值各异，干酒糟蛋白质含量一般为16%～25%，是育肥牛的良好饲料原料，鲜糟日用量不超过10～15 kg。白酒糟一般不用来饲喂繁殖母牛，妊娠母牛更不能饲喂白酒糟。不宜把糟渣类饲料作为日粮的唯一粗料，应和秸秆饲料、青贮饲料、干草和优质青绿饲料搭配。长期使用白酒糟时应在日粮中补充维生素A，每日每头1万～10万IU。

(3)甜菜渣。主要成分是碳水化合物，含蛋白质低，缺乏维生素，含有高消化率纤维素，适口性好，有利于维持夏天的采食量。新鲜的甜菜渣含水分90%，粗蛋白0.9%，粗脂肪0.1%，粗纤维2.6%，无氮浸出物3.5%，不含胡萝卜素和维生素D。甜菜渣含有甜菜碱，有毒害作用，鲜喂成母牛日喂量10～15 kg，应与蛋白质较多的混合料和青绿饲料搭配饲用，干甜菜渣颗粒每日每头母牛可喂2～3 kg。

(4)豆腐渣。鲜渣含水多，含少量蛋白质和淀粉，缺乏维生素，适口性好，消化率高。豆腐渣易酸败，适于鲜喂，饲喂量控制在2.5～5 kg为宜，与青饲搭配饲喂，效果好。

(5)粉渣。是制作粉条和淀粉的副产品。用豆类、薯类等作原料生产的粉渣，所含营养主要是淀粉和粗纤维，粗蛋白极少。用豌豆、绿豆、蚕豆做原料生产的粉渣，含蛋白质较高，质量较好。粉渣夏天易腐败，吃了容易中毒。粉渣的日喂量应控制在3～5 kg为宜，一般与青饲、粗饲料搭配饲用。

(6)玉米淀粉渣。玉米加工用湿法提取淀粉后的剩余物称为玉米淀粉渣。含有少量的淀粉和粗纤维，适口性较好。因加工时含有少量亚硫酸，易造成母牛发生臌胀病和酸中毒，可在饲料中加入小苏打。玉米淀粉渣易酸败，应鲜喂或风干后保存，鲜喂日喂量10～15 kg。

(7)果渣。果渣是鲜果(如苹果、草莓、西红柿等)加工以后的副产品。含有果皮、果核(籽)以及少量的果肉。以苹果渣为例，含水80%，粗蛋白质0.9%，粗纤维5%，钙0.02%，磷0.02%，钾0.10%，苹果渣含有果胶、果糖和苹果酸。果渣含水量高，粗纤维多，可以作为粗饲料和多汁饲料使用，也可以晒(或烘)干后与别的饲料混合使用，对于一时用不完的果渣可以和其他干饲料混合后青贮。果渣在肉牛日粮中的用量为饲料干物质的20%以下，新鲜果渣的每日用量不超过6～10 kg/头。

(8)酱油渣。是黄豆经米曲霉菌发酵浸提出呈味物质后的残渣，酱油渣含有较高蛋白质，营养价值相对较高。酱油渣干物质中含粗蛋白质 21.40%、脂肪 18.10%、粗纤维 23.90%、无氮浸出物 9.10%、矿物质 15.50%。酱油渣价格低廉，可用作肉牛饲料，但含盐量较高，一般含量为 2%～3%，不可多喂，以 4～5 kg 为宜，以防食盐中毒。

(9)醋糟。是酿醋的主要下脚料，其干物质中含有粗蛋白 6%～10%，粗脂肪 2%～5%，无氮浸出物 20%～30%，粗灰分 13%～17%，钙 0.25%～0.5%，磷 0.16%～0.37%，营养丰富，可用作牛饲料。

(10)植物提取物残渣——菊花粉。菊花粉是东北、内蒙古、新疆等地种植的万寿菊的花经过提取色素后的下脚料，呈淡绿色，带纤维状。菊花粉水分含量<12%，粗蛋白>13%，粗纤维<26%，脂肪 0.6%，钙 1%，磷 0.2%，用量为在精料中占 2%～3%或用 5%替代麸皮作牛饲料。

(11)枣粉。适口性好，消化吸收率高，含糖量达 50%～70%，富含动物必要的维生素 P(又叫芦丁)和维生素 C(抗坏血酸)，用作牛饲料原料——高能量饲料，提高饲料适口性，用量可达精料的 5%～10%。

2.3.5 多汁类饲料

多汁饲料是指胡萝卜、饲用甜萝卜、甘薯、木薯、马铃薯等块根饲料和南瓜、番瓜等瓜类饲料。该类饲料含水量高，70%～95%，松脆多汁，适口性好，容易消化，有机物消化率高达 85%～90%。多汁饲料干物质中主要是无氮浸出物，粗纤维仅含 3%～10%，粗蛋白质含量只有 1%～2%，钙、磷、钠含量少，钾含量丰富。维生素含量因饲料种类差别很大。胡萝卜、南瓜中含胡萝卜素丰富，甜菜中维生素 C 含量高，但均缺乏维生素 D。多汁饲料只能作为牛的副料，适宜切碎生喂，或制成青贮料，也可晒干备用(但胡萝卜素损失较多)。块根块茎类饲料不能代替精料，一般多用于饲喂肉牛，要限量饲喂尤其是木薯。

(1)胡萝卜。产量高，耐贮藏，营养丰富。胡萝卜的大部分营养物质是无氮浸出物，因含蔗糖和果糖，多汁味甜，胡萝卜素丰富，每千克含胡萝卜素 36 mg 以上，为其他饲料所不及。胡萝卜是种公畜、产奶畜和幼畜的优质多汁饲料，奶牛最高饲喂量 25 kg，种公牛 5～7 kg。在饲喂时，应先洗净切细。在储藏时，最好用湿沙掩埋，以防止腐烂及营养物损耗。

(2)甜菜。饲用甜菜产量高，含糖 5%～11%，含干物质 8%～11%，粗纤维和粗蛋白质含量少，矿物质中钾盐较多，呈硝酸盐形式(要防止发热，喂时放置过久易中毒)。饲喂时，应先洗净、切碎(图 2.29)，每日每头牛可喂 20～30 kg。收获的甜菜若立即喂牛，易引起腹泻，须经短暂贮存后再喂，因其中大部分硝酸盐经过贮存可转化为无害的天门冬酰胺。饲用的甜菜饲料不能放置时间过长，以免形成亚硝酸盐引起中毒。

(3)马铃薯。也称土豆，马铃薯平均含干物质为 22%，粗蛋白 1.6%，粗脂肪 0.1%，粗纤维 0.7%，无氮浸出物 18.7%，而且干物质中约 80%为淀粉，容易消化，但缺蛋氨酸、钙、磷和胡萝卜素等。每日每头牛喂 20～25 kg，并注意在日粮中搭配好蛋白质、矿物质和维生素补充料，以防马铃薯中毒(发芽或腐烂的马铃薯，要除掉芽煮熟才可饲用)。

(4)木薯。木薯中因含有一定量的氢氰酸，直接饲用时，应通过水浸、切片干燥、剥皮蒸煮等手段进行去毒处理。木薯加工后的残渣，含毒不多，可以直接饲喂；木薯青贮后也是很好的饲料(图 2.30)。木薯富含大量淀粉，大量饲喂时容易导致酸中毒，因此无论是鲜饲或青贮，一般用量以每天 5～6 kg 为宜。

(5)甘薯。又名红薯、白薯、红苕、地瓜、山芋、番薯，是一种良好的粮菜饲三用作物。甘薯中含有丰富的淀粉、膳食纤维、胡萝卜素、维生素A、B族维生素、维生素C、维生素E以及钾、铁、铜、硒、钙等10余种微量元素和亚油酸等，是一种优良的多汁饲料，经过简单切碎处理即可饲喂牛，但要防红薯黑斑病中毒。

(6)瓜果类饲料。目前栽种最多的是饲料南瓜，产量比食用南瓜高1倍；此外，西葫芦、西瓜、甜瓜皮等瓜类均可喂牛。这类饲料含水量高，如南瓜含水量为90%～95%，干物质10%左右，其中粗蛋白为1%，粗脂肪0.3%，粗纤维1.2%，无氮浸出物6.8%，并含有大量的胡萝卜素。在饲喂时，应先洗净切细，每日每头喂量10～15 kg。

图2.29　多汁饲料切碎

图2.30　木薯的饲用——青贮

2.3.6　蛋白质饲料

蛋白质饲料指干物质中粗纤维含量在18%以下，粗蛋白质含量为20%及20%以上的饲料，包括植物性蛋白质饲料和糟渣类饲料等。我国规定，禁止使用动物性饲料饲喂反刍动物。常用的蛋白质饲料主要包括豆科籽实、饼(粕)类及其他加工副产品。其中以榨油副产品为主，如大豆饼(粕)、花生饼(粕)、棉籽饼(粕)、椰子饼、菜籽饼等，啤酒糟、豆腐渣也属蛋白质饲料，其中大豆饼(粕)是最好的植物蛋白质饲料。植物蛋白质饲料如加工不善，常含有一定的毒素，在生产中一定要注意。

2.3.6.1　籽实类

豆类籽实粗蛋白质含量高，占干物质的20%～40%，钙、磷比例不恰当，钙多磷少，胡萝卜素缺乏。无氮浸出物含量为30%～50%，纤维素易消化，是牛重要的蛋白质饲料。

(1)双低(低芥酸、低硫代葡萄糖甙)油菜籽。双低油菜籽的营养价值在于蛋白质和油的含量，粗蛋白的平均含量为21%～24%，油的平均含量为31%～42%，籽实成熟程度越高的含油越高。油菜籽在肉牛日粮中使用量取决于饲粮中脂肪或油的总量，使用量以日粮干物质中脂肪总含量低于6%为参考。

(2)膨化大豆。是将整颗大豆以膨化机进行热加工，膨化处理而成，能提高油脂的利用率。在加工过程中温度可达到130～145℃，破坏了抗营养因子(胰蛋白酶抑制因子、尿素酶、血细胞凝集素等不利于动物消化的成分)。全脂膨化大豆的一般含水分小于12%，粗脂肪17%～

19%，粗蛋白质 35%～39%，粗纤维 5.0%～6.0%，粗灰分 5.0%～6.0%，钙 0.24%，磷 0.58%，高热能、高蛋白，适口性好，养分浓度高，保存时间长。

(3)全棉籽。适口性好，蛋白质(29%)、能量(消化能 28.9 MJ/kg)、脂肪(17%)以及纤维素(如 ADF 29%)都很高，加上棉籽壳本身可以保护其中的营养物质免受瘤胃微生物的降解，增加了过瘤胃营养物质的数量，因此被称作"全能"性饲料。生长育肥牛可以按照日粮干物质总量的 3%～5%饲喂全棉籽。和全棉籽一样，向日葵、菜籽等也可以作为饲料。

2.3.6.2 饼(粕)类

(1)大豆饼(粕)。大豆饼(粕)是我国最常用的主要植物性蛋白质饲料。大豆饼(粕)含蛋白质较高，达 40%～45%，必需氨基酸的组成比例也比较好，尤其赖氨酸含量是饼(粕)类饲料中最高者，高达 2.5%～3.0%，蛋氨酸含量较少，仅含 0.5%～0.7%。生豆粕中含有大豆中的胰蛋白酶抑制剂，在使用前应经 113℃，3 min 的处理。大豆饼(粕)适口性好，饲喂肉牛、奶牛都具有良好的生产效果，在日粮中，大豆饼(粕)可占精料的 20%～30%。

(2)棉籽饼(粕)。由于棉籽脱壳程度及制油方法不同，营养价值差异很大。由完全脱壳的棉仁制成的棉仁饼(粕)粗蛋白质可达 40%～44%，而由不脱壳的棉籽直接榨油生产出的棉籽饼(粕)粗纤维含量达 16%～20%，粗蛋白质仅为 20%～30%。带有一部分棉籽壳的棉仁(籽)饼(粕)蛋白质含量为 34%～36%。棉籽饼(粕)蛋白质的品质不太理想，赖氨酸含量较低，蛋氨酸也不足，分别为 1.48%和 0.54%，精氨酸含量过高，达 3.6%～3.8%。棉籽饼(粕)中含有对牛有害的游离棉酚，牛如果摄取过量或食用时间过长，可导致中毒。在犊牛、种公牛日粮中一定要限制用量，同时注意补充维生素和微量元素。棉籽饼(粕)在瘤胃内降解速度较慢，是肉牛良好的蛋白质饲料来源。

①脱酚棉籽蛋白。在加工过程中采用低温一次浸出及两种溶剂分步萃取等新工艺，极大地减少了蛋白的变性，降低游离棉酚含量，粗蛋白含量在 50%以上。

②棉籽饼。棉籽饼是带壳棉籽经过榨油后的副产品。棉籽饼既具有蛋白质饲料的特性(含粗蛋白质 24%～28%)，又具有能量饲料的特性(脂肪含量较高)，还具有粗饲料的特性(含粗纤维达 20%以上)，在育肥牛的日粮中可以大量搭配使用。棉籽饼可直接与其他饲料混合制成配合饲料喂肉牛，也可以用粉碎机粉碎或用水淹没浸泡 4 h 以上后直接饲喂。

(3)花生仁饼(粕)。花生仁饼(粕)饲用价值因含壳量的多少而有差异，脱壳后制油的花生饼(粕)营养价值较高，仅次于豆粕，其粗蛋白质可达 44%～48%。氨基酸组成不好，赖氨酸含量只有大豆饼(粕)的一半，蛋氨酸含量也较低。带壳的花生饼(粕)粗纤维含量为 20%～25%，粗蛋白质及有效能相对较低。花生饼(粕)适口性好，有香味，牛都喜欢采食，可用于犊牛的开食料。花生饼的瘤胃降解率达 75%以上，因此不适合作为唯一的蛋白质饲料原料。花生仁饼(粕)易染上黄曲霉菌，在贮存时要注意，并尽快用完。

(4)菜籽饼(粕)。粗蛋白质含量在 30%～38%，矿物质中钙和磷的含量高，硒含量为 1.0 mg/kg，适口性较差，菜籽饼(粕)中含有硫葡萄糖苷、芥酸等毒素，在母牛日粮中应控制在 10%以内，肉牛日粮应控制在 15%之内，或日喂量 1～1.5 kg。菜籽饼(粕)在瘤胃中的降解速度低于豆粕，过瘤胃蛋白质较多。犊牛和怀孕母牛最好不喂。经去毒处理后可保证饲喂安全。

(5)葵花饼(粕)。葵花饼(粕)的饲用价值，取决于脱壳程度。我国葵花饼(粕)的粗蛋白质含量低，一般在 28%～32%之间，可利用能量较低，赖氨酸含量不足(低于大豆饼(粕)、花生饼(粕)和棉仁饼(粕))，为 1.1%～1.2%，蛋氨酸含量较高，为 0.6%～0.7%，在牛日粮中葵花饼

(粕)可以用到20%。

(6)亚麻饼(粕)。亚麻饼(粕)又叫胡麻饼(粕),其粗蛋白质含量为32%～36%,赖氨酸和蛋氨酸含量分别为1.10%和0.47%,亚麻籽饼(粕)应与其他含赖氨酸较高的蛋白质饲料混合饲喂。犊牛、母牛和肉牛饲粮中均可使用,但亚麻籽饼(粕)中含有生氰糖甙,可引起氢氰酸中毒,亚麻籽饼(粕)在日粮中的用量应控制在10%以内,另外,育肥牛饲喂量太多会使脂肪变软,影响胴体品质。

(7)芝麻饼(粕)。芝麻饼(粕)的粗蛋白质含量可达40%以上。氨基酸组成中蛋氨酸、色氨酸含量丰富,缺乏赖氨酸。芝麻饼(粕)可作为牛的良好蛋白质来源,应用时与豆饼(粕)搭配使用。

(8)棕榈仁饼。棕榈仁饼为棕榈果实提油后的副产品,压榨法所得产品适口性优于浸提法。严格讲,它不属于蛋白质饲料,其粗蛋白质含量低,仅14%～19%,且赖氨酸、蛋氨酸和色氨酸等缺乏,脂肪酸以饱和脂肪酸为主,矿物质中锰含量高,但利用率差;棕榈仁饼适口性差,牛日粮中用量应控制在10%以内。

(9)椰子粕。椰子粕又称椰子干粕,是将椰子胚乳部分干燥为椰子干,提油后所得的副产品,粗蛋白质含量为20%～23%,氨基酸组成欠佳,缺乏赖氨酸、蛋氨酸及组氨酸,但精氨酸含量高。有椰子的烤香味,适口性好,是牛良好的蛋白质来源,但采食过多易便秘,为防止便秘,精料中使用量应在20%以下。

(10)蓖麻籽饼(粕)。蓖麻籽饼(粕)的粗蛋白质含量因去壳程度不同有所差异,一般为25%～45%,由于其含有蓖麻毒蛋白、蓖麻碱、CB-IA变应原和血细胞凝集素4种有毒物质,必须经过脱毒才能饲喂。作为一种新型的蛋白质饲料资源,蓖麻饼的脱毒方法主要有化学法、物理法、微生物发酵法和联合法,有饲养试验结果表明在精料中添加10%的脱毒蓖麻饼(粕)未出现任何中毒症状。

(11)玉米蛋白粉。又称玉米麸质粉,是玉米湿法加工工艺生产玉米淀粉的主要副产品,通常由50%～75%的蛋白质、15%～30%的淀粉、少量的酯类物质和纤维素组成。玉米蛋白粉中的蛋白质主要是玉米醇溶蛋白(即玉米朊,占60%)、谷蛋白(占22%)、球蛋白和白蛋白,过瘤胃蛋白质含量高,可用作母牛、肉牛的部分蛋白质饲料原料。在使用玉米蛋白粉的过程中,应注意霉菌含量,尤其是黄曲霉毒素含量。

(12)玉米酒精糟或玉米酒精蛋白饲料(DDGS)。玉米酒精糟因加工工艺与原料品质差别,其成分差异较大。一般粗蛋白质含量在24%～32%之间。酒精糟气味芳香,是牛良好的饲料。在牛精料中添加可以调节饲料的适口性。既可作能量饲料,也可作蛋白质饲料,在牛精料中用量应在50%以内。

(13)玉米胚芽饼(粕)。玉米胚芽饼(粕)是玉米胚芽经提油后的副产物,含粗蛋白质14%～29%。氨基酸组成较差,赖氨酸含量0.75%,蛋氨酸和色氨酸含量较低,钙少磷多,钙、磷比例不平衡;维生素E含量非常丰富,适口性好;但品质不稳定,易变质,使用时要小心,一般在牛精料中可用到15%～20%。

(14)脱脂奶粉(dried skim milk)。脱脂奶粉一般水分含量<8%,粗蛋白33%～35%。无氮浸出物约为50%,大部分由乳糖组成,有丰富的B族维生素,缺少脂溶性维生素和矿物质,所以必须在日粮中添加。脱脂奶粉是幼畜最佳的蛋白质来源。

(15)酪蛋白粉。酪蛋白粉(casein meal)是指在脱脂乳中加入酸或凝乳酶(rennet),使酪蛋白凝固,经分离、干燥、粉碎所得的一种乳副产品。酪蛋白多供人类食用,价格低廉时也可用作高蛋白饲料。酪蛋白粉的粗蛋白含量大于 70%,各种氨基酸组成平衡。

(16)单细胞蛋白质饲料。主要包括酵母、真菌及藻类。酵母最具有代表性,粗蛋白质含量 40%~50%,生物学价值较高,含有丰富的 B 族维生素。牛日粮中可添加 1%~2%,用量一般不超过 10%。

(17)非蛋白氮饲料。非蛋白氮可被瘤胃微生物合成菌体蛋白,被牛利用。常用的非蛋白氮主要是尿素,含氮 46%左右,相当于粗蛋白质 288%,使用不当会引起中毒。用量一般为 15~20 g/100 kg 体重,与富含淀粉的精料混匀饲喂,喂后 2 h 饮水。6 月龄以上的牛日粮中才能使用尿素。其他非蛋白氮产品如磷酸脲、双缩脲、异丁基二脲等,其特点是比尿素难溶解,分解为氨的速度比尿素要慢,比较安全,利用率高。利用尿素等非蛋白氮饲料作为蛋白质补充料必须与谷物饲料混匀饲喂,且在日粮中的含量不超过 1%,避免与含脲酶高的饲料如豆饼(粕)等混喂,可以按 75%玉米面+24%尿素+1%食盐和缓解剂比例加工成糊化淀粉尿素,使瘤胃释放氨的速度减慢,提高微生物利用氨合成菌体蛋白质效率。

2.3.7 能量饲料

指干物质中粗纤维含量在 18%以下,粗蛋白质含量在 20%以下的饲料,是牛能量的主要来源。主要包括谷实类及其加工副产品(糠麸类)、块根、块茎类及其他。

2.3.7.1 谷物籽实类饲料

主要包括玉米、小麦、大麦、高粱、燕麦、稻谷等,其主要特点是无氮浸出物含量高,一般占干物质的 66%~80%,其中主要是淀粉;粗纤维一般在 10%以下,适口性好,可利用能量高;粗脂肪含量在 3.5%左右,粗蛋白质一般在 7%~10%,缺乏赖氨酸、蛋氨酸、色氨酸;钙及维生素 A、维生素 D 含量不能满足牛的需要,钙低磷高,钙、磷比例不当。

(1)玉米。玉米被称为“饲料之王”,其特点是含能高,黄玉米中胡萝卜素含量丰富,蛋白质含量 7%~8%,钙、磷均少,是一种养分不平衡的高能饲料,但玉米是一种理想的过瘤胃淀粉来源。高油玉米由于含蛋白质和能量比普通玉米高,替代普通玉米可以提高牛肉品质,使牛肉大理石花纹等级和不饱和脂肪酸含量提高。玉米的加工方法有 3 种,即蒸汽处理、压片和粉碎。在育肥牛日粮含 70%~80%的玉米时,蒸汽处理或压片可使净能提高 5%~10%,能量沉积提高 6%~10%。饲喂前浸泡,可使玉米的消化率提高 5%。如果没有条件进行蒸汽处理或压片,可以将玉米粗粉碎(颗粒大小为 2.5 mm),千万不要粉碎太细,以免影响粗饲料的消化率。

(2)高粱。能量仅次于玉米,蛋白质含量略高于玉米。高粱在瘤胃中的降解率低,因含有鞣酸(丹宁),适口性差,与玉米配合使用效果增强,可提高饲料的利用率。要注意用高粱喂牛易引起便秘。当日粮内粗饲料的含量小于 20%时,对高粱进行蒸汽处理和压片可使能量利用率提高 5%~10%,淀粉消化率提高 3%~5%。在没有条件进行蒸汽处理或压片的地区,可将整粒高粱在水中浸泡 4 h,晾干,粉碎,这样可以提高能量和淀粉的消化率,效果与蒸汽处理相同。其优点是成本低,还可增加肉牛的采食量。与粗粉碎相比,细粉碎(1 mm)可使高粱的净能提高 8%,与蒸汽处理效果相等。因此,最简单实用的方法是将高粱细粉碎到 1 mm 后饲喂。

(3)大麦。蛋白质含量高于玉米,品质好,赖氨酸、色氨酸和异亮氨酸含量高于玉米;粗纤维较玉米多,能值低于玉米;富含B族维生素,缺乏胡萝卜素和维生素D、维生素K及维生素B_{12}。用大麦喂牛可改善牛奶、黄油和体脂肪的品质。粉碎或压扁能提高大麦的消化率和利用率。为了增加采食量,减少瘤胃臌胀等消化性疾病,对大麦不要粉碎过细,粗粉碎效果较好,对大麦进行蒸汽处理没有效果。

(4)小麦。与玉米相比,能量较低,但蛋白质及维生素含量较高,缺乏赖氨酸,所含B族维生素及维生素E较多。小麦的过瘤胃淀粉较玉米、高粱低,牛饲料中的用量以不超过50%为宜,并以粗碎和压片效果较佳,不能整粒饲喂或粉碎得过细。在牛饲料中较少直接使用小麦,一般使用面粉作为颗粒饲料的成分,起到黏合的作用。

(5)燕麦。因带壳燕麦的外壳占20%以上(一般占26%左右,高的可达50%),所以带壳燕麦含粗纤维10%~13%。而不带壳的燕麦(即莜麦)含蛋白质高达17.24%,脂肪含量在4.5%以上,其无氮浸出物含量在主要的几种谷物饲料中最低。燕麦籽实的壳坚实,不易透水,若牛咀嚼不完全进入胃肠时,则会整粒排出影响养分的消化率。所以在饲喂前,需要进行压片或粉碎等加工调制。但不可磨碎过细,否则粉状饲料的适口性变差,容易糊口,在胃肠里容易形成面团状物难以消化。

2.3.7.2 谷实类饲料的加工调制

谷物籽实富含淀粉,经过适当加工调制后,可以改善饲料适口性,增强食欲,提高饲料的消化吸收率,有利于降低饲养成本,提高养牛效益。

(1)粉碎。粉碎是最简单、最实用的一种加工调制方法。整粒籽实被粉碎后,饲料表面积加大,有利于和消化液接触,也容易被逆呕到口腔重新咀嚼,可提高饲料的消化率。谷物粉碎的程度可根据日粮中精料的比例确定。粉碎过细时,适口性下降,采食量减少,精料不能与唾液充分混合,会妨碍消化。尤其当精料比例过大时,过细的精料会在瘤胃内迅速发酵,使饱食的瘤胃内气体急剧增加,酸度增加,反刍减少,造成慢性瘤胃臌胀与酸中毒。通常当日粮含精料30%以下时,玉米籽实的消化率与细度呈正相关,细磨玉米较整粒玉米消化率提高10%左右,但以蒸汽压扁最好。日粮中精料比例超过60%时,不可粉碎太细,以2~4 mm为宜。谷物粉碎过细与空气接触面增大,易吸潮、氧化和霉变等,不易保存,应在配料前才粉碎或破碎。

(2)浸泡。对一些坚硬籽实,经浸泡可软化或溶去饲料中的一些有害物质,减轻饲料异味,提高饲料适口性,也有利于咀嚼。浸泡用水量依浸泡目的而异,用于软化时,料水比(容积比)为1∶(1~1.5),即以手握指缝渗水为准;用于减轻异味时如高粱,可用热水浸泡,料水比为1∶2浸泡24 h,中间搅拌几次。

(3)熟化。谷物熟化均能有效降低原料中所含淀粉和蛋白质的降解率,生淀粉转化为糊精,使其在瘤胃后段消化道的消化有改善,谷物熟化有以下几种方法。

①压扁。将谷物饲料在特制的蒸汽加热室中加热到120℃,保持10~30 min,使含水量达到18%~22%,再用机器压成1 mm厚的薄片,将薄片迅速干燥,使水分降到15%以下保存。土办法可将谷物饲料在近100℃水中煮12~26 min,使水分达20%左右,捞出后通过辊轴或石碾压扁,随后干燥保存。大量试验和生产实践表明,蒸汽压片高粱的效果明显优于蒸汽压片玉米。

②焙炒熟化。焙炒可使谷物等籽实饲料熟化。谷物籽实饲料,特别是玉米,经过130~150℃短时间的高温焙炒后,一部分淀粉转变为糊精而产生香味,适口性提高,也有利于消化。

焙炒谷物籽实主要用于犊牛诱食料和开食料。

③膨化熟化。谷物饲料膨化处理使淀粉的糊化程度比例更高，可破坏和软化纤维结构的细胞壁，使蛋白质变性，脂肪稳定，而且脂肪可从谷物内部渗透到表面，使谷物具有一种特殊的香味。经膨化处理的谷物更疏松，有利于消化。膨化的高温处理几乎可杀死所有的微生物，从而减少饲料对消化道的感染，但成本高。谷物饲料膨化处理主要用于膨化玉米，作为犊牛的诱食料、开食料和犊牛料。

(4)发芽。籽实的发芽过程是一个复杂而有质变的过程。大麦发芽后，部分蛋白质分解成氨化物，而糖、维生素、各种酶、纤维素增加，无氮浸出物减少。从1 kg大麦中含有的有机物质来看，发芽后的总量减少，但是在冬季缺乏青绿饲料的情况下，为使日粮具有一定的青绿饲料性质，可以适当地应用发芽饲料。籽实发芽有长芽与短芽之分。长芽(6～8 cm)以供给维生素为主要目的，短芽则利用其中含有的各种酶，以供制作糖化饲料或促进食欲。

(5)保存高水分谷物的方法。高水分谷物是指收获时谷物水分含量在22%～40%，不经晒干就制成青贮的谷物，谷物如玉米含水量达30%以上保存的称为高水分玉米保存。高水分谷物有两种保存方法：一是制成青贮；二是用有机酸或碱(氨)保存。有机酸保存即谷物与1%～1.5%的丙酸或丙酸乙酸、丙酸甲酸混合物彻底混合。用有机酸处理高水分谷物时能杀死其中的霉菌等大部分微生物，酸还能穿透种皮，杀死胚芽，阻止呼吸和酶的活性，最终防止发酵产热，保存各种营养成分。用氢氧化钠等碱性物质保存高水分谷物是一种常用方法，能使玉米和高粱的利用效率比干燥保存时高。

2.3.8 糠麸类饲料

糠麸类饲料为谷实类饲料的加工副产品，主要包括麸皮和稻糠以及其他糠麸。其特点是无氮浸出物含量(30%～52%)较少，其他各种养分含量均较其原料高，有效能值低，钙少磷多，含有丰富的B族维生素，胡萝卜素、维生素E含量较少。

(1)麸皮。包括小麦麸和大麦麸等。其营养价值随麦类品种和出粉率的高低而变化。粗纤维含量较高，属于低能饲料。大麦麸在能量、蛋白质、粗纤维含量上均优于小麦麸。麸皮具有轻泻作用，质地膨松，适口性较好，过量使用易造成便秘，应掌握使用比例，一般在日粮中用量不宜超过20%。

(2)米糠。米糠的有效营养变化较大，随含壳量的增加而降低，粗脂肪含量高，易发生酸败。为使米糠便于保存，可经脱脂生产米糠饼。经榨油后的米糠饼脂肪和维生素减少，其他营养成分基本被保留下来。肉牛采食适量的米糠，可改善胴体品质，增加肥度。但采食过量，可使肉牛体脂变软变黄。

(3)其他糠麸。主要包括玉米糠、高粱糠和小米糠，其中以小米糠的营养价值较高。高粱糠的消化能和代谢能较高，但因含有丹宁，适口性差，易引起便秘，应限制使用。

(4)玉米喷浆蛋白。也称玉米麸，或玉米纤维饲料，玉米喷浆蛋白是把玉米生产淀粉及胚芽后的副产品(主要为玉米皮)进行加工，把含蛋白质、氨基酸的玉米浆喷上去，使其蛋白质、能量、氨基酸含量增加，干燥后即成玉米喷浆蛋白，主要成分为玉米皮。颜色呈黄色，适口性好，蛋白质含量变化大(14%～27%)，能量含量低，富含非蛋白氮。

(5)大豆皮。大豆皮是大豆制油工艺的副产品，颜色为米黄色或浅黄色，主要成分是细胞壁和植物纤维,粗纤维含量为38%,粗蛋白12.2%,氧化钙0.53%,磷0.18%,木质素含量低于2%。大豆皮无须加工便可喂牛,大豆皮可代替部分秸秆和干草。Owen(1987)试验结果表明:大豆皮的NDF可消化率高达95%。大豆皮含有适量的蛋白质和能量,可代替反刍动物部分精料补充料。

(6)玉米皮。玉米皮(糠)(CGF),亦称玉米皮渣,或玉米纤维饲料,玉米皮糠等。它是湿法生产淀粉时将玉米浸泡、粉碎、水选之后的筛上部分,经脱水制成的玉米麸质饲料。其粗纤维16.20%左右(6%~16%),无氮浸出物57.45%(其中淀粉40%以上),粗蛋白质3.0%(2.5%~9%)。可以代替20%~50%的麸皮。

2.3.9 矿物质饲料

母牛每天通过泌乳消耗大量的矿物质,且母牛一般以粗饲料作为主要饲料,所以其植物性日粮中钙、磷、钠、氯等矿物质均不能满足母牛泌乳和生长的需要,必须额外补充。

(1)食盐。主要成分是氯化钠,牛喂量为精料的1%~2%。通常不计算饲料中盐的含量,只是按常规量补加。但在日粮中使用酱油渣时要特别注意,因为酱油渣中的盐分含量较高,必要时可减少食盐的补加量或降低酱油渣用量。

(2)含钙的矿物质饲料。常用的有石粉、贝壳、蛋壳等,主要成分为碳酸钙。这类饲料来源广,价格低,但动物利用率不高。石粉和贝壳粉是廉价的钙源,含钙量分别为38%和33%左右。石粉主要指石灰石粉,为天然的碳酸钙;贝壳粉是用天然海贝类的壳加工而成,它的钙含量一般低于石粉。

(3)含磷的矿物质饲料。单纯含磷的矿物质饲料并不多,且因其价格昂贵,一般不单独使用。这类饲料有磷酸氢钠、磷酸氢二钠、磷酸等。

(4)含钙、磷的饲料。常用的有磷酸钙、磷酸氢钙等,它们既含钙又含磷,消化利用率相对较高,且价格适中。在牛日粮中出现钙和磷同时不足的情况时,多以这类饲料补给。磷酸氢钙的磷含量18%以上,含钙不低于23%,是常用的无机磷源饲料。

其他的一些矿物性饲料有沸白粉、麦饭石粉,都含有多种常量和微量元素。

2.3.10 饲料添加剂

饲料添加剂的作用是完善饲料的营养性,提高饲料的利用率,促进牛的生产性能和预防疾病,减少饲料在贮存期间的营养损失,改善产品品质。牛常用的饲料添加剂主要有维生素添加剂,如维生素A、维生素D、维生素E、烟酸等;微量元素添加剂,如铁、锌、铜、锰、碘、钴、硒等;氨基酸添加剂,如保护性赖氨酸、蛋氨酸;瘤胃缓冲调控剂,如碳酸氢钠等。

2.3.10.1 氨基酸添加剂——瘤胃保护性氨基酸(RPAA)

一般对于肉牛不必过多考虑必需氨基酸的需要,对哺乳母牛或生长快的肉牛,蛋氨酸和赖氨酸通常是日粮的第一、第二限制性氨基酸,添加过瘤胃保护氨基酸,可改善蛋白质利用效率,提高母牛泌乳量和育肥牛日增重。

所谓过瘤胃保护氨基酸(RPAA,rumen protected amino acids),就是将氨基酸以某种方式修饰或保护起来以免在瘤胃内被微生物降解,而在小肠中还原或释放出来被吸收和利用的保护性氨基酸。RPAA 主要采用 3 种技术：①用脂肪酸或 pH 敏感的多聚物包被于氨基酸的表面。②RPAA 表面包膜涉及油脂或饱和脂肪酸和矿物质。③液体来源的 Met 羟基类似物(HMB)。使用少量的瘤胃保护氨基酸(RPAA)不但可以代替数量可观的瘤胃非降解蛋白(UIP)，还能提高泌乳母牛产奶量和乳脂率，降低日粮蛋白质水平和饲料成本。瘤胃保护性氨基酸的产品有化学保护方法产品氨基酸类似物(MHA)、氨基酸金属螯合物、氨基酸聚合物如 N-羟甲基-*DL*-蛋氨酸钙(固体)，*DL*-蛋氨酸羟基类似物(methionine hydroxyl analogue，简称 MHA)及其钙盐(MHA-Ca)，氨基酸金属螯合物(蛋氨酸锌、蛋氨酸硒、蛋氨酸铜、蛋氨酸钙、赖氨酸锌等)以及包被氨基酸(蛋氨酸、赖氨酸)。

2.3.10.2　微量元素添加剂

主要是补充日粮中微量元素的不足。对于牛一般需要补充铁、铜、锌、锰、钴、碘、硒等微量元素，按需要量制成微量元素预混剂后方可使用。

2.3.10.3　维生素添加剂

由于牛瘤胃微生物能够合成维生素 K、B 族维生素，肝脏和肾脏可合成维生素 C，一般情况下，除犊牛外，不需额外添加以上维生素。日粮中必须提供足够的维生素 A、维生素 D 和维生素 E，以满足泌乳母牛和肉牛不同生理时期的需要。烟酸对于泌乳母牛营养代谢和产奶有重要作用，一般在泌乳母牛泌乳初期或产前每日每头牛喂 3～6 g 烟酸，可防止母牛发生酮病，产乳量也可明显提高。夏季，对泌乳母牛每日每头增加 6 g 烟酸也可增加产乳量。

2.3.10.4　瘤胃缓冲剂

牛进食精饲料较多时，易造成瘤胃内酸度增加，瘤胃微生物活动受到抑制，引起消化紊乱，因此需要加入可以调节瘤胃酸碱度的缓冲剂。碳酸氢钠是最常用的瘤胃缓冲剂，其添加量占精料混合料的 1%～1.5%。氧化镁的作用效果同碳酸氢钠；二者混合使用效果更好(混合物中碳酸氢钠占 70%，氧化镁占 30%)，用量为精料的 1%～1.2%。

2.3.10.5　其他添加剂

养牛生产中使用的添加剂有许多，在母牛养殖中常用的主要有：

(1)酵母培养物。酵母培养物的作用机制主要是维持稳定的瘤胃 pH 值，刺激瘤胃纤维消化，提高挥发酸的产量，有利于干物质进食量的提高。在产乳初期每头每天添加 15～115 g，有助于防止进食量下降，提高产乳量。米曲霉和酿酒酵母是目前国内外制备酵母培养物的常用菌种。在热应激状态下，日粮中添加酵母培养物能减缓粗饲料采食下降。

(2)酶制剂、复合酶制剂。酶制剂可破坏植物饲料的细胞壁，使营养物质释放出来，提高营养成分，尤其是粗纤维的利用率。酶制剂还可消除抗营养因子如应用瘤胃稳定的纤维素酶制剂尤其是复合酶制剂可提高饲料纤维素性物质瘤胃降解率，使生产性能提高。Schingoethe 等(1999)在泌乳母牛的日粮中加入纤维素酶和木聚糖酶的混合物，结果表明泌乳母牛的泌乳量提高 10.8%，乳脂肪提高 20%，乳蛋白提高 13%。而且酶的添加能使泌乳量在泌乳前期的 100 d增加 15%，泌乳中期泌乳量增加 8%。外源酶在幼龄肉牛中应用效果明显，Burrough 等(1960)通过大量的饲养实验首次发现外源酶能够提高肉牛的日增重和饲料利用率。

(3)阴离子盐。阴离子盐是指含氯离子(Cl^-)和硫离子(S^{2-})相对较高而钠离子(Na^+)和钾离子(K^+)相对较低的盐类，如氯化铵、硫酸铵、硫酸铝、硫酸镁和氯化钙等。阴离子盐是一种新型添加剂，给围产前期泌乳母牛饲喂“阳离子－阴离子差(DCAD)”为负值的日粮能够有效预防泌乳母牛产后疾病的发生，提高产乳量。阴离子盐的适口性差，通过与适口性好的酒精糟、糖蜜或热处理大豆粕等载体混合后制粒的方法，提高其适口性，并防止分离。生产上经常使用的配比是 200 g 阴离子盐与载体混合，喂给围产前期或产前 21 d 的经产泌乳母牛。

(4)青贮饲料添加剂。青贮饲料添加剂的种类根据其作用性质可分为发酵促进剂、发酵抑制剂、二次发酵抑制剂、营养性添加剂。生产中常用的是乳酸发酵促进剂，主要有乳酸菌、糖蜜、葡萄糖、乳糖、非蛋白氮、谷物籽实等。糖蜜添加量一般视原料含糖量而定，为 3%～5%，禾本科原料添加 4%，豆科原料添加 6%；葡萄糖一般添加 1%～2%；谷物籽实视原料含水量而定，含水量 80%的添加 10%，含水量 70%左右的添加 5%。常用防止二次发酵的添加剂有丙酸、乙二烯酸、己酸、甲酸钙等，添加量分别为 3～5 L/t。

(5)青贮细菌接种剂。主要作用是增加乳酸类细菌，促进其更快地产生乳酸，有目的地调节青贮料内的微生物和生化过程，加速饲料酸化和促进多糖与粗纤维的转化，从而有效地提高青贮饲料的质量。我国市售的接种剂多为均一发酵型乳酸菌。如果青贮原料中的干物质>25%，则加入足量的乳酸菌(要求每克原料中含乳酸菌 100 万个)，可迅速地产生大量乳酸，使 pH 值降低，从而有效地抑制其他微生物的生长，保证青贮饲料的安全和质量。添加细菌接种剂的青贮料由于产乳酸较多，而发酵终产物中的醋酸和乙醇较少，故干物质损失减少。为了使细菌在青贮料中接种均匀，接种剂应以液体形式使用，一般是先复活，用水悬浮制成菌液，再洒在青贮料中，边装填边洒，原料每 30 cm 一层洒一次，20 d 左右即可开窖使用。

2.4 母牛繁育场的饲料管理

饲料是养牛生产的物质基础，均衡、合理的饲料供应是保证牛场生产正常进行的前提，全价饲养是保证母牛正常生长、产乳、增重的必要条件；饲料费用的支出是牛场生产经营支出中最重要的一个项目，如以舍饲为主的牛场来计算，该费用在全部费用中所占比例约为 50%，甚至更高，管理的好坏不仅影响到饲养成本，而且对母牛群的健康和生产性能均有影响。

科学地保管饲料，不会造成饲料发霉变质，脂肪氧化增多，虫蛀，鼠害等现象。存放要做到避光、清洁、通风、防虫防鼠，一旦发现问题，要及时处理。

1. 管理原则

注意质和量并重的原则，不能随意偏重哪一方面，要根据生产上的要求，尽量发挥当地饲料资源的优势，扩大来源渠道，既要满足生产上的需要，又要力争降低饲料成本。饲料供给要注意合理配制日粮的要求，做到均衡供应，各类饲料合理配给，避免单一性。为了保证配合日粮的质量，对于各种精、粗料，要定期做营养成分的测定。

2. 合理的计划

按照全年的需要量，对所需的各种饲料提出计划储备量。在制订下一年的饲料计划时，需知道牛群的发展情况，主要是牛群中的成年母牛数、青年牛数、育肥牛数，测算出每头牛的日粮需要及组成(营养需要量)，再累计到月、年需要量。编制计划时，在理论计算值的基础上提高 15%～20%为预计储备量。

3. 饲料的供应

了解市场的供求信息，熟悉产地，摸清当前的市场产销情况，联系采购点，把握好价格、质量、数量、验收和运输，对一些季节性强的饲料、饲草，要做好收购后的贮藏工作，以保证不受损失。

4. 加工和储藏

玉米(秸秆)青贮的制备要按规定要求,保证质量。青贮窖要防止漏水,不然易发生霉烂。精料加工需符合生产工艺规定,混合均匀,加工为成品后应在10 d内喂完,每次发1～2 d的量,特别是潮湿季节,要注意防止霉变。干草、稻草本身要求干燥无泥,堆码整齐,棚顶不漏水,否则会引起霉烂,还要注意防火灾。青绿多汁料,要逐日按次序将其堆好,堆码时不能过厚过宽,尤其是返销青菜,否则易发生中毒。另外,大头菜、胡萝卜等也可利用青贮方法延长其保存时间。

5. 饲料的开发利用

能满足泌乳母牛、肉牛营养需要的饲料丰富多样,除种植的豆科、禾本科牧草外,粮食作物如谷类、薯类副产品,经济作物主要是油料作物副产品也可提供大量饼类,是植物蛋白的主要来源。

6. 饲料的保管和合理利用

饲料收购的季节性很强,收购后必须做好保管工作,防止霉烂变质,保持其原有的营养价值。根据牛群结构对饲料的需求,制定饲料定额,按定额标准组织饲料供应,定期采购,妥善保管。经济合理地利用饲料是通过合理的饲料配合和采用科学的饲养方法来实现的。根据不同生理时期、不同年龄、不同生产要求的牛群对营养的需求不同,经过试验和计算配制不同日粮,既满足牛的营养需要,也不浪费饲料。要经常开展饲喂方法的研究和探索,以提高饲料的消化率。

7. 定期考核饲料利用率

对牛群供应的饲料是否合理,要经常对牛群进行分析,如育成牛的生长发育情况,育肥牛的增重效果,成年牛的体膘和繁殖情况等。此外,定期考核饲料转化率或计算饲料报酬,是加强对饲料管理的有效措施。可用下列公式计算:

饲料转化率=(饲料消化量/饲料的消耗量)×100%

饲料报酬=增加的体重或胴体重/饲料消耗量

单位畜产品饲料成本=饲料成本/畜产品产量

单位畜产品生产费用=生产费用/畜产品产量

第3章

繁殖母牛的杂交改良与繁殖管理

我国肉牛生产主要是通过引进优良肉用品种(西门塔尔牛、夏洛莱牛、利木赞牛等)来改良提高本地黄牛的肉用生产性能,肉牛生产的主体是利用杂交公犊,在杂交利用上要求以杂交犊牛快速生长为主选择父本,同时考虑提高本地母牛(能繁母牛)的泌乳能力和带犊能力。

肉牛良种是现代肉牛业的决定性基础,是肉牛业持续稳定发展的先决条件,占产业增产技术进步作用总贡献份额的40%以上,肉牛产业作为我国畜牧业的一个重要组成部分,大多数肉牛良种是引进国外的专门化肉牛品种。

到现在为止,几乎引进了世界上所有的优良肉牛品种,见表3.1,这导致国内肉用种牛品种多、乱、杂,质量良莠不齐,代次混乱,肉牛种业陷入“引进—退化—再引进—再退化”。黄牛是我国的特色资源,鲁西黄牛、秦川黄牛、南阳黄牛、晋南黄牛、延边牛被誉为我国五大良种黄牛,特点是肉质细嫩鲜美、肉味浓厚,是优质肉用牛的选育基础。历史上我国黄牛以役用为主,后躯不发达,产肉率低、泌乳量低,生长速度慢,肉的品质规格往往差异较大,优质高档肉块产量少,造成发展肉牛生产的规模效益与专门化的国外肉牛品种差异较大;另一方面,由于选育水平不高,我国各黄牛品种群体内个体间存在很大的差异,好的个体生长育肥速度可与国外肉牛相媲美,如1983年承担对日出口秦川牛的育肥,日增重高达950 g;1974—1980年对南阳牛的育肥,日增重高者达1 034 g,平均813 g;鲁西牛在不加选择情况下,育肥日增重平均达720 g,而差的个体育肥增重速度还不到200 g。由此说明,我国的黄牛品种虽综合生产力不高,但品种内并不缺少优秀遗传基因,仍具备选育成优质高产肉牛品种的内在种质基础。对我国良种黄牛进行系统的选育提高,保持其肉质好、大理石花纹好、抗逆性强的特点,突破黄牛生长速度慢、泌乳量低的缺点,培育新品系。充分有效地利用地方牛种资源,根据不同市场需求,以引种与自主培育相结合,走联合育种的道路,培育不同经济类型肉牛新品种,逐步转向我国自主育种为主。

切实解决畜禽良种中“引进—退化—再引进”的循环局面,这对提高我国肉牛自我制种、供种能力,扭转肉用种牛依赖进口的局面具有重要意义,也只有这样才能推动中国黄牛全面走向国际肉牛市场,参与国际竞争,根本改变我国肉牛业严重下滑的局面。

3.1 肉用牛品种

我国的引入肉牛品种比较多，据不完全统计大约引进了 20 多个优良肉牛品种和兼用牛品种，主要有西门塔尔牛、夏洛来牛、海福特牛、安格斯牛、利木赞牛、丹麦红牛、短角牛等品种，见表 3.1。其主要生产性能和分布省(区)见表 3.2。这些品种的引进丰富了我国的品种资源，加速了黄牛改良速度。

表 3.1 我国引进的主要国外肉牛品种

西门塔尔牛	利木赞牛	丹麦红牛	德国黄牛（盖普威牛）	比利时蓝白花牛	莫累灰牛	圣格鲁迪牛	沙希瓦牛
海福特牛	安格斯牛	瑞士褐牛	南德温牛	抗旱王牛	辛地红牛	契安尼娜牛	
夏洛来牛	短角牛	婆罗门牛	皮埃蒙特牛	劳来恩牛	金黄阿奎登牛	日本和牛	

表 3.2 我国引进主要牛品种情况表

品种	引入时间	主要特点	改良效果	分布省(区)
西门塔尔牛	1957 年正式引入第一批；1960 年引入第二批；以后陆续多次引入	适应性强，耐粗放饲养管理，易放牧。不仅具有良好的肉、乳用特性，而且挽力大，役用性能好，适于在多种不同地貌和生态环境地区饲养	对我国各地的黄牛改良效果都非常明显，颇受群众欢迎	在黑龙江、吉林、内蒙古、河北、河南、山东、山西、浙江、四川、甘肃、青海、新疆、西藏 15 个省、自治区
短角牛	1913 年、1927 年、1929 年、1947 年多次引进兼用型；1973 年引入肉用型	增重快，早熟。初生重 30～40 kg，6 月龄重可达 200 kg，400 日龄超过 440 kg，3 岁达到成年体重。育肥牛屠宰率 65%～68%；母牛产奶量平均4 748 kg	改良效果较好。如短角牛与蒙古牛杂交，可使产肉、产乳性能显著提高，体型改善；我国的草原红牛就是以该品种作为父系育成的	分布在内蒙古、吉林、辽宁、河北、宁夏和云南等省、区
安格斯牛		生长发育快，早熟，易育肥，易配种；出肉率高，胴体品质好；对环境的适应性强	黑毛色也与我国大部分地区的牛种相差大	分布在新疆、内蒙古、东北、山东等北部省、自治区
夏洛来牛		早期生长发育快，饲料报酬高；瘦肉多，脂肪少；屠宰率一般在 60%～70%，胴体净肉率 80%～85%	杂交一代对增重的改良效果非常明显，作为西门塔尔改良牛轮回杂交的二代父本，效果更显著	我国东北、华北各省及江苏、安徽、湖北、陕西、宁夏、新疆等 13 个省市、自治区
海福特牛	1964 年、1973 年、1974 年分别从英国引进；1995—1996 年从北美引进大型海福特牛	海福特牛体质结实，耐粗饲，不挑食；适于在牧草茂盛的草场放牧或舍饲	海福特杂交当地牛效果良好，杂种牛生长快、耐粗饲、耐寒、适应性强；但因白头和个体小，个别地区农民不喜欢	主要分布在内蒙古、东北、山东等北部省、自治区

续表 3.2

品种	引入时间	主要特点	改良效果	分布省(区)
利木赞牛	1974 年首批引进,1996 年再次引进	早期生长发育快,体早熟,产肉性能优良;难产率极低	利木赞牛的被毛色泽为红黄褐色;对我国牛种进行改良时,很受群众欢迎	东北 3 省、华北 4 省、山东、安徽、湖北、四川、陕西、甘肃、宁夏等
皮埃蒙特	1986 年开始引进	高屠宰率,高瘦肉率,眼肌面积大;牛肉多汁,风味可口,嫩度、口感优良	因其毛色灰白,群众不易接受	东北 3 省、内蒙古、河南、山东、山西数省、自治区

(许尚忠,李俊雅,2009)

3.1.1 肉用牛品种的类型

据估计,全世界约有 60 多个专门化的肉牛品种,其中英国有 17 个,法、意、美、前苏联各 11 个。这些并不包括乳肉或肉乳兼用品种和某些产肉性能较好的中国地方良种黄牛,以及大量既产肉、又产乳,还能使役的适于某种特定环境的原始品种。国外的肉牛品种,按体型大小和产肉性能,大致可分为下列 3 大类。

(1)中、小型早熟品种。主产于英国,其特点是:生长快,胴体脂肪多,皮下脂肪厚,体型较小,一般成年公牛体重 550～700 kg,母牛 400～500 kg,成年母牛体高在 127 cm 以下为小型,128～136 cm 之间为中型。如英国的海福特牛、短角牛、安格斯牛等。

(2)大型品种。产于欧洲大陆,原为役用牛,后转为肉用。其特点是:体格高大,肌肉发达,脂肪少,生长快,但较晚熟。成年公牛体重 1 000 kg 以上,母牛 700 kg 以上,成年母牛体高在 136 cm 以上。如法国的夏洛来牛,意大利的皮埃蒙特牛等。

(3)兼用品种。多为乳肉兼用或肉乳兼用,主要品种有瑞士的西门塔尔牛、瑞士褐牛,丹麦的丹麦红牛。

3.1.2 引进肉用牛品种

50 多年以来,我国各地陆续从国外引进很多优良肉牛品种,对加速肉牛生产的发展起到了重要作用。

3.1.2.1 海福特牛(Hereford)

1.产地及育成简史

原产于英国威尔士地区的海福特县及邻近诸县,属中小型早熟肉牛品种。海福特牛是在威尔士地方土种牛的基础上选育而成的。在培育过程中,曾采用近亲繁殖和严格淘汰的方法,使牛群早熟性和肉用性能显著提高,于 1790 年育成海福特肉牛品种。1846 年建立海福特牛纯种登记簿,1876 年成立海福特牛品种协会,1883 年转为“封闭式”良种登记,即只对双亲在本品种良种登记簿上注册过的个体进行登记,对该品种牛性能的稳定与提高起到了良好作用。

2.外貌特征

海福特牛体躯的毛色为橙黄或黄红色,头、颈、腹下、四肢下部和尾帚为白色,鼻镜粉红。体型宽深,前躯饱满,颈短而厚,垂皮发达,中躯肥满,四肢短,背腰宽平,臀部宽厚,肌肉发达,整个体躯呈圆筒状，皮薄毛细。分有角和无角两种，角呈蜡黄色或白色。公牛角向两侧伸展，向下方弯曲，母牛角尖有向上挑起者。成年海福特公牛体高 134.4 cm、体重 850～1 100 kg；相应成年母牛体高、体重分别为 126.0 cm、600～700 kg，初生公犊重 34 kg，母犊重 32 kg。

3. 生产性能

海福特牛增重快，从出生到 12 月龄的平均日增重达 1 400 g，18 月龄体重 725 kg(英国)。据我国黑龙江省资料，海福特牛哺乳期平均日增重，公犊 1 140 g，母犊 890 g。7～12 月龄的平均日增重，公牛 980 g，母牛 850 g。屠宰率一般为 60%～64%，经育肥后，可达 67%～70%，净肉率达 60%。肉质嫩，多汁，大理石纹好。海福特牛性成熟早，小母牛 6 月龄开始发情，15～18 月龄，体重 445 kg 可以初次配种，母牛妊娠期 277 d(260～290 d)。该品种牛适应性好，在年气温变化为－48～38℃的环境中，仍然表现出良好的生产性能。

3.1.2.2 安格斯牛(Angus)

1. 原产地及育成简史

原产于英国的阿伯丁、安格斯和金卡丁等郡，全称阿伯丁-安格斯牛(Aberdeen-Angus)。安格斯牛的有计划育种工作始于 18 世纪末，着重在早熟性、屠宰率、肉质、饲料报酬和犊牛成活率等方面进行选育。1862 年开始良种登记，1892 年出版良种登记簿，现在世界上主要养牛国家大多数都饲养有安格斯牛。

2. 外貌特征

安格斯牛无角，毛色以黑色居多，也有红色。体格低矮，体质紧凑、结实。头小而方，额宽，颈中等长且较厚，背线平直，腰荐丰满，体躯宽而深，呈圆筒形。四肢短而端正，全身肌肉丰满。皮肤松软，富弹性，被毛光泽而均匀，少数牛腹下、脐部和乳房部有白斑。成年公牛体高 130.8 cm，体重 700～750 kg，相应成年母牛体高、体重分别为 118.9 cm、500 kg，犊牛初生重 25～32 kg。

3. 生产性能

安格斯牛具有良好的增重性能，日增重约为 1 000 g。早熟易肥，胴体品质和产肉性能均高。育肥牛屠宰率一般为 60%～65%。安格斯牛 12 月龄性成熟，18～20 月龄可以初配。产犊间隔短，一般为 12 个月左右。连产性好，初生重小，难产极少。安格斯牛对环境的适应性好，耐粗、耐寒，性情温和，易于管理。在国际肉牛杂交体系中被认为是较好的母系。

3.1.2.3 夏洛来牛(Charolais)

1. 原产地及育成简史

夏洛来牛是大型肉牛品种，原产于法国中西部到东南部的夏洛来和涅夫勒地区。18 世纪开始系统选育，主要通过本品种严格选育而成。1864 年建立良种登记簿，1887 年成立夏洛来牛品种协会，1964 年 22 个国家联合成立了国际夏洛来牛协会。

2. 外貌特征

夏洛来牛体躯高大强壮，全身毛色乳白或浅乳黄色。头小而短宽，嘴端宽方，角中等粗细，向两侧或前方伸展，角色蜡黄。颈短粗，胸宽深，肋骨弓圆，腰宽背厚，臀部丰满，肌肉极发达，使体躯呈圆筒形，后腿部肌肉尤其丰厚，常形成“双肌”特征，四肢粗壮结实。公牛常有双鬐甲和凹背者。蹄色蜡黄，鼻镜、眼睑等为白色。成年公牛体高 145.5 cm、体重 1 100～1 200 kg，相应成年母牛体高、体重分别为 137.5 cm、700～800 kg；初生公犊重 45 kg，母犊重 42 kg。

3. 生产性能

夏洛来牛以生长速度快、瘦肉产量高而著称。据法国的测定，在良好的饲养管理条件下，6 月龄公犊体重达 234 kg，母犊 210.5 kg，平均日增重公犊 1 000～1 200 g，母犊 1 000 g。12 月龄公犊重达 525 kg，母犊 360 kg。屠宰率为 65%～70%，胴体产肉率为 80%～85%。母牛平均产奶量为 1 700～1 800 kg，个别达到 2 700 kg，乳脂率为 4.0%～4.7%。青年母牛初次发情为 396 日龄，初配年龄为 17～20 月龄。但是该品种繁殖方面存在难产率高(13.7%)的缺点。

3.1.2.4　利木赞牛(Limousin)

1. 原产地及育成简史

利木赞牛原产于法国中部利木赞高原，并因此而得名，在分布广度和数量方面，在法国仅次于夏洛来牛，利木赞牛源于当地大型役用牛，主要经本品种选育而成。1850 年开始选育，1886 年建立良种登记簿；1924 年宣布育成专门化肉用品种。

2. 外貌特征

利木赞牛毛色多红黄为主，腹下、四肢内侧、眼睑、鼻周、会阴等部位色较浅，为白色或草白色。角细，白色。蹄壳琥珀色。头短，额宽，口方。体躯冗长，肋骨弓圆，背腰壮实，荐部宽大，但略斜。肌肉丰满，前肢及后躯肌肉块尤其突出。成年公牛体高 140 cm、体重 1 100 kg；成年母牛体高 131 cm，体重 600 kg；公犊初生重 36 kg，母犊 35 kg。

3. 生产性能

利木赞牛肉用性能好，生长快，尤其是幼年期，8 月龄小牛就可以生产出具有大理石纹的牛肉；在良好的饲养条件下，公牛 10 月龄能长到 408 kg，12 月龄达 480 kg。牛肉品质好，肉嫩，瘦肉含量高。利木赞牛具有较好的泌乳能力，成年母牛平均泌乳量 1 200 kg，个别可达 4 000 kg，乳脂率 5%。

3.1.2.5　皮埃蒙特牛(Piemontese)

1. 原产地及育成简史

原产于意大利北部皮埃蒙特地区，包括都灵、米兰等地，是在役用牛基础上选育而成的专门化肉用品种。20 世纪初引入夏洛来牛杂交而含“双肌”基因，是目前国际上公认的终端父本。

2. 外貌特征

该牛体型较大，体躯呈圆筒状，肌肉发达。毛色为乳白色或浅灰色，公牛肩胛毛色较深，黑眼圈。公母牛的尾帚均呈黑色。犊牛幼龄时毛色为乳黄色，鼻镜黑色。成年公牛体高 150 cm，体重 1 000 kg 以上；成年母牛体高 136 cm，体重 500～600 kg。

3. 生产性能

皮埃蒙特牛生长快，育肥期平均日增重 1 500 g。肉用性能好，屠宰率一般为 65%～70%，肉质细嫩，瘦肉含量高，胴体瘦肉率达 84.13%。

3.1.2.6　德国黄牛(Gelbvieh)

1. 原产地及育成简史

德国黄牛原产于德国和奥地利，其中德国数量最多，系瑞士褐牛与当地黄牛杂交育成的，可能含有西门塔尔牛的基因，1970 年出版良种登记册。我国有些地方也称盖普威牛。

2. 外貌特征和生产性能

德国黄牛毛色为浅黄色、黄色或淡红色。体型外貌近似西门塔尔牛。体格大，体躯长，胸深，背直，四肢短而有力，肌肉强健。成年公牛体高 135～140 cm，体重 1 000～1 100 kg，相应母牛分别为 130～134 cm 和 700～800 kg；公犊平均初生重 42 kg，断奶重 231 kg。育肥性能好，去势小牛育肥到 18 月龄体重达 600～700 kg，平均日增重 985 g。平均屠宰率 62.2%，净肉率 56%。母牛乳房大，附着结实，泌乳性能好，年产奶量达 4 164 kg，乳脂率 4.15%。初产年龄为 28 个月，难产率低。

3.1.2.7 契安尼娜牛(Chianina)

1. 原产地及育成简史

契安尼娜牛原产于意大利多斯加尼地区的契安尼娜山谷，由当地古老役用品种培育而成，现主要分布于意大利中西部的广阔地域。1931 年建立良种登记簿，是目前世界上体型最大的肉牛品种。

2. 外貌特征和生产性能

契安尼娜牛被毛白色，尾帚黑色，除腹部外，皮肤均有黑色素；犊牛出生时，被毛为深褐色，在 60 日龄内逐渐变为白色。体躯长，四肢高，体格大，结构良好，但胸部深度不够。成年公牛体高 184 cm，体重 1 500 kg，相应母牛分别为 157～170 cm、800～900 kg。契安尼娜牛生长强度大，一般日增重达 1 000 g 以上，2 岁内最大日增重可达 2 000 g。牛肉量多而品质好，大理石级明显。适应性好，繁殖力强且很少难产。

3.1.2.8 比利时蓝白花牛(Belgian Blue，Belgian Blue-White)

1. 原产地及育成简史

分布在比利时中北部的短角型蓝花牛与弗里生牛混血的后裔，经过长期对肉用性能的选择，繁育而成，是欧洲大陆黑白花牛血缘的一个分支，是这个血统牛中唯一被育成纯肉用的专门品种。

2. 外貌特征和生产性能

比利时蓝白花牛毛色为白身躯中有蓝色或黑色斑点，色斑大小变化较大，鼻镜，耳缘，尾巴多黑色。个体高大，体躯呈长筒状，体表肌肉醒目，肌束发达，后臀尤其明显。头部轻，尻微斜。成年公牛体高 148 cm，体重 1 200 kg，母牛体高 134 cm，体重 700 kg；初生重公犊 46 kg，母犊 42 kg。犊牛早期生长速度快，最高日增重可达 1 400 g。屠宰率 65%。比利时蓝白花牛适合于肉牛配套系的父系品种。

3.1.2.9 日本和牛(Japanese beef cow)

1. 原产地及育成简史

是在日本土种役用牛基础上经杂交而培育的肉用品种。1870 年起，日本和牛由役用逐渐向役肉兼用发展。1900 年以后，先后引入南德温牛、瑞士褐牛、短角牛、西门塔尔牛、朝鲜牛、爱尔夏牛和黑白花牛等与日本和牛杂交，目的是增大体格，提高肉、乳生产性能。但有计划的杂交却始于 1912 年。1948 年成立日本和牛登记协会，1957 年宣布育成肉用日本和牛。

2. 外貌特征和生产性能

毛色多为黑色和褐色，少见条纹及花斑等杂色。体躯紧凑，腿细，前躯发育良好后躯稍差。体型小，成熟晚。成年公牛体高 137 cm，体重 700 kg，相应母牛分别为 124 cm 和 400 kg；日本和牛的产奶量低，约 1 100 kg，但经过一年或一年多的育肥，屠宰率可达 60%以上，有 10%可用作高级牛肉。

3.1.2.10 南德温牛(South Devon)

1.原产地及育成简史

原产于英格兰的南德温郡南部和卡如爱尔地区，后引入澳大利亚。该品种原为役用牛，从19世纪开始向肉乳兼用方向选育，在南德温牛中引入了更赛牛的血统，后又导入了婆罗门牛的血统而育成，在许多国家有分布。

2.外貌特征和生产性能

毛色紫红、不怕牛虻、体躯丰满、早熟、生长快、屠宰率高、净肉率达59.5%、肌肉纤维细、脂肪囤积适中、肉质鲜嫩呈明显大理石纹状。成年公牛体高142 cm，体重1 000～1 200 kg；成年母牛体高132 cm，体重500～700 kg，年产奶量1 500～2 000 kg；母牛易受胎，很少难产，护犊性能好，被誉为“母性品种”。犊牛初生重35～40 kg，在良好的饲养条件下，一般日增重可达1.3～1.5 kg。

3.1.3 引进兼用牛品种

兼用牛品种是指兼有两种以上生产力方向的牛品种，这类牛品种有乳肉、肉乳、肉役、乳役等不同类型品种。

3.1.3.1 西门塔尔牛(Simmental)

1.原产地与分布

原产于瑞士阿尔卑斯山西部西门河谷。1803年出版了第一本良种登记簿。目前西门塔尔牛主要分布于欧洲、亚洲、南美、北美、南非等地区，在欧洲和亚洲大约有3千万头。有19个国家建立了良种登记，1974年成立“世界西门塔尔牛联合会(WSF)”。

2.外貌特征

毛色多为黄白花或淡红白花，头、胸、腹下、四肢、尾帚多为白色。体格高大，成年公牛体高142～150 cm，体重1 000～1 200 kg；相应母牛分别为134～142 cm和550～800 kg，犊牛初生重30～45 kg。后躯较前躯发达，中躯呈圆筒形。额与颈上有卷曲毛。四肢强壮，蹄圆厚。乳房发育中等，乳头粗大，乳静脉发育良好。

3.生产性能

耐粗饲、适应性强，四肢坚实，寿命长，繁殖力强。肉用、乳用性能均佳，平均产乳量4 000 kg以上，乳脂率4%；初生至1周岁平均日增重可达1.32 kg，12～14月龄活重可达540 kg以上，较好条件下屠宰率为55%～60%，育肥后屠宰率可达65%。

4.改良我国黄牛效果

我国自20世纪50年代开始从前苏联引进，70～80年代又先后从瑞士、德国、奥地利等国引进，全国存栏1万余头，是目前群体最大的引进兼用品种，于1981年成立中国西门塔尔牛育种委员会。中国西门塔尔牛核心群平均产奶量3 550 kg，乳脂率4.74%。与我国北方黄牛杂交，所生后代体格增大，生长加快，受到群众欢迎。西杂牛产奶量2 871 kg，乳脂率4.08%。

3.1.3.2 瑞士褐牛(Brown Swiss)

1.原产地

原产于瑞士中部山区的本地牛，据称其祖先来源于中亚地区，在瑞士全境均有分布，占瑞士牛数量的47%，仅次于西门塔尔牛，为瑞士的古老品种。该品种原为乳、肉、役三用，后发展成为以乳用为主的兼用品种，目前在多个国家和地区有分布。

2. 外貌特征

毛色从灰褐到浅褐不等，有的个体几乎呈白色。鼻镜、乳房及四肢内侧毛色较淡，角尖、鼻镜、蹄壳上多有黑色素沉积。头宽短、额稍凹陷，角中等长，颈粗短，垂皮不发达。体格略小于西门塔尔牛，成年公牛体高 150～160 cm，体重 1 000～1 200 kg；成年母牛体高 135～142 cm，体重 600～700 kg；犊牛初生重 30～50 kg。

3. 生产性能

属乳用为主的乳肉兼用品种，骨骼坚实，四肢强壮，蹄壳结实，使用寿命长，平均妊娠期 290 d，略高于其他品种，平均产乳量 2 500～3 800 kg，乳脂率 3.23%～3.87%。一般 18 月龄活重可达 485 kg，屠宰率 50%～60%，育肥期平均日增重可达 1.1～1.2 kg。适应能力强，在多种气候和饲养管理条件下均有良好表现。美国的瑞士褐牛属乳用型，平均产乳量达 6 000～7 000 kg，乳脂率 4%，乳蛋白含量 3.7%。

3.1.3.3 丹麦红牛(Danish Red)

1. 原产地及育成经过

原产于丹麦，由安格勒牛(Angler)、乳用短角牛与当地牛杂交改良的基础上育成。1878 年形成品种，1885 年出版良种登记册，近 20 多年来导入过瑞士褐牛基因，以乳脂率、乳蛋白率高而著称。

2. 外貌特征

被毛为红或深红色，公牛毛色通常较母牛深，鼻镜浅灰至深褐色，蹄壳黑色，部分牛只乳房或腹部有白斑毛，被毛软、短，光亮，体格较大，体躯方正深长，背腰平直，四肢粗壮结实，角短且致密，乳房发达而匀称，乳头长。成年公牛体高 148 cm，体重 1 000～1 300 kg；成年母牛体高 132 cm，体重 650 kg；犊牛初生重 40 kg。

3. 生产性能

具有较好的乳用性能，1989—1990 年在丹麦的平均产奶量为 6 712 kg，乳脂率 4.31%，乳蛋白含量 3.49%。美国 2000 年 53 819 头母牛的平均产奶量为 7 316 kg，乳脂率 4.16%，乳蛋白含量 3.57%；高产牛群的平均产奶量 9 533 kg，乳脂率 4.53%，乳蛋白含量 3.55%；最高单产 12 669 kg，乳脂率 5%，乳蛋白含量 3.82%。12～16 月龄小公牛，在良好的育肥条件下，平均日增重可达 1.0 kg，屠宰率 57%；品种平均屠宰率 54%，犊牛哺乳期日增重 0.7～1.0 kg。

4. 杂交改良我国黄牛效果

用于改良秦川牛，杂一代平均初生重 30～32 kg，母牛头胎平均产乳量 1 750 kg，高产个体可达 2 415 kg，其乳脂率为 5.01%，乳蛋白含量为 3.68%，干物质含量为 14.43%。

3.1.3.4 短角牛(Short Horn)

1. 原产地及育成经过

原产于英国的诺森伯兰、约克和林肯等郡，是最早的登记品种。1822 年开始品种登记，1874 年成立品种协会。1950 年，随着世界奶牛业的发展，一部分短角牛又向乳用方向选育，至今形成了肉用和乳用短角牛两个类型。

(1)肉用短角牛。①外貌特征。肉用短角牛以红色被毛为主，也有白色和红白交杂的沙毛个体，相当数量的个体腹下或乳房部有白斑；鼻镜粉红色，眼圈色淡，头短，额宽平，角短细，向下稍弯，呈蜡黄或蜡白色，角尖黑；颈部被毛长且卷曲，额顶有丛生的较长被毛；背腰宽且平直，尻部宽广、丰满，体躯长而宽深，具有典型的肉用牛体型。成年公牛体高 140 cm，体重 1 000 kg；成年母牛体高 130 cm，体重 700 kg。②生产性能。据英国测定，肉用短角牛 200 日龄公犊平均体重 209 kg，400 日龄可达 412 kg，育肥期日增重可达 1 kg 以上，母牛泌乳力好。

(2)兼用短角牛，美国官方称其为乳用短角牛。①外貌特征。与肉用短角牛相似，但乳用特征明显，乳房发达，体格较大，成年公牛体重 1 000 kg 以上，成年母牛体重 700～800 kg。②生产性能。平均产奶量 3 310 kg，乳脂率 3.69%～4.0%，高产牛可达 5 000～10 000 kg。

3.1.4 中国培育的肉用牛品种

为了改变我国肉牛业生产落后的状况，快速提高牛肉产量，我国从 20 世纪 50 年代开始大量从欧洲、澳大利亚、美国和加拿大等国家引进了 20 多个肉牛品种，在杂交改良的同时我国的科研人员和畜牧工作者，也开始培育适合本区域的肉用牛品种。经过 60 多年连续不断地工作，培育出了夏南牛等肉牛品种。

3.1.4.1 夏南牛

1. 原产地及育成经过

原产地为河南泌阳县，是以夏洛来牛为父本，以地方良种南阳牛为母本，经导入杂交、横交固定和自群繁育 3 个阶段的开放式育种，培育而成的含夏洛来牛血统 37.5%，含南阳牛血统 62.5%的夏南牛。夏南牛耐粗饲，适应性强，舍饲、放牧均可，在黄淮流域及以北的农区、半农半牧区都能饲养。

2. 外貌特征

毛色为黄色，以浅黄、米黄居多；公牛头方正，额平直，母牛头部清秀，额平稍长；公牛角呈锥状，水平向两侧延伸，母牛角细圆，致密光滑，稍向前倾；耳中等大小；颈粗壮、平直，肩峰不明显。成年牛结构匀称，体躯干呈长方形；胸深肋圆，背腰平直，尻部宽长，肉用特征明显；四肢粗壮，蹄质坚实，尾细长；母牛乳房发育良好。成年公牛体高 142.5 cm，体重 850 kg，成年母牛体高 135.5 cm，体重 600 kg；公犊初生重 38.5 kg，母犊为 37.9 kg。

3. 生产性能

夏南牛体质健壮，性情温驯，适应性强，耐粗饲，采食速度快，易育肥；抗逆力强，耐寒冷，耐热性稍差。在农户饲养条件下，公母犊牛 6 月龄体重分别为 197.4 kg 和 196.5 kg，日增重分别为 0.88 kg 和 0.88 kg；周岁公母牛体重分别为 299.0 kg 和 292.4 kg，日增重分别达 0.56 kg和 0.53 kg。体重 400 kg 的公架子牛经强化育肥 90 d，体重达 550 kg，日增重可达 1.85 kg。17～19 月龄的未育肥公牛屠宰率 60.13%，净肉率 48.84%。母牛初情期平均 432 d，初配时间平均 490 d。

3.1.4.2 延黄牛

1. 原产地及育成经过

主产于吉林省延边朝鲜族自治州，适宜吉林、辽宁等地区养殖。以延边黄牛为母本，利木赞牛为父本有计划进行杂交、正反回交和横交固定培育而成，延黄牛含 75%延边(黄)牛、25%

利木赞牛血统，具有体质健壮、性情温驯、耐粗饲、适应性强、生长速度快等特点。

2. 外貌特征

毛色为黄色；公牛头方正，额平直，母牛头部清秀，额平，嘴端短粗；公牛角呈锥状，水平向两侧延伸，母牛角细圆，致密光滑，外向，尖稍向前弯；耳中等大小；颈粗壮，平直，肩峰不明显；成年牛结构匀称，体躯呈长方形，胸深肋圆，背腰平直，尻部宽长；四肢较粗壮，蹄质坚实，尾细长；肉用特征明显，母牛乳房发育良好。成年公牛体高 156.2 cm，体重 900～1 100 kg；成年母牛体高 136.3 cm，体重 490～630 kg，公、母犊牛初生重分别为 30.9 kg 和 28.9 kg。

3. 生产性能

6 月龄公、母牛体重分别为 168.8 kg 和 153.6 kg；12 月龄公、母牛体重分别为 308.6 kg 和 265.2 kg；舍饲短期育肥至 30 月龄公牛屠宰率 59.8%，净肉率 49.3%。母牛初情期 8～9 月龄，初配时间 13 月龄。

3.1.4.3 辽育白牛

1. 原产地及育成经过

辽育白牛是以夏洛来牛为父本，以辽宁本地黄牛为母本级进杂交后，在第 4 代的杂交群中选择优秀个体进行横交和有计划选育，采用开放式育种体系，坚持档案组群，形成了含夏洛来牛血统 93.75%、本地黄牛血统 6.25%遗传组成的稳定群体，该群体抗逆性强；辽育白牛耐寒性强，能够适应广大北方地区的气候；适应能力强，采用舍饲、半舍饲半放牧和放牧方式饲养均可。

2. 外貌特征

辽育白牛全身被毛呈白色或草白色，鼻镜肉色，蹄角多为蜡色；体型大，体质结实，肌肉丰满，体躯呈长方形；头宽且稍短，额阔唇宽，耳中等偏大，大多有角，少数无角；颈粗短，母牛平直，公牛颈部隆起，无肩峰，母牛颈部和胸部多有垂皮，公牛垂皮发达；胸深宽，肋圆，背腰宽厚、平直，尻部宽长，臀端宽齐，后腿部肌肉丰满；四肢粗壮，长短适中，蹄质结实；尾中等长度；母牛乳房发育良好。成年公牛体重 910.5 kg，母牛体重 451.2 kg，初生重公牛 41.6 kg，母牛 38.3 kg。

3. 生产性能

辽育白牛 6 月龄体重公牛 221.4 kg，母牛 190.5 kg；12 月龄体重公牛 366.8 kg，母牛 280.6 kg；24 月龄体重公牛 624.5 kg，母牛 386.3 kg。辽育白牛 6 月龄断奶后持续育肥至 18 月龄，宰前重、屠宰率和净肉率分别为 561.8 kg、58.6%和 49.5%；持续育肥至 22 月龄，宰前重、屠宰率和净肉率分别为 664.8 kg、59.6%和 50.9%。辽育白牛母牛初配年龄为 14～18 月龄、产后发情时间为 45～60 d。

3.1.4.4 婆莫云牛(BMY 牛)类群

1. 原产地及育成经过

婆莫云牛(BMY 牛)是通过杂交和横交选育的方法选育出适于热带亚热带饲养的婆莫云牛类群牛。早在 1984 年开始用莫累灰牛(Murray Grey)与云南黄牛进行杂交并产生莫云杂(MY)，随后引进婆罗门牛(Brahman)，与 MY 母牛杂交，产生婆莫云杂牛(BMY)，在此基础上，对 BMY 牛的扩繁，选育，固定。BMY 牛的血统由 50%婆罗门牛+(25%莫累灰牛+25%云南黄牛)构成。

2. 外貌特征

具有婆罗门耐热抗蜱优点和莫累灰高繁殖性能以及云南黄牛适应性强的特性。体型细致紧凑，头稍小，大多数无角，耳稍大，眼明有神。颈细长，垂皮稍小，肩峰明显，背腰长而窄。胸窄深，腹稍小。尾细长，四肢细长，蹄质坚实。毛色多见黑色和黄色。成年公牛体高139.1 cm，体重700～800 kg，母牛成年体高126.55 cm，体重450～500 kg；公犊初生体重34.99 kg，母犊28.55 kg。

3. 生产性能

BMY牛在全放牧条件下180日龄体重为130.7 kg，12月龄体重为216.7 kg，24月龄体重为340.4 kg，屠宰率、净肉率和胴体净肉率分别为53.5%、43.5%和81.4%；从断乳后即进行育肥到24～36月龄时体重可达600～700 kg，BMY牛的优质牛肉出率58%以上，具有生产高档牛肉（雪花牛肉）的能力。BMY牛性成熟早，母牛初配年龄为12～15月龄，体重230.0 kg；泌乳性能中等，泌乳期为245～305 d，产乳量为490.3～979.1 kg。

3.1.5 中国培育的兼用型牛品种

自1949年以来，我国陆续引进荷斯坦牛、西门塔尔牛、短角牛及瑞士褐牛等品种与本地黄牛进行杂交，有计划地开展牛育种工作，1983年对新疆褐牛、1985年对中国草原红牛和1986年对三河牛进行了品种验收鉴定。

3.1.5.1 三河牛

三河牛是内蒙古地区培育出的优良乳肉兼用牛品种，原产呼伦贝尔草原，因较集中于额尔古纳市的三河（根河、得勒布尔河、哈布尔河）地区而得名。现在主要分布在呼伦贝尔盟，约占该品种牛总头数的90%以上；兴安盟、哲里木盟和锡林郭勒盟等地也有分布。

经过多年多品种相互杂交和选育，三河牛逐步形成体大结实、耐寒、易放牧、适应性强、乳脂率高、产乳性能好的特点。成年公牛体高156.8 cm，胸围240.1 cm，体重1 050 kg；成年母牛体高131.3 cm，胸围192.5 cm，体重547.9 kg。据调查测定的7 054头次产乳量资料分析，三河牛泌乳期平均乳产量2 868 kg，乳脂率4.17%。育种核心群母牛4 320头，305 d平均产乳量3 205 kg、乳脂率4.1%。三河牛产肉性能好，在放牧育肥条件下，阉牛屠宰率为54%、净肉率为45.6%。

3.1.5.2 （中国）草原红牛

草原红牛为乳肉兼用型品种，主要产于吉林白城地区、内蒙古赤峰市和锡林郭勒盟南部、河北张家口地区。它是引进乳肉兼用型短角牛与蒙古牛级进杂交二、三代后、横交固定、自群繁育而成。

草原红牛成年公牛体高137.3 cm、体重700～800 kg；成年母牛体高124.2 cm、体重450 kg。在放牧为主的条件下，第一胎平均泌乳量为1 127.4 kg，乳脂率为4.03%，最高个体产奶量为4 507 kg。18月龄的阉牛，经放牧育肥，屠宰率为50.80%、净肉率为40.95%。短期育肥牛屠宰率为58.1%、净肉率为49.5%。

3.1.5.3 新疆褐牛

主要分布在新疆的伊犁、塔城等地区，其育种工作始于20世纪初，1935—1936年曾引进瑞士褐牛与当地哈萨克牛进行杂交，1951—1956年从苏联引进阿拉托乌牛、科斯特罗姆牛与当地黄牛杂交改良，1977 年和 1980 年，从德国、奥地利引进纯种瑞士褐牛进行杂交，经培育稳定了新疆褐牛的优良遗传品质，提高产奶性能。

新疆褐牛成年母牛体高 121.6 cm，胸围 173.2 cm、体重 430 kg，产奶量为2 100～3 500 kg，最高产量达 5 162 kg，乳脂率为 4.03%～4.08%。成年公牛体重为 490 kg，在自然放牧条件下，2 岁以上屠宰率为 50%以上，净肉率 39%，育肥后净肉率可达 40%以上。

3.1.5.4 中国西门塔尔牛(Chinese simmental)

中国西门塔尔牛是由 20 世纪 50 年代、70 年代末和 80 年代初引进的德系、苏系和奥系西门塔尔牛与本地黄牛进行级进杂交后，对高代改良牛的优秀个体进行选种选配培育而成，属乳肉兼用品种。主要育成于西北干旱平原、东北和内蒙古严寒草原、中南湿热山区和亚高山地区、华北农区、青海和西藏高原以及其他平原农区。它的适应范围广，适宜于舍饲和半放牧条件，产奶性能稳定，乳脂率和干物质含量高，生长快，胴体品质优异，遗传性稳定，并有良好的役用性能。中国西门塔尔牛体躯深宽高大，结构匀称，体质结实，肌肉发达，行动灵活，被毛光亮，毛色为红(黄)白花，花片分布整齐，头部白色或带眼圈，尾梢、四肢和腹部为白色，角蹄蜡黄色，鼻镜肉色，乳房发育良好，结构均匀紧凑。中国西门塔尔牛成年公牛体高 145 cm、体重 850～1 000 kg；成年母牛体高 130 cm、体重 550～650 kg。

生产性能。初配年龄为 18 月龄，体重在 380 kg 左右，泌乳期产奶量达 4 000 kg，核心群母牛产奶量达到了年均 4 300 kg 以上，平均乳脂率 4.03%。根据 97 头育肥牛试验结果，平均日增重 1 106 g，18～22 月龄宰前活重 573.6 kg，屠宰率 61.4%，净肉率 50.01%。在短期育肥后，18 月龄以上的公牛或阉牛屠宰率达 54%～56%，净肉率达 44%～46%。成年公牛和强度育肥牛屠宰率达 60%以上，净肉率达 50%以上。

3.1.5.5 乌珠穆沁牛类群

乌珠穆沁牛属于蒙古牛中的一个优良类群。主要产于内蒙古锡林郭勒盟东北部的东、西乌珠穆沁旗。乌珠穆沁牛体躯较长，前躯发育比后躯好，腿短，体型近似肉乳兼用或肉用型，毛色以红色为主。成年公牛体高 118.9 cm，体重 470 kg，成母牛体高 115.0 cm，体重 370 kg；乌珠穆沁牛泌乳期 148～165 d，产乳 600 kg 左右，日均 4 kg，最高达 8 kg，乳脂率较高，一般为 4%～5%。其公牛育肥性能良好，2.5～3.5 岁阉牛，经育肥后，屠宰率为 52.2%，净肉率为 42.7%；舍饲育肥后，屠宰率达 57.2%，净肉率达 43.2%。

3.1.6 地方良种黄牛

中国是一个农业大国，中国人与牛有深厚的感情。早在汉代，中国人已经开始使用牛来耕地，用牛驾车则更早。中国现代的牛品种主要有中国黄牛、水牛、乳牛、牦牛、培育的兼用牛和肉用牛品种。中国黄牛是中国最常见的一种家牛，也是分布最广、数量大、功用最大的牛种，它是我国乳牛、兼用牛和未来培育专门化品种牛的基础和基因库。我国有地方良种黄牛品种 50 多个，是世界上牛品种最多的国家。黄牛主要分布在海拔低于 3 000 m 的地方。根据产地、体型大小和品种特征，我国黄牛品种分为 3 大类：中原黄牛、北方黄牛和南方黄牛。中原黄牛主要有陕西秦川牛、河南南阳牛、山东鲁西牛、山西晋南牛、山东滨州渤海黑牛等品种；北方黄牛主要有吉林延边牛、蒙古高原蒙古牛、辽宁复州牛、新疆哈萨克牛等；南方牛主要有浙江温岭高峰牛、安徽皖南牛、湖北大别山牛等品种。分布在黄河中下游、淮河流域以北的河南、陕西、山西、山东、吉林和辽宁等中原地区的秦川牛、晋南牛、南阳牛、鲁西牛、延边牛被誉为我国五大良种黄牛品种，是作为杂交母本生产肉牛的主要品种，我国牛肉总量的80%都来自这些牛品种同引进品种的杂交牛。我国的黄牛数千年来基本上只作役用，因此大多数品种达不到国际肉用牛的性能要求，但它是我国家牛的基础，其向肉用方向改良在生产实践中正逐步进行。同时，我国优良的黄牛品种具有肉用性能较为突出，如大理石花纹好、屠宰率和净肉率高等特点，值得在育种和生产中强化利用。

中国黄牛系指原产于我国除水牛、牦牛之外的所有家养牛。毛色以黄褐色为主，也有深红、浅红、黑、黄白、黄黑等毛色。中国黄牛为传统称谓，纳入《中国牛品种志》的黄牛品种有28个，本书仅介绍部分品种，其他品种分布及生产性能见品种志。

3.1.6.1 秦川牛

1. 产地与分布

秦川牛因产于陕西省关中地区的“八百里秦川”而得名。主要产地包括渭南、临潼、蒲城、富平、大荔、咸阳、兴平、乾县、礼泉、泾阳、三原、高陵、武功、扶风、岐山等15个县、市。

2. 体型外貌

角短而钝、多向外下方或向后稍弯。毛有紫红、红、黄3种，以紫红和红色居多。鼻镜多呈肉红色，亦有黑色、灰色和黑斑点等色。蹄壳分红、黑和红黑相间3色，以红色居多。成年公牛体高141 cm，体重594 kg；成年母牛体高124 cm，体重381 kg。

3. 生产性能

在中等饲养水平下18月龄时的屠宰率可达58.3%，净肉率为50.5%。母牛产奶量715.8 kg，乳脂率4.70%；在中等饲养水平下母牛初情期为9.3月龄；产后第一次发情53.1 d；一般母牛2岁配种，在正常条件下，可繁殖到14～15岁，个别可达17～20岁。

4. 与其他黄牛杂交效果。

全国各地曾引进秦川公牛改良本地黄牛，杂交效果良好。

3.1.6.2 南阳牛

1. 产地与分布

产于河南南阳地区白河和唐河流域的广大平原地区，以南阳市郊区、唐河、邓州、新野、镇平、社旗、方城等县市为主要产区。

2. 体型外貌

公牛角基较粗，以萝卜头角为主，母牛角较细；鬐甲较高，公牛肩峰8～9 cm；有黄、红、草白3种毛色，以深浅不等的黄色为最多，一般牛的面部、腹下和四肢下部毛色较浅；鼻镜多为肉红色，其中部分带有黑点；蹄壳以黄蜡、琥珀色带血筋较多。成年公牛体高145 cm，体重647 kg；成年母牛体高126 cm，体重412 kg。

3. 生产性能

1.5岁公牛育肥的平均体重可达441.7 kg，日增重813 g，屠宰率为55.6%；3～5岁阉牛经强度育肥，屠宰率可达64.5%，净肉率达56.8%。母牛产乳量600～800 kg，乳脂率为4.5%～7.5%，母牛初情期8～12月龄，产后第一次发情平均为77 d。公牛1.5～2岁开始配种，3～6岁配种能力最强，利用年限5～7年。

4. 与其他黄牛杂交效果

已向全国22个省、市提供种牛，杂交效果良好。

3.1.6.3 鲁西牛

1. 产地与分布

主要产于山东西南部，以郓城、鄄城、菏泽、巨野、梁山、嘉祥、金乡、济宁、汶上等县为中心产区。

2. 体型外貌

具有较好的役肉兼用体型。公牛多平角或龙门角，母牛角形多样，以龙门角较多；蹄质致密但硬度较差，不适于山地使役；被毛从浅黄到棕红色都有，以黄色为最多；多数牛有完全或不完全的“三粉”特征（指眼圈、口轮、腹下与四肢内侧色淡），鼻镜与皮肤多为淡肉红色，部分牛鼻镜有黑色或黑斑。角色蜡黄或琥珀色。成年公牛体高 146 cm，体重 644 kg；成年母牛体高 123 cm，体重 366 kg。

3. 生产性能

以青草和少量麦秸为粗料，每天补喂混合精料 2 kg（豆饼 40%、麦麸 60%），1～1.5 岁牛平均日增重 610 g，屠宰率 53%～55%，净肉率 47%左右。母牛性成熟早，一般 10～12 月龄开始发情，母牛初配年龄多在 1.5～2 周岁，终生可产犊 7～8 头，最高可达 15 头，产后第一次发情为 35 d。公牛 2～2.5 岁开始配种，利用年限 5～7 年。

3.1.6.4 晋南牛

1. 产地与分布

产于山西省晋南盆地，以万荣、河津、临猗、永济、运城、夏县、闻喜、芮城、新绛、稷山、侯马、曲沃、襄汾等县市为主产区，以万荣、河津和临猗三县的数量最多。

2. 体型外貌

公牛颈较粗短，顺风角，肩峰不明显；蹄大而圆，质地致密；毛色以枣红为主，鼻镜粉红色。成年公牛体高 139 cm，体重 607 kg；成年母牛体高 117 cm，体重 339 kg。

3. 生产性能

成年牛育肥后屠宰率可达 52.3%，净肉率为 43.4%。母牛产乳量 745.1 kg，乳脂率为 5.5%～6.1%，9～10 月龄开始发情，2 岁配种，产犊间隔为 14～18 个月，终生产犊 7～9 头，公牛 9 月龄性成熟。

4. 与其他黄牛杂交效果

晋南牛已引种到四川、云南、陕西、甘肃、江苏、安徽等地，与其黄牛杂交，效果良好。

3.1.6.5 延边牛

1. 产地与分布

主产于吉林省的延吉、和龙、汪清、珲春及毗邻各县，分布于东北三省。

2. 体型外貌

公牛头方额宽，角基粗大，多向外后方伸展成“一”字形或倒“八”字角。母牛头大小适中，角细而长，多为龙门角。毛色多呈浓淡不同的黄色，鼻镜一般呈淡褐色，带有黑斑点。成年公牛体高 131 cm，体重 465 kg；成年母牛体高 122 cm，体重 365 kg。

3. 生产性能

公牛经 180 d 育肥，屠宰率可达 57.7%，净肉率 47.23%，日增重 813 g。母牛产乳量 500～700 kg，乳脂率 5.8%～8.6%。母牛初情期平均为 13 月龄，公牛平均为 14 月龄。

3.1.6.6 蒙古牛

1. 产地与分布

原产于蒙古高原地区，分布于内蒙古、黑龙江、新疆、河北、山西、陕西、宁夏、甘肃、青海、吉林、辽宁等省、自治区。

2. 体型外貌

头短宽、粗重，角长、向上前方弯曲、呈蜡黄或青紫色，角质致密有光泽；肉垂不发达，鬐甲低下；四肢短，蹄质坚实，皮肤较厚，皮下结缔组织发达；毛色多为黑色或黄(红)色，次为狸色、烟熏色。成年公牛体高 121 cm，体重 360.5 kg；成年母牛体高 108～120 cm，体重 206～365 kg。

3. 生产性能

母牛 100 d 平均产乳量 518.0 kg，乳脂率为 5.22%，最高者达 9%。中等营养水平的阉牛屠宰率可达 53.0%，净肉率 44.6%。在草原地区为季节性发情配种，母牛初情期 8～12 月龄，约 2 岁开始配种，4～8 岁为繁殖最好时期；公牛于 2 岁时开始配种。

3.1.6.7 雷琼牛

1. 产地与分布

原产于雷州半岛最南端和海南岛北部等沿海低缓的丘陵地带，分布于广东的徐闻、雷州、遂溪、廉江和海南省的琼山、澄迈、海口市郊、安定及儋州等地。

2. 体型外貌特征

被毛细短，且富光泽。毛色以黄色居多，其次有黑色及不同深浅程度的褐色。大部分牛全身表现有十三黑的特征，即鼻镜、眼睑、耳尖、四蹄、尾帚、背线、阴户及阴囊下部为黑色。公牛角长，略弯曲或直立稍向外弯，母牛角短或无角；垂皮发达，肩峰隆起，公牛峰高达 13～17 cm。尾根高、尾长、且从生黑毛。四肢结实，管围略细，蹄坚实。成年公牛体高为 119.7 cm，体重 282.4 kg；成年母牛体高 104 cm，体重 215.6 kg。

3. 生产性能

未经育肥成年牛平均屠宰率为 49.6%，净肉率为 37.3%。母牛产乳量 400～500 kg，个别达 750～975 kg。在粗放的饲养管理条件下，一般公、母牛 2 岁开始配种，母牛可繁殖 12～14 胎，大多数母牛一年一胎。

3.1.6.8 渤海黑牛

1. 产地与分布

原称“无棣黑牛”，产于山东省的无棣、沾化、利津、垦利等县。

2. 体型外貌

角短、质致密、呈黑色。蹄呈中木碗状，蹄质坚实，四肢病及蹄病极少。全身被毛、鼻镜、角及蹄皆呈黑色。成年公牛体高 129 cm，体重 426 kg；成年母牛体高 117 cm，体重 298 kg。

3. 生产性能

未经育肥公牛屠宰率可达 53%，阉牛可达 50%。公牛 10～12 月龄达性成熟，1.5～2 岁可配种，利用年限 6～8 年。母牛 8～10 月龄性成熟，初配年龄多在 1.5 岁左右，一生产犊 7～8 胎，个别母牛在 15 岁以上仍有繁殖能力。

3.1.6.9 郏县红牛

1. 产地与分布

产于河南省郏县，现主要分布于郏县、宝丰、鲁山及毗邻各县。

2. 体型外貌

外貌比较一致，体格中等，体质结实，骨骼粗壮，体躯较长，从侧面看呈长方形，具有役肉兼用体型。垂皮较发达，肩峰稍隆起，尻稍斜，四肢粗壮，蹄圆大结实。公牛鬐甲宽厚，母牛乳房发育较好，腹部充实。毛色有红、浅红及紫红 3 种。成年公牛体高 126.1 cm，体重 425.0 kg，成年母牛体高 121.2 cm，体重 364.6 kg，犊牛初生重 20～28 kg。

3. 生产性能

郏县红牛肉质细嫩，肉的大理石纹明显，色泽鲜红；20～23 月龄阉牛育肥后屠宰，屠宰率达 57.57%，净肉率 44.82%。在通常饲养管理条件下，母牛初情期为 8～10 月龄，初配年龄为 1.5～2 岁，使用年限一般至 10 岁左右，产后第一次发情多在 2～3 个月，3 年可产 2 犊。

3.1.6.10 巫陵牛(湘西牛、恩施牛、思南牛)

1. 产地与分布

产于湖南、湖北、贵州 3 省交界处，主要分布于湘西的凤凰、花垣、桑植、永顺、慈利，黔东北的思南、石阡、沿河、务川、德江、道真、正安以及鄂西南的恩施地区。

2. 体型外貌

被毛黄色最多，栗色、黑色次之，角形不一；公肩峰肥厚，高出背线 6～8 cm，母肩峰不明显；尻斜，肢长中等，四肢强健，后肢飞节内靠，蹄形端正，蹄质坚实，尾较长。巫陵牛具有体质结实、肢蹄强健、行动灵活、善于爬山、耐劳、耐旱、抗湿及耐粗等特性。成年公牛体高 114.9 cm，体重 308.1 kg，成年母牛体高 105.0 cm，体重 232.1 kg。

3. 生产性能

公牛屠宰率为 50.1%，母牛为 51.1%，公牛净肉率为 40.1%，母牛为 39.7%，公牛眼肌面积为 58.6 cm^2，母牛为 50.1 cm^2。公牛 18～24 月龄性成熟，母牛为 10～12 月龄，初配年龄公母牛 2.5 岁。

3.1.6.11 温岭高峰牛

1. 产地与分布

产于浙江省温岭市，浙江省的黄岩、玉环、乐清等邻县有少量分布。

2. 体型外貌

肩峰高耸，前躯发达，肌肉结实，骨骼粗壮，但后躯肌肉欠丰满。公牛头大额宽，眼球圆大凸出，耳向前竖立，耳壳薄而大、内侧密生白毛；公牛颈粗大，肉垂发达，颈侧皮肤略有皱褶，母牛颈与前胸接合良好。肩峰可分为两个类型：一是高峰型，形状像鸡冠，称“鸡冠峰”，峰高而窄，一般峰高 12～18 cm；二是肥峰型，形状像畚斗，称“畚斗峰”，峰较低，高 10～14 cm。毛色特征为黄色或棕黄色，眼圈、嘴环、腹下、四肢内侧及下部，常有少量灰白色细毛，有的牛背中线黑。尾帚黑色；鼻镜呈青灰色；公牛角粗壮而开张，角质基部粗糙，角尖黑而光滑发亮，呈“横担角”或“龙门角”；母牛角细短、多向前上方伸展。成年公牛体高 128.2 cm，体重 423.0 kg；成年母牛体高 114.2 cm，体重 289.5 kg。

3. 生产性能

是我国南方黄牛中优良的役肉兼用型地方品种之一，老年淘汰牛平均屠宰率为 52.85%，净肉率 44.41%。3 岁阉牛的平均屠宰率为 51.04%，净肉率 46.27%，优质肉切块达 35.95%，肌肉纤维细嫩多汁。母牛 7～9 月龄开始发情，1.5～2 岁开始配种；公牛 6～8 月龄性成熟，2 岁开始配种。

3.1.6.12 复州牛

1. 产地与分布

主要产于辽宁瓦房店市(原称复县),分布于该省的金州和普兰店市。

2. 体型外貌

体质健壮,结构匀称,骨骼粗壮;背腰平直,尻部稍倾斜;四肢健壮,蹄质坚实;公牛角短粗、向前上方弯曲,雄性相,母牛角较细、多呈龙门角;全身被毛为浅黄或浅红,四肢内侧稍淡,鼻镜多呈肉色。成年公牛体高 147.8 cm,体重 764.0 kg,成年母牛体高 128.5 cm,体重 415.0 kg;公、母犊牛初生重分别为 32.8 kg 和 31.7 kg。

3. 生产性能

是役用良种牛,体型较大,四肢健壮,挽力较强,一般 2.5～3 岁开始使役,但复州牛有后躯欠丰满、尻尖斜的缺点,在国内牛品种中属于大型牛种。平均屠宰率为 50.7%,净肉率为 40.33%,眼肌面积为 59.5 cm^2。母牛产后第一次发情时间平均 75.5 d,发情旺季在 5～9 月份。在轻度使役情况下,一般为 1 年 1 胎。

3.1.6.13 皖南牛

1. 产地与分布

主要产于安徽省的黟县、歙县、绩溪、旌德及祁门各县。

2. 外貌特征

体型不太一致,总体来说,体型偏小,但结构较好,四肢较细。外貌分类可分为粗糙和细致两种类型,另外尚有介于两者之间的中间类型。成年公牛体高 107～123 cm,体重 224～371 kg;成年母牛体高 107～121 cm,体重 224～301 kg。

3. 生产性能

2 岁公牛屠宰率为 50%～55%,净肉率 45%左右。一个泌乳期产乳 300～400 kg,母牛 8～9 月龄开始发情,2 岁即能产犊。公牛 10 月龄即能配种。

3.1.6.14 巴山牛

1. 产地与分布

主产于鄂、陕、川 3 省交界的大巴山区,包括陕南、鄂西北、川东 3 省交界的广大地区。巴山牛的垂直分布集中在 300～1 200 m 的低山、中山地区。

2. 外貌特征

角有"龙门"、"竽头"、"羊叉"等角形。公牛鬐甲高而宽,母牛肩峰低薄或无肩峰。毛色以红黄毛为主色,鼻镜有黑、肉红和黑红相间等色,以黑色居多。成年公牛体高 118～152 cm,体重 327～423 kg;成年母牛体高 112～114 cm,体重 271～330 kg。

3. 生产性能

未经育肥 1.5～2 岁公、母牛的平均屠宰率 52.56%,净肉率 41.63%。育肥后公、母牛的屠宰率分别为 53.9%和 54.8%,净肉率分别为 44.3%和 46.2%。

3.1.6.15 大额牛(Bos frontalis),独龙牛

1. 产地与分布

大额牛属于准野牛属,产于云南省贡山独龙族怒族自治县独龙江一带,是一种半野生半家养的珍贵牛种,因仅为独龙族所驯养,故有"独龙牛"之称。大额牛在半野生条件下,终年在独龙江两岸陡峻的山林中野牧,攀登能力极强,凡普通黄牛无法行走的陡坡,大额牛都能行走自如，并能泅渡湍急的江水。性喜群栖，常年野牧放养。夏季常活动于海拔 2 000 m 左右的高山草丛和林地，冬季则游走于河谷草丛和收获后的耕地中。

2. 外貌特征

大额牛体躯比普通黄牛高大壮实。全身被毛黑色或深褐色，四肢下部白色，有的头部或唇部具有白色斑块。鬐甲较低平。四肢短而坚实。肌肉发达，丰满厚实。颈垂明显，但不如黄牛的长大。两角向头部两侧平展伸出，微向上弯。成年公牛体高 134 cm，体重 400～500 kg，最高可达 700～800 kg；母牛体高 128 cm，体重 350～400 kg。

3. 生产性能

大额牛屠宰率高，肉质好。性成熟较晚，一般 4 岁时性成熟，1 年 1 胎，繁殖年限比普通黄牛长，可达 20 岁左右。由于大额牛与普通黄牛分属于两个不同的种，故二者染色体数目有所不同。大额牛的染色体数目为 $2n=58$，而普通黄牛染色体数目是 $2n=60$。因此，大额牛与普通黄牛进行种间杂交，虽能产生后代，并具有一定的杂种优势，但杂种后代雌性正常，雄性不育。

3.2 引进肉用牛品种的利用

我国肉牛生产的基础是带犊繁育体系，包括从母牛饲养到繁殖改良，从犊牛培育到幼牛养殖，其中杂交改良是我国肉牛生产体系中关键的一环，涉及良种繁育、杂交优势利用、能繁母牛的选育等方面。品种良种化是肉牛产业发展的前提，母牛养殖是基础，饲养管理是关键。在饲草料供给能满足杂交、改良牛的基本生长发育需要的基础上，通过对养殖肉牛品种的选择可以明显提高养牛效益，尤其是杂交的效果极显著。重视良种繁育体系建设，做到本地品种选育与杂交改良相结合，保种和利用相结合，提高我国肉牛群的整体质量和数量，达到优质、高效的改良效果。目前肉牛生产广泛应用杂交优势提供商品牛源，即经济杂交，而搞好肉牛的经济杂交，关键在于杂交亲本和杂交方式的选择。

所谓杂交亲本，即牛进行杂交时选用的父本和母本(公牛和母牛)。实践证明，要想使牛的经济杂交取得显著的饲养效果，一个重要的条件是其父本必须是高产良种公牛。如近几年我国从国外引进的西门塔尔牛、夏洛来牛、利木赞牛等种公牛，它们的共同特点是生长快、体型大，是目前最受欢迎的父本；而杂交后代公牛，其遗传性能很不稳定，要坚决淘汰，绝对不能留作种用。母本应选择当地分布广泛，适应性强的地方品种母牛，在选择和确定杂交组合时，应重视对亲本的选择。通过品种间杂交，可使杂交后代生长加快，饲养效率高，屠宰率高，比原纯种牛多产肉在 15%左右。经济杂交可以是生产性能较低的母牛与优良品种公牛杂交，也可以是两个生产性能都较高的公母牛之间杂交，无论哪一种情况，其目的都是为了利用其杂交优势，提高后代的经济价值。

3.2.1 繁殖母牛的培育

注重提高基础母牛的科学饲养水平，使基础母牛由粗放饲养向集约饲养转变，应用不同时期母牛的补饲技术，保持和提高母牛的生产性能；加强基础母牛繁殖疾病的预防和治疗，严格母牛饲养防疫条件，建立消毒制度，开展经常性的环境卫生消毒，提高繁殖成活率和群体质量，稳定并逐步扩大母牛养殖效益，提高基础母牛在产业链中的地位和经济效益。从肉牛养殖现状来看，牛源生产的小规模分散养殖在今后相当长的时期内，仍然是提供牛源的主力。实现肉牛产业的持续发展，必须抓"根"，要从可繁母牛的规范化养殖、培育开始，使牛源充足，牛肉品质优良。

3.2.1.1 良种能繁母牛的选育与登记

建立良种母牛登记制度，加强本品种的选育，同时选择良种母牛与良种公牛配种，以提高本地黄牛的生产性能。理想的繁殖母牛应该是中等身高，泌乳性能好，容易管理，犊牛断奶时的体重至少能够达到母牛体重的一半。保护好能繁母牛，把能繁母牛留下，配种产犊，特别是杂交母牛是实现优质肉牛产业化的根本基础。对本地优秀母牛绘制图片，建立系谱档案见表 3.9，推行冻配登记制度，做到一牛一卡、跟踪服务，确保改良工作落在实处。在黄牛品种改良的同时，首先要抓好母牛的饲养管理，做好饲草料的种植、生产、加工、利用，防止改良牛出现管理粗放，饲草饲料严重不足，使犊牛生长发育不良，形成"生下一枝花，长大像它妈"的境地。

3.2.1.2 后备母牛的培育与选育

质优量大的母牛是肉牛产业发展的基础，是生产和培育牛源的根本，"农户养母牛、分散养母牛、集中搞育肥"，动员千家万户养母牛，大力发展母牛专业村，鼓励发展适度规模的母牛繁育小区，着力培育优质牛源。为了保持牛源的稳定、稳产，每年必须选留一定数量的母犊牛、育成母牛、青年母牛进入繁殖母牛的行列，对选留优质后备母牛（母牛犊），要登记建档、配打耳标，有条件要测定体尺和体重，主要是初生、6 月龄、12 月龄、第一次配种及产犊时的体重和体尺，计算日增重，也可对照品种牛的体尺标准进行培育。

1. 犊牛培育

犊牛培育不仅限于出生以后，应该从母牛怀孕时候开始，因为犊牛正常的发育、体重以及对疾病的抵抗能力，都是由于对妊娠母牛加强照顾及在良好的环境条件中建立。因此，我们应当十分重视母体对胎儿发育的影响，特别是母牛的妊娠后期。选择繁殖率高、泌乳量高的母牛所产犊，决不选择难产、流产、乳房不健全、其他组织缺陷或健康不佳的母牛所产母犊牛作繁殖后备母牛培育。

2. 犊牛、育成牛、青年牛的选留

后备母牛挑选首先要从犊牛开始。犊牛阶段既是生前胎儿期发育的结果，又是生后生长发育的基础。为此，在具体选择上，第一应考察该犊牛的母牛系谱，即查其父母、祖父母及外祖父母的生产性能和表现情况，根据养牛户或牛场不同生产目的要求挑选祖、父代好的后代作后备母牛；在对其进行系谱考察的同时，侧重在母性（母牛的泌乳量、难产程度、护犊能力等）和祖、父代母牛的繁殖力，长寿性以及对某些疾病的抵抗力。第二是考察其本身的外形与结构特点，对于某些结构性或器质性缺陷应特别注意。如母犊的阴门、肉质乳房、乳头畸形、肢蹄不正、上下颚不齐等。在体型结构上，要求后备母牛符合本品种牛的基本特征，结构良好，四肢端正，行动灵活。后备母牛还要求观察其乳头的分布位置，有无副乳头，乳头是否较长，乳房形状是否呈扁圆形，乳房是否呈现皱纹等。第三还要观察其本身的生长发育状况，是否符合初生体重要求（牛的初生重一般为成年母牛体重的 6%～7%）。

为了保持牛群高产、稳产，每年必须选留一定数量的犊牛、育成牛、青年母牛。为满足这个需要，并能适当淘汰不符合要求的母牛，根据养牛户或牛场发展选育一定数量的母犊牛。按生长发育选择，主要以体尺、体重为依据，其主要指标是初生重、6月龄、12月龄体重、日增重及第一次配种及产犊时的年龄和体重，有的品种牛还规定了一定的体尺标准。犊牛出生后，6月龄、12月龄及配种前按犊牛、育成牛、青年母牛鉴定标准进行体型外貌鉴定。对不符合标准的个体应及时淘汰。

新生犊牛有明显的外貌与遗传缺陷，如失明、毛色异常、异性双胎母犊等，就失去了饲养和利用价值，应及时淘汰。在犊牛发育阶段出现四肢关节粗大，肢势异常，步伐不良，体型偏小，生长发育不良，育成牛阶段有垂腹、卷腹、弓背或凹腰，生长发育不良，体型瘦小，青年牛阶段有繁殖障碍、不发情、久配不孕、易流产和体型有缺陷等都一律淘汰。

3.2.1.3 生产母牛的选择

生产母牛主要根据其本身表现进行选择，如哺乳性能、体质外貌、难产率、体重与体型大小、长寿性等性状。我国通过30多年的杂交改良实践及对比实验研究，普遍认为西门塔尔公牛改良本地黄牛的效果较其他引进品种好。它不仅是乳、肉、役俱佳的“全能牛”，而且体质结实、耐粗饲、适应性亦好，2～3代的西杂母牛具有较好的产奶性能，这是保证杂种肉犊生长发育的基础，另外此代西杂母牛含有1/8～1/4本地牛的血液，使之保留了适应性强、耐粗饲、役用性能好的特点，并且此代西杂母牛肉用体型也较好，可谓把西门塔尔牛产乳多、产肉好及本地黄牛适应性强、耐粗饲、使役好的特点均综合在一起了。因此，在生产肉犊的地区，最好选用乳肉兼用型西门塔尔公牛改良本地黄牛，把级进杂交到2～3代的西杂母牛留种进行三元杂交或轮回一终端公牛杂交，繁殖肉犊。在饲料条件较好的地区，饲养3代的西杂母牛，既可产肉犊，又可产奶，还可役用，具有多项经济效益，抗市场风险能力亦强，调整改良方向也快。若再级进到4代以上，虽然体型更好，接近父本品种，但耐粗饲、适应性、抗病力有所下降了，尤其在饲料条件差的地区，有可能造成生产性能下降，还不如西杂2～3代好，即出现退化现象。

3.2.1.4 基础繁殖母牛登记

建立基础繁殖母牛档案和系谱登记档案，佩戴统一编号耳标牌；建立的记录表格，记录内容包括母牛配种繁殖登记表、犊牛培育记录表和牛群饲料消耗记录表。内容涉及母牛发情、配种、产犊、犊牛编号、与配公牛品种、血统、初生特征等情况。

3.2.2 肉用良种公牛的选育与培育

目前，支撑我国肉牛业生产的主导品种仍然是肉用性能欠佳的地方良种黄牛品种，分户饲养、集中育肥仍然是当前我国肉牛生产的主要方式，传统的饲养方式还十分普遍。在长期的生产实践中，国内已形成了具有鲜明地方特色的黄牛品种，如秦川牛、南阳牛、鲁西牛、延边牛、晋南牛等。继2007年“夏南牛”品种通过国家审定后，2008年“延黄牛”、2010年“辽育白牛”相续通过了国家审定，但专门化的优质肉牛品种缺乏仍是一个不争的事实。20世纪70年代以来，国内许多地方也曾引进了一些国外肉牛品种，如西门塔尔牛、夏洛来牛、安格斯牛、短角牛、丹麦红牛、利木赞牛、德国黄牛、皮埃蒙特牛等来改良我国地方黄牛，但限于规模、饲养条件和选育水平，其后代生产水平与国外肉牛品种相比仍有较大差距。要建立肉牛良种体系，提纯复壮原种肉牛和地方良种黄牛，加大制种供种力度，重视培育我国的优良品种，如鲁西牛、南阳牛、秦川牛、晋南牛、延边牛；并进行优质肉牛杂交配套系筛选及饲养管理技术体系的建立。

3.2.2.1 **肉牛本品种纯种选育**

肉牛的纯种选育，也称本品种选育或良种选育。它是指在牛的品种内，通过选种、选配和培育不断提高牛群质量及其生产性能的方法，目的是巩固和提高某些优良性状的特性，使性状的遗传性稳定，使其体型外貌更趋于一致。国外许多肉牛品种和国内众多的地方黄牛品种，都是通过该方法培育而成的；已有的肉牛品种仍然需要继续实行纯种选育制度，以增加肉牛生产效益。

纯种选育方法包括：①成立牛品种管理组织，负责本品种牛的保种和进一步改良提高工作，其中包括种牛鉴定、良种登记、生产性能测定、公牛后裔测定及技术指导等；②实行良种登记制度；③建立种公牛的后裔测定制度。

3.2.2.2 **建立肉用种公牛后裔测定制度**

对公牛的所有评定工作中，以后裔评定最重要，因为一头公牛是否优良的关键是在于能将其优良性状很好地传递给后代，一头公牛本身性能再好，如果不能充分地传递到后代中去，则仍不是理想的公牛。特别是冷冻精液的推广，公牛对后代的影响就更广，后裔评定就更加重要。

后裔测定是根据后代品质判断公牛遗传性的最好办法，原因是根据祖先及本身表现判断遗传性是初步的，根据后代的性能测定结果判断才是最可靠的。在当前普及牛的冷冻精液及人工授精，公牛对牛群的影响关系重大，对种公牛的选择要求越来越严格。因此，选择种公牛要在传统的血统选择和个体选择基础上，要特别重视后裔测定，以便充分发挥优秀种公牛的作用。后裔测定在国外养牛业中被普遍应用，未经后裔测定的种公牛禁止作种用。肉用种公牛的后裔测定方法可以参考《中国西门塔尔牛种公牛后裔测定规范》和《中国荷斯坦青年公牛后裔测定规程》。

种公牛后裔测定目前被广泛应用的是同期同龄比较法。同期同龄比较法，是对若干头需要进行后裔测定的公牛，在同一时期、同一年龄配种，比较其女儿的生产性能。将被测定公牛的子女和同期同龄后代饲养在同样的环境条件下，测定公牛后代的增重与饲料效率。主要根据被测公牛的后代与对照公牛同期同龄后代的初生重、断奶重、断奶后日增重、18 月龄平均日增重和饲料利用率相比较。有条件的可选出初生重基本相同的被测公牛的后代与同期同龄后代各若干头（一般 10 头），1 周岁前去势（亦可不去势），18 月龄进行屠宰测定。屠宰后计算屠宰重、屠宰率、净肉重、净肉率，并测定屠体的皮下脂肪厚度、重量、眼肌面积，眼肌肌肉中脂肪沉积情况等。最后用同期同龄的方法计算公牛的相对育种值。

其计算公式是：$RBV=(DW+M)/M\times100\%$

RBV 为被测公牛的相对育种值；M 为全群该性状平均值；DW 为加权平均差数。

$DW=\sum Wd/\sum W$；

$d=Mx-My$，被测公牛后代（Mx）与同期同龄牛（My）的差数。

$W=(n_1\times n_2)/(n_1+n_2)$，有效后代的头数，即调和均数。

该法测定结果如超过 100%，说明公牛的遗传性能较好，数值越大越好。如低于 100%，则说明公牛的遗传性能较差。

后裔鉴定是目前判断公牛个体遗传力的最好方法，根据后裔所表现的性状进行选种的准确性与性状的遗传力和后裔头数有关，见表 3.3，表 3.4。当性状遗传力低时，不应少于 10 头后裔,越多准确性越高。性状遗传力较高时按10头的成绩选种可得到较高的准确性。

我国现阶段肉用繁殖母牛养殖主要集中在千家万户,分布在广大的农区、牧区、半农半牧区,因此尚不可能广泛进行遗传参数的计算,后裔测定可采用简便易行的方法,即直接按后裔生产性能的表型值(如初生重、日增重)与牛群同龄、同期、同饲养水平公牛的生产性能平均值进行比较,也能较好地判断被测公牛的改良效果,测定后裔的指标有初生体重、断奶体重、断奶后日增重、饲料利用效率。

表3.3 肉牛性状的估计遗传力(参考数值) %

性状	遗传力	性状	遗传力
受胎率	0～15	放牧后18月龄体重	45～55
初生重	35～45	母牛成年体重	50～70
断奶重	25～30	胴体等级	45～50
断奶时结构评分	25～30	屠宰率	45～50
断奶后舍饲增重	50～60	脂肪厚度	35～40
断奶后增重效率	35～40	眼肌面积	60～70

(冯仰廉等,1993)

表3.4 肉牛生长速度与其他性状间的遗传相关(参考数值)

性状	遗传力	性状	遗传力
饲料利用效率	+0.79	肾脂重量	−0.02
肋眼肌面积	+0.68	肉的大理石状	+0.30
脂肪厚度	−0.60	胴体等级	+0.47

(冯仰廉等,1993)

3.2.3 肉牛生产杂交优势的利用和组合

肉牛改良就是利用各种杂交的方法,以本地黄牛为母本,引进优良肉用品种为父本,进行杂交,利用杂交后代的杂种优势,并根据其生长发育的营养需求特点,科学地调制饲料,并辅以适当精料进行育肥来进行肉牛生产的一种技术。所培育的杂交后代既保留了本地牛耐粗放、适用性强的特点,又有外来优良品种生长快、产肉多、肉质好、饲料报酬高的优点,使本地黄牛在体型、生长速度、产肉性能等方面得到提高。引进优良牛品种改良黄牛要求有三,一个是引进牛品种要与黄牛相近,二是制定合理的技术方案和杂交路线,三是选择较好个体进行下一代杂交。具体于我国现阶段情况、肉牛杂交体系应该是:①在引入品种改良本地黄牛的基础上,继续组织杂交优势,改良差的地区改良方向应是向配套系的母系发展;②选择具有互补性的具有理想长势和胴体特征的公牛作父系,保持杂交优势的持续利用;③组装两个或两个以上品种的优势开展肉牛配套系生产,在可能的情况下形成新的地方类群,在级进杂交有困难的地方组织这种配套系。

3.2.3.1 肉牛的杂交

肉牛养殖中常用杂交方法提高生产效益,杂交主要目的有:①用肉用性能良好和适应性好的品种,对肉用性能较差的当地品种进行杂交,以改良肉用性能;②肉用品种间杂交,利用杂交优势以提高增重速度、饲料转化效率或肉的品质;③用肉用品种对乳用品种进行杂交,乳用母牛产奶而杂交后代产肉，以提高总体经济效益。

1. 杂交程度的计算

为了简明地表示杂交程度，假定公牛和母牛的血缘在它们的第一代各占 1/2，第二代仍继续用原父系品种，则父系品种的程度为 3/4，而母系品种只占 1/4(图 3.1)，杂交三代各为 7/8 和 1/8，杂交代数用 F 表示，杂交一代 F_1，杂交二代 F_2。杂交程度的计算方法为：

①被改良的母系品种在各代中所占血液程度计算：

$$F_1=1/2$$
$$F_2=(1/2)^2$$
$$F_3=(1/2)^3$$
$$F_n=(1/2)^n$$

②改良的父系品种在各代中所占的血液程度计算：

$$F_1=1-1/2$$
$$F_2=1-(1/2)^2$$
$$F_3=1-(1/2)^3$$
$$F_n=1-(1/2)^n$$

同理，如果公、母牛本身都是杂交牛，其后代所含血液程度的计算方法与以上相同，如一头含有 1/8 的海福特血液公牛与含有 1/4 海福特血液的母牛配种，其后代 F_1 含有海福特的血液程度为 3/16。

$$F_1=(1/8\times1/2)+(1/4\times1/2)=3/16(\text{海福特血液})$$

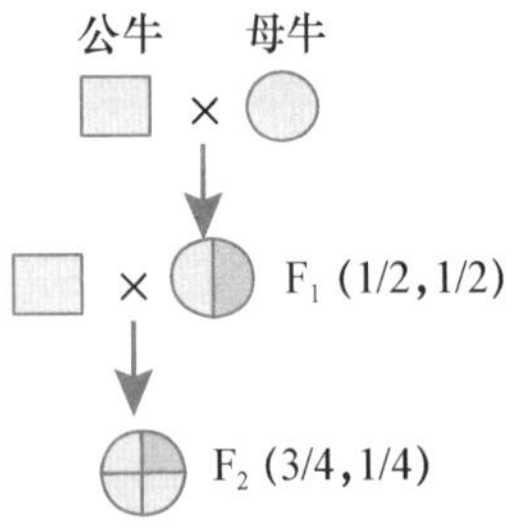

图 3.1　杂交程度示意图

(冯仰廉等，1993)

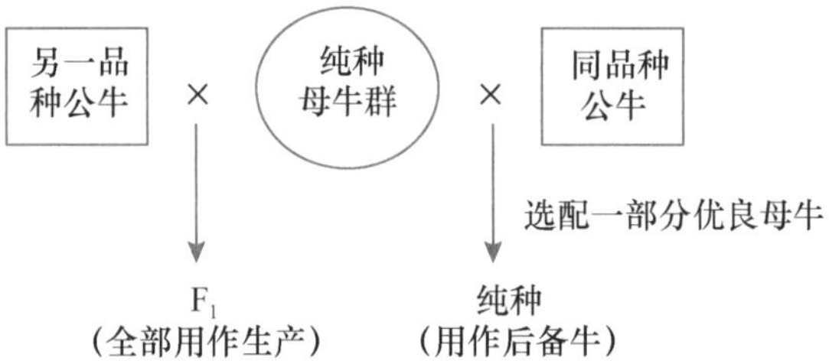

图 3.2　生产杂交示意图

(冯仰廉等，1993)

2. 肉牛品种间杂交

和其他家畜一样，为了提高肉牛生产，也可利用品种间的杂交优势，如品种间杂交组合合适，则在日增重、饲料利用效率、繁殖率等方面都会超过双亲品种。生产杂交后代，主要用于生产目的，不作种用，一般仅杂交一代就不再继续杂交下去，基础母牛群始终保持纯种状态(图 3.2)。也有采用两个以上品种的杂交方法。

3. 掌握杂交程度选择合适的杂交组合

我国肉用牛的饲养，在农区是以青粗饲料为主，牧区和草山草坡地区则以放牧为主。因此，应选用耐粗放饲养和适应性强的品种。本地黄牛多具有适应当地自然条件和耐粗饲的特点，在杂交改良过程中，一方面要改良这些品种的弱点，同时应注意保留适应性强等优点。这必须通过杂交组合的对比试验，选出较理想的杂交组合，引用的品种和杂交改良代数要适当，并在杂交后代中进行严格的选种，这样才能保持杂交改良的效果。一般是：本地品种的性能较好，则引入的外品种程度应少些；本地品种的性能较差，引入的外血程度可多些；饲料和气候条件较好的地区，杂交代数可高些，反之杂交代数应低。关于引用夏洛来等大体型牛品种还是海福特牛、安格斯牛等中小体型牛品种，必须根据气候、饲料条件、山地或平原、生产目的、屠宰要求、市场定位等具体情况，通过杂交试验确定。

3.2.3.2 杂交优势的评价、配合力的测定

杂种优势是提高畜牧生产效率的主要遗传效应之一。利用杂种优势已有悠久历史(骡、犏牛、大宛马)，杂种优势利用是一项复杂的系统工程。杂种优势利用技术体系中包括：杂交亲本种群的选优提纯(纯繁)、杂交组合的选择、杂交工作的组织。所谓杂种优势，即不同种群杂交所产生的杂种往往在生活力、生长势和生产性能方面在一定程度上优于两个亲本种群平均。不同的杂交组合，具有不同的杂交优势，为了比较杂交组合的杂交优势，生产上常用的简便公式如下：

$$杂交优势(\%)=100\times(F_1平均性能-双亲平均性能)/双亲平均性能$$

如，杂交一代平均初生重为 38 kg，双亲平均初生重为 32 kg，则初生重的杂交优势为：(38－32)/32×100％＝18.7％。

因此，在肉牛生产中进行较大规模的生产杂交时，必须先进行杂交组合对比试验，以便选定最有效的杂交组合。

1.开展杂交组合的筛选及生产性能测定——杂交组合配合力测定

杂交组合是杂交时各个亲本的选配方式。杂交组合是否适当，往往直接影响杂交改良和育种效果。通过杂交组合实验进行配合力测定是选择理想组合的必要办法。配合力就是若干肉牛品种间产生杂交优势的程度，首先要有一个完整的杂交繁育体系，在此基础上通过对核心群亲本的选育以培育亲本系，然后通过杂交配合力测定确定杂交组合，进行不同杂交组合的肉用性能测定，筛选出了适合不同地区条件的肉牛优良杂交组合，并培育父母代或繁殖群以提供商品牛。

利用经济杂交提供商品肉牛首先要培育用作杂交的优良父系，培育的地方黄牛品种(或杂交后代)为母本，经配合力测定，筛选出优良杂交组合供推广应用。生产中一般的杂交组合为：母本品种×兼用品种→杂交一代后备母牛；杂交一代后备母牛×终端品种→育肥肉牛(公母)。我国肉牛生产主要是通过引进优良肉用品种(西门塔尔牛、夏洛来牛、利木赞牛等)来改良提高本地黄牛的肉用生产性能。肉牛杂交生产的主体是利用杂交公犊，在杂交利用上要求以杂交犊牛快速生长为主来选择父本，同时考虑能提高本地母牛的泌乳能力和带犊能力。因此在第一轮杂交中应尽可能用泌乳性能好的肉用品种作父本，在第二轮杂交中根据市场对牛肉胴体的需求再选择不同的肉牛品种作父本。

2.杂交优势的利用

在肉牛的杂交改良中，需要根据杂交亲本的优缺点，并结合当地的具体情况，制订出切实可行的科学杂交用种方案，使参加杂交的父母本有序且持续的供种。

在肉牛生产中，目前国内的肉牛牛源主要是国外优良肉牛品种与我国本地黄牛杂交生产的杂交改良牛和我国几个地方良种黄牛品种。我国肉牛的杂交已由二元杂交转向三元

杂交，由级进转向轮回，并形成了"终端"公牛杂交和轮回"终端"公牛杂交配套体系。好的杂交组合要来源于好的亲本，本地黄牛具备作为良好母本的条件，例如良好的适应性，耐粗放饲养，性情温驯，母性良好，很少难产等。就父本而言，30 多年来尽管我国引进了约 20 个肉牛品种，如西门塔尔牛、夏洛来牛、利木赞牛、安格斯牛等。在肉牛冷冻精液人工授精技术的大面积应用的今天，为了保证杂交改良模式能有序地进行，要制订切实可行的杂交改良方案。

杂交改良方案制定要根据本地区母牛的泌乳性能、饲草饲料品质、饲养管理条件、肉牛生产方向和目的等实际进行。在杂交改良中，可能会有若干种不同的组合方案，如母本为本地黄牛，第 1 父本要选择西门塔尔牛，具有良好泌乳性能的父系，第 2 父本再利用大型肉用品种，夏洛来牛、利木赞牛，但如有明确的生产目的，可选择目标公牛，如安格斯牛、利木赞牛。如母本为杂交改良牛，则是要开展三元杂交，第 1 父本和第 2 父本可选择夏洛来牛或利木赞牛，或明确的生产目的目标公牛，建议杂交后代的公母都进入商品肉牛生产，保证母本的泌乳性能和大个体。无论哪种方案都要做到能繁母牛(地方良种母牛、各代杂交母牛)统一登记、标记，见表 3.9，以便配种技术人员确定用哪个公牛精液进行输精，做到杂交有计划，改良有方案。

3.2.3.3 提高肉牛生产杂交利用的效果

经过近 30 年的努力，我国肉牛改良的冻精配种网点已经形成，繁殖体系已较完善，肉牛改良已初具规模，杂交优势的作用已被肉牛生产者和群众所认识，有了较深厚的思想基础和较广泛的群众墓础，多年的研究和生产实践积累了丰富的知识和经验，即在目前肉牛改良基础上，进一步广泛开展 2 品种杂交，进而开展 3 品种杂交和其他各种形式的经济杂交，提高犊牛初生重，加强杂交后代各期的饲养管理；不断提高科学养牛技术水平；建立、强化各项技术服务和促进肉牛产品产、供、销一体化的配套体系建设和措施，不断提高肉牛的出栏率和头均产肉量，进而提高养牛的经济效益。

当前，农村普遍存在重改良、轻饲养的现象。许多农民对具有生长速度快的改良牛仍沿用本地牛不补饲的方式饲养，使得改良牛的高增长潜力未能充分发挥出来。因此要加强科学饲养管理，充分发挥改良牛的高增长性能，就西杂牛而言，西杂一、二、三代的犊牛初生重比本地黄牛提高 53%、68%、75%，但到 36 月龄时，西杂一、二、三代牛的体重比本地同龄黄牛才提高 4.3%、7.0%、8.2%，这就说明饲养管理跟不上，其所具有的生长速度快的杂交优势也就难于表现出来。据研究，一般肉牛在 18 月龄之前生长发育较快，尤其是 6～12 月龄最快，饲料转化率也最高。如对 6 月龄的夏西本(夏洛来牛♂1/2×(西本杂)♀1/2)杂交犊牛给予良好的饲养管理条件，在 12 月龄可达到 420 kg。但在农村的饲养条件下，母牛在春末夏初产犊，其 6 月龄断奶后正处于枯草的冬春季节，若不加补饲，到 12 月龄时增重很少，甚至减重。因此，应充分利用犊牛 6～18 月龄生长快、饲料转化率高的这一时期进行补饲，充分发挥其杂种优势。在寒冷的北方地区应修建阳光塑料牛舍(棚)，推广作物秸秆处理加工利用(切碎、青贮、微贮、碱化处理)，补饲配合全价饲料，对杂种肉牛进行科学的饲养管理，并注意寄生虫病的防治。

3.2.3.4 肉牛生产杂交方式

当前的肉牛饲养业主要是杂交牛用于商品性生产。在品种上，利用当地的品种牛进行本品种选育或以其作母本，用兼用、肉用种牛作父本，进行杂交生产商品肉牛，适应市场需求。

我国拥有强大的家畜繁育推广系统，有大型现代化的家畜繁育指导站，以及遍布城乡的家畜冻配服务站，雄厚的技术力量为肉牛的杂交改良从冻精生产、人工授精方面提供了技术保证。

生产性杂交也叫经济杂交，是采用不同品种间的公母牛进行杂交，以提高子代经济性能的杂交方法。不同品种牛的遗传性存在差异，两品种杂交可以产生杂交优势，这是肉牛杂交改良的基本原理。经济杂交可以是生产性能较低的母牛与优良品种公牛杂交，也可以是两个生产性能都较高的公母牛之间的杂交。不论哪一种情况，其目的都是为了利用其杂交优势，提高子代的经济利用价值。这种方法在商品肉牛业中广泛采用。如为了提高牛只的肉用性能，一些国家利用肉用品种公牛与乳用品种质量较差的母牛或当地的土种母牛进行经济杂交，以增加牛肉产量和提高肉的品质。国外一系列研究报道，这种品种间的杂交组合所产生的杂交后代，其产肉性能一般比纯种牛高15%左右。

经济杂交有两种方式：一是简单经济杂交，即两个品种之间的杂交，又称二元杂交，所获杂交一代公牛全部用作肉用，而 F_1 母牛作为繁殖母牛群。二是复杂经济杂交，即3个或3个以上品种之间杂交，杂交后代亦全部作商品用。如3品种牛作经济杂交时，甲品种与乙品种牛杂交后产生杂种一代，其母牛再与丙品种公牛杂交，所产生的杂种二代，不论公母一律作商品牛用(图3.3)。肉牛生产中利用杂交优势，提高后代的经济价值的肉牛杂交模式有：

(1)经济杂交。也叫生产杂交，是用外来优良品种公牛与本地黄牛杂交，以获得具有经济价值的杂种后代，增加产品数量和降低生产成本，来满足商品生产的需要。但在一些黄牛改良开展较早的地区，已经发现西门塔尔牛(或利木赞牛、夏洛来牛)高世代级进杂交有退化现象(图3.1，图3.2)。改进办法应该采用轮回杂交、终端公牛杂交或轮回一终端公牛杂交相结合的杂交方式。这样可最大限度地利用杂种优势，提高生产性能，国内外经验已经证明这种方式比级进杂交优越。

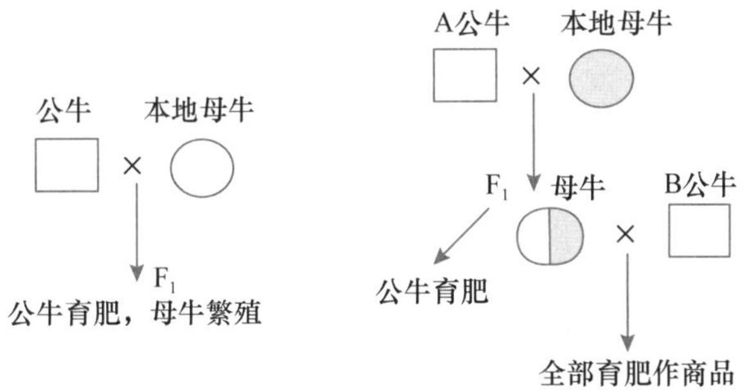

a.二元杂交示意图　　b.三元杂交示意图

图3.3 肉牛经济杂交示意图

(2)品种间的轮回杂交方法(图3.4和图3.5)。是用两个或两个以上品种的公母牛进行交替杂交，使逐代都能保持一定的杂种优势，从而获得生活力强和生产力高的牛群。本地黄牛与西门塔尔杂交一代母牛，与夏洛来牛杂交，其生产的二代母牛再与西门塔尔杂交，并继续轮回。例如用安格斯、西门塔尔牛2个品种进行轮回杂交，据美国试验研究，2品种轮回杂交可使犊牛活重提高15%，3品种可提高19%。

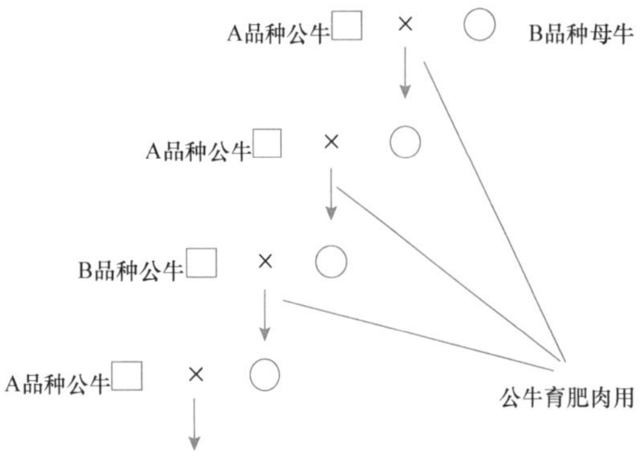

图 3.4 二元轮回杂交示意图

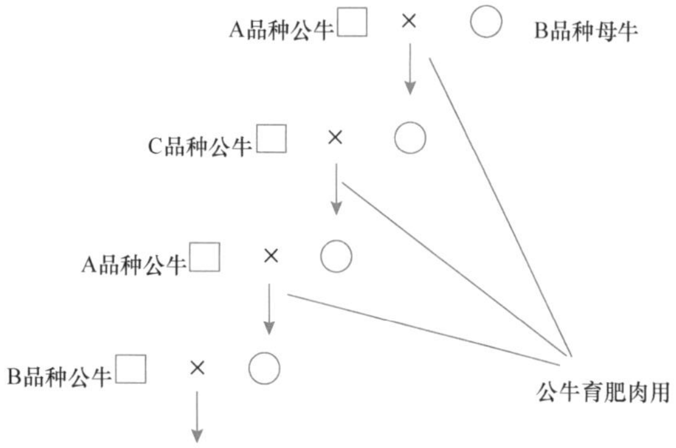

图 3.5 三元轮回杂交示意图

(3)“终端”公牛杂交方法(图 3.6)。即用 B 品种公牛与 A 品种纯种母牛配种,将 F_1 母牛(BA)再用第 3 个品种 C 公牛进行杂交,所生 F_2 不论公母全部出售,不再进一步杂交,停止在最终用 C 品种公牛的杂交,就称为“终端”公牛杂交制。特点是能使品种优点相互补充而获得最高的生产性能。如西门塔尔与本地黄牛母牛杂交,杂一代母牛与夏洛来或利木赞公牛杂交,其后代全部育肥。例如利用西杂母牛与皮埃蒙特公牛杂交,其公母犊全部育肥屠宰。据研究,2 品种终端公牛杂交所生的犊牛体重提高 21%,3 品种可提高 24%。

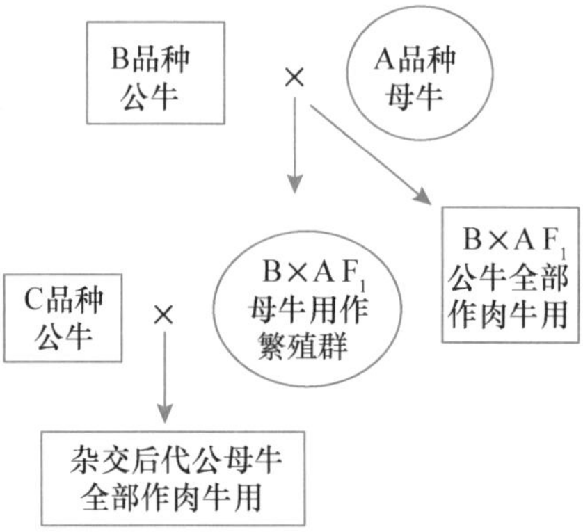

图 3.6 3 品种“终端”杂交示意图

(4)轮回-“终端”公牛杂交方法(图 3.7)。即在 2 品种或 3 品种轮回杂交后代中保留 45%的母牛用作轮回杂交,以供更新母牛之需。其余 55%的母牛,选用生长快、肉质好的品种公牛(“终端”公牛)配种,所生后代公母犊全部育肥出售,以期取得减少饲料消耗、生长更多牛肉的效果。据研究,采用 2 品种轮回的“终端”公牛杂交制,其所生犊牛平均体重可增加 21%,3 品种轮回的“终端”公牛杂交制可提高 24%。

3 品种间杂交可获较高的杂交优势,不论采用何种杂交方式,都应注意保留可繁杂种母牛泌乳力高、适应性好的优良特性。在三元经济杂交过程中,种公牛品种的选择上,第一代父本选择母性性状(受精力、产乳量、乳房质量)比较明显的肉乳或乳肉兼用型种公牛;第二代父本选择生长速度快和胴体质量好的纯种肉用种公牛,从而,有效改善地方品种繁殖母牛的泌乳性能,提高商品肉牛的生长速度、屠宰率和胴体品质。生产中的几个杂交组合有:①利木赞×西杂母牛;②夏洛来×西杂母牛;③夏洛来×利杂母牛;④西门塔尔×利杂母牛。

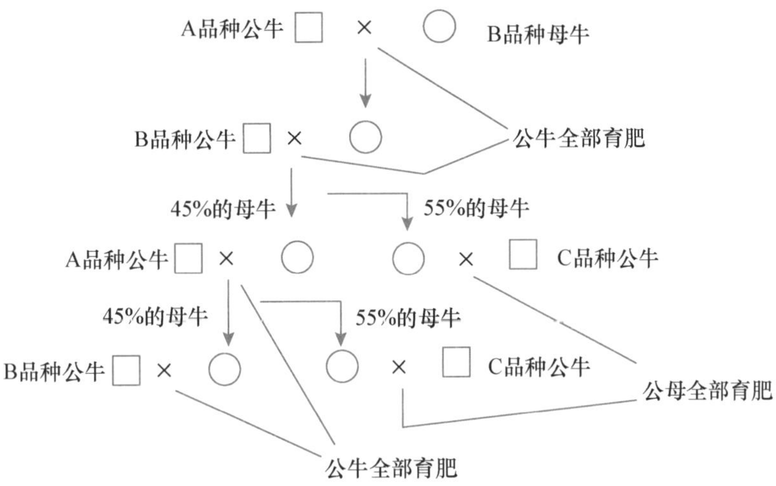

图 3.7 3品种轮回-“终端”杂交示意图

3.2.4 引进肉用牛品种的合理利用

我国农牧区肉用母牛养殖主要是户养为主，基本采用杂交后代公牛作商品肉牛，杂种后代母牛作繁殖用，这是带犊繁育体系中我国农牧区肉牛养殖获利的基本，这与国际上采用终端杂交体系，将杂种母牛和所哺乳的犊牛一并宰杀明显不同(在中国条件下不适用，至少现在不适用)。我国地方良种黄牛有一系列优点：如体型较小，相当于国际上中等偏小的体格，用它来哺育较大体型的杂种牛，饲养成本较低，且耐粗饲；不易难产，除非引入品种的犊牛出生重过大，如 45 kg 以上；长寿温驯，抗病力强；肉质鲜嫩风味丰厚。我国地方品种牛的泌乳性能普遍很低，生长缓慢，致使出栏率低，必须合理地组装父系和母系，使二元杂交后的母牛在泌乳性能上都有所提高，这对下一轮杂交很有好处，以留下更高的效益。因此留用哺乳能力强的杂种母牛是提高繁殖基地经济效益的支柱，在千家万户养母牛的情况下，是农村脱贫致富的手段之一。

3.2.4.1 杂交方法的不断改进

在杂交改良的初期，应用简单的二元杂交，可以获得明显的杂种优势，由于增加了群体的杂合性，随着杂交代数的增加，杂种优势将逐渐减弱以致消失。连续级进杂交将会引起良种牛性能表现不明显，甚至造成高度近交，引起品种退化。省、地、县冻精供应者对同一牛号的冻精在一定区域只能使用 2 个世代(5～6 年)，以后不得使用，并在一定区域内做定期交换。基层配种站也可以使用三元杂交等方式，减弱级进杂交带来的副作用。

3.2.4.2 饲养肉牛品种的选择策略

不同的肉牛品种具有不同的生产性状优势，对饲养条件如饲料营养水平、管理饲喂方式、环境气候等的要求有一定差异，因此，选择饲养的肉牛品种应从当地饲草料供给、养殖形式、集约化程度和产品销售渠道等出发，进行综合考虑。肉牛品种，按体型大小、早熟性和产肉性能分为中、小型早熟品种和大型肉牛品种，不同类型品种成熟年龄不同(育肥年龄和屠宰月龄)，同时不同品种对环境的适应性和饲料耐粗食性也不尽相同。肉牛体型越大，摄食饲料也越多，而且体型过大，牛舍的面积也要加大，无形中增加了较大成本。我国人多地少，不可能拿大量粮食喂养肉牛。这样可能会造成亏损，无利可图，反而会影响群众养牛的积极性。小型品种如海福特、安格斯以及中型品种短角牛、丹麦红牛等体型均不很大，但单位体重产肉量却不低。

对于以生产商品肉牛为主的养殖地区，可根据不同的销售市场而引进不同的肉用公牛。例如，立足国内高档涮肉或出口到日本、韩国等东南亚国家，以及我国港、澳地区的牛肉或活牛，因这一地区的人民一般喜食含有一定脂肪的大理石状牛肉，因此可引进安格斯牛、海福特牛等早熟肉牛品种公牛，对二至三代的西杂母牛进行三元杂交的来生产肉犊。若出口到北美、欧洲等国或要求含瘦肉量较高的牛肉，则可引进皮埃蒙特牛、利木赞牛或夏洛来牛等大型瘦肉品种与西杂母牛进行三元杂交来生产肉犊。但皮埃蒙特牛、利木赞牛等瘦肉型的杂种犊牛，要求饲养条件稍高，应在自然条件较好的地区饲养。一般引进的纯种肉用公牛，最好作为第 3 个品种进行三元杂交或作为终端公牛杂交的品种。

3.2.4.3 不同地区引进肉牛品种的利用方式

我国地域辽阔，各地自然条件、生态条件和饲草料条件不同，养牛业基础与水平及社会化和畜牧业服务体系和产品销售渠道也存在很大差异。因此，各地农牧民在选择饲养肉牛品种、类型或进行杂交选择公牛品种时，应充分考虑当地的气候环境、自然资源、肉牛业生产社会化基础。根据当地的实际情况来选择适宜的肉牛养殖品种、杂交组合，能起到节约资源、提高生产效率和效益的双重作用。我国的畜牧业生产环境按地域类型大致可划分为草原区、农牧交错带地区（半农半牧区）、农区、半山区（包括丘陵区和浅山农牧混合区）和山区，对于不同地域，在选择肉牛品种上应从当地环境出发，综合考虑各项因素的优劣影响（魏伍川，许尚忠，2004）

1. 饲料资源丰富的农区

农区养牛已成为我国牛肉生产的主要基地，农区养牛业的特点是饲草料资源比较丰富，多数农户养牛都养母牛繁殖犊牛，靠卖犊牛赚钱；但专业型肉牛场只育肥，不繁殖。肉牛育肥户、育肥场、育肥企业已在一些养牛发达地区形成一定的规模，出现了一批规模养牛专业户、重点户和育肥及屠宰销售龙头企业。因此，农区养牛，品种应选择饲养杂种牛。利用引进的国外优良肉牛品种西门塔尔牛、利木赞牛、夏洛来牛、安格斯牛为父本与当地母牛杂交；一代杂交宜选择西门塔尔牛、利木赞牛为父本；利木赞牛的特色是其毛色纯正，与我国大多数牛种的棕红色相近，易为农民接受；其早期生长快的特点可使杂种牛在 1～2 周岁的体重提高 20%～30%，杂交效果显著，对农民的经济收益和生产效率都有显著提高。西门塔尔牛的特点是体大、泌乳量高，不仅生长快，其杂种牛作为继续进行多元杂交的母本具有良好的效果。在已有杂交改良基础的地方，可根据已有杂种牛的特点选择以上品种进行三元杂交和四元杂交，提高牛的生长育肥速度，增加高档优质牛肉比例，提高养牛的生产和经济效益。

2. 饲料资源欠丰富的山区

山区养牛的不利条件是在很大程度上精饲料资源不很丰富，养牛资金缺乏，农民文化水平和科技素质低，社会化的服务体系也不健全，在活牛运出和牛肉产品的销售上，贸易渠道的畅通受到限制。因此，山区养牛宜以饲养繁殖母牛，生产育肥架子牛为生产计划核心。①在活牛交易兴旺的浅山区，应选择利用大型西门塔尔牛对当地牛进行杂交改良，饲养一、二代杂种牛，饲养至 12～24 月龄出售，作为架子牛供异地育肥。一代以上杂种牛可选择夏洛来牛、利木赞牛等作杂交父本。西门塔尔牛、夏洛来牛、利木赞牛都是大型专门化肉牛品种，具有早期生长快、育肥效率高、产肉性状好的优势，其杂种牛生长快、价格高，作为山区繁殖供易地育肥牛，养牛户易从犊牛繁殖饲养中取得经济效益，而育肥专业户和屠宰场又分别能从集约肥育阶段和产肉性能、牛肉品质提高方面取得收益。②在还需要利用牛进行耕地等役用的山区，则以利用西门塔尔杂种牛间相互交配，生产乳肉役兼用犊牛饲养为宜，不再进行多元杂交。因为西门塔尔牛不仅具有较优的产肉性状，其役用性能也较佳，西门塔尔牛本身是乳肉兼用品种，良好的泌乳性能不仅可满足犊牛的生长发育哺乳需要，也能满足山区农户喝奶的要求。③在还非常需要畜力耕地拉车的山区，则以引进利用中小型品种安格斯牛或利木赞牛作杂交父本，或引进我国的5大良种黄牛饲养为好。因为这样的山区大多都是机动车通行艰难的地区，进出不便，饲草料和产品贸易也不畅通，因此牛种上应以改良当地牛的肉用生产缺陷，而又保持其役用能力为主。④山地草场地区，由于雨水充足，母牛、犊牛的放牧能满足需要，育肥时可实行放牧加补饲，后期集中育肥，或向农区提供育肥架子牛，养牛品种可选择引用西门塔尔牛、安格斯牛、利木赞牛作杂交父本与当地牛种杂交。

3. 草原牧区

草原地区养牛因为既要满足牧民的乳食需要，又要满足牧民的肉食和皮、毛需要，加之草原地区多处于寒冷地带，草地普遍存在超载过牧，优良草场不多，因此，牧民养牛近期应以利用我国的优良地方牛种为主，如乌珠穆沁牛、草原红牛、三河牛、新疆褐牛等作为杂交父本与当地牛杂交提高生产性能。①在毗邻农区的地带可引进利木赞牛或安格斯牛作二代杂交父本，以向农区提供育肥架子牛，提高养牛经济效益。②在草场状况较好的地区，如内蒙古东部的呼伦贝尔地区，新疆的农牧交错区及毗邻农区的草原地带，可实行放牧加补饲育肥，后期集中育肥，或向农区提供育肥架子牛，因此，养牛品种可选择引用西门塔尔牛、短角牛、安格斯牛、海福特牛作杂交父本与当地牛种杂交，其中后3个品种为中小型肉牛品种，杂种后代既适于向农区提供育肥架子牛，也可在当地进行放牧育肥，获得较好的生产效果。

4. 南方炎热地区

南方炎热地区选择肉牛品种重要的一点是考虑牛的耐湿热特性和抗梨形虫(焦虫)病，一般引进婆罗门牛、抗旱王牛、南德温牛在南方进行杂交改良当地母牛，效果良好。

3.2.4.4 肉用杂交牛注意分娩难产

肉用牛的难产率一般比乳用牛、乳肉兼用牛、黄牛高，尤其是在为了母牛提早产犊的情况下，由于母牛骨盆发育不充分，头胎牛的难产率很高，据164头海福特牛和安格斯牛纯种母牛统计，2岁产犊的顺产率仅54.8%，助产率为40.9%，其他为死产和手术产；但3岁以后产犊则难产率大大降低，据212头海福特牛和安格斯牛纯种母牛统计，3～7岁产犊的平均顺产率为93.6%，助产率占3.9%，手术产为0.6%，死产2.3%。因此，无论公牛或母牛的选择都要考虑到分娩的性能。

用大型品种公牛对较小型品种的母牛杂交，由于犊牛初生重明显增大而难产率增加。其中尤以夏洛来牛作父本，母牛无论是海福特牛、安格斯牛、荷斯坦牛、黄牛，难产率均会明显增加，其次为西门塔尔牛；同类型品种杂交，如海福特牛×安格斯牛，其难产率无明显差异。因此，用大型肉用品种杂交时，应加强接产工作，特别是对第一次产杂交犊的本地母牛更需注意分娩时的助产工作。

3.2.4.5 国内引进主要牛品种的杂交改良情况

我国用乳肉兼用短角牛、西门塔尔牛等品种对本地黄牛进行杂交改良，已有一定的历史。以后又用夏洛来牛、利木赞牛、海福特牛、安格斯牛等品种进行杂交。现我国农牧区已较普遍采用杂交改良措施，使我国肉牛业进入新阶段。本地黄牛经杂交后体形明显增大并趋于肉用型。随着杂交代数的提高，体型和毛色逐渐接近父本。

1. 西门塔尔牛

这是至今用于改良本地牛范围最广、数量最大、杂交最成功的牛种。西门塔尔改良牛在全国已有 700 多万头，并形成了不少地方类群。在科尔沁草原和辽吉平原，川北的云蒙山区，南疆和北疆不同气候的农牧区，太行山区等都发挥了很好经济效益，是异地育肥基地架子牛的主要供应区。西门塔尔牛改良各地的黄牛，其杂交后代主要表现为生长速度快；在 2～3 个月的短期育肥中一般具有平均日增重 1 134～1 247 g 的水平，有的由于补偿生长在第一个月达到平均 2 000 g 的速度。16 月龄屠宰时，屠宰率达 55%以上；20 月龄时（强度育肥）屠宰率达 60%～62%，净肉率为 50%。西门塔尔牛的另一个优点是能为下一轮杂交提供很好的母系，后代母牛产奶量成倍提高，从全国商品牛基地县的统计资料来看，207 d 的泌乳量，西杂一代为 1 818 kg，西杂二代为 2 121.5 kg，西杂三代为 2 230.5 kg。在我国，对粗料不挑剔的牛种在利用农副产品作物秸秆来说十分重要，也是西门塔尔牛的品种特点；脂肪沉积中等，眼肌面积大，肉质良好，呈大理石纹状；具有良好的产奶性能，305 d 泌乳期的产奶量达 5 000 kg。用西门塔尔杂交改良的母牛产奶多，对犊牛早期生长发育和提早出栏十分有利，其杂交后代经强度育肥，22 月龄体重达 500 kg 即可屠宰，肉质细嫩，肥度适中，肉的品质达到了美国农业部颁布牛肉标准的“优等”等级。西门塔尔牛可作经济杂交的父本，也适于作“顶交”的父本。

2. 夏洛来牛

夏洛来牛是国际上肉牛杂交的主要父系。与西门塔尔改良牛的杂交为肉牛生产提供了大量牛源，杂交公犊强度育肥之下平均日增重可达 1 200 g。夏洛来牛在眼肌面积改良上作用最好，臀部肌肉发达，在生产西冷和米龙等高价分割肉块上具有优势，是一个体型硕大，骨量很大的牛种，要求的营养水平很高。屠肉率高达 65%～70%，优质肉比例高达 70%以上，胴体中脂肪含量少，大理石纹明显，是高档牛肉的牛源。肌肉纤维较粗，难产率较高，夏洛来牛主要用作经济杂交的父本或轮回杂交的亲本。

3. 利木赞牛

利木赞牛是国际上常用的杂交父系之一。它的优点是肌肉纤维细，肌间脂肪分布均匀，肉的嫩度好，但生长能力不如西门塔尔牛和夏洛来牛，泌乳能力也差一些，用于第二或第三次轮回杂交，其后代难产率较低，在环境条件较差的地方，与顺产率高的牛种杂交后，母犊继续留作母本是比较好的组合。在我国，因为利木赞牛毛色非常接近黄牛，较受欢迎，在夏洛来牛和西门塔尔牛杂交的基础上进行下一轮的杂交也能获得较好的饲料报酬效果。其肉质细嫩，纹理结构良好，仅次于夏洛来牛和西门塔尔牛，是黄牛改良上居第三位的种牛。泌乳能力一般，利木赞牛一般用作经济杂交的父本或轮回杂交的亲本。

4. 安格斯牛

安格斯牛最初引进后一直没有受到重视，因为它是中等体格，对黄牛改良后体高等增加不大，受到冷落，曾一度几乎在国内接近绝种，但这个牛种十分耐粗饲，比蒙古牛对严酷气候的耐受力更强。近 10 年来由于优质牛肉的需求上升，尤其是高档牛肉的生产，使安格斯牛的优势明显凸现，安格斯牛是较理想的杂交父本。繁殖率高，长寿，母牛泌乳性能好，难产率较低。

5. 海福特牛

海福特牛是英国老牌的肉用品种之一。我国于 20 世纪 70 年代从英国引入，其改良牛生长良好，但体高改良不明显，在牛市上不显眼，在当时缺乏胴体性状对比的情况下，未受到重视，加上在草原上放牧不如欧洲大陆型牛种，现我国较大的杂交种群已无迹可寻。

6. 皮埃蒙特牛

意大利的新兴肉牛品种，以高屠宰率（70%），高瘦肉率（82%）和大眼肌面积（可改良夏洛来牛的眼肌面积），以及鲜嫩的肉质和弹性度极高的皮张而著名，是典型的瘦肉型肉用牛种，与国内黄牛杂交所产后代，眼肌面积大，是高档牛排牛源。该品种泌乳性较好，280 d 产奶量为 2 000～3 000 kg，对哺育犊牛十分有利。

3.2.4.6 中国黄牛杂交利用效果分析

我国以黄牛改良为特点的肉牛业蓬勃发展，利用良种肉牛与我国黄牛杂交，其杂交后代普遍具有耐粗饲、适应性强、生长快的特点，初生重、日增重、挽力、肉质、屠宰率等都有显著的提高，表现出良好的杂交优势。但有些地方引进品种过多，杂交工作缺乏规划和方向不明确，以致造成品种混杂，改良效果欠佳。近 60 年来我国引进的外来品种，经过选育和利用，虽然有成功的，也有失败的。

1. 牛体型结构的变化

中国黄牛经杂交改良体型明显增大，随着杂交代数的增加，体型逐步向父本类型过渡。荷斯坦牛的改良牛向着乳用方向发展，西门塔尔牛、短角牛的杂交改良牛向乳肉兼用方向发展，利木赞、夏洛来牛等肉用品种的杂交改良牛主要向着肉用方向发展。

(1)西杂牛。体躯深宽高大，结构匀称，体质结实，肌肉发达，乳房发育好。毛色一般黄(红)白花为主，花斑分布随代数增加而趋于整齐。西杂牛属乳肉兼用型，已在松辽平原、科尔沁草原、太行两麓、皖北、豫东、苏北农区形成了数十万头的成片成块的西门塔尔改良牛群。

(2)利杂牛。背腰平直，体躯较长，后躯发育良好，臀部宽平，肌肉发达，四肢稍短粗，呈肉用体型。毛色黄色或红色。

(3)夏杂牛。背要宽平，臀、股、胸部肌肉发达，四肢粗壮，体质结实，呈肉用体型。毛色为草白或灰白，有的呈黄色。

此外，辛地红牛、安格斯牛等杂交改良牛的体型结构都优于本地黄牛。

2. 生长发育加快

杂种牛初生重大，生长发育快，而且随着改良代数的增加，初生重逐步提高，见表 3.5。

表 3.5 几个杂交组合 F_2 与本地牛的比较 %

杂交组合	初生重提高		18 月龄体重提高		36 月龄体重提高	
	公	母	公	母	公	母
西杂	68.38	68.62	9.51	29.01	6.96	27.48
黑杂	50.80	51.07	11.80	39.07	7.40	23.60
短杂	29.98	25.92	8.50	24.67	3.38	37.37
夏杂	58.00	61.00	—	—	—	—
利杂	34.00	21.00	—	—	—	—

（自《黄牛改良效果普查总结报告》）

3. 产乳性能水平提高

与本地牛比较，改良牛的产乳性能有很大提高。西杂一代年产乳量 1 071.57 kg，比本地牛提高 139.05%。利杂一代年产乳量 985.14 kg，比本地牛提高 119.77%（李积友等，1994）。据山西农业大学的测定（徐廷生等，1995），西杂牛平均乳脂率 4.4%，乳蛋白 3.8%，乳糖

4.82%，干物质14.56%。随着杂交代数的提高，改良牛的产乳量进一步提高，一般西杂牛 F_2 的产乳量比 F_1 提高15%～30%。

4. 产肉性能增强

改良牛的产肉性能好，肉质优良。据陕西资料（邱怀，1997），在农村条件下，杂种一代公牛平均日增重大于或等于1 000 g。一般改良牛的屠宰率、净肉率、骨肉比、眼肌面积比本地黄牛分别提高2.2%、2.1%、0.27%、和17.44 cm^2。短秦二代公牛育肥期平均日增重达1 072.5 g，比秦川牛提高26.7%，其屠宰率、净肉率、肉骨比、眼肌面积比短杂一代牛分别提高3.3%、3.0%、0.24%和0.7 cm^2。徐廷生、阿地力·马木提等（1995，1998）报道，西杂牛生长迅速，体重大，和地方黄牛相比其胴体重、屠宰率、净肉重、净肉率和眼肌面积等都有显著提高。据124头西杂一代屠宰测定结果，上述各项指标分别比本地牛提高39.12%、2.37%、40.58%、4.57%和26.61%。西杂二代、三代胴体重、屠宰率、净肉重、净肉率分别比本地牛提高4.87%、5.17%、104.45%、10.00%和14.00%、7.75%、129.63%、16.75%。

5. 保持良好适应性

引进国外良种对我国黄牛进行改良，杂种优势十分明显，除生产性能指标有显著提高以外，其适应性也强，在严寒的东北草原冬季最低气温为－35～－40℃，改良牛没有出现弓腰缩背现象。在炎热的南方各省，最高气温35～40℃的酷暑下也没有发生气喘怕热的症候。据四川省万源县畜牧站的测定，夏杂牛的抗热指数为72.8，西杂牛68.8，海杂牛53.2，本地61.3。夏杂和西杂的抗热指数分别比本地牛提高11.5%和7.5%，而海杂比本地牛降低9%。改良牛的放牧能力强，能在海拔2 500 m、坡度25°的山地草场放牧。犊牛在3月龄就能随母牛上山放牧，并可饱食，爬坡上坎，自由采食，成活率也高。改良牛抗逆性强，耐粗饲，采食增膘快，保膘方面与本地牛相同，但在冬季缺草、少圈、寒冷时，由于改良牛个体大，需要营养多，入不敷出，比本地牛掉膘快，损失大。

6. 经济效益和社会效益显著

黄牛改良的经济效益和社会效益十分明显。由于改良牛的生产性能的提高，单位牛所能提供的乳、肉产品数量增多，肉质量改善，使杂交改良牛的售价普遍高于同龄本地牛，养牛的经济效益大大提高。随着黄牛改良工作的深入，全国牛群中改良牛比例将逐年提高，每年向社会提供的肉产品也相应增加，既满足了广大消费者的消费需求，丰富了市场，又增加了牛生产者的经济收益。

7. 黄牛杂交利用存在的问题

我国的黄牛改良以广大农村为基础，牛的饲养分散，改良措施、改良技术的应用推广以及改良效果的评定等都有一定难度，需要科技人员、地方政府、养牛户全方位协作；牛改良大多采用冷冻精液人工授精，是一项技术性较强的工作，需要经专门训练方能掌握；改良牛群的维持不容易，性能的评定、价值的评定还有不少困难，直接影响了改良、育种工作的开展；饲养管理还比较粗放，影响改良牛的发育和生产性能的发挥。

3.2.5 地方良种黄牛的保种和综合利用

地方良种黄牛具有体型中等，骨骼粗壮，肌肉丰满，被毛短密，富有光泽，皮肤较厚，富有弹性，具有免疫力强等特点，同时地方良种黄牛的肉质优良、肉味鲜美、脂肪少。当前由于农村劳动力大部分外出务工，农民所养的黄牛日趋下降，同时农民也没有留种保种的意识，长期这样，地方良种黄牛的优良性状将会退化，甚至会有消亡的可能，所以保护这样一个优良的黄牛品种迫在眉睫。

1.地方良种黄牛保护与开发利用的重要性和必要性

大力保护与合理开发利用这些地方良种资源，对促进良种繁育体系建设与品种改良工作，推动畜牧业全面发展，繁荣社会主义新农村，增加农民收入有着重要的现实意义。

(1)维护生物多样性，地方畜禽品种资源是生物多样性的重要组成部分，同人类关系最为密切和最为直接，它们是通过长期的自然和人工选择、适应当地生态环境进化的结果，并在人工生态系统中发挥重要的主导功能。正是由于它们的存在，才保证了当地畜牧业生产的健康、持续发展。加强地方畜禽品种资源保护，实现合理、有效、持续的利用，可实现畜牧业可持续发展，满足人类不断发展的需求。

(2)打造地方特色品牌需要保护畜禽地方良种，随着畜禽产品市场更加开放，竞争更加激烈，要提高畜产品的竞争力和市场占有率，很重要的一点就是取决于畜产品的品质和特色。

(3)调整农业产业结构，发展区域经济需要保护地方畜禽良种，农村经济的发展使畜牧业在农村产业结构的主体地位更加突出，作用越来越重要，已成为农业增效、农民增收的主导产业。地方畜禽品种资源保护和开发是提高畜牧业生产力，实现畜牧业结构调整的物质基础。地方品种有较强的地方优势，是开展“二元”杂交改良的优良亲本，与国外良种相差无几，而且具有耐寒、耐粗饲、抗病力强的特性。

2.地方良种黄牛的保护措施

保种工作是一个长期的工程，时间长、见效慢，所以开展这个工作政府应统筹规划，在地方良种黄牛的主产区内划定良种基地，进行有目的、有计划开展留种保种工作，划定地方良种黄牛的保种基地，同时将地方良种黄牛列入了国家或省的重点保种品种。根据地方品种目前的现状，当前要切实保护好地方优良品种，应采取如下措施：

(1)积极开展地方品种资源调查，各级人民政府要加强领导、组织人员、落实责任，对地方良种黄牛建档立卡，为保护与开发利用提供科学依据。

(2)建立不同层次的“保种场”就地保护品种资源，同时，在“保种场”建立科学的种群体系，组建核心群、繁殖群与生产群，留足后备公畜，建立完善的繁育系谱档案，防止近交和导入杂交，避免品种衰退或遗传基因的漂变消失。

(3)在主保种区内禁止引进其他品种的牛，严防群体混杂；并对保种区内经过鉴定确定为优秀品种，实行登记挂号建档立卡。同时为农户养殖地方优良品种给予必要的补偿或奖励，以扩大优秀品种的数量和分布地区。

(4)建立健全育种体系，科学地进行品种选育。在保种的基础上，积极建立健全地方良种繁育体系，制定品种的选育方案和鉴定标准，将保种和选育有机的结合起来。同时要大力宣传保种的意义和地方选育技术及方法，使选育方案和鉴定标准的实施落到实处，不断选优淘劣，提高本品种的生产性能，以达到提纯复状和提高经济利用效益的目的。

(5)保护与提高品种质量，在基地内的所有牛群须先选优去劣，实行牛群的分类饲养，对不同年龄牛群的集中饲养的饲养员或分散饲养的农户，都要先进行严格的专业培训，使其具有科学管理意识与技能。

(6)强化管理，依法查处。抓好种畜禽管理工作，合理布局种畜禽生产规划，搞好《种畜禽生产经营许可证》的管理发放,完善种畜生产档案。同时在公安局、工商局、经贸局、质监局等部门的密切配合下做好种畜禽市场监督管理工作。

3.3 繁殖母牛的选配与配种管理

肉牛选种选配应根据商品肉牛的生产目的有计划地为母牛选择最适合的公牛,或为公牛选择最适合的母牛进行交配,使其产生基因型优良的后代。不同的选配,有不同的效果。肉牛的主要生产性能(如产肉性能、繁殖性能)和重要的经济性状(如初生重、断奶重、增重效率)以其他的各种特征特性的表现,从根本上来说,主要取决于两方面的原因:一是遗传方面,如品种、个体特性等;二是环境方面,如营养水平、饲养管理等。

3.3.1 杂交父本——良种公牛的选择

为了克服中国黄牛生长缓慢、饲料报酬低、后躯发育不良、产肉性能相对较低的缺陷,几十年来,先后引进了20多个国外肉牛品种与当地黄牛进行杂交,从杂交后代的表现来看,都不同程度取得了一定的效果。在为母牛配种选择父系时,应选择当地政府大力支持引进的父系公牛,这样有利于在当地形成具有生产性能良好、品种一致的普遍牛群,有利于通过规模和广告效应吸引外来客户,提高当地肉牛的生产效益。

引入品种中,使用最广的是西门塔尔牛,其杂交一代或二代的肉乳性能明显提高,6月龄犊牛再强度育肥8个月,宰前活重达500 kg。其次是夏洛来牛、利木赞牛。在肉牛公母牛选择中,种公牛的选择对改良起着关键作用,公牛的选择主要是根据基础母牛的资源、肉牛的生产方向和目的的选择,从事高档牛肉生产,要考虑商品肉的等级,有明确的目的,要求胴体以脂肪沉积为主,如主要是生产极品的大理石纹牛肉要选择早熟性的品种如安格斯牛和地方良种牛;如要求胴体重或出肉率或略带大理石纹的牛肉则要选择大型品种如利木赞牛、夏洛来牛,同时母本必须是杂交母牛如西杂母牛;如主要是杂交改良,没有确定目标,从今后发展角度看,第一父本首选西门塔尔牛,目的是提高本地母牛的泌乳能力,为以后发展留下一个个体大、哺乳能力强的母本。

3.3.2 种公牛精液的选择

首先是审查系谱,其次是审查该公牛外貌表现及发育情况,最后还要根据种公牛的后裔测定成绩,以断定其遗传性是否稳定。选配时公牛冷冻精液选择工作应注意如下几点:

(1)每区域必须定期地制定出符合生产目标的选配计划,其中要特别注意和防止近交衰退。

(2)在调查分析的基础上,针对每头母牛本身的特点选择出优秀的与配公牛,也就是说,与配公牛必须经过后裔测验,产肉性能、外貌的育种值或选择指数高于以往所选的公牛。

(3)每次选配后的效果应及时分析总结,不断提高选配工作的效果。

3.3.3 公母牛的选配

无论是引进品种还是地方良种,公牛必须是良种登记过的种畜。进行二元杂交时,配种的良种母牛一般选用本地母牛。进行三元杂交或终端杂交时,则选用杂交一代或二代的母牛。产后的母牛必须在 50～90 d 后进行配种;选作配种用的本地育成母牛应当满 18 月龄,体重应当达到 300 kg,杂交母牛体重应当达到 350 kg。配种前应当对母牛进行检查,记录母牛的特征、体尺、体重、发情、输精、产犊等信息,建立良种母牛档案,见表 3.9。

根据国内多年杂交实践中存在的问题,为以后取得预期改良结果,引进品种开展杂交优势利用时应注意以下几个问题:

(1)为小型母牛选择种公牛组织选配时,公牛品种的平均成年活重不宜太大,以防发生难产;有一个比较方法是,两品种的成年牛活重平均差异,公牛品种不宜超过母牛品种的 30%～40%。大型品种公牛与中小型品种母牛杂交时,不用初配母牛,而选配经产母牛,以降低难产率。

(2)防止改良品种公牛中同一头牛的冷冻精液在一个地区使用过久(4 年以上),防止盲目近交,在我国黄牛分布区,由政府部门批准执行的保种区(场)内,严禁引入外品种牛同当地牛杂交。

(3)对杂种牛好坏的比较要科学化,特别是犊牛的营养水平要改善。那种用饲养役牛的办法来养改良牛,造成杂种小牛“生下像它爸,长大像它妈”的现象,并不能证明杂交配合不好。良种要用良法养,这是取得良好的改良效果的一条基本措施。

3.3.4 繁殖母牛人工授精的管理

品种改良是现阶段我国肉牛生产的主题,黄牛改良是提高肉牛生产力和经济利用价值的重要手段,也是富民一方的公益性工作,黄牛改良工作的重点是品种改良点建设。我国幅员辽阔,各地配种站(点)基础设施千差万别,有些地方的配种站(点)条件较差,基层技术人员业务素质参差不齐,部分人员不按技术规程操作,不但影响了受胎效果,而且往往造成母牛的生殖道疾病而引起不孕,致使部分领导和农民对黄牛冷配技术不信任,影响了黄牛冷配技术的推广与应用。因此要引进激励竞争机制,加强改良点的基础建设,完善冷配服务体系,提高冷配员钻研业务的积极性和自觉性,增强为农民服务的意识。

3.3.4.1 常规繁殖技术——人工授精技术

人工授精技术是指借助于专门器械,用人工方法采集公牛精液,经体外检查与处理后,输入发情母牛的生殖道内,以代替公母牛自然交配,使其受胎的一种繁殖技术。

牛的人工授精技术包括冷冻颗粒精液制作工艺(引进良种公牛→采精→制成颗粒冻精→利用液氮在零下 196℃的条件下保存)和人工授精操作流程(准备工作→母牛发情鉴定→器械消毒→解冻精液→镜检活力达 0.35 以上→适期对发情母牛输精)。

1. 冷冻精液制作

在种公牛站完成冷冻精液制作,主要的步骤包括:

(1)采精。是指借助于专门器械,人工采集公牛的精液,是人工授精技术的重要环节之一。公牛采精,利用母牛或公牛做台牛(或假台牛)通常使用假阴道法采精。

(2)精液品质检查。常规检查项目包括射精量、色泽、气味、混浊度、pH 值、活率及密度等。

(3)冷冻精液技术。把新鲜精液用含有抗冻剂和含有其他保护物质的稀释液稀释,通过降温、分装、平衡和冷冻等工艺流程,将冷冻精液置于超低温(液态氮－196℃)下长期保存。工厂化细管的冷冻方法是使用控制液氮喷量的自动记温速冻器,5～－60℃每分钟下降 4℃,－60℃起尽快降至－196℃。

2. 母牛发情鉴定

发情鉴定是适时配种(输精),提高母牛受胎率的一项重要技术。因此,对母牛发情与否,输精是否适时,都要做出正确判定,这套技术称为发情鉴定。由于母牛发情时对外部表现较明显,发情期短,排卵发生在发情结束后 4～16 h,所以在生产实践中常采用外部观察法(图 3.8,图 3.9)、阴道检查法、直肠检查法等方法进行发情鉴定。

(1)发情早期。母牛外阴部湿润且有轻度肿胀,食欲不佳,常有几声哞叫,不安;追随其他母牛,嗅闻其他牛外阴部,并企图爬跨别的牛,但不愿接受别的牛爬跨。

(2)站立发情期。由发情早期进入站立发情阶段,一般为 6～18 h。阴门红肿,由阴道中流出牵缕性强的透明黏液,愿意接受其他牛的爬跨。此阶段母牛表现食欲差,不停哞叫,目光锐利,两耳直立,走动频繁,伴有体温升高。以手按压十字部,母牛表现凹腰,高举尾根部。有时因接受爬跨,致使尾根部被毛蓬乱。此阶段输精比较适时。

(3)发情后期。继站立发情阶段后,一部分母牛仍继续表现发情行为。这一阶段可持续 17～24 h,主要表现为黏液量减少,白而混浊,有干燥的黏液附于尾部。发情母牛被其他母牛闻嗅或有时闻嗅其他母牛,但不大愿意接受其他母牛爬跨。同时,外阴部的充血肿胀度明显消退,以后母牛恢复正常,如其他牛跟随,母牛拒绝接受爬跨。

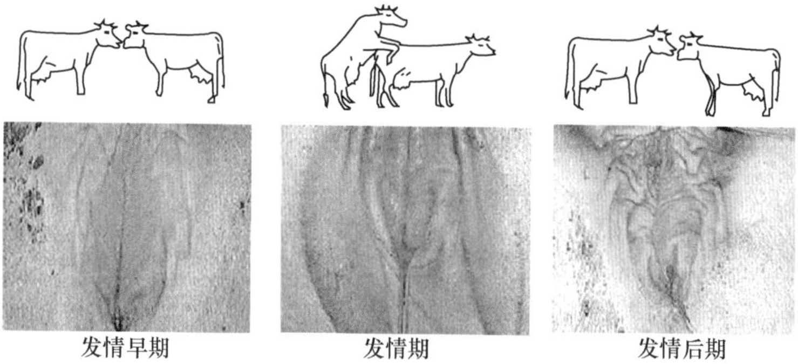

图 3.8　母牛发情鉴定——外部观察法

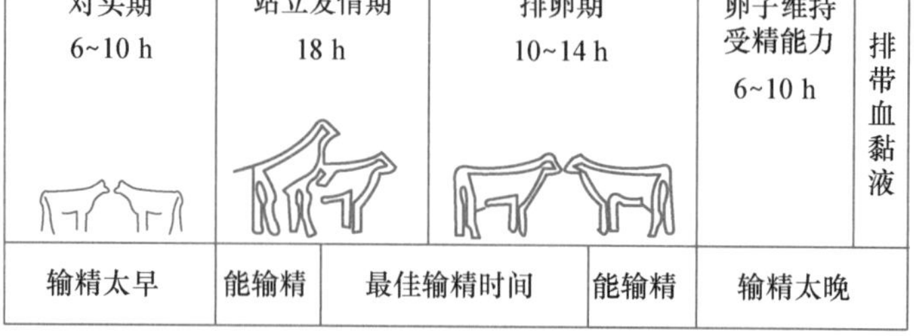

图 3.9　繁殖母牛发情、排卵、输精时间

3. 解冻与输精

(1)解冻。将细管直接投入 38℃±2℃温水中解冻。解冻后的精子畸形率不超过 25%,顶体完整率在 60%以上。

(2)输精。用于输精的冷冻精液,解冻后精子的活率不应低于 0.3,现用现解冻。普遍采用直肠把握子宫颈输精技术。每一情期输精 1～2 次。要做到输精适时和输精器适宜深度,慢插、轻注、缓出,防止精液逆流。具体输精时间为早晨(8 时前)发现母牛发情,当日午后输精;中午(9～14 时)发现母牛发情,当日晚输精;午后(15 时后)母牛发情,次日早晨输精,见表 3.6,适期输精见表 3.7 和图 3.10。

表 3.6　繁殖母牛发情观察和输精时间

发现母牛发情时间	早晨(8:00 前)	中午(9:00～14:00)	午后(15:00 后)
输精时间	当日午后	当日晚	次日早晨

表 3.7　输精适期

发情周期及发情阶段	发情前期	发情期			发情后期	排卵
		初期	中期	末期		
母牛表现	拒绝爬跨	接受爬跨	接受爬跨	接受爬跨	拒绝爬跨	
输精	过早	早	可	最适	可,晚	过晚

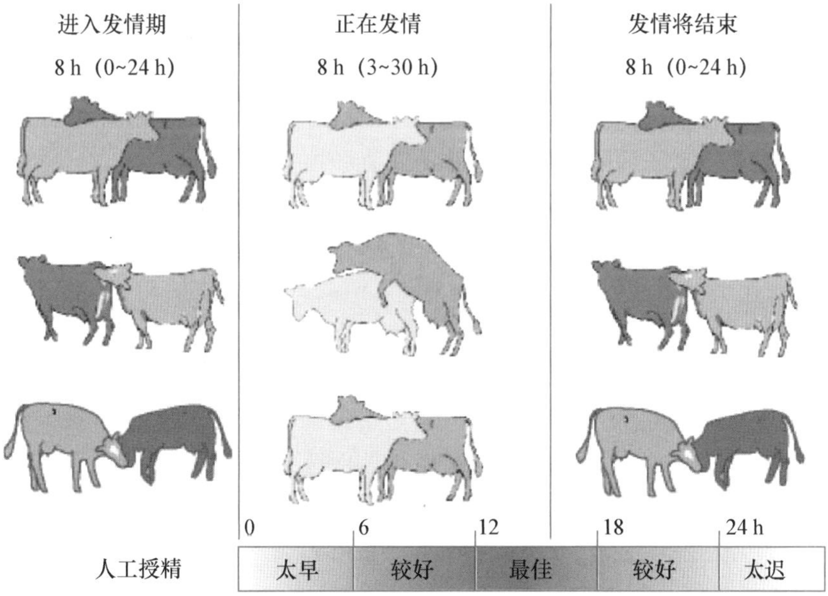

图 3.10　繁殖母牛发情与适宜的人工授精时间(配种)

4. 妊娠诊断

妊娠诊断是确定母牛是否妊娠,若已妊娠,则应加强饲养管理,保证胎儿正常发育与分娩。母牛配种后,如能尽早进行妊娠诊断,经过妊娠检查,可确定已经怀孕的母牛,按孕牛对待,加强饲养管理;而未怀孕的牛只,可以及时找出原因,尽早采取措施复配。目前在实践中妊娠诊断方法虽然很多,但目前应用最普遍的还是外部观察法和直肠检查法。

(1)外部观察法。妊娠后的母牛,一般外部表现为周期发情停止,食欲增进,被毛光泽,行为谨慎安稳,性情变得温驯;妊娠至 5 个月左右,腹围增大,且不对称,右侧腹壁突出,乳房胀大,8 个月以后可见胎动,这时隔着腹壁用手可触诊到胎儿。

(2)直肠检查法。直肠检查法是判断牛是否妊娠和妊娠时间的最基本而可靠的方法,但在妊娠早期不主张进行直肠检查判断妊娠与否,以免应激引起输卵管、子宫的收缩影响胚胎的着床,妊娠 4～6 月后可以直肠检查。妊娠 120 d,子宫全部沉入腹腔,子宫颈已越过耻骨前缘,一般只能摸到子宫的背侧及该处的子叶,如黄豆至蚕豆大小。此时也能摸到胎儿。子宫动脉的怀孕脉搏明显,两个卵巢彼此靠近,一手同时可以摸到两个卵巢。150 d 后,子叶逐渐增大如鸡蛋,可明显地摸到胎儿活动情况。寻找子宫动脉的方法是,手伸入直肠,手心朝上,贴着骨盆顶部向前滑动,先摸到腹主动脉末端的两条分支,即为髂内动脉,再沿正中的腹主动脉向前摸到第二个分支髂外动脉,在髂外动脉的基部,可以摸到由该处分出来走向子宫阔韧带的子宫动脉。

(3)其他诊断方法。①超声波诊断法,用 B 超仪探头扫描可以直接观察妊娠开始子宫内的最初变化。国内外研制的超声波诊断仪有多种,有较精密的 B 型超声波诊断仪(大型奶牛场可采用)。超声波诊断是利用超声波的物理特性和动物组织结构的声学特点的一种物理学检测方法。国内外研制的超声波诊断仪有多种,目前,国内试制的有两种:一种是用探头通过直肠探测母牛子宫动脉的怀孕脉搏,并由信号显示装置发出的不同的声音信号,来判断妊娠与否。另一种是探头自阴道插入,显示的方法有声音、符号、文字等形式。测定结果表明,妊娠 30 d 内可探测出子宫动脉反应,40 d 以上者可探测出胎心音,准确率较高,但有时也会因子宫炎症等因素干扰测定结果而出现误诊。②乳中孕酮水平测定法,根据妊娠后血中及乳中孕酮含量明显增高的现象,用放射免疫和酶免疫法测定孕酮的含量,判断母牛是否妊娠。③化学诊断法,方法虽多,但都有一定的局限性,准确率也不及直肠检查。

5. 母牛分娩

母牛在妊娠期满后,在各种因素(激素、神经、胎儿、免疫学等)的共同作用下,将胎儿、胎膜和胎水经产道排出,这个生理过程称为分娩。

3.3.4.2 家畜改良站的繁殖育种管理工作

黄牛的肉用性能便成为黄牛改良的发展方向。为了解决本地黄牛产肉性能低下的难题,各级政府大力支持黄牛改良工作,尤其是随着农村经济结构的调整,产业化进程加快,肉牛养殖成为我国农区牧业结构中重点发展项目以来,黄牛改良得到了空前发展。

凡奶牛、肉牛改良和黄牛养殖比较集中的地区,我国在各县(市)及乡镇设立家畜改良站(畜牧站)、配种站(冷冻精液供应站、家畜繁育站或改良站)、当地乡镇畜牧兽医站或输精点或人工授精中心,由点到面开展群众性杂交改良工作,通过站点,培养一批技术骨干,大力推广冷冻精液人工授精技术和科学饲养管理技术,提高基层技术人员和广大养牛户的素质,以及饲养、繁育技术水平,在发展商品肉牛生产、奶牛生产,建立高效快繁奶肉牛配套繁殖技术体系起着重要作用,这些站点的主要工作围绕冷冻精液的保存与人工输精,建立母牛繁殖基地,做好各项登记工作,推广普及科学养殖技术等,具体繁殖育种管理工作有:

1. 正确使用液氮罐贮精器

(1)运输中轻拿轻放,避免碰撞,特别注意对液氮罐颈部的保护;平时放置于阴暗处,尽量减少开罐次数和时间,以减少液氮消耗。

(2)定期(液氮剩 1/3 时)添加液氮;贮存过程中如发现液氮消耗显著或罐外排霜,表明液氮罐性能失常,应立即更换;取、放冻精时不要把盛冻精的提筒提到罐之外,只能提到罐颈基部,如经 10 s 还没有取完,应将提筒放回,经液氮浸泡后再继续提起取用。

(3)贮存冻精的液氮罐,每年至少要彻底清洗一次,要冲洗干净并控干后方可再次使用。

2. 冷冻精液的保存

(1)每个罐子、提筒应有编号,并记录冷冻精液的名称、批号、数量,登记工人做好记录,见表 3.8。

(2)房间要求通风、干燥,避免日光照射容器。室内保存多个容器时,要注意安全,尤其是通风。

(3)将不同牛的冷冻精液按品种、畜号、剂型、制作冻精批次,分别有秩序地装在液氮罐里,始终浸入液氮内长期保存。

表 3.8 冷冻精液使用记录

存入日期	存入品种	来源	公牛畜号/数量	液氮检查/要补充液氮的时间/检查员	使用品种/畜号/数量	配种员

3. 冻精质量管理

使用优秀种公牛精液,能加快牛遗传改良进展,提高牛群整体素质。

(1)采购冻精时,要选择管理良好和符合国家标准的种公牛站。

(2)每次购买冻精,都应抽检其活力、密度、顶体完整率、畸形率和微生物指标。其标准为:活力≥0.35、直线运动精子密度≥1 000 万个、顶体完整率≥40%、畸形精子率≤20%、非病原细菌数≤1 000 个/mL。性控精液直线运动精子密度≥200 万个。

4. 严格按规定要求对母牛进行配种

(1)即育成母牛满 18 月龄或本地牛体重达到 300 kg、杂交牛体重 350 kg 以上开始配种。

(2)成年母牛产后第一次配种时间掌握在产后 50~90 d,膘情中等以上。

(3)配前要对母牛进行检查,对患有生殖疾病的牛不予配种,应及时治疗或淘汰。

5. 严格执行牛人工授精技术操作规程

(1)做好发情鉴定,按牛人工授精技术操作规程进行配种。输精母牛须做好记录,见表 3.10,各项记录必须按时、准确,并定期进行统计分析。

(2)及时进行妊娠诊断,加强母牛分娩前、后的饲养管理指导。

6. 建立繁殖记录登记及统计报表制度

表格制定见表 3.10,表 3.13,表 3.14。

(1)建立发情、配种、妊娠、流产、产犊、产科管理及繁殖障碍牛检查、处理等记录。

(2)原始记录必须真实,完整,详细;要认真做好各项繁殖指标的统计,数字要准确。

(3)建立繁殖月报、季报和年报制度。

(4)认真记录产后母牛、犊牛的状况,如胎衣排出情况、犊牛体况等,及时处理产科问题,发现病症及时处理。对早期胚胎死亡、流产、早产牛、屡配不孕牛、屡治不育的母牛,要分析原因,必要时进行流行病学调查,并采取相应措施,或治疗或及时淘汰。

3.3.4.3 杂种公牛不能作种用

作种用的肉用型公牛,其体质外貌和生产性能均应符合本品种的种用畜特级和一级标准,经后裔测定后方能作为主力种公畜。肉用性能和繁殖性状是肉用型种公牛极其重要的两项经济指标;其次,种公牛须经检疫确认无传染病,体质健壮,对环境的适应性及抗病力强。

两个品种牛(两个类型或专门化品系间)之间的杂交,其所生杂交后代生长快,体重大,育肥性能好,适应性强,饲料利用能力强,对饲养管理条件要求较高,杂交公牛和不留作种用的杂交母牛全部作商品牛育肥出售。有些养牛户缺乏科学知识,图方便省钱,利用杂种公牛进行配种。杂种公牛虽然体高生长快,但遗传性不稳定,极易造成近亲繁殖,后代退化,用杂种公牛配种生下的犊牛生长发育不如人工冷配的效果好,得不偿失,经济效益低下。杂种公牛配种,其后代的表现多倾向于母本,反交(土种公畜配杂种母畜)将使这种作用更明显,造成"辛辛苦苦改良十几年,配种一次回到改良前"。利用杂种公牛配种,严重干扰了人工冷配改良工作的进行,造成改良效果退化。

3.3.5 繁殖母牛的育种管理

繁殖母牛育种管理一个主要工作是做好母牛的配种记录、产犊记录、犊牛生长记录等,并对所记录的所有技术资料进行详细分析,根据技术资料分析所在区域的牛群遗传改良进展,确定下一步所在区域选用的公牛和母牛改良目标。

3.3.5.1 繁殖母牛的育种记录

育种记录包括犊牛、育成母牛、青年母牛的个体体尺及增重记录,成年母牛的外貌评分记录,产犊记录等,常用的母牛育种记录有以下几种:

(1)系谱记录和牛籍卡。所谓系谱就是一个个体的父母亲及其祖先的编号,如果有一个完善的育种资料数据库管理系统,实际上只要准确记录了个体和其父、母亲编号,就可以非常方便地追溯出它的所有祖先,但为了管理的方便仍需要制作系谱卡片。目前系谱卡主要以横式系谱表示。在每头牛的卡片上要有尽可能完整的系谱记录,还要记录该牛的品种、牛号、良种登记号、出生日期、特征等,见表3.9。

表3.9 母牛档案记录表(牛籍卡)

县　乡(镇)　村(社)　号　牛场

母牛基本情况							
免疫耳标号		户主		初生重/kg		登记日期	
品种		户主电话		体高/cm		出生日期	
毛色		胎次		胸围/cm		特征	

续表 3.9

牛体左侧图	头型	牛体右侧图

发情与配种记录

发情日期	配种日期(上午/下午)	配种品种/公牛号	二次配种时间(上午/下午)	配种员

免疫记录

日期	疫苗名称	接种剂量/mg,mL	接种方法	接种人员

疫病监测记录

日期	结核病	布病	肢蹄病	消化道病	产科病	其他	

常用的电话记录

改良站		兽医员 2		兽药店	
防疫员		配种员 1		饲料店	
兽医员 1		配种员 2			

(2)配种繁殖记录。配种繁殖记录的内容如表 3.10 所示。此外,进行胚胎移植的母牛,还应记录胚胎及胚胎移植的情况、移植日期、产犊日期及产犊情况等。

表 3.10　母牛配种繁殖情况

母牛号	年龄(胎次)	配种日期	与配公牛号	产犊日期	妊娠天数/d	犊牛情况						备注
						编号	性别	毛色	初生重/kg	体高/cm	处理	

(3)母牛体尺与增重记录。记录不同年龄不同阶段的体尺测量与称重(或估重)结果,如表 3.11 所示。主要记录的年龄阶段为初生、6 月龄、12 月龄、18 月龄。

表 3.11　母牛体尺、体重测定

牛号	测定日期	体高/cm	体斜长/cm	胸围/cm	管围/cm	体重/kg

(4)犊牛生长记录。记录犊牛不同月龄阶段生长发育的测定结果。每头犊牛应有一表,其表格形式可见表 3.12。

表 3.12 犊牛不同月龄的体尺(cm)、体重(kg)

牛号	初生			2月龄			4月龄			6月龄			其他	
	体重	体高	胸围	体重	体高	胸围	体重	体高	胸围	体重	体高	胸围	断奶时间	去向

(5)兽医诊断及治疗。母牛健康状况记录,如表 3.13 所示。

表 3.13 母牛疾病与治疗记录

牛号	诊断日期	发病日期	病因病况			诊断与治疗	治疗方法	治疗结果	备注
			繁殖疾病	乳房疾病	其他疾病				

(6)饲养记录。记录犊牛、育成牛、初孕牛、成母牛,每日、每月、每年实喂的饲料(包括喂奶量)种类和喂量,对育种和饲养工作均可提供可靠的参考依据。有了饲养记录,才能较准确地分析育种资料。

(7)牛户(场)日记。养牛每日的工作比较繁琐。为了便于日后考查和总结经验,养牛者每天必须把重要的工作事项(如母牛变动、死亡及出售等)进行认真记录(表 3.14 是母牛的产犊日记)。牛只去向(牛只移出、淘汰、死亡等)应简要记录日期及到达地点。

表 3.14 母牛分娩产犊日记

日期	产犊					备注(包括转群、调出、调入、出售、死亡、流产)
	母牛号	父牛号	犊牛性别	编号	初生重/kg	

3.3.5.2 育种资料记录保存和原始记录整理

繁殖母牛育种资料记录不全是一个较为普遍的现象,尤其是养殖户。牛只个体记录和资料保存是母牛养殖最基础的工作,是母牛养殖管理规范化的前提。否则,提高饲养管理水平,育种及品种改良、品种登记都无从谈起。对所有的原始记录材料要保存好,要及时整理和统计分析,育种资料和记录保存有临时性记录和永久性记录。

(1)临时性记录。多采用手工记录。这是一种传统的记录方式,就是将测定结果记录在纸上,但要根据育种资料要求事先设计好各种统一的规范化记录表格如系谱记录,将测定结果直接填入表格中,这样可提高工作效率,减少漏记、错记等现象发生,便于对数据进行整理分析。

(2)永久性记录。手工记录所得的临时性记录都要经过处理,将需要长期保存的信息转成永久性记录长期保存,供育种分析和经营管理利用。保存的期限一般要求至少保存上溯 5 个世代的记录,这就要求不仅要保存性能测定记录,还要保存系谱信息,也就是要尽量保存每个个体的完整的双亲信息。永久性记录一般都用某种数据库的形式在计算机的外部存储设备(硬盘、软盘、光盘等)中保存。为了便于这些记录的录入、管理、编辑、查询和有效的利用,还可使用一些专门设计的计算机记录管理和分析软件,目前国内外已有了很多这方面的软件。

3.3.5.3 母牛繁育场的繁殖管理工作

母牛繁育场的繁殖管理就是保证母牛妊娠，分娩，泌乳，再妊娠，伴随着繁育母牛头数的增加，母牛繁育场获得了经济效益。

1.母牛繁育场繁殖记录

母牛繁殖管理的一个主要工作是做好牛群的繁殖育种记录，繁殖记录主要内容包括，公母牛号，发情情况（日期、状况、发情鉴定），配种情况（日期、配种人员、输精次数），妊娠鉴定情况，预产期，产犊情况，疾病治疗等，做到每一头牛有一卡片，具体的繁殖记录有：

(1)发情记录。发情日期、开始时间、持续时间，性欲表现，阴道分泌物状况等。

(2)配种记录。配种日期，第几次配种，与配公牛号，输精时间，输精量，精子活率，子宫和阴道健康状况，排卵时间等。

(3)妊检记录。妊检日期，结果，处理意见，预产期等。

(4)流产记录。胎次，配种日期，与配公牛，不孕症史，配种时子宫状况，流产日期，妊娠月龄，流产类型，流产后子宫状况，处理措施，流产后第一次发情日期、第一次配种日期、妊检日期等。

(5)产犊记录。胎次，与配公牛，产犊日期，分娩情况（顺产、接产、助产），胎儿情况（正常胎儿、死胎、双胎、畸形），胎衣情况，母牛健康状况，犊牛性别、编号、体重等。

(6)产后监护记录。分娩日期，检查日期，检查内容，临床状况，处理方法，转归日期等。

(7)兽医诊断及治疗记录。包括各种疾病和遗传缺陷。

2.母牛繁殖计划——配种计划

制定配种产犊计划，可以明确一年内各月参加配种的母牛数和分娩数，便于组织和计划生产，它是完成繁殖任务、调节生产需要、制定育种计划以及提高养牛业经济效益的必要管理措施。配种产犊计划的内容包括牛号、胎次、年龄、生产性能、产犊日期、计划配种日期和实际配种日期、与配公牛、预产期等。

母牛的产犊通常有均衡性分娩和季节性分娩两种类型，均衡性分娩是指各月份均有母牛分娩，一年中各月份分娩母牛较均衡；季节性分娩是指集中在某一季节分娩，如春季或秋季。具体采用哪一种配种产犊计划，应根据不同生产方向、气候条件、饲料供应、产品需求及育种方向和某些母牛特点等而定。具体配种计划和产犊计划的编制方法可参考奶牛的配种计划编制方法。

3.母牛繁育场日常繁殖管理工作

(1)母牛繁育场要建立繁殖管理板，有条件的牛场要进行计算机管理，这样可使全场每头母牛每天和预期基本情况如产犊、配种、妊娠等时间、时期，犊牛、育成牛的日龄、月龄，全群各类牛组成等一目了然，非常实用。

(2)要随时了解牛群的繁殖情况，通过计算第一情期受胎率、总受胎率、繁殖率等有效方法分析总结繁殖成绩，从而掌握母牛的营养、健康，生殖状况以及配种员的技术水平，并与设置繁殖管理指标对比，进行绩效管理。

(3)建立繁殖记录制度；建立繁殖月报、季报和年报制度，见表3.15；并要求配种技术员或兽医工作者例行下列生殖道检查工作：①母牛产后14～28 d检查一次子宫复位情况，对子宫恢复不良的母牛连续检查，直到可以配种为止；②对阴道分泌物异常的牛和发情周期不正常的牛，应进行记录，并给予治疗；③断奶后30 d以上尚不发情的牛，应查明原因，予以治疗；④对配种60 d以上的牛进行妊娠检查。

表 3.15 母牛繁育场繁殖月报

牛号	产犊日期		胎间距/d（初产日龄）	犊牛情况			备注
	本胎	上胎(初生日期)		父号	初生重/kg	性别	

3.4 母牛的繁殖管理

繁殖管理是养牛生产管理的关键环节，母牛只有经配种、怀孕才能产犊、泌乳。搞好母牛的繁殖管理，明显提高母牛繁殖率和降低饲养成本，使养牛经济效益最大化。

母牛繁殖工作做得如何，不仅直接影响本胎次胎儿的分娩、母牛泌乳量的高低，而且对母牛繁殖性能的发挥和犊牛生长发育的提高也将起着决定作用。母牛繁殖管理，就是在生产中为了保护、保持母牛繁殖能力，提高母牛繁殖效率所采取的一切管理措施。母牛的繁殖管理就是保证母牛发情、配种、妊娠、分娩、哺乳(泌乳)、产后再发情，伴随着繁殖率的提高，使养牛的经济效益明显增加。

3.4.1 繁殖母牛发情管理

发情和排卵是母牛繁殖活动的主要生理现象，也是母牛能否配种受胎的首要条件，发情管理主要包括发情鉴定、育成母牛初情检查、成母牛产后第一次发情检查、异常发情检查等。

(1)做好母牛的发情观察和母牛发情鉴定，做好发情观察记录，安排配种。

(2)对异常发情母牛要查明原因，酌情治疗，对不发情母牛应及时进行分析和生殖检查。繁殖人员对 14 月龄以上的后备母牛不见发情症状，要进行饲养管理的检查，对内外生殖器官检查；断奶后或 90 d 以上未见到发情的母牛，要首先检查有无漏情，然后，通过直肠检查子宫是否正常。对不发情的母牛，要从改善饲养管理和应用生殖激素着手，使其恢复性周期。

(3)在配种后，观察母牛是否再发情，统计 60 d、90 d、120 d 和 150 d 不返情率(不发情母牛数占配种母牛数的百分数)来估计母牛群的受胎情况。

3.4.2 繁殖母牛配种管理

母牛配种工作基本分为前期和后期，前期工作主要有母牛的饲养管理、种公牛精液的选购及配种，抓住母牛发情最佳配种时间配种，在母牛配种后期工作也不要松懈，做好保胎工作，具体的配种管理工作包括：

(1)固定配种员，不要随便更换。

(2)后备母牛的配种管理，乳肉兼用后备母牛在 16～17 个月体重达 375 kg，体高在 1.30 m 时可以配种；在一般情况下，地方黄牛的配种年龄为 20～22 月龄，改良杂交黄牛为 18～20 月龄配种。如果配种过早，母牛发育不全、泌乳量低，易出现难产；配种过晚，不仅降低了母牛利用年限，而且易使母牛肥胖，生殖激素平衡失调而造成不孕。

(3)配种员应熟悉管区内母牛的繁殖情况，掌握配种技术，建立详细的发情、配种记录。

(4)配种员要根据母牛发情阶段，确定配种时间。严格遵守人工授精的操作规程，冻精处理要严，精液品质检察要细；输精时间要及时；在直肠把握子宫颈输精时，操作要细致，输精部位要准确；操作过程中，对母牛的外阴、所有器具等应严格消毒。

(5)每次输精后及时填写配种记录登记表，见表3.16。

表3.16　县(区)、乡(镇)能繁母牛冻配改良基本情况登记表

<table>
<tr><td colspan="7">母牛基本情况</td></tr>
<tr><td>畜主</td><td></td><td colspan="3">村　　社</td><td>电话</td><td></td></tr>
<tr><td>牛号</td><td></td><td>品种</td><td colspan="2"></td><td>毛色</td><td></td></tr>
<tr><td>母牛的父号</td><td></td><td>年龄</td><td colspan="2"></td><td>胎次</td><td></td></tr>
<tr><td colspan="7">配种情况</td></tr>
<tr><td rowspan="2">发情期</td><td rowspan="2">发情时间</td><td rowspan="2">授配时间</td><td colspan="3">冻精</td><td rowspan="2">输精人员</td></tr>
<tr><td>品种</td><td>牛号</td><td>活力</td></tr>
<tr><td rowspan="2">Ⅰ</td><td></td><td></td><td></td><td></td><td></td><td></td></tr>
<tr><td></td><td></td><td></td><td></td><td></td><td></td></tr>
<tr><td rowspan="2">Ⅱ</td><td></td><td></td><td></td><td></td><td></td><td></td></tr>
<tr><td></td><td></td><td></td><td></td><td></td><td></td></tr>
<tr><td rowspan="2">Ⅲ</td><td></td><td></td><td></td><td></td><td></td><td></td></tr>
<tr><td></td><td></td><td></td><td></td><td></td><td></td></tr>
<tr><td colspan="7">妊娠产犊情况</td></tr>
<tr><td>预产期</td><td colspan="3"></td><td>产犊情况</td><td colspan="2"></td></tr>
<tr><td colspan="7">养牛情况</td></tr>
<tr><td>存栏牛</td><td colspan="3"></td><td>其中母牛数</td><td colspan="2"></td></tr>
<tr><td colspan="7">记事</td></tr>
</table>

3.4.3　繁殖母牛妊娠管理

妊娠管理的工作主要是妊娠诊断和保胎，并做好分娩前的准备工作，而早期妊娠诊断对母牛生产管理、牛群质量的提高、牛群繁殖率提高、空怀率减少有着重要意义。

(1)母牛配种后，是否受胎怀孕，要进行妊娠诊断。可以通过是否再发情、外部观察法等对母牛配种后进行妊娠诊断，在120 d内尽量少进行直肠检查法以利胚胎着床；配种后4～6个月可采用直肠检查法进行妊娠诊断；产前60 d则采用腹壁触诊法进行妊娠诊断。

(2)通过妊娠诊断，对已妊娠牛和未妊娠牛做到心中有数，从而能采取相应的饲养管理措施。对妊娠牛，须改善饲养管理，保证母体与胎儿健康和正常发育，及时采取保胎护胎措施，防止流产；对未配上的母畜则要查明原因，采取防止漏配措施，从而减少空怀，缩短产犊间距，发现有产科病要采取及时治疗，促使其再发情，再输精；对屡配不孕牛也应及时淘汰。与此同时，分析未妊原因，找出解决方法，最大限度地减少因空怀给生产带来的损失。

(3)当管区内有较多母牛发生不妊时，应对饲养管理、健康状况、繁殖管理技术等进行全面

调查和综合分析。查日粮组成、饲料品质、矿物质、维生素的含量;查母牛健康状况与营养状况,其中包括全身检查和生殖器官检查;查母牛配种情况;查精液品质。通过上述调查研究,运用我们现有知识和适当手段,加强饲养管理,坚持发情鉴定要细,输精操作要准,患有疾病要治等综合措施,减少不孕症。

(4)母牛妊娠后期,为做好分娩前的准备工作,准确推算母牛的产犊期。根据预产期注意观察,减少饮水,减少运动,加强管理,做好分娩前各种用具和人员的准备。

(5)用大型肉用牛品种与本地黄牛杂交时,一般难产率较多,尤以初产牛较多,临产前要注意观察,及时做好助产工作。注意清洁卫生和疫病防治,搞好妊娠母牛的乳房护理。不论初产母牛还是经产母牛妊娠后期都要清洗乳房并作乳房按摩,对于增加产后泌乳量,培育强壮犊牛,提高养牛生产效益极为重要。

3.4.4 繁殖母牛分娩管理(产后管理)

分娩管理的好坏直接关系到犊牛的正常分娩、母牛分娩后的健康及产后生产性能的发挥和繁殖表现。重点是加强临产和产后母牛的监护,目的是促使母牛体质尽快恢复,保证其健康和高产,以持续维持足够的再生产能力。具体管理有:

(1)搞好母牛分娩产犊工作。产前 5～10 d,将产圈扫干净,并用 10%～20%的新鲜石灰水喷洒消毒,临产前用 2%～5%的来苏儿液消毒母牛的腹部、乳房和阴户。

(2)分娩前应注意观察母牛分娩预兆,以便做好接产准备。分娩时要注意接产,尽可能让其自然分娩,对头胎牛、胎儿较大及倒生时可在产出期过后适当给予人工助产,发生难产时要在兽医指导下进行助产。

(3)母牛产犊后及时掏除犊牛鼻中黏液,扯去胎膜。对假死犊牛可用拍打胸部、倒提后肢和酒精刺鼻等方法急救。对于难产母牛要做好助产,使母牛顺利产犊。此外,保温对初生犊牛尤为重要。犊牛出生时,分娩舍的温度必须保持在 26～32℃。

(4)做好母牛分娩检查记录,包括是否难产的记录,产后母牛胎衣排出时间完整与否记录,恶露排出颜色、数量记录等。

(5)分娩后要注意产后监护:①产后 3 h 内注意观察母牛产道有无损伤、出血,发现损伤出血及时处理。②产后 6 h 内注意观察母牛努责情况,若母牛努责强烈,要检查是否还有胎儿未产出,并注意是否有子宫脱征兆。③产后 12 h 内注意观察胎衣排出情况。④产后 24 h 内注意观察母牛恶露排出的数量。⑤产后 3 d 内注意观察母牛有无产后瘫痪症状,发现瘫痪症状要及时治疗。⑥产后 7 d 左右注意观察母牛恶露排出程度,发现恶露不净或腐败要及时治疗。⑦产后 15 d 左右注意观察母牛子宫分泌物是否正常。⑧产后 30 d 左右通过直肠检查母牛子宫复旧情况,发现子宫复旧不全要及时治疗。⑨断奶后或产后 40～60 d 注意观察母牛产后第一次发情是否正常。

3.4.5 母牛繁殖管理考核指标

繁殖管理考核是管理实施与繁殖相关工作人员的繁殖绩效,根据确定的工作目标考核工作完成的数量和质量,目的是通过繁殖管理扩大良种母牛存栏、提高母牛养殖的经济效益。

1.母牛繁殖管理指标的统计

母牛繁殖管理水平直接影响到母牛泌乳量的高低和犊牛生长发育，繁殖指标反映配种员的配种水平高低，应用繁殖指标作为发情鉴定、配种、妊娠、产犊管理工作的考核内容和计算报酬依据。生产上常用的繁殖指标有：

(1)受胎率。年度内配种后妊娠母牛数占参加配种母牛数的百分率，受胎率又可分为总受胎率、情期受胎率和第一情期受胎率。

①年总受胎率，反映全年总的配种效果，年总受胎率＝(年受胎母牛头数/年受配母牛头数)×100%。统计日期由上年10月1日至本年9月30日；年内受胎2次以上的母牛(包括正产受胎2次和流产后受胎的)，受胎头数和受配头数应一并统计，即各计为2次以上；受配后2～3个月的妊检结果确认受胎要参加统计；配种后2个月内出群的母牛，不能确定是否妊娠的不参加统计，配种2个月后出群的母牛一律参加统计。

②年情期受胎率，以情期为单位的受胎率，反映母牛发情周期的配种质量。

年情期受胎率＝(年受胎母牛头数/年输精总情期数)×100%

凡经输精的情期均应统计在内。年内出群的牛只，如最后一次配种距出群日不足2个月时，该情期不参加统计，但此情期以前的受配情期必须参加统计；统计的起止日期与年总受胎率相同。

③第一情期受胎率，第一个情期配种的受胎母牛数占配种母牛数的百分比，它便于及早发现问题，从而改进配种技术。

第一情期受胎率＝(第一情期配种受胎母牛头数/第一情期配种母牛头数)×100%

(2)年繁殖率。反映牛群在一个繁殖年度内的增殖效率。

年繁殖率＝(年实繁母牛头数/年应繁母牛头数)×100%

实繁母牛头数指自然年度(1～12月份)内分娩的母牛头数、年内分娩2次的以2头计，一产双胎的以1头计，妊娠7个月以上的早产计入实繁头数，妊娠7个月以下的流产不计入实繁头数。应繁母牛头数指年初(1月1日)18月龄以上母牛数，加上年初未满18月龄而在年内实繁的母牛数。年内出群的母牛，凡产犊后出群的一律计算，未产犊而出群的一律不计算。年内调入的母牛，在调入后产犊的，分子、分母各算1头，未产犊的，不统计。

(3)年平均胎间距(产犊间隔)。胎间距为各母牛本胎产犊日距上胎产犊日(不含)的间隔天数。

年平均胎间距＝胎间距之和/统计头数

按自然年度统计，凡在年内繁殖的母牛均进行统计。年内繁殖两次的(指正产)，其所形成的2个胎间距一并进行统计。流产也计为产1胎，遇到流产情况时，不足270 d的胎间距不参加统计，超过270 d的胎间距一并参加统计。

(4)初产月龄。初产月龄＝初产日龄/30，初产日龄指初生日(不含)到初产日的间隔天数。

(5)犊牛成活率。在本年度内断奶成活的犊牛数占本年度出生犊牛数的百分率，反映母牛育犊能力和犊牛生活力及饲养管理水平。

2.繁殖管理工作目标指标

通过繁殖管理提高母牛的繁殖率，母牛繁殖工作应达到以下指标：

(1)年总受胎率要求大于85%，管理好的母牛繁育场(户)可达到95%以上。

(2)情期受胎率大于50%,1次情期受胎率达58%以上较理想。

(3)年平均产犊间隔不应大于400 d,饲养管理好的母牛繁育场(户)断奶后或产后第一次配种时间为35~55 d。

(4)青年母牛初配龄为18~22个月,初产月龄为28~32个月。

(5)繁殖母牛年繁殖率达85%以上,管理好的母牛繁育场(户)可达到90%以上。

(6)个体每次妊娠平均所需配种(输精)次数低于1.6次。

(7)有繁殖障碍的个体低于10%。

3.4.6 提高母牛繁殖性能的措施

牛群繁殖率的降低,意味着母牛产犊间隔延长,即产后至配种受胎间隔时间的延长,也意味着空怀或不孕时间的延长。因此增加了母牛的饲养管理及配种费用,也减少了母牛的产犊数,影响了母牛养殖的经济效益。

1.影响繁殖母牛繁殖力的主要因素

影响母牛繁殖力的主要因素有遗传、环境因素、营养、配种时间及人为因素等,它们直接或间接地影响着母牛的发育、健康和繁殖率。了解这些因素,采取相应的有效措施,才能不断提高母牛的繁殖率。

(1)遗传。繁殖力受遗传的影响,不同品种之间存在差异,同一品种的不同个体间也存在差异。有人对同一牧场1 905头母牛的调查分析表明,有266头母牛(14%)有一到多次双胎记录。双胎公牛的女儿双胎率和孪生母牛所生女儿的双胎率也较高。公牛的精液品质及受精能力与遗传性密切相关;1头精液品质差、受精力低的公牛即使与繁殖性能优良的母牛配种,也可能不受精,或者受精卵数显著低于排出卵子数的现象,从而降低母牛的繁殖力,并且其后代繁殖力也低。有研究表明,将67头公牛分为上、中、下3种不同的繁殖力,发现与配母牛的受精率分别为100%、82%和71.4%。

(2)环境。环境温度对黄牛的繁殖力有较大影响,外界温度过高,如在高温、高湿的夏季,母牛受胎率下降。环境因素还通过影响饲草生长而间接影响牛的繁殖力,使母牛发情率低,受胎率差。在寒冷的冬季,母牛的发情率和受胎率也下降。

(3)营养。营养也是影响黄牛繁殖力的重要因素之一。营养不足会延迟青年母牛初情期和性成熟,对于成年母牛会造成发情抑制、发情不规律、排卵率降低、乳腺发育迟缓,甚至会增加早期胚胎死亡、胎儿死产和初生仔畜的死亡率。在我国牧区及部分农区的黄牛,经常由于营养水平低,致使牛群发情率降低(不足30%),即使到配种季节,仍有一些母牛不发情。但是在舍饲条件下,长期饲喂过度造成体内脂肪沉积过多,在卵巢周围形成脂肪浸润,卵泡发育受阻,母牛即使排卵、受精,也因输卵管和子宫周围脂肪过多,阻碍了胚胎进入子宫以及妊娠子宫的扩张机能。

除能量和蛋白质外,某些矿物质和微量元素缺乏也会影响母牛的繁殖力。放牧牛群易缺磷,缺磷能引起卵巢机能不全,初情期延迟,成年牛发情征状不全,并能导致发情完全停止;缺铜能导致早期胚胎死亡。维生素A、维生素E、维生素D对维持牛的正常繁殖力具有重要意义。

(4)配种时间的影响。如果精子和卵子都是正常的,那么影响繁殖力的主要因素是配种时间。卵子排出后若不能及时与精子相遇,则随着时间的延长,卵子不断衰老,表现为异常受精或胚胎的生活力弱,甚至出现较多的畸形胚胎。同时,精子在处理液中停留过久或液态保存时间过长，都会使其受精力降低或造成受精后胚胎死亡率增加。母牛的最佳配种时间在排卵前6～7 h，或母牛接受爬跨后的8～24 h。

(5)哺乳期长短的影响。母牛产后发情的早晚与新生犊牛的哺乳及断奶有直接关系。母牛出现伴有发情症状的排卵一般在产后30～100 d。哺乳母牛在产后80～100 d发情，而不哺乳牛仅为30～60 d。哺乳次数增加会刺激母牛卵巢机能恢复期延长，同时由于哺乳使母牛营养负平衡致使母牛膘情差而影响母牛卵巢发育，使排卵延迟。

(6)人为因素。黄牛的繁殖基本受人为控制。合理的放牧、饲喂、运动、调教、休息、厩舍卫生设施和交配制度等一系列管理措施，均对繁殖力有一定影响。提高产前(分娩前8周)和配种前(60 d)母牛的营养水平，发情鉴定及时、准确，配种员责任心强，操作规范熟练、及早进行妊娠鉴定，都可提高繁殖力。

2.提高黄牛繁殖力的具体措施

提高黄牛繁殖力的途径，主要是针对影响繁殖力的因素，从加强营养管理，提高繁殖技术和繁殖疾病的治疗等方面入手，采取各种有效的科学措施，应用现代先进的繁殖技术，开发潜在的繁殖力，才能最大限度的提高黄牛的繁殖力。

(1)加强选种和公、母牛繁殖力检查。母牛的选择要着重于产犊间隔、每胎犊牛数和配种指数。配种指数和产犊间隔在一定程度上反映了母牛在受精方面的遗传力。虽然它们的遗传率只有0%～12%，双胎遗传率也不过3.1%～10%，但在良好的饲养管理条件下，仍可通过选择不断提高牛群的繁殖力。选种目的是在生产性能良好的基础上，选择繁殖力高的公、母牛用于扩群繁殖。选择时应注意在正常的饲养管理条件下性成熟的早晚、发情排卵情况、产犊间隔。同时，在选择前必须对适繁母牛进行繁殖力检查，年年整顿牛群，对老、弱、病、残和经过检查确认没有繁殖能力的母牛，每年应有计划地定期处理和淘汰，保留繁殖性能良好的，淘汰繁殖力低下的，以提高整个牛群的繁殖效率。

(2)加强母牛饲养管理，确保全面、均衡的营养，提高母牛受胎率。营养对母牛的发情、受胎、妊娠和犊牛的成活起决定性作用。日粮中能量水平长期不足，幼龄母牛可推迟性成熟和适配年龄，缩短一生有效生殖时间；成年母牛不发情或发情征状不明显甚至只排卵不发情；妊娠后母牛由于能量不足，易造成流产、死胎、分娩无力、犊牛生活力低下等。日粮中能量水平过高时，多余的脂肪会沉积于生殖器官，使发情、受胎困难。

日粮中蛋白质缺乏不但影响牛的发情、受胎和妊娠，而且由于日粮适口性下降而影响牛的食欲，使牛体重下降，直接或间接影响牛的健康和繁殖。随日粮中粗蛋白含量增加，血浆中尿素氮水平增加而不显著地使受胎率下降。

矿物质中的磷对繁殖的作用较大，缺磷会推迟性成熟，严重时性周期停止。钙是胎儿生长不可缺少的，可防止成年母牛的骨质疏松症、胎衣不下和产后瘫痪。一些微量元素如钴、铜、碘、锰等对牛的繁殖和健康都起一定作用。

胡萝卜素和维生素A与母牛繁殖力有密切关系，缺乏时易造成流产、死胎、胎衣不下等。在生产实践中，应根据牛的生理状态和生产力，给予恰当的营养水平，注意各养分之间的平衡，可大大提高母牛的繁殖力和牛群的质量。

(3) 调整牛群结构，提高管理水平，增加适繁母牛的比例。整个母牛繁育场牛群中适繁母牛的比例应在50%以上，淘汰老弱病残、没有繁殖力和繁殖力低下的母牛。

管理水平是提高繁殖力的重要方面。管理工作所涉及的内容较多，主要包括冷冻精液保存各环节操作技术，发情鉴定，输精时间，输精技术，母牛的组织管理，母牛发情规律和繁殖情况调查，空怀、流产母牛的检查和治疗，配种工作人员的组织，保胎及犊牛培育等方面。只有做好各个环节的工作，对各操作环节都必须有严格的操作规程、周密的工作计划及检查制度，才能取得好的繁殖成绩。

(4)保持卵巢功能正常，杜绝异常发情。母牛的正常繁殖主要取决于正常发情。但母牛往往由于卵巢功能失常等引起异常发情。异常发情包括不发情、暗发情、常发情和假发情。

①不发情。母牛既不发情也不排卵，往往由于疾病、气候、营养或泌乳引起。子宫内膜炎或其他生殖道疾病、持久黄体、卵巢发育不全是不发情的主要原因。用前列腺素直接注入子宫或作肌肉注射，对持久黄体具有明显的治疗效果。用垂体促性腺激素，特别是促卵泡素治疗卵泡幼稚型也是十分有效的。

②暗发情或隐性发情。指发情征状不明显或发情持续时间短，但母牛有卵泡发育并且排卵，产后母牛、过瘦母牛、年老体弱母牛、高温季节较常见。这种情况如不注意检查易造成漏配，应对牛群加强试情和直肠检查，使暗发情的牛也能受孕。

③常发情。指母牛经常有外部发情表现，亦称慕雄狂，其主要原因是卵巢囊肿。由于营养不足、维生素缺乏、使役过度等因素，妨碍了卵泡发育，使卵泡不成熟、不排卵，形成囊肿，因卵泡的不断发育，分泌过多的雌激素，使母牛持续发情。常发情给母牛造成不孕，生产力下降，同时影响牛群的正常活动，因此必须及时治疗。

④假发情。母牛有外部发情表现，但卵巢上无发育的卵泡，也不排卵。在母牛妊娠3～5个月内，有3%～5%的牛突然有性欲表现，在阴道检查时，阴道黏膜苍白，无发情分泌物，所以对这种情况要仔细检查，不可盲目配种，以防流产。

(5)防治疾病引起的不孕。对繁殖影响最大的疾病有两大类即传染病和非传染性的疾病。

①传染病。包括布氏杆菌病、滴虫病、胎弧菌病及生殖道颗粒性炎症等。为了控制传染病，应严格执行传染病的检疫和防疫制度，普及人工授精，严格消毒输精的每个环节步骤，以减少传染病的蔓延。

②非传染性的疾病。包括各种生殖道炎症，如阴道炎、卵巢炎、输卵管炎、子宫内膜炎、子宫囊肿、子宫颈炎等。在加强牛群饲养管理的基础上，针对各种非传染性的疾病进行治疗，以提高母牛的繁殖能力。

(6)淘汰先天性和生理性不孕的母牛。由下丘脑—垂体—性腺轴的内分泌系统失调和神经系统的紊乱所造成的，致使母牛生殖器官发育异常、性机能失调等引起的先天性和生理性不孕，如子宫颈狭窄、位置不正、阴道狭窄、两性畸形、异性双胎的母犊、幼稚病(功能性不孕)等。先天性的不孕除幼稚病外，多数是属于永久性的，应该及早地从牛群中淘汰这些母牛。由于遗传或高度近亲造成的早期胚胎死亡也是有的。必须注意对带有隐性致死基因的母牛严格淘汰。

(7)充分利用有利的气候与环境条件，提高母牛的繁殖效率。季节是最大的气候与环境，不同季节意味着温度、湿度、光照、饲料供应等因素的不同，从而都会影响繁殖。过高或过低的温度都不利于母牛的繁殖。如在夏季炎热和冬季严寒时，母牛的繁殖率最低。春秋两季气候适宜，繁殖效率最高。冬季发情受胎少的原因，主要是由于日照短和粗料中维生素含量低。夏季的高温会使甲状腺机能不足，使甲状腺素分泌量少而缩短发情持续期并减少发情表现，高温还明显地增加了胚胎的死亡率。但如给予遮阳、通风等措施，可改进其繁殖力。创造理想的环境条件，如凉爽的气候、适宜的温度、长的日照和丰富的营养，可有效提高母牛的繁殖效率。

第4章

肉用牛牛舍的设计与建造

我国部分地区的肉牛业已成为农村经济的支柱产业和农民增收的重要来源，肉牛养殖的经营模式有家庭副业(母牛带犊养殖)或单一目的(养牛专业户或育肥或母牛养殖)或专业化生产(育肥场或繁育场)，牛舍以及附属设施也就比较单一。在饲养过程中，应根据繁殖母牛、犊牛、育成牛、架子牛、育肥牛的生理特点，对肉牛进行合群、分舍饲养，有条件的可按群设运动场。肉牛养殖牛舍的修建要本着勤俭节约、因地制宜、科学实用的原则。

4.1 繁殖母牛对牛舍环境的要求

养牛，尤其是现代工厂化养牛的生产效果，既取决于牛本身的健康状况、遗传性能和生产水平，又取决于饲喂饲料的数量和质量，同时也取决于牛所处的生存和生产环境。根据南北方差别及气候因素，对牛舍的温度、湿度、气流、光照及环境条件都有一定的要求，只有满足牛对环境条件的要求，才能获得好的饲养效果。

4.1.1 环境因素对肉牛生产性能的影响

母牛所在的环境即牛舍或放牧过程或牧地，也就是母牛环境包括外界环境和牛舍内局部小环境。外界环境常指大气环境，其中包括气温、气湿、气流、光辐射以及大气卫生状况等因素；局部小环境包括局部的气温、气湿、气流、光辐射以及大气卫生状况等因素，更直接地对牛体产生明显的作用。

1. 温度

温度与牛的生产性能关系密切，其影响主要是通过牛的热调节起作用。在低温中生产力下降主要是由于大量的饲料能量消耗于维持体温，用于生产的能量减少；在高温中，生产力下降是机体为减少产热的一种保护性反应。气温对牛机体的影响最大，主要影响牛体健康及其生产力。环境温度在5～21℃时，牛的增重最快。温度过高，肉牛增重缓慢；温度过低，降低饲料消化率，同时又提高代谢率，以增加产热量来维持体温，显著增加饲料消耗。因此夏季要做好防暑降温工作，冬季要注意防寒保暖，提供适宜的环境温度。

2. 湿度

空气湿度对牛体机能的影响，主要是通过水分蒸发影响牛体散热，干扰牛体调节。在一般温度环境中，气湿对牛体的调节没有影响，但在高温和低温环境中，气湿高低对牛体热调节产生作用。一般是湿度越大，体温调节范围越小。高温高湿会导致牛体表的水分蒸发受阻，体热散发受阻，体温很快上升，机体机能失调，呼吸困难，最后致死。低温高湿会增加牛体热散发，使体温下降，生长发育受阻，饲料报酬率降低。另外，舍内湿度过高，会使畜禽抵抗力减弱，发病率增高，有利于传染病的蔓延，使病程加重。同时湿度过高有利于病原性真菌、细菌和寄生虫的发育(图4.1至图4.4)。湿度与温度相关，但在适宜的温度范围内，湿度对肉牛影响不明显，若气温升高时，高温高湿对肉牛影响较大。

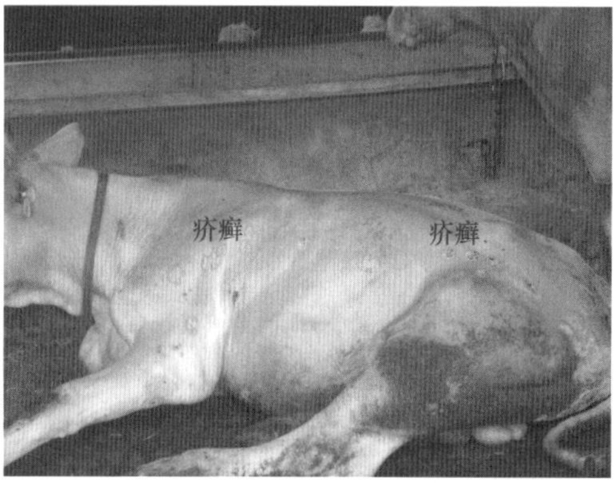

图4.1　湿度大肉牛易发生寄生虫病

图4.2　粪尿不及时清理使湿度大

图4.3　缺乏通风使舍内湿度大

图4.4　湿度大，饲道很湿

3. 气流

气流(又称风)通过对流作用，使牛体散发热量。牛体周围的冷热空气不断对流，带走牛体所散发的热量，起到降温作用。一般来说，风速越大，降温效果越明显。寒冷季节，若受大风侵袭，会加重低温效应，使肉牛的抗病力减弱，尤其对于犊牛，易患呼吸道、消化道疾病，如肺炎、肠炎等，同时气流增强了机体散热，从而加重了寒冷对畜禽的影响，增加能量消耗，使生产力下降因而对肉牛的生长发育有不利影响。炎热季节，加强通风换气，有助于防暑降温，并排出牛舍中的有害气体，改善牛舍环境卫生状况，有利于肉牛增重和提高饲料转化率。

4.光照(日照、光辐射)

阳光中的紫外线在太阳辐射总能量中占50%，其对动物的作用是热效应，即照射部位因受热而温度升高。冬季牛体受日光照射有利于防寒，对牛的健康有好处；夏季高温下受日光照射会使牛体体温升高，导致日射病(中暑)。因此，夏季应采取遮荫措施，加强防护。阳光紫外线中1%～2%没有热效应，但它具有强大的生物学效应。照射紫外线可使牛体皮肤中的7-脱氢胆固醇转化为维生素D_3，促进牛体对钙的吸收。紫外线还具有强力杀菌作用，从而具有消毒效应。紫外线还使畜体血液中的红、白细胞数量增加，可提高机体的抗病能力。可见光约占太阳辐射能总量的50%，除具有一定的热效应外，还为人畜活动提供了方便。但紫外线过强照射也有害于牛的健康，会导致日射病。一般条件下，牛舍常采用自然光照，为了生产需要也采用人工光照。光照不仅对肉牛繁殖有显著作用，对肉牛生长发育也有一定影响。夏季以自然日光为主，冬季通过塑膜透光为主，夜间可根据需要适当增加光照控制。

5.尘埃、有害气体和噪声

空气中浮游的灰尘和水滴是微生物附着和生存的好地方。为防止疾病的传播，牛舍一定要避免粉尘飞扬，保持圈舍通风换气良好，尽量减少空气中的灰尘。

有害气体主要是氨气(NH_3)、硫化氢(H_2S)、二氧化碳(CO_2)，有害气体对牛影响较大，氨气过高，会使牛采食减少，日增重下降，出现氨中毒症状。一般养殖户不具备测定有害气体的条件，以饲养人员的嗅觉和眼睛感觉判断，人进入牛舍只要不感觉气体刺激眼睛流泪，刺激呼吸道咳嗽为宜。只要做好适时的通风换气，可以防止湿度、有害气体浓度过高的影响。

肉牛在较强噪声环境中生长发育缓慢，繁殖性能不良，可在小区或牛场周围植树种草，离住宅区、铁路、公路、畜产品加工厂500 m外，可降低噪声与灰尘的影响。

4.1.2 肉牛饲养对环境的要求

肉牛业的生产效益不仅取决于牛的品种和科学的饲养管理，也取决于牛的饲养环境。牛舍的标准化设计和环境控制是目前我国养牛业向高层次发展的重要环节。就饲养环境条件影响来讲，最直接的就是冬季的温度控制和夏季的防暑降温问题。除控制好牛舍内的温度外、还有牛舍内的湿度、有害气体、饲养密度以及采光和风速、噪声与灰尘等。

1.温度和湿度

我国的南北自然气候环境相差很大，对肉牛养殖的影响也会各有差别，但重点仍是以夏季防暑降温和冬季的防寒保暖为主。无论是高温还是低温主要会造成肉牛的饲料消耗增加，繁殖能力下降，饲养成本提高。受寒冷气温影响，一是肉牛的应激反应增强；为了保持牛体自身体温的恒定，需要增加采食量，提高机体的代谢功能，以增加产热量来维持体温，这样使得肉牛的饲料消耗量显著增加，并且增重明显降低。二是母牛的繁殖能力降低，主要是抑制了母牛发情排卵功能，使受胎率下降；母牛的繁殖周期延长，饲养成本提高。肉牛抵抗高温的能力比较差，为了消除或缓和高温对牛的有害影响，必须做好牛舍的防暑、降温工作。

牛舍内的气温和湿度有一定的要求，表4.1数据可供参考。

表 4.1 牛舍对温度和湿度的要求

牛的类群	适宜温度/℃	最低温度/℃	相对湿度/%
肥育公牛	6	3	≤85
繁殖母牛	8	6	≤85
哺乳犊牛	12	7	≤75
青年牛	8	3	≤85
产房牛	12	10	≤75
治疗牛	15	12	≤75

饲养肉牛适宜温度范围在 5～21℃，就可以保证肉牛正常生长发育，但是为了促进肉牛快速生长，提高饲料报酬率，最适宜的温度范围最好控制在 10～15℃。适宜湿度 50%～70%，最高不要超过 75%，可在牛舍内挂一个温湿度表来准确测定。

2. 气流

新鲜的空气是促进肉牛新陈代谢的必需条件，并可减少疾病的传播。气流对母牛生产和犊牛影响较大，牛体周围气流风速应控制在 0.3 m/s 左右，最高不要超过 0.5 m/s；一般以饲养人员进入牛舍内感觉空气流畅、舒适为宜。

3. 尘埃、有害气体和噪声

牛的呼吸、排泄以及排泄物的腐化分解，不仅使舍内空气中的氧分减少，二氧分碳增加，而且产生了氨气、硫化氢、甲烷等有毒有害气体，对牛的健康和生产都有极其不利的影响。在敞棚、开放式或半开放式牛舍中，空气流动性大，所以牛舍中的空气成分与大气差异很小。而封闭式牛舍，如设计不当或使用管理不善，会由于牛的呼吸、排泄物的腐败分解，使空气中的氨气、硫化氢、二氧化碳等增多，影响肉牛生产力。牛舍中二氧化碳含量不超过 0.25%，硫化氢不超过 0.001%，氨气不超过 0.002 6 mg/L。

舍外传入、舍内机械产生的种种噪声，还有牛自身产生的噪声，对牛的休息、采食、增重等环节都有不良影响。一般要求牛舍的噪声水平白天不超过 90 dB，夜间不超过 50 dB。现代工厂化养牛应选用噪声小的机械设备或带有消声器。有条件的话，在牛舍内放轻音乐更好。此外，舍内的灰尘和微生物落在牛体和饲料上也是一大危害。故加强卫生与消毒工作应为养牛生产的日常程序。

4. 饲养密度

牛舍内头均面积要达到 4.5 m^2 以上，活动场头均面积达到 10～15 m^2。

4.1.3 牛舍建筑的环境要求

母牛的生长和繁殖、犊牛的发育与它们所处的环境条件有很大关系，因此对牛舍的建筑有较高的要求。为给肉牛创造适宜的环境条件，肉牛舍应在合理标准化设计的基础上，采用保暖、降温、通风、光照等措施，加强对牛舍环境的控制，通过科学的设计有效地减弱舍内环境因子对牛个体造成的不良影响，获得肉牛生产的效益。

牛舍建筑，要根据当地的气温变化和牛场生产、用途等因素来确定。建牛舍因陋就简，就地取材，经济实用，还要符合兽医卫生要求，做到科学合理。有条件的，可建质量好的、经久耐用的牛舍。南北方差别及气候因素对牛舍的温度、湿度、气流、光照及环境条件都有一定的要求，只有满足牛对环境条件的要求，才能获得好的饲养效果。牛舍内应干燥，冬暖夏凉，地面应保温，不透水，不打滑，且污水，粪尿易于排出舍外。舍内清洁卫生，空气新鲜。由于冬季春季风向多偏西北，牛舍以坐北朝南或朝东南好。牛舍要有一定数量和大小的窗户，以保证太阳光线充足和空气流通。房顶有一定厚度，隔热保温性能好。舍内各种设施的安置应科学合理，以利于牛生长。

1. 牛舍温度

气温对牛体的影响很大，影响牛体健康及其生产力的发挥。研究表明牛的适宜环境温度为5～21℃，故一般以适宜温度为标准。大牛5～31℃，小牛10～24℃。为控制适宜温度，炎夏应搞好防暑降温，严寒应搞好防寒保温。牛舍温度控制在这个温度范围内，牛的增重速度最快，高于或低于此范围，均会对牛的生产性能产生不良影响。温度过高，则牛的瘤胃微生物发酵能力下降，影响牛对饲料的消化；温度过低，一方面降低饲料消化率，另一方面因牛要提高代谢率，以增加产热量来维持体温，显著增加了饲料的损耗。疫牛、犊牛、病弱牛受低温影响产生的负面效应更为严重，因此夏季做好防暑降温工作，冬季要注意防寒保暖。不同牛因个体差异对环境温度要求不同，针对不同情况，适时做出调整。各种牛要求的温度见表4.2。

表4.2 牛对温度要求 ℃

类别	牛舍			饮水温度	
	最适温度	最低温度	最高温度	夏季	冬季
育肥牛	10～15	2	25	10～15	20～25
哺乳犊牛	12～15	6	27	20	20～25
一般牛	10～20	4	27	15～20	20
产期母牛	15	10	25	20	25

牛只的散热机能较差，应解决牛舍的通风、朝向、日照以及屋面、外墙的保温隔热问题。牛耐寒不耐热，当气温在－15℃时，牛仍能正常生活，但当气温升到30℃时，母牛的繁殖受影响。所以牛舍应着重注意防热、降温问题。南方温暖地区，采用开敞式或半开敞式牛舍能达到防暑降温目的。但北方寒冷地区，冬季的大风也会影响成母牛和犊牛生长，须采取防风措施。因此，在北方适合于采用有窗开放型牛舍，冬季舍温以6～12℃为宜。能满足建筑通风、降温和采光要求的结构形式很多，例如，炎热地区的开敞式牛舍，就可以选用带天窗或不带天窗的钢筋混凝土门式钢架；北方寒冷地区，可采用砖混结构的房屋。

2. 牛舍湿度

肉牛用水量大，舍内湿度会高，故应及时清除粪尿、污水，保持良好通风，尽量减少水汽。由于牛舍四周墙壁的阻挡，空气流通不畅，牛体排出的水汽及牛舍内的潮湿物体的表面蒸发，有时加上阴雨天气的影响，使得牛舍内空气湿度大于舍外。湿度大的牛舍利于微生物的生长繁殖，使牛易患湿疹、疥癣等皮肤病，气温低时，还会引起感冒、肺炎等病。所以，牛舍内相对湿度应控制在50%～75%为宜。

湿度对牛体机能的影响，是通过水分蒸发影响牛体散热，影响肉牛体热调节。高温多湿会导致牛的体表水分蒸发受阻，体热散发受阻，体温上升加快，机体机能失调，呼吸困难，最后致死，是最不利于牛生产的环境。低温高湿会增加牛体热散发，使体温下降，生长发育受阻，饲料报酬降低，增加生产成本。此外，空气湿度过高，也会致使有害微生物的滋生，为各种寄生虫的繁殖发育提供条件，引起一些疾病产生，特别是一些皮肤病和肢蹄病发病率增高，对母牛健康不利。

3. 牛舍气流

空气流动可使牛舍内的冷热空气对流，带走牛体所产生的热量，调节牛体温度。适当空气流动可以保持牛舍空气清新，维持牛体正常的体温。牛舍气流的控制及调节，除受牛舍朝向与主风向进行自然调节以外，还可人为进行控制，在舍外有风时，地脚窗可加强对流通风(图 4.5a，b，c)，形成“穿堂风”，可对牛起到有效的防暑作用。为了适应季节和气候的不同，在屋顶风管中应设翻板调节阀，可调节其开启大小或完全关闭，而地脚窗则应做成保温窗，在寒冷季节时可以把它关闭。此外，必要时还可以在屋顶风管中或山墙上加设风机排风，可使空气流通，加快热量排放(图 4.6a，b，c，d，e)。例如，夏季通过安装电风扇等设备改变气流速度，冬季寒风袭击时，可适当关闭门窗，牛舍四周用蓬布遮挡，使牛舍空气温度保持相对稳定，减少牛只呼吸道、消化道疾病，冬季要注意贼风的侵袭(图 4.7a，b，c，d)。一般舍内气流速度以 0.2～0.3 m/s 为宜，气温超过 30℃的酷热天气，气流速度可提高到 0.9～1 m/s，以加快降温速度。

图 4.5a　地脚窗的形式(一)

图 4.5b　地脚窗的形式(二)

图 4.5c　地脚窗的形式(三)

图 4.6a　顶部出气口的形式(一)

图 4.6b　顶部出气口的形式(二)

图 4.6c　顶部出气口的形式(三)

图 4.6d　顶部出气口的形式(四)

图 4.6e　顶部出气口的形式(五)

图 4.7a　牛舍保温——风帘保留

图 4.7b　牛舍保温——塑料保温

图 4.7c 牛舍保温——卷帘式保温

图 4.7d 牛舍保温——简易塑料膜保温

4.光照

光照对调节母牛生理功能有很重要的作用,缺乏光照会引起生殖功能障碍,出现不发情。牛舍一般为自然采光,进入牛舍的光分直射和散射两种,夏季应避免直射光,以防增加舍温,冬季为保持牛床干燥,应使直射光射到牛床。一般情况下,牛舍的采光系数为1∶16,犊牛舍为1∶(10～14)。简略地说,为了保持采光效果,窗户面积应接近于墙壁面积的1/4,以大些为佳。

5.尘埃

牛舍内的灰尘来源于空气的带入、刷拭牛体、清扫地面、抖动饲料等,为防止疾病的传播,牛舍一定要避免灰尘飞扬,保持圈舍通风换气良好,尽量减少空气中的灰尘。

6.噪声

强烈的噪声可使牛产生惊吓、烦躁不安,出现应激等不良现象,从而导致牛休息不好,食欲下降,抑制牛的增重,降低生长速度。因此牛舍应远离噪声源,牛场内保持安静。国际组织规定暂用人的标准 90 dB 为极限,一般要求牛舍内的噪声水平白天不能超过 90 dB,夜间不超过 50 dB。

7.有害气体

要对舍内气体实行有效控制,主要途径就是通过通风换气排放水汽和有害气体,引进新鲜空气,使牛舍内的空气质量得到改善,牛舍可用设地脚窗、屋顶天窗、通风管等方法来加强通风。在敞棚、开放式或半开放式牛舍内,空气流动性大,所以牛舍中的空气成分与外界大气相差不大。而封闭式牛舍,由于空气流动不流畅,如果设计不当(墙壁没有设透气孔、过于封闭)和管理不善,牛体排出的粪尿、呼出的气体以及排泄物和饲槽内剩余残渣的腐败分解,造成牛舍内有害气体(如氨气、硫化氢、二氧化碳)增多,诱发牛的呼吸道疾病,影响牛的身体健康。所以,必须重视牛舍通风换气,保持空气清新卫生。

8.牛舍外部环境的控制——牛场的绿化

绿化可以美化环境,改善牛场的小气候。在盛夏,强烈的直射日光和高温不仅使牛的生产能力降低,而且容易发生日射病。有绿化的牛场,场内树木可起到良好的遮阳作用(图 4.8a,b,c,d)。当温度高时,植物茎叶表面水分的蒸发会吸收空气中大量的热,使局部温度降低,同时提高了空气中的湿度,使牛感觉更舒适。树干、树叶还能阻挡风沙的侵袭,对空气中携带的病原微生物具有过滤作用,有利于防止疾病的传播。绿化牛舍常用的乔木品种有大青杨、洋槐、垂柳等，灌木可选用紫穗槐、刺玫、丁香等。空闲地带还可种一些草坪和牧草，如紫羊茅、三叶草、苜蓿草等。

图 4.8a 牛舍绿化——植树种草

图 4.8b 牛舍绿化——运动场内植树

图 4.8c 牛舍绿化——植树

图 4.8d 牛舍绿化——运动场外植树

4.2 牛舍的类型

牛舍是牛生活的小环境，牛舍建筑必须要符合牛的生物学特点和考虑牛对环境的要求。根据牛舍四周外墙的封闭程度，可分为封闭式牛舍、开放式牛舍及半开放式牛舍等。根据屋顶情况又可分为钟楼式牛舍、双坡式牛舍、单坡式牛舍等。牛舍式样与大小取决于牛群规模、经济能力和气候条件。对于家庭养殖，属小型牛场，适于采用混合牛舍，即繁殖母牛、育成牛、犊牛、育肥牛同在一个牛舍饲养。如果是专业养殖，宜采用专用牛舍，可分为繁殖母牛舍、育肥牛舍、犊牛舍、产房等。国内常见的肉牛养殖方式有拴系式和散放式两类，牛舍建筑有牛栏舍、牛棚舍、塑料大棚等。北方的肉牛舍，要求能保暖、防寒；南方要求通风，防暑。牛舍内应设牛床、牛槽、粪尿沟、通道、工作室或值班室。有条件可在牛舍南侧设运动场，内设自动饮水槽、凉棚和饲槽等。牛舍四周和道路两旁应绿化，以调节小气候。国内常见的永久性牛舍有拴系式和散放式两类。

4.2.1 拴系式牛舍的类型

拴系式牛舍亦称常规牛舍，每头牛都用链绳或牛颈枷固定拴系于食槽或栏杆上，限制活动；每头牛都有固定的槽位和牛床，互不干扰，便于饲喂和个体观察，适合当前农村的饲养习惯、饲养水平和牛群素质，应用十分普通。其缺点是饲养管理比较麻烦，上下槽、牛系放工作量大，有时也不太安全。如能很好的解决牛舍内通风、光照、卫生等问题，是值得推广的一种饲养方式。

拴系式牛舍从环境控制的角度，可分为封闭式牛舍、半开放式牛舍、开放式牛舍和牛棚舍等几种(图 4.20)。封闭式牛舍四面都有墙，门窗可以启闭；半开放式牛舍三面有墙，另一面为半截墙；棚舍为四面均无墙，仅有一些柱子支撑梁架。封闭式牛舍有利于冬季保温，适宜北方寒冷地区采用，其他 3 种牛舍有利于夏季防暑，造价较低，适合南方温暖地区采用。

1. 封闭式牛舍

牛舍的上面有屋顶，四面有墙壁，南北墙上都开有通风窗，同时在舍内安装若干大排量电风扇(图 4.6b；图 4.9a，b)。这样一来既可以完全阻挡日光照射，又可以加强空气流通，阻挡干热风侵袭，使舍内温度降低。

2. 半开放式牛舍

在冬季寒冷时，可以将敞开部分用塑料薄膜遮拦成封闭状态，气温转暖时可把塑料薄膜收起，从而达到夏季利于通风、冬季能够保暖的目的，使牛舍的小气候得到改善(图 4.10a，b；图 4.11a，b；图 4.14a，b，c，d)。

3. 开放式牛舍

牛舍的种类有一面敞开式牛舍、半墙式牛舍、全敞开式牛舍 3 种。

开放一面敞开式牛舍：除东、西、北面设立墙体起支撑作用外，南面完全敞开(图 4.12a，b)。由于这种牛舍成本低，因此非常适合在投资较小的牛场中使用。

半墙式牛舍：它的建筑结构与封闭式牛舍类似，上面有屋顶，四面有墙壁，只是南北墙只有 1 m 多高，上面敞开。这样屋顶可遮住太阳，而南北墙的敞开也加大了通风面积，可达到良好的降温作用。这种牛舍最适宜在湿度中等的华北、中原地区使用。

全敞开式牛舍：即棚舍，四面均无墙，以围栏和牛棚结合起来修建的敞棚式牛舍(图 4.14c)。内部结构与牛栏舍相同或类似。但造价低，经济适用，适宜在南方地区使用。

4. 冬季暖棚牛舍

在北方地区利用塑料膜保温与牛棚舍结合的一种形式(图 4.13a，b)。塑料膜覆盖牛棚面积的 2/3。选用的塑料膜为白色透明不结水滴的塑料膜，厚度为 0.02～0.05 mm。塑料膜盖棚的坡度在 40°～60°之间，根据实际情况，如地形、面积等确定坡度。封盖时间从 11 月到翌年 3 月，依各地气候条件适时进行。暖棚塑料膜要拉紧绷平，不通风，北方在天气过冷时还要加盖草帘等以加强保温效果。白天利用设在南墙上的进气孔和排气孔进行 1～2 次通风换气，以排出棚内湿气和有毒气体。

5. 塑料暖棚式牛舍

属于半开放式牛舍的一种，是近年来北方寒冷地区推出的一种较保温的半开放式牛舍，与一般的半开放式牛舍相比，保温效果较好(图 4.10a，b)。塑料暖棚式牛舍两面全墙，向阳一面有半截墙，有 1/2～2/3 的顶棚。向阳的一面在温暖季节露天开放，寒冷季节在露天一面用竹片、钢筋等材料做支架，上覆单层或双层塑料，两层膜间留有间隙，使牛舍呈封闭的状态，借助太阳能和牛体自身散发热量，使牛舍温度升高，防止热量散失。暖棚舍顶类型可分为平顶式、半坡式、平拱式、联合式（基本为双坡式，但北墙高于南墙），其中以联合式暖棚为好，其优点是扣棚面积小，光照充足，易保温，省工省料，易于推广，塑料膜的扣棚面积占棚面积的 1/3 为佳。

图 4.9a　封闭式牛舍的保温(一)

图 4.9b　封闭式牛舍的保温(二)

图 4.10a　半开放式牛舍的保温——冬季(一)

图 4.10b　半开放式牛舍的保温——冬季(二)

图 4.11a　半开放式牛舍——夏季(一)

图 4.11b　半开放式牛舍——夏季(二)

图 4.12a　一面敞开式牛舍——养育肥牛

图 4.12b　一面敞开式牛舍——养母牛

图 4.13a　冬季暖棚牛舍——简易式

图 4.13b　冬季暖棚牛舍——利用旧房

图 4.14a　半开放式牛舍:带运动场的母牛舍——拴系式

图 4.14b　半开放式牛舍:带运动场的母牛舍——带犊牛补饲槽

图 14c 全敞开式牛舍:带运动场的母牛舍——散放式

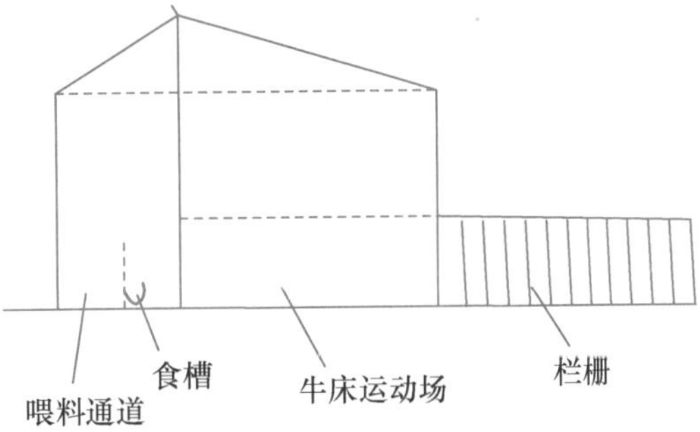

图 4.14d 带运动场的母牛舍示意图

4.2.2 围栏式散放牛舍

围栏式散放牛舍是牛在牛舍内不拴系,散放饲养,自由采食、自由饮水的一种饲养方式。围栏式散放牛舍多为开放式或棚舍式,并与围栏结合使用。

1. 开放式围栏牛舍

牛舍三面有墙,向阳面敞开,与围栏相接。舍内及围栏内均铺水泥地面。对于跨度较小的牛舍,休息场所与活动场所合为一体,牛可自由进出。屋顶防水层用石棉瓦、油毡、瓦等,结构保温层可选用木板、高粱秆。围栏一侧要有活门,宽度可通过小型拖拉机,以利于运进垫草和清出粪污。厚墙一侧留有小门,主要为了人和牛的进出,保证日常管理工作的进行,门的宽度以通过单个人和牛为宜。这种牛舍结构紧凑,造价低廉,但冬季防寒性能差。

2. 棚舍式围栏牛舍

此类牛舍多为双坡式,棚舍四周无围墙,仅有水泥柱子做支撑结构,屋顶结构与常规牛舍相近,只是用料更简单、轻便,采用双列对头式槽位,中间为饲料通道。

3. 肉牛棚

这种牛棚结构简单,造价低,通风性好,在牛棚一侧有一定面积的露天运动场。肉牛棚适用于冬季不太冷的南方地区。牛棚面积要能满足所有牛在雨天时在棚内站、卧。棚的一侧设置饲槽和饮食器,另一侧设草架。

4.2.3 不同类型牛舍的设计

修建不同类型牛舍的同时,也应根据用地条件建设辅助性房舍,如饲料库、饲料调制室、青粗饲料贮藏室、青贮设备存放室等;对母牛养殖场还应按牛的饲养头数建兽医室、隔离室及人工授精室。

1. 拴系式牛舍

按照牛舍跨度大小和牛床排列形式,可以将拴系式牛舍分为单列式和双列式。双列式牛舍又分为对头式和对尾式两种。

(1)单列式牛舍,见图 4.15。只有一排牛床,跨度小,一般为 4～5 m,舍顶可采用平顶式、半坡式或平拱式,易于建筑,通风良好,但散热面大。该种牛舍适于农户或小型牛场(50 头以下)。北方的单列封闭牛舍为四面有墙和窗户,顶棚全部覆盖,只有一排牛床,舍宽 6 m,高 2.6~2.8 m,舍顶可修成平项也可修成起脊形顶。这种牛舍跨度小、易建造、通风好,但散热面积相对较大,单列封闭牛舍适用于小型肉牛场。

(2)双列式牛舍,见图 4.16,图 4.17。有两排牛床,分左右两个单元,能满足自然通风要求。在肉牛饲养中,以对头式应用较多,优点是饲喂方便,便于机械作业,缺点是清粪不方便。

双列式牛舍的舍顶为双坡式,牛舍跨度为 12 m,最少也不能低于 9 m,因饲道宽窄而定;牛舍长可视养牛数量和地势而定。北方寒冷,也可采用封闭式牛舍;南方气温高,两侧棚舍可敞开,不要侧墙,不同类型牛舍见图 4.1 至图 4.6。饲槽可沿中间通道装置,草架则沿墙壁装置,这种牛舍饲喂架子牛(育肥牛)较适合;若喂母牛、犊牛则要求设置隔牛栏,此种牛舍造价稍高,但保暖、防寒性好,适于北方地区采用。

北方的双列封闭牛舍四面有墙,并安装窗户采光,顶棚全部覆盖,牛舍内设有两排牛床,多采取对头式饲养,中间为通道。舍宽 12 m,高 2.7~2.9 m,脊形棚顶。双列式封闭牛舍适用于规模较大的肉牛场,以每栋舍饲养 100 头牛为宜。

(3)塑料暖棚式牛舍(图 4.18;图 4.19a,b)。在北方气候寒冷的冬春季,可利用塑料薄膜暖棚养牛,不仅保温好,而且造价低,投资少,是一项适用成熟的技术,适于广大农牧户尤其冬春季进行短期育肥的养牛户采用。选用白色透明的不凝结水珠的塑料薄膜,规格 0.02~0.05 mm 厚,塑料棚的构造见图 4.18。

塑料暖棚牛舍建造。塑料暖棚式牛舍三面全墙,向阳一面有半截墙,有 1/2~2/3 的顶棚。向阳的一面在温暖季节露天开放,寒冷季节在露天一面用竹片、钢筋等材料做支架,上面覆单层或双层塑料,两层膜间留有间隙,使牛舍呈封闭的状态,借助太阳能和牛体自身散发热量,使牛舍温度升高,防止热量散失。棚舍一般坐北朝南,偏东一定的角度(如 5~10℃),屋顶斜面与水平地面的夹角(仰角)应大于当地冬至时的太阳高度角,使进入舍内的入射角增大,有利于采光。塑料薄膜覆盖暖棚的扣棚时间一般在 11 月中旬以后,具体时间应根据当地当时的气候情况决定。扣棚时,将标准塑膜或粘接好的塑膜卷好,从棚的上方或一侧向下方或另一侧轻轻覆盖。为了保温和保护前沿墙,覆盖膜应将前沿墙全部包过去,固定在距前沿墙外侧 10 cm 处的地面上。棚膜上面用竹片或木条(加保护层)压紧,四周用泥或水泥固定。对于较为寒冷的地方,塑料薄膜要深入冻层之下或设防冻层,见图 4.18。天气过冷时夜间还要加盖草帘等以加强保温。白天利用设在南墙上的进气孔和排气孔进行 1~2 次通风换气,以排出棚内湿气和有毒气体。此类牛舍多采用一排牛床,棚舍长度因头数和地块而定。暖棚牛舍饲养育肥牛的密度以每头牛 4~6 m^2 为宜。

(4)太阳能牛舍(或冬季暖棚牛舍)。这是北方在屋顶为双坡式牛舍的基础上,在向阳半坡再搭一斜木架,用双层塑料膜封闭,这样就在向阳墙外形成一个三角形的太阳能接收间,起到保温作用,见图 4.6a。

(5)露天式牛栏。主要是季节性肉牛育肥,形式有无任何挡风屏障或牛棚的全露天式、有挡风屏障的全露天式、仅有饲槽的简易全露天式。投资少,但饲料成本比有舍高,饲槽设计一侧可实现机械化饲喂和清粪,为了节省劳力,降低劳动强度,可以采用散放式露天育肥。

(6)棚舍式牛舍。为双坡式结构,结构简单,造价低,适用于冬季不太寒冷的地区,见图 4.6。棚舍四周无墙壁,仅有钢筋水泥柱代为支撑结构。棚顶的结构与常规牛舍相近,但用料简单、重量轻。采用双列头对头饲养,中间为饲料通道,通道两侧皆为饲槽,棚舍宽度为 11 m,最少也不能低于 8 m。棚舍长度则因牛的数量而定。

图 4.15 单列式肉牛舍

图 4.16 双列式对头式肉牛舍

图 4.17 双列式牛舍的饲槽

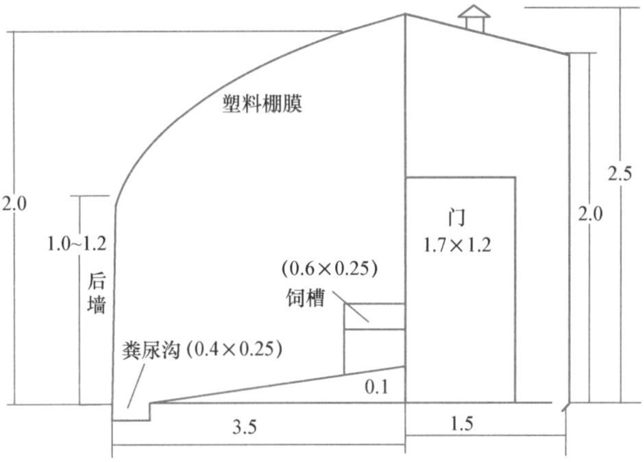

图 4.18 塑料暖棚牛舍侧面图(单位:m)

图 4.19a 冬季暖棚牛舍(一)

图 4.19b 冬季暖棚牛舍(二)

2. 围栏式散养牛舍

围栏式散养是肉牛在牛舍内不拴系，散放饲养，牛自由采食、自由饮水。围栏式牛舍多为开放式或棚舍，并与运动场围栏相结合使用。

(1)开放式围栏牛舍。牛舍三面有墙，向阳面敞开，与运动场围栏相接。水槽、食槽设在舍内，刮风、下雨天气，使牛得到保护，也避免饲草、饲料淋雨变质。舍内及围栏内均铺水泥地面。

牛舍内牛床面积以每头牛 2 m^2 为宜，每舍 15～20 头牛。牛舍跨度较小，有单坡式和双坡式两种，休息场所与活动场所合为一体，牛可自由进出。舍外场地每头牛占地面积为 3～5 m^2。

(2)棚舍式围栏牛舍。与拴系式的棚舍式牛舍类似，但不拴系，见图 4.21，图 4.22。

3. 农村闲置用房改为牛舍

农村不用的库房或其他闲置房屋，可用作牛舍进行肉牛饲养。但这种房屋因不是按牛舍要求建造的，不能简单移作牛舍使用，必须加以改造。根据当地冬季防寒、夏季通风避暑的要求，首先改造和安装门窗，再把地面做成不滑、不透水的水泥地面或三合土地面，见图 4.23，图 4.24。修建饲槽、饮水槽、粪道、通道等设施，以使饲养管理措施能正常进行。

a. 封闭式牛舍　　b. 开放式牛舍　　c. 肉牛棚

图 4.20　肉牛舍类型

图 4.21　肉牛育肥露天散养

图 4.22　肉牛露天围栏散养育肥

图 4.23　农村房屋改为牛舍

图 4.24　农户的简易肉牛圈

4.3 牛场建设与牛舍布局

建设牛场和建筑牛舍，需要根据确定饲养牛的数量和今后发展规模的大小、资金多少、机械化程度和设备而确定；应符合畜牧兽医卫生、经济适用、便于管理和有利于提高利用率、降低生产成本等条件。

4.3.1 场址选择

选择合乎环保要求与畜牧卫生学条件，并与城乡总体规划保持一致的场址，是建筑肉牛舍的第一步工作，也是关键的一环，以免造成不必要的经济损失或迁址的麻烦。选址的基本原则和要点可以仿照其他畜舍建筑原则执行。一般牛舍及相关房屋的建筑面积约为场址总面积的10%～20%。

肉牛场址应地势高燥、排水良好、土质坚实、背风向阳、空气流通、平坦开阔并稍有坡度(总坡度应向南倾斜不超过2.5%)；交通便利、水电充足、水质良好、饲料来源方便；距离城市工业区、铁路、机场、牲畜交易市场、屠宰厂等1 000 m以上；距离交通路线不少于100 m，距交通主干线不少于200 m；在居民区(点)的下风头，距住宅区不少于300 m。

4.3.2 牛场分区规划

牛场的分区规划，主要根据规模大小来决定。存栏100头以下的小牛场可以因陋就简，用旧房舍改造为牛舍，运动场可以利用的篷幕搭建或利用树荫等，以降低建设成本，见图4.25。养殖者要通过精心管理来弥补设备上的不足。而存栏100头以上，有一定规模的规范化母牛繁殖牛场或肉牛肥育场建设就要考虑完善的设施，主要的建设有牛舍(牛棚)、运动场或牛休息栏(喂料后供牛休息用，主要用围栏建筑)(图4.26)。如是母牛繁殖牛场，还应有各龄母牛(犊母牛、青年母牛、育成母牛和成年母牛)舍及产房。此外还有饲料库、饲料加工间、氨化池、青贮窖、兽医室、配种室、水塔或泵房、车库、地磅房、堆粪场、病牛舍、场区道路、宿舍、绿化带以及管理区和职工生活区等。

图4.25 农村简易小牛场

图4.26 规范化肉牛养殖场

牛场按各建筑用房的具体功能把牛场分为四个功能区：即管理区，包括与经营管理有关的建筑物及与职工文化生活有关的建筑物与设施等；生产区及辅助区，包括各类牛舍、饲料贮存与加工调制及设备维修等建筑物；病畜隔离治疗区，包括病畜隔离舍、兽医室；畜粪尿处理区，主要是粪尿处理场地。根据规模的大小，各区建筑的功能和内容不同，小规模的肉牛场以生产区为主，大规模的肉牛场，则各区密切配合，协同工作，功能齐全，见图 4.27。

①管理区。为全场生产指挥、对外接待等管理部门。包括办公室、财务室、接待室、档案资料室、试验室等。管理区应建在牛场入场口的上风处，严格与生产区隔离，保证 50 m 以上距离，这是建筑布局的基本原则。另外以主风向分析，办公区和生活区要区别开来，不要在同一条线上，生活区还应在水流或排污的上游方向，并与生产区保持 100 m 以上的距离，以保证生活区良好的卫生环境。

②生产及辅助区。生产及其辅助区是牛场的核心区，主要由一幢幢牛舍和饲料库组成，位于整个牛场的中心地段。对于生产区，场外人员和车辆不能直接进入，要保证最安全、最安静。

生产区和辅助生产区要用围栏或围墙隔离，大门口设立门卫传达室、消毒室、更衣室和车辆消毒池，严禁非生产人员出入场内，出入人员和车辆必须经过消毒室或消毒池进行消毒后方可入内。

③病牛隔离观察治疗区。此区应设在下风头，地势较低处，应与生产区距离 100 m 以上，病牛区应便于隔离，单独通道，便于消毒，便于污物处理。

④废弃物及无害化处理区。包括病畜隔离室、病死畜无害化处理间和粪污无害化处理设施（沼气池、粪便堆积发酵池等），应位居下风向地势较低处的牛场偏僻地带，并距生产区一定距离，由围墙和绿化带隔开，防止粪尿恶臭味四处扩散，蚊蝇滋生蔓延，影响整个牛场环境卫生。

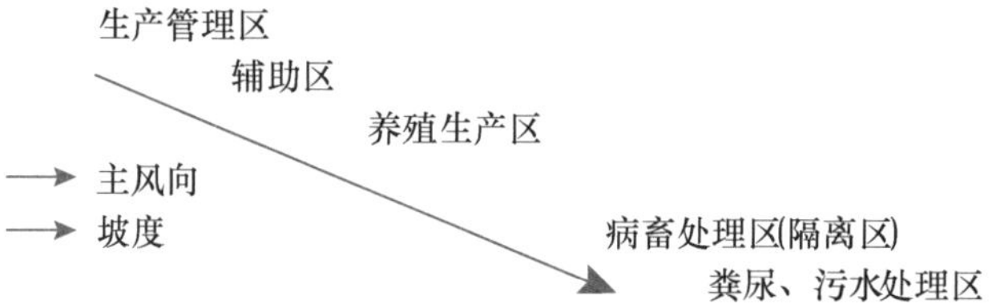

图 4.27　养牛场分区布局

4.3.3　场内规划原则

牛场位置选择好以后，本着因地制宜和科学管理的原则，对肉牛场还需进行统一规划和合理布局，以使牛场整齐美观、经济实用，利于生产流程和便于防疫、安全等。

(1)牛舍与各类建筑物的综合规划应协调一致，符合牛的生物学特性与饲养管理要求，并留有扩大生产的余地。

(2)配置牛舍及其他房屋时应考虑到运作方便，有利于运输，适宜机械化操作。

(3)各类建筑物既要遵守卫生学要求，又要便于防火、防水、防自然灾害。一般要求牛舍间隔 30～60 m，贮藏畜产品的库房应设在上风头；生产区有良好的供水、排水设备及绿化带；牛舍的出粪口设在牛舍的侧端，不可与草料运输共用一个出入口；贮粪堆距牛舍不小于 50 m；兽医室及病牛隔离室应建在下风头，距牛舍 300 m 远，并用围墙隔开；牛的运动场应距牛舍 6～8 m，运动场的面积每头成年牛 20 m^2，育成牛 15 m^2，犊牛 10 m^2；人工授精室设在牛场一侧，距牛舍 50 m 以上，授精室设有专用出入口。

4.3.4 牛舍布局

牛舍布局应周密考虑，要根据牛场全盘的规划来安排。确定牛舍的位置，还应根据当地主要风向而定，避免冬季寒风的侵袭，保证夏季凉爽。一般牛舍要安置在与主风向平行的下风头的位置，如北方建牛舍应坐北朝南(或东南方向)，或是坐西朝东，但均应依当地地势和主风向等因素而定。

牛舍还要高于贮粪池、运动场、污水排泄通道等地方。为了便于工作，可依坡度由高向低依次设置饲料仓库、饲料调制室、牛舍、贮粪池等，这既可方便运输，又能防止污染。

牛舍应平行整齐排列，两墙端之间距离不少于 15 m，配置牛舍及其他房舍时，应考虑便于给料给草、运牛和拉粪，以及适应机械化操作的要求，见图 4.28。各类建筑物配置要遵守卫生及防火要求，宿舍距离牛舍应在 50 m 以上，牛舍间相隔 60 m(不可少于 30 m)。

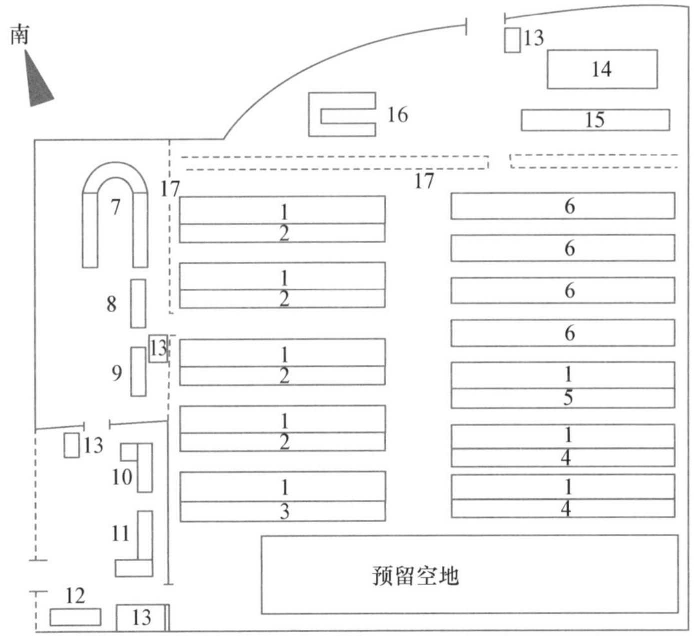

400 头母牛的繁育-育肥牛场场区示意图

图 4.28 繁殖母牛——育肥肉牛牛场的布局图

1.运动场 2.母牛舍 3.产房及犊牛栏 4.犊牛舍 5.育成牛舍
6.育肥牛舍 7.青贮窖 8.饲料库及配料间 9.车库及用具间
10.办公室、资料室、培训室、配种室、兽医室
11.宿舍及食堂、浴室 12.配电室及工具房
13.门卫及消毒通道 14.堆粪池 15.病牛舍
16.污水处理 17.绿化隔离带

数栋牛舍排列时，每栋前后距离应视饲养头数所占运动场面积大小来确定。如肉牛场是采用站桩时，要有足够的拴牛桩位置和人员的安全走道，有上下牛台。

车库、料库、饲料加工应设在场门两侧，以方便出入；青贮窖、干草棚建于安全、卫生、取用方便之处，粪尿，污水地应建于场外下风向。

人工授精室设在牛场一侧，靠近成年母牛舍，为工作联系方便不应与兽医室距离太远，授精室要有单独的入口；兽医室、病牛舍建于其他建筑物的下风向。

4.4 牛舍建筑要求与牛舍建筑

牛舍建筑必须综合考虑饲养目的、饲养场所的条件规模及养牛设施等因素。在大规模饲养时，要考虑节省劳力；小规模分散饲养时，要便于详细观察每头牛的状态，以充分发挥牛的生理特点，提高经济效益。牛舍结构要求坚实，对养殖户来说应尽可能利用旧材料，以节省财力和物力。牛舍要符合兽医卫生要求，做到科学合理，简单适用，有条件可建经久耐用的牛舍，使用材料要就地取材，经济实用。

4.4.1 肉牛牛舍建筑要求

肉牛场牛舍的设计与建造应做到有利通风、采光、冬季保暖和夏季降温；要就地取材，经济实用，还要符合兽医卫生的要求，利于防疫，防止或减少疫病发生与传播；保持肉牛适当活动空间，便于添加草料和保持清洁卫生；经济合理，规范适用，要求牛舍建筑必须做到：

(1)牛舍内应干燥，冬季能保温。要求墙壁、天棚等结构的导热性小，耐热，防潮。

(2)牛舍内要有一定数量和大小的窗户，以保证太阳光线直接射入和散射光线射入。

(3)牛舍地面应保温，不透水，不滑。

(4)要求供水充足，污水、粪尿能排净，舍内清洁卫生，空气新鲜。

(5)依照不同用途和条件建辅助性房舍，如饲料库、饲料调制室、青饲料贮藏室、青贮设备室等；还应按照牛的饲养头数建兽医室、隔离室或人工授精室。

(6)配套设施齐全，包括场区门口消毒池、消毒室、饲料混合机(全混合饲料搅拌机或精料搅拌机)、热带地区配有通风降温设备、上下牛台、贮粪场、运动场、贮料区等。

封闭型单列式跨度为 4.5～5 m，双列式跨度为 9～10 m，牛舍长度以养牛头数而定。牛舍一端可设 1 间工作室(值班室)，1 间调料室 12～14 m^2。舍外设运动场(拴牛场、圈)，向外坡度 3°～5°。两栋牛舍间距不少于 10～15 m。

4.4.2 牛舍结构要求(以永久性牛舍为例)

牛舍建筑的设计，要根据饲养规模的大小而定，房舍和牛舍之间及各牛舍之间，应该有 50 m 以上的距离。牛舍建筑面积，可按成牛占地 8 m^2/头、育成牛 6 m^2/头、犊牛 4 m^2/头计算。牛舍的向阳面应设运动场，运动场按母牛 15 m^2/头和育肥肉牛 10 m^2/头的标准进行设置。采用舍饲拴系饲养的大、中型肉牛场，每舍应饲养 100 头为宜，一般采用双列式，饲养

50头以下的小型肉牛场应采用单列式。牛舍建筑类型可分为封闭式、开放式、半开放扣塑料棚式、敞棚式。房盖型式分为起脊式(双坡式)、平顶式、单坡式、半单坡式。建筑材料可为砖瓦结构、土木结构。内部结构有单列式、双列式、多列式,牛舍内应干燥,冬暖夏凉,房顶有一定厚度,隔热保温性能好。

1. 牛舍结构要求原则

舍内各种设施的安置应科学合理,以利于肉牛生长,要求:

(1)基础应有足够强度和稳定性,坚固,防止地基下沉、塌陷和建筑物发生裂缝倾斜,具备良好的清粪排污系统。

(2)墙壁要求坚固结实、抗震、防水、防火,具有良好的保温和隔热性能,便于清洗和消毒,多采用砖墙并用石灰粉刷。

(3)屋顶能防雨水、风沙侵入,隔绝太阳辐射,要求质轻、坚固耐用、防水、防火、隔热保温;能抵抗雨雪、强风等外力因素的影响。

(4)牛舍的大门应坚实牢固,门一般设成双开门,也可设上下翻卷门。

(5)窗能满足良好的通风换气和采光。

(6)运动场要求结实,场内另设饮水槽、凉棚等。

2. 具体牛舍建筑结构要求

(1)地基。土地坚实、干燥,可利用天然的地基,墙基结实并高于地面。若是疏松的黏土,需用石块或砖砌好墙壁基并高出地面,地基深80～100 cm,要密致,地基与墙壁之间要有油毡绝缘防潮层。

(2)墙壁。砖墙厚0.2～0.3 m,土墙厚0.4～0.5 m,墙体要密致无缝;从地面算起,应抹100 cm高的墙裙,以便冲洗、消毒。在农村也可用土坯墙、土打墙等,土墙造价低,投资少,但不耐用,用土墙应在距地面算起砌100 cm高的石块。

(3)屋顶(顶棚)。牛舍顶棚应距地面3.2～3.8 m,四周抹严,保障隔热保温。最常用的是双坡式屋顶,这种形式的屋顶可适用于较大跨度的牛舍,可用于各种规模的各类牛群。这种屋顶既经济,保温性又好,而且容易施工修建。双坡式牛舍脊高3.2～3.5 m,前后墙高3.0～2.50 m;单坡式牛舍前墙高2.5～2 m,后墙高2.2～1.8 m,宜于采光和通风。北方寒冷地区,顶棚应用导热性低和保温的材料建造。南方则要求防暑、防雨,顶距地面3.8 m,有利于通风。

(4)屋檐。屋檐距地面为2.8～3.2 m,宜于采光和通风。屋檐和顶棚太高,不利于保温;过低则影响舍内光照和通风,可视各地最高温度和最低温度等而定。

(5)门。牛舍门高2.1～2.2 m,宽2.2～2.4 m,坐北朝南的牛舍东西门对着中央通道,不用门槛,牛舍一般应向外开门,最好设置推拉门。百头成年牛的牛舍通到运动场的门不少于2～3个,宽2.0～2.5 m,门高2.0～2.5 m。

(6)窗。牛舍内的阳光照射量受牛舍的方向,窗户的形式、大小、位置、反射面积的影响,所以要求不同。一般南窗应较多、较大(100 cm×120 cm),北窗则宜少、较小(80 cm×100 cm)。封闭式的窗应大一些,高1.5 m,宽1.5 m;窗台距地面1.2～1.5 m。光照系数肉牛为1∶(12～14)。

(7)通气孔。通气孔一般设在屋顶,大小因牛舍类型不同而异,并设在尿道沟正上方屋顶上(图4.6)。单列式牛舍的通气孔为70 cm×70 cm,双列式为90 cm×90 cm,每孔间距3.5～5 m,且高于屋脊0.5 m,可以自由启闭。北方牛舍通气孔总面积为牛舍面积的0.15%

左右。

(8)运动场。与牛舍墙紧密相连,成年牛的运动场面积应为每头 20～25 m^2;青年牛的运动场面积应为每头 15～20 m^2;育成牛的运动场面积应为每头 10～15 m^2;犊牛的运动场面积应为每头 8～10 m^2,运动场可按 50～100 头的规模用围栏分成小的区域,运动场围栏要求结实,高 1.5 m 左右;夏季也可搭建凉棚,同时运动场的周围应植树绿化(图 4.29,图4.30),以创造荫凉的小气候,美化环境。

图 4.29 运动场

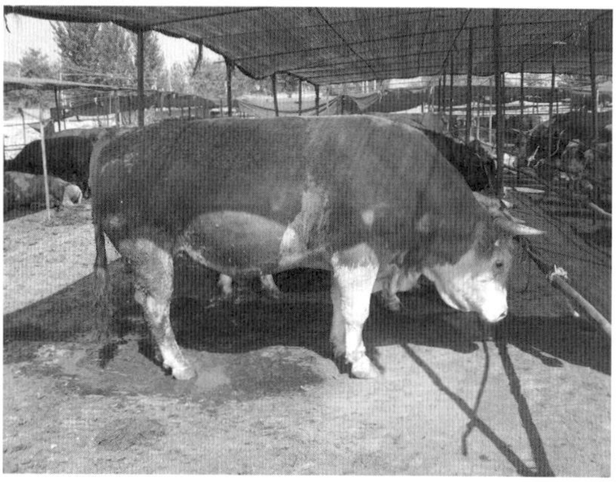

图 4.30 凉棚

(9)凉棚。应为南北向,棚顶应隔热防雨,小凉棚为单坡式;大凉棚为双坡式,脊高 2.8～3.5 m。

(10)青贮窖和氨化池。修建青贮窖按每头牛 10～12 m^3 计算,氨化池按每头牛 5 m^3 计算。若仅在冬春季使用,青贮窖按 5～6 m^3 计算,池深 2.5～3 m,长度根据地形地貌和秸秆使用量计算。青贮窖和氨化池要求光滑、无裂缝、无渗水。

(11)尿粪沟和污水池。为了保持舍内的清洁和清扫方便,尿粪沟应不透水,表面应光滑。尿粪沟宽 28～30 cm,深 5～10 cm,倾斜度 1∶(100～200)。尿粪沟应通到舍外污水池。污水池应距牛舍 6～8 m,其容积以牛舍大小和牛的头数多少而定,一般可按每头成年牛 0.3 m^3、每头犊牛 0.1 m^3 计算,以能贮满一个月的粪尿为准,每月清除一次。为了保持清洁,舍内的粪便必须每天清除,运到距牛舍 50 m 远的粪堆上。要保持尿沟的畅通,并定期用水冲洗。

4.4.3 牛舍建筑设计要求

牛舍建筑基本要求要根据当地的气温变化和牛场生产用途等因素来确定。建牛舍不仅要因陋就简,就地取材,还要符合兽医卫生要求,做到科学合理。有条件的,可建质量好的、经久耐用的牛舍。牛舍以坐北朝南或朝东南好;牛舍要有一定数量和大小的窗户,以保证光线充足和空气流通;房顶有一定厚度,隔热保温性能好。

1.农村牛舍的建筑设计

肉用母牛养殖多以家庭养殖为主,家庭型肉牛养殖牛舍分为简易牛舍、塑料棚牛舍、平拱式牛舍和双坡式牛舍。其中农村的牛舍以单列式和双列式为多。单列式牛舍内宽 4～4.5 m,南面敞开或半敞开,东、西、北墙有小窗,南面为运动场。双列式以双列对头式为主,牛舍内宽 7.5～8 m,东西有墙,南北留有矮墙、窗及出入运动场的门。

2.简易牛舍的建筑设计

牛舍以背风向阳、坐北朝南，其宽度不少于 350 cm，长度视养牛数量多少和现有的条件而定。在一侧的大山开门，以保证冬季光照充足。简易牛舍，属于开放式，只能挡雨，无保温能力，造价低，牛舍位置选择在人居住房屋的一侧或远离人居房，建筑材料主要有圆木杆或木方、长条瓦、砖及水泥。先以圆木杆或木方做成前高后低的单坡框架。前柱高 2.3～2.4 m，后柱高 2.2～2.3 m，前柱与后柱相对应，距离 4 m。柱间距离 2 m，上部的顺杆距离根据长条瓦的宽度来确定。牛舍两侧用长条瓦或其他材料进行挡雨，地面为砖地面或水泥地面，排尿沟留在后面。沟深 5～10 cm，沟宽 20～30 cm；料槽为木制或铁制，也有用水泥槽。水泥牛槽以砖砌，水泥抹浆，并用水泥将槽子里外抹光，槽高度 0.7～0.8 m，宽 0.6 m。冬季寒冷时开放一侧设置草帘或棉布帘，夜间放下，白天卷起采光，以利牛舍保温。

3.塑料棚保温牛舍的建筑设计

塑料保温牛舍应选择在背风向阳，地势高燥庭院内。坐北朝南，以增加采光时间和光照度，有利于提高牛舍温度，切不可建成坐南朝北牛舍。建舍材料应选择直径 5～6 cm 原木方，砖，水泥，厚度为 0.02～0.05 mm 白色透明塑料薄膜，长条的石棉瓦或水泥瓦或彩钢瓦，4.5 m 长的圆木杆。

塑料棚保温牛舍的建造。塑料棚保温牛舍三面都用砖砌墙，墙厚 37 cm 或 50 cm。两侧墙前部高 2.4 m，后墙高度 2.3 m，呈单坡形，侧坡长度 5.0 m，前部立柱间距 4.0～4.5 m，前后柱间距 2.0 m。按长条瓦的宽度，先钉木杆，然后进行铺瓦，三面墙檐用泥堵好。在扣塑料薄膜时，第一层塑料薄膜要紧贴瓦面进行铺设，绷紧拉平四周压实，沿瓦面铺苯板，随后铺设第二层塑料薄膜，拉紧后四周用土压实。第一层与第二层塑料薄膜之间要留有 5 cm 的间距。

塑料棚保温牛舍的使用。塑料保温牛舍在使用中有一个最大的问题，就是冬天舍内的污气排放。牛的体重大，粪便都积攒在舍内，形成大量的氨气和二氧化碳气体，同时也产生大量的水汽，这些污浊物与水共同凝结在冰冷的墙上和棚板上，甚至在塑料薄膜上也集结成霜，造成潮湿污浊的环境，对人和牛造成不利的影响(图 4.3)。所以，在生产中每天要定时清扫粪尿，定时排气，及时清扫棚面的雪霜，以保证充足的光照。

4.永久性牛舍的建筑设计

牛舍建造材料以砖、江沙、石头、红瓦或彩钢板或薄铁皮(0.5～1.0 cm 厚)、油毡纸、4 cm×6 cm 木方、直径 8～10 cm 圆木以及苇帘等主要建造材料。地基要求土质坚实，干燥，用石头砖砌好，并高出地面。地基与墙壁之间用油毡纸或厚塑料布做绝缘防潮层。墙壁为砖墙，墙壁从地面算起，应抹 80～100 cm 高的墙裙。

饲养繁殖母牛、犊牛的牛舍，应设运动场。运动场多设在两舍间的空余地带，四周栅栏围起，将牛拴系或散放其内。其每头牛应占面积为成年 15～20 m^2，育成牛 10～15 m^2，犊牛5～10 m^2。运动场的地面以三合土为宜。补饲槽和水槽应设置在运动场一侧，其数量要充足，布局要合理，以免牛争食、争饮、顶撞。

(1)单坡式牛舍。牛舍建造的材料主要以 8～10 cm 原木、砖、水泥、石棉瓦和碱土为主要材料。要求土地坚实干燥，用石块或砖砌好，并且高出地面。地基深一般为 0.8～1.0 m，地基与墙壁之间用油毡纸或厚度为 0.05 cm 的塑料薄膜做绝缘防潮层。砖墙厚度 40～50 cm，从地面算起，应抹 60～80 cm 高的墙裙，单坡式一侧墙(前墙)的高度 2.3～2.6 m，对侧(后墙)为高 1.8～2.2 m，跨度不少于 4 m。牛舍的大门应坚实牢固，高 1.9～2.0 m，宽2.5 m，最好不安门槛，设置推拉门。一般东西(南)窗户较多、较大，一般为 1.0 m×1.2 m 或 1.5 m×1.5 m。西(北)面则宜小宜少，一般为 0.8 m×1.0 m 或 1.0 m×1.0 m。窗台距离地面 1.0～1.2 m 为宜。顶棚用直径 6～8 cm 的圆木，间距 25～30 cm，在房檐平摆，铺 10～15 cm 厚苇帘，用半干碱土抹成厚 6～10 cm 棚盖，盖上石棉瓦，同时顶棚上每隔 5～6 m 做一个高出房盖 30～40 cm 大小为 30 cm×30 cm 大的排气孔(图 4.6d)，也可用角钢代替原木；对于南方可建开放式或半开放式，用圆钢或砖墩做支持房顶的支架。

(2)双坡式牛舍。双坡式牛舍即屋顶为双坡，可适用于较大跨度的牛舍，可用于各种规模的各类牛群，屋顶既经济，保温性又好，而且容易施工修建。双坡式牛舍前屋檐距地面(墙高)2.5～3.0 m，后屋檐距地面 2.0～2.5 m，顶棚应距地面 3.2～3.8 m。南方则要求防暑、防雨，顶距地面 3.8 m，有利于通风。北方寒冷地区顶棚应用导热性低和保温性强的材料，距离地面 3.3～3.5 m。使用红瓦时，应铺一层 5 cm 厚苇帘，抹泥超平铺瓦。使用彩钢板时，应考虑做一层保温棚，棚上每隔 5～6 m 做一个高出房盖 30～50 cm，大小为 30 cm×30 cm 或 40 cm×40 cm 的排气孔。门位置、大小应根据饲养规模因地制宜设置。大规模饲养的直线形牛舍，应设置两道门，分别设置在两侧大山处，"凹"字幢牛舍的门应设置在中间。在舍两端，即正对中央饲料通道设两个侧门，较长牛舍在纵墙背风向阳侧也设门，以便于人、牛出入，门应做成双推门，不设槛，其大小为(2～2.2) m×(2～2.2) m 为宜。窗户应南多北少，南大北小。南窗户规格 150 cm×150 cm，北窗户规格100 cm×100 cm 或 80 cm×80 cm，窗台距离地面 120～140 cm 为宜。

4.4.4 牛舍内部建筑要求

拴系式的母牛(肉牛)舍大小按每 100 头牛占地面积为 950～1 000 m^2 计算设计，牛舍内的主要设施有牛栏、牛床、颈枷、食槽、喂料通道和清粪通道、粪沟等。牛舍的辅助用房有饲料间、杂物间等。牛舍地面平坦，防滑性好。牛舍地面高于舍外地面，牛床高于粪道 3～5 cm，牛床前走道高于牛床 5 cm，牛床坡度为 1%(图 4.31a，b；图 4.32a，b)。南方地区可安装接力风扇和喷淋设备，风扇高度离地面 250 cm，向下倾斜 10°。舍内各种设施的安置应科学合理，以利于肉牛生长。

1. 地面

牛舍地面一般用混凝土浇制，牛床和牛进出通道应划防滑线。

2. 拴牛架

牛床的前方有拴牛架，拴牛架要牢固、光滑、易于母牛起卧，见图 4.33；图 4.34a，b，c，d，成年母牛(肉牛)拴牛架高 135～145 cm，育成牛架高 130～140 cm，犊牛架高 100～120 cm，拴牛形式为软式，多用麻绳，有些也用活铁链，使牛颈上下左右转动、采食、休息都方便。

3. 隔栏(隔牛栏)

一般在牛床的两头设计隔栏，便于牛只管理工作，其一端与拴牛架连在一起，另一端固定在牛床前 2/3 处，栏杆高 80～90 cm，由前向后倾斜，通常用弯曲的钢管制成，牛床间一般不设隔栏，以方便清洁。

4. 牛床

牛床是牛吃料和休息的地方，牛床位于饲槽后面，有长形和短形两种，通常为通床，一般的牛床设计是使牛前躯靠近料槽后壁，后肢接近牛床边缘，粪便能自接落入粪沟内即可；牛床宽度根据牛舍长度和牛头数设计，牛床的长度依牛体大小而异。成年母牛(育肥牛)拴系式牛床长度为1.85～2.10 m，育成牛为1.75～1.85 m，犊牛为1.30～1.65 m。母牛产房有一定厚度的垫料，沙土、锯末或碎秸秆可作为垫料，也可使用橡胶垫层。牛床应高出地面5 cm，保持平缓的坡度为宜，牛舍地面要求致密坚实，不打滑，有弹性，便于清洗消毒，具有良好的清粪排污系统。目前多用水泥或砖建成，用水泥抹成麻面，坡度为1.5%斜坡。牛床最好以三合土为地面，既保温又护蹄。牛床类型有下列几种：

(1)水泥及石质牛床。其导热性好，比较硬，造价高，但清洗和消毒方便。

(2)砖牛床。用砖砌，用石灰或水泥抹逢。导热性好，硬度较高。

(3)木质牛床。导热性差，容易保温，有弹性且易清扫，但容易腐烂，不易消毒，造价高。

(4)土质牛床。采用土质牛床较好，优点是具有弹性(利于保暖与护蹄)，可就地取材，造价低。建造时，先将土地铲平，夯实，上铺沙石或碎砖块，然后再铺一层三合土(石灰、碎石、黏土按1∶2∶4配合)，夯实即可。

(5)沥青牛床。保温性好并有弹性，不渗水，易消毒。遇水容易变滑，修建时应掺入煤渣或粗沙。

图4.31a 拴系式双列式牛舍的饲槽和饲道(一)

图4.31b 拴系式双列式牛舍的饲槽和饲道(二)

图4.32a 单列式牛舍的饲槽和饲道(一)

图4.32b 单列式牛舍的饲槽和饲道(二)

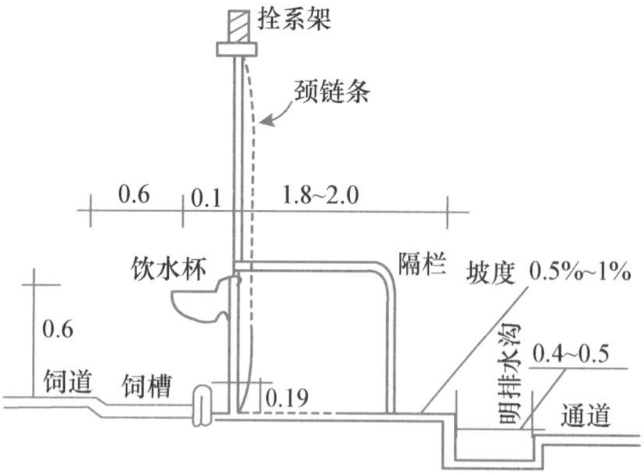

图 4.33a　拴系式牛舍内部结构(单位:m)

图 4.33b　拴系式牛舍内部结构

图 4.34a　固定牛的颈链(一)

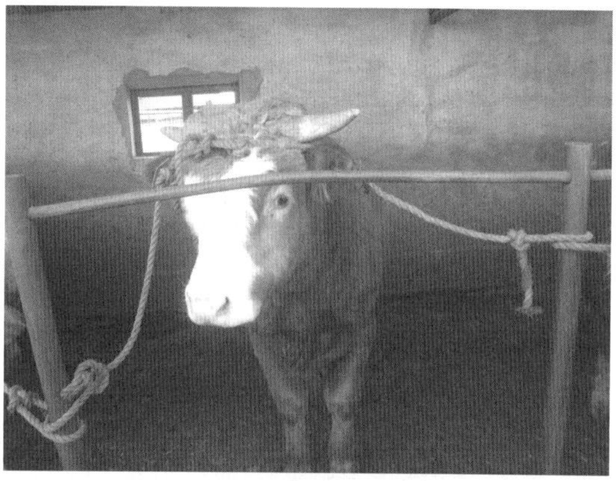

图 4.34b　固定牛的颈链(二)

图 4.34c　固定牛的颈链(三)

图 4.34d　固定牛的颈链(四)

5. 饲槽

饲槽设在牛床的前面，有固定式和活动式两种，水泥槽、铁槽、木槽均可用作牛的饲槽，见图 4.31a，b，图 4.32a，b。饲槽必须坚固、光滑、便于洗刷，槽面不渗水、耐磨、耐酸，以固定式的水泥饲槽为常用，饲槽长度与牛床宽相同，上口宽 60～75 cm，下底宽 40～50 cm，近牛侧槽高 30～35 cm，远牛侧槽高 50～60 cm，见表 4.3，底呈弧形，在饲槽后设栏杆，用于拦牛。饲槽端部装置给水导管及水阀，饲槽两端设有栅栏的排水器，以防草、渣类堵塞阴井。

表 4.3　母牛饲槽尺寸　cm

	槽上部内宽	槽底部内宽	前沿高	后沿高
成年母牛	60～75	40～50	30～35	50～60
初孕和育成牛	50～60	30～40	25～30	45～55
犊牛	30～35	25～30	15～20	30～35

6. 饮水槽

有条件可在饲槽旁边离地面约 0.5 m 处都安装自动饮水设备。一般在运动场边设饮水槽，按每头牛 20 cm 计算水槽的长度，槽深 60 cm，水深不超过 40 cm，供水充足，保持饮水新鲜、清洁(图 4.35，图 4.36，图 4.38)。为了让母牛(肉牛)能经常喝到清洁的饮水，自动饮水器是舍饲母牛给水的最好办法。每头牛饲槽旁边离地面约 0.5 m 处都应安装自动饮水设备，见图 4.35，图 4.37。自动饮水器系由水碗、弹簧活门和开关活门的压板组成。当牛饮水时，用鼻镜按下压板，亦即压住活门的末端，内部弹簧被压缩而使活门打开，这时输水管中的水便流入饮水器的水碗中。饮毕活门借助弹簧关闭，水即停止流入水碗，见图 4.35；同时在运动场中也可设置类似的自动饮水器(图 4.38)。

但在育肥牛养殖中，牛舍内一般不设饮水槽，用饲槽做饮水槽即通槽饮水，饲喂后在食槽放水让牛自由饮水(图 4.36；图 4.39a，b)。

7. 饲道

在饲槽前设置饲料通道。通道高出地面 10 cm 为宜，应以送料车能通过为原则。若建道槽合一式，道宽 3 m 为宜(含料槽宽)。饲槽和饲料通道分开时，牛舍饲道分两侧和中央饲道两种，其中双列式牛舍对头式饲养采用的中间饲道为常用，一般宽为 150～300 cm 不等，而两侧(或一侧)饲道宽多为 80～120 cm。

8. 清粪通道

清粪道和粪沟大多数与牛床合为一体，极少有粪沟的，牛床与排尿沟相连。为了保持舍内的清洁和清扫方便，粪尿沟应不透水，表面应光滑。清粪通道宽度为 0.8～1.2 m，路面最好有大于 1%的拱度，标高一般低于牛床，地面应抹制粗糙。

9. 通风

为了夏季防暑降温，可在屋顶开口下方加装风机以加强换气量，亦可直接对牛体吹风。牛舍内安装大型换气扇和风量较大的风机，加速舍内气体的流通，以利牛体散热，炎热季节送风效果最好，当气温高于 29℃，湿度在 50%以上时，从早晨 5 点到夜间 1 点都需要降温。

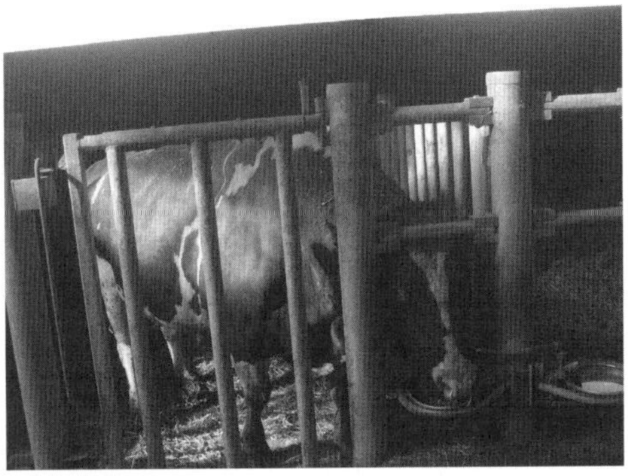

图 4.35　自动饮水装置

图 4.36　饲槽饮水

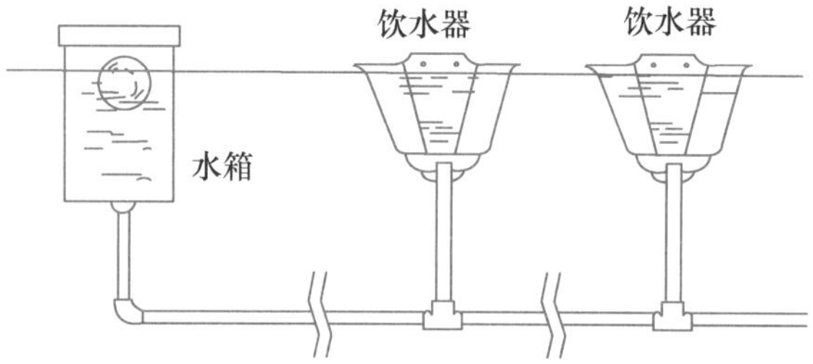

图 4.37 自动饮水器设备简图(冀一伦,2001)

图 4.38 牛场运动场外水供应

图 4.39a 简易饮水槽(一)

图 4.39b 简易饮水槽(二)

4.4.5 繁殖母牛(肉牛)场牛舍外配套设施的建设

牛场牛舍外配套设施主要包括运动场、围栏、凉棚、消毒池、粪尿池、保健架、上牛台、青贮窖、饲料间等。

1. 防疫设施、消毒池和消毒间

为了加强防疫,首先场界划分应明确,在四周建围墙挖沟壕,并与种树相结合。防止场外人员与其他动物进入场区。牛场生产区大门,各牛舍的进出口处应设脚踏消毒池,大门进口设车辆消毒池(图 4.40a,b),并设有人的脚踏消毒池(槽)或喷雾消毒室、更衣换鞋间。如果在消毒室设紫外线杀菌灯,应强调安全时间(3～5 min),那种一过式(不停留)的紫外线杀菌灯的照射,是达不到消毒目的的。

在饲养区大门口和人员进入饲养区的通道口,分别修建供车辆和人员进行消毒的消毒池,以对进入车辆和人员进行常规消毒(图 4.41)。消毒池结构应坚固,以使其能承载通行车辆的重量。消毒池还必须不透水、耐酸碱。车辆用消毒池的宽度以略大于车轮间距即可。参考尺寸为长 3.8 m、宽 3 m、深 0.1 m。池底低于路面,坚固耐用,不透水。在池上设置棚盖,以防止降水时稀释药液。并设排水孔以便换液。供人用消毒池建在室内,与更衣室相连,通道室内设紫外线灯等消毒设备,消毒池采用踏脚垫浸湿药液放入池内进行消毒,参考尺寸为长 2.8 m、宽 1.4 m、深 0.1 m。池底要有一定坡度,池内设排水孔,同时有条件时尽量延长人走过消毒池通道的时间。

生产区与其他区要建缓冲带，生产区的出入口设消毒池、员工更衣室、紫外线灯、消毒洗手的容器。

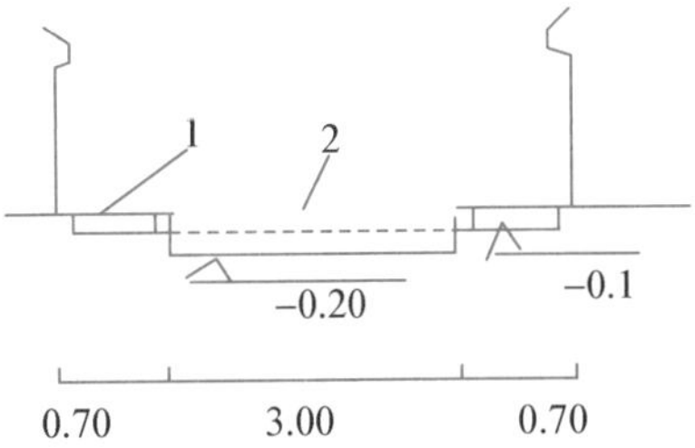

图 4.40a 车辆消毒池及人的脚踏消毒池断面(单位:mm)

1. 车辆消毒池 2. 脚踏消毒池

图 4.40b 牛场车辆消毒池

图 4.41 车场车辆消毒池

图 4.42 牛场环境消毒

2. 运动场设施

(1)运动场是母牛每日定时到舍外自由活动、休息的地方，使牛受到外界气候因素的刺激和锻炼，增强肌体代谢机能，提高抗病力。运动场应选择在背风向阳的地方，一般利用牛舍间距，也可设置在牛舍两侧。如受地形限制也可设在场内比较开阔的地方。运动场的面积，既保证牛的活动休息，又要节约用地，一般为牛舍建筑面积的 3～4 倍，见图 4.43a，b；图 4.44a，b。

运动场内地面结构有水泥地面、砌砖地面、土质地面和半土半水泥地面等数种，各有利弊。运动场地面处理，最好全部用三合土夯实，要求平坦、干燥，有一定坡度，中央较高。为排水良好，向东、西、南倾斜。运动场围栏三面挖明沟排水，防止雨后积水运动场泥泞。每天牛上槽时进行清粪并及时运出，随时清除砖头、瓦块、铁丝等物，经常进行平垫保持运动场整洁。

(2)运动场围栏，运动场围栏用钢筋混凝土立柱式铁管。立柱间距 3 m 一根，立柱高度为 1.3～1.4 m，横梁 3～4 根。

(3)运动场饮水槽，按 50～100 头饮水槽 5 m×1.5 m×0.8 m(两侧饮水)。水槽两侧应为混凝土地面。

(4)运动场凉棚,为了夏季防暑,凉棚长轴应东、西向,并采用隔热性能好的棚顶。凉棚面积一般每头成年牛、育成牛为 3～4 m^2。另外可借助运动场四周植树遮阳,凉棚内地面要用三合土夯实,地面经常保持 20～30 cm 沙土垫层,见图 4.45。

(5)运动场补饲槽,在围栏一面运动场内设补饲槽、矿物质添加剂槽、饮水池,根据条件可设棚,见图 4.46。

图 4.43a　肉牛运动场——拴系式

图 4.43b　肉牛运动场——散放式

图 4.44a　运动场饮水槽(一)

图 4.44b　运动场饮水槽(二)

图 4.45　运动场中凉棚

图 4.46　运动场一侧的饲草槽

3. 青贮窖、草库

青贮窖(池)应建在牛场附近地势高燥处,窖(池)地面高出地下水位 2 m 以上,窖壁平滑,窖壁窖底可用水泥或石块等材料筑成,也可建成简易式即土窖,土窖窖壁窖底以无毒农用塑料薄膜做衬,每次更换。窖形上宽下窄,稍有坡度,窖底设排水沟(沟可开在中间或两旁)。青贮窖的四角呈圆形,一般尺寸为宽 3.5～4 m,深 2.5～3 m,长度因贮量和地形而定,如图 4.47a,b,c 所示。窖的大小应视贮量而定,窖不宜过宽过大,以免开窖后青贮饲料暴露面过大而影响质量。

秸秆及草垛棚设在下风向,与周围房舍至少保持 50 m 以上距离,以便于防火,见图 4.48。

4. 饲料库与饲料加工室

饲料库要靠近饲料加工室,运输方便,车辆可以直接到达饲料库门口,加工饲料取用方便。饲料加工室应设在距牛舍 20～30 m 以外,在牛场边上靠近公路,可在围墙一侧另开一侧门,以便于饲料原料运入,又可防止噪声影响牛的安静环境和灰尘污染。

5. 技术室

包括生产资料室,一个牛场生产情况的“中枢”,负责生产表格设计、资料的收集、记录、分类整理和分析,配备精干懂肉牛养殖技术的管理人员及电脑软硬件设备;繁殖室,根据繁殖母牛养殖规模配备人员及设备如烘箱、液氮罐等,输精室的位置应合理布局,一般位于生产区;兽医室,一般与输精室毗邻,根据规模配备人员及设备。

图 4.47a 牛场的青贮窖(一)

图 4.47b 牛场的青贮窖(二)

图 4.47c 牛场的青贮窖(三)

图 4.48 草库

6. 保健设施

为确保母牛身体健康，牛场的保健设施要充足够用，主要保健设施包括保定架，蹄浴池（修蹄架）等。

保定架是用于日常检查的，如人工授精、妊娠诊断、疾病检查、修蹄，见图 4.49。蹄浴池是为预防蹄病发生而设专门的蹄浴池，其池大小要求为长 2 m，深 15 cm，设在牛进出栏的过道或专门通道上，其药浴池的宽要同过道宽保持一致，以防有蹄浴漏浴情况出现。

7. 粪尿池

牛舍和粪尿池之间要保持 200～300 m 的距离。粪尿池的容积应由饲养牛的头数和贮粪周期确定，100 头成年母牛一天按需要 2 m^3 的贮粪池容积计算。

8. 病牛隔离舍

设在牛舍下风向的地势低洼处。要建筑在牛舍 200 m 以外的偏僻地方，以免疾病传播。

9. 其他设备

包括管理设备，主要有上牛台（图 4.50a，b，c）、刷拭牛体器具、清理畜舍器具、地秤（图 4.51，图 4.52）、体尺测量器械等；饲料生产和输送设备，兽医防疫消毒设备，场内外运输设备及公用工程设备等。

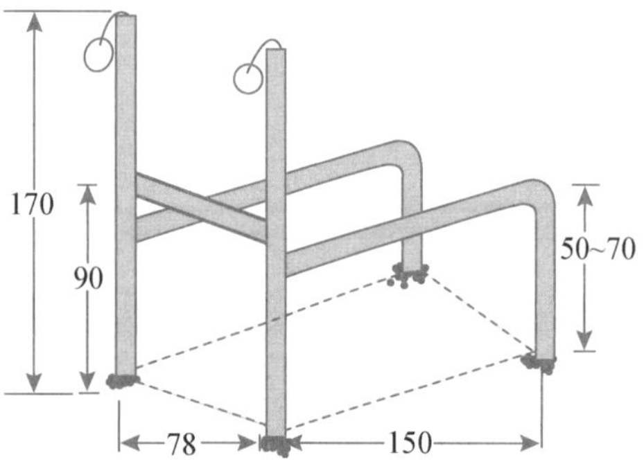

图 4.49　保定架(单位:cm)

图 4.50a　上牛台——固定式

图 4.50b　上牛台——移动式

图 4.50c　上牛台——简易、临时土坡

图4.51 牛场的地磅

图4.52 牛场的称牛设施

4.5 牛舍的管理与环境保护

在建设或改建牛场时要充分考虑到各种环境因素对牛生长影响的程度，根据需要合理管理牛舍及各种配套设施，消除和减缓自然因素对牛的不利影响，保证牛体健康，以达到高产、降低成本的目的。

4.5.1 拴系式牛舍管理

在高度集约化的生产条件下更加依赖人的饲养管理，越是发达地区，肉牛福利待遇也体现的越明显，为争创高产、优质，人们不惜动用机械化、电能化、电脑化设备，为肉牛提供良好的养育环境，给予人性化的待遇。

(1)至少每周清洗一次水槽，保证水压正常。应有足够的水压，可同时供应数个水槽。

(2)每日清扫饲槽。修补坑洞，保持饲槽底部的平整。

(3)保持牛床干净、干燥，犊牛舍和产房有铺垫。

(4)保持正常的通风。在敞棚、开放式或半开放式牛舍中，空气流动性大，所以牛舍中的空气成分与大气差异很小。而封闭式牛舍，如设计不当或使用管理不善，会由于牛的呼吸、排泄物的腐败分解，使空气中的氨气、硫化氢、二氧化碳等增多，影响肉牛生产力。牛舍内聚集的氨气会造成呼吸系统疾病。一旦闻到异味，应立即通风。在通风良好的牛舍内，牛排尿产生的异味会马上消散。

建议冬季每小时进行4～6次彻底通风；夏天60～100次。简单的夏季通风方法是在牛舍一端开口，另一端安装一台引风机，使气流通过整个牛舍，重要的是将牛呼出的浊气排出去，良好的通风也能清除致病菌。

塑料暖棚牛舍，棚舍内中午温度高，舍内外温差较大，因此通风换气应在中午前后进行。每次通风换气时间以10～20 min为宜。如果牛体大，饲养密度又偏高，每日可通风2次。

(5)做好保温工作。要备有棉帘、草帘等保暖设施，夜晚没有太阳辐射，为增强保温效果，应将棉帘或草帘覆盖在塑料膜的表面，白天将其卷起来固定在棚舍顶部。要定期擦拭塑料膜，及时去掉塑料膜表面的水滴或冰霜。

(6)犊牛舍卫生管理。犊牛移入犊牛栏之前,应用煤酚皂溶液将牛栏消毒,平时做到“三勤”,即勤打扫,勤换垫草,勤观察,保持犊牛舍干燥卫生。舍内有适当的通风设备或通风出口,保证通风良好,空气新鲜,阳光充足,冬暖夏凉。

4.5.2 牛粪的综合处理

牛粪的处理技术发展很快,包括采用好氧处理(氧化塘)、厌氧消化和高温发酵等途径来处理畜禽粪便。我国已具有一系列粪污处理综合系统,粪污固液分离技术(包括前分离和后分离);厌氧发酵生物技术;好氧曝气技术;气净化和利用技术;沼渣沼液生产复合有机肥技术;生物氧化塘技术等。

我国对牛粪的无害化处理及利用技术有牛粪堆肥化处理,生产沼气并建立“草—牛—沼”生态系统,综合利用等。

1.堆肥发酵处理

牛粪的发酵处理是利用各种微生物的活动来分解粪中的有机成分,可以有效地提高这些有机物质的利用率(图 4.53,图 4.54)。在发酵过程中形成的特殊理化环境也可基本杀灭粪中的病原体,主要方法有充氧动态发酵、堆肥(compost manure)处理、堆肥药物处理,其中堆肥处理方法简单,无需专用设备,处理费用低。

2.牛粪的有机肥加工

相对于传统牛粪处理方式(图 4.53),有机肥为养殖场创造极其优良的牧场环境,实现优质、高效、低耗生产,改善产品质量,提高效益。利用微生物发酵技术,将牛粪便经过多重发酵,使其完全腐熟,并彻底杀死有害病菌,使粪便成为无臭、完全腐熟的活性有机肥,从而实现牛粪便的资源化、无害化、无机化;同时解决了畜牧场因粪便所产生的环境污染。所生产的有机肥广泛应用于农作物种植、城市绿化以及家庭花卉种植等。

牛粪商品有机肥生产技术工艺路线:粪尿从牛舍运来后在粪池中发酵,以增加肥力和致死病原体。根据牛场规模和数量修建若干个粪池和足够面积的晾晒场地。

牛粪便为原料收集于发酵车间内 ⟶ 加入配料平衡氮、磷、钾 ⟶ 接种微生物发酵菌剂 ⟶ 移动翻抛式翻动、通氧发酵 ⟶ 发酵、脱臭、脱水 ⟶ 粉碎 ⟶ 包装(粉状肥)或 ⟶ 造粒 ⟶ 包装(颗粒肥)。

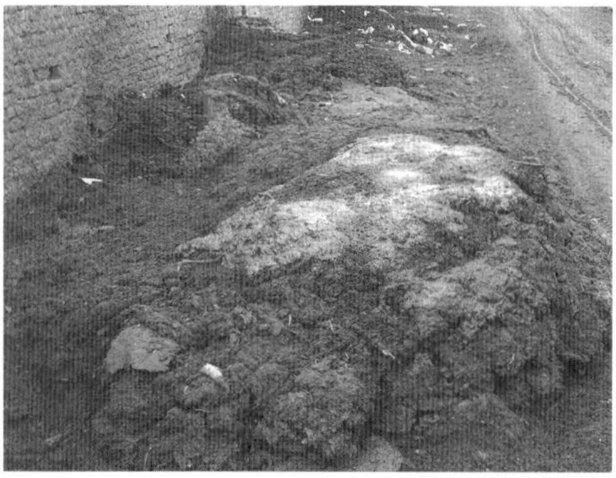

图 4.53 贮粪场堆肥发酵

图 4.54 牛场粪污处理——无害化处理

3. 生产沼气

利用牛粪有机物在高温(35～55℃)厌氧条件下经微生物(厌氧细菌,主要是甲烷菌)降解成沼气,同时杀灭粪水中大肠杆菌、蠕虫卵等,见图4.55。沼气做能源,发酵的残渣又可做肥料,因而生产沼气既能合理利用牛粪,又能防治环境污染。除严寒地区外我国各地都有用沼气发酵开展粪尿污水综合利用的成功经验。但我国北方冬季为了提高产气率往往需给发酵罐加热,主要原因是沼气发酵在15～25℃时产气率极低,从而加大沼气成本。

4. 蚯蚓养殖综合利用

利用牛粪养殖蚯蚓近年来发展很快,日本、美国、加拿大、法国等许多国家先后建立不同规模的蚯蚓养殖场,我国目前已广泛进行人工养殖。利用粪肥养殖蚯蚓的场地,地面为水泥面或用砖铺设,以养殖蚯蚓的规模决定场地面积,见图4.56。

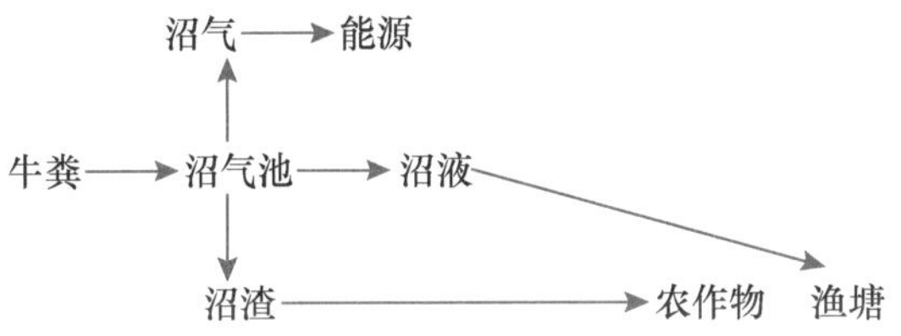

图4.55　牛场粪污厌氧发酵沼气处理示意图

图4.56　牛场粪污处理——养蚯蚓

第5章

肉用成年母牛的饲养管理

繁殖母牛饲养管理的好坏，决定着母牛和犊牛的健康以及母牛下胎产乳量的高低和犊牛生长发育的快慢。饲养繁殖母牛主要目的是为了繁育生产犊牛，繁殖是增加牛群数量和提高牛群质量的前提，是发展养牛生产的基础。

5.1 繁殖母牛的营养和饲养特点

肉用成年母牛的饲养目的在于维持正常的繁殖机能，使其能达到一年或稍长一点时间产一胎，为肉牛生产提供更多的犊牛。母牛的营养是提高母牛繁殖力的基础，膘情好发情率就高，受配率、怀胎率、产犊率也高。特别是妊娠母牛，不仅要满足自身能量需要，还要供给胎儿生长发育的营养，产后又要带犊哺乳，如果营养不足，不仅母牛的体重下降，犊牛的发育也会受阻，严重的可导致母子双亡。

5.1.1 繁殖母牛的营养需要特点

母牛妊娠后，不仅本身生长发育需要营养，而且要满足胎儿生长发育的营养需要和为产后泌乳贮积营养。妊娠母牛在妊娠初期，由于胎儿生长发育较慢，其营养需求较少，一般按空怀母牛进行饲养，以粗饲料为主，适当搭配少量精料。母牛妊娠最后3个月是胎儿增重最快的时期，胎儿需要从母体吸收大量营养。一般在母牛分娩前，至少要增重45～70 kg才能保证产犊后的正常泌乳与发情，所以在这一时期，要满足母牛的蛋白质、矿物质、维生素的需要。母牛除供给平常日粮外，每天需补喂1.5 kg精料，妊娠最后2个月，母牛的营养直接影响着胎儿生长和本身营养蓄积，如果此期营养缺乏，容易造成犊牛初生重低、母牛体弱和奶量不足；严重缺乏营养，会造成母牛流产。所以这一时期要加强营养，每天应补加2 kg精料，日粮干物质进食量8～12 kg，日粮蛋白质含量8%～11%；同时注意不应将母牛喂得过肥，对各阶段的母牛均禁忌饲喂过肥，保持中等体况（最后两肋显现）或中等偏上体况即可，以免影响分娩。

放牧情况下，母牛在妊娠初期，青草季节应尽量延长放牧时间，一般不补饲。枯草季节，应根据牧草质量和牛的营养需要确定补饲草料的种类和数量。特别是怀孕后期的2～3个月，应重点补饲，每天加喂0.5～1 kg胡萝卜以补充维生素A，精料每天补0.8～1.0 kg。

舍饲情况下，按以青粗饲料为主适当搭配精饲料的原则，参照饲养标准配合日粮。粗料如以玉米秸为主时，由于蛋白质含量低，要搭配1/3～1/2优质豆科牧草，再补饲饼（粕）类，也可以用尿素代替部分饲料蛋白，每头牛每天添加5 000～6 000 IU维生素A。怀孕母牛尽量不要以棉籽粕、菜籽粕为唯一的蛋白质饲料来源，饲料质量应有保证，严禁饲喂冰冻、腐败、霉烂变质饲料。

5.1.2 繁殖母牛饲养技术要点

饲养技术与母牛的繁殖性能有着密不可分的关系，只有将二者有机结合才会取得良好的效果。

(1)投喂饲料以青粗饲料和青贮料为主。饲草中应含有丰富的维生素和矿物元素。秸秆、秕壳类需经切短粉碎或化学处理（如氨化或碱化或盐化处理）或微生物处理，以提高其采食量和消化率。秸秆和较老的牧草切成3～5 cm饲喂，让其自由采食。块根块茎类饲料应切碎，防止食道阻塞。若粗饲料品质差，可在日粮中添加1～2 kg混合精料；若粗饲料以豆科、禾本科牧草为主，母牛体况达到中等体况，则不需补饲精料。母牛妊娠7个月至分娩后3个月内，一般补饲精料2～3 kg，但分娩前后1周内应减少精料喂量50%。精料补饲量根据粗饲料的品质和母牛膘情而定。配合精料的组成一般是：蛋白饲料25%～30%，麸皮类加工副产品20%～25%，谷物类饲料40%～45%，矿物元素、食盐、微量元素共3%～5%。饲喂次序上可先喂干草，后给青草和多汁饲料，即先粗后精的饲喂方式；精料也可拌草饲喂。配合饲料最好傍晚单独拌湿饲喂，若量大则早晚供给，量小则傍晚一次供给。舍饲牛供应粗饲料应少给勤添，槽中不断料，每日给料4～5次。放牧饲养时，尽量让母牛吃饱，若牧草质量差、数量有限，母牛体况较差，应对母牛补饲。根据母牛膘情，确定夜间补饲粗饲料和精料的数量，或者仅补饲粗饲料，或仅补饲精饲料。整个饲养过程中，供给充足的矿物饲料（尤其是钙和磷，并注意钙磷比例的平衡）、微量元素（尤其是锰、锌、硒、铜、碘）和维生素A。保证饮水充分供应，成年母牛每日消耗水量约60 kg。

(2)各阶段母牛均禁忌饲喂过肥，保持中等体况以利于其繁殖性能的发挥。饲料应以优质青粗饲料和青贮料为主，补饲精料应根据粗饲料品质和母牛膘情而定，一般补饲精料1～3.5 kg。

(3)妊娠5个月后，胎儿增重快，要求母牛日增重达0.3～0.4 kg，精料可额外增加1 kg。

(4)母牛分娩前2周减少钙、食盐用量；精料逐渐降低50%，一般为1～1.5 kg。

(5)产犊后应少量多次喂给温热麸皮汤和益母膏红糖水；分娩后3周内供给充足青干草任其自由采食，添加少量配合饲料，使之恢复体质。

(6)分娩3周后泌乳增加，母体恢复正常，应增加精料40%～50%，并供给优质粗饲料，饲料最好由3种以上原料组成，可大量饲喂青绿饲料，保证泌乳需要。

(7)分娩后3个月左右，产乳量下降，增重少，可适当减少精料喂量，但应供给充足饮水以免泌乳量降低剧烈。

5.1.3 繁殖母牛管理技术要点

肉用繁殖母牛的任务是每年生育一头优良犊牛作为扩大或维持生产的后备牛，多余的犊牛提供给育肥群，因此管理的重点是发情配种、做好保胎工作，预防流产或早产，做到母子平安。

(1)饲喂顺序上，在精料和多汁饲料较少(占日粮干物质10%以下)的情况下，可采用先粗后精的顺序饲喂，先喂干草，后供给青绿多汁饲料；精料可拌草喂，即先喂粗料，待牛吃半饱后，在粗料中拌入部分精料或多汁料碎块，引诱牛多采食，最后把余下的精料全部投饲，吃净后下槽。若精料量较多，可按先精后粗的顺序饲喂；保证充足卫生的饮水；注意饲槽的清洁。

(2)不同品种的母牛所需营养不一样，如杂交母牛(西门塔尔杂交母牛)，需要蛋白质较多，其要求蛋白质质量也高；而一般的黄牛(本地母牛)，较耐粗饲，主要以粗料为主，可适当补充蛋白质饲料。所以，应根据牛的年龄、体重、用途，分别给以相应的饲料。

(3)在牧区饲养繁殖母牛，尤其在夏秋季牧草生长盛期，可采取全放牧饲养的方式，以降低饲养成本。在牧草较好的牧场，可实行轮牧；在山区丘陵草地，要有计划地放牧，主要在夏、秋两季放牧。早出晚归，中间休息，饮足清水，晚归后补料。

妊娠后期的母牛应与其他牛群分别组群，单独放牧在附近的草场，并且不要鞭打、驱赶母牛，不要在有露水的草场上放牧。每天至少刷拭牛体一次，以保持牛体清洁。自由饮水，不饮脏水、冰水，水温要求不低于8～10℃。在饲料条件较好时，应避免过肥和运动不足。充足的运动可增强母牛体质，促进胎儿生长发育，并可防止难产，舍饲妊娠母牛每日运动2 h左右。临产前应注意观察，做好接产准备工作，保证安全分娩。

(4)在农区养母牛多采用舍饲。舍饲受气候影响小，环境比较稳定，尤其对哺乳母牛更为适宜。舍饲一般日喂2～3次。冬季昼短夜长，可改为2次，但夜间须补草，让牛任意采食。

母牛生长适宜的温度为8～12℃，最低为3～4℃，相对湿度不高于85%。所以，牛舍要尽量做到冬暖夏凉。尤其在夏天，舍内通风良好，有条件的牛舍要设排风扇。在冬季，可将后窗封闭，封罩塑料薄膜，以防冷风侵袭。

牛舍要彻底打扫，并垫干土和草屑，保持舍内干燥。不要积存粪尿，以防氨气过浓，影响牛的健康。在夏天，清扫后再用清水冲，打开门窗通风透气，保持舍内空气新鲜。

母牛喂饱以后，要饮足清水，尤其在夏大，除定时饮水外，还要设饮水槽，以供母牛随时饮用。饮水要清洁，最好是自来水或井水，不可饮用污水、废水和泥塘水。

对不同类型的母牛，分别让其进行适量的运动，重胎牛应与其他牛分开放牧或运动。对舍饲母牛和青年后备牛，每天让其自由活动3～4 h，或驱赶运动1～2 h，也可让其在运动场内自由活动，以增强牛体质，增进食欲，保证正常发情，预防胎衣不下或难产以及肢蹄疾病，同时有利于维生素D的合成。

(5)妊娠母牛应做好保胎工作，要防止母牛过度劳役、挤撞、猛跑而造成流产、早产。临产前2周，重胎牛转入产房，专人护理；母牛分娩后40～80 d，注意观察母牛是否发情，便于适时配种。配种后两个情期，还应观察母牛是否有返情现象。每天梳刮牛体一次，梳遍牛体全身，产前产后注意做好护理消毒工作；保护牛体清洁，预防传染病；产后注意观察母牛乳房、食欲、反刍、粪便，发现异常及时处理治疗。

每年修蹄一、二次，保持肢蹄姿势正常。做好保胎工作，禁止饲喂冰冻、霉烂变质饲料和酸性过大饲料。

(6)做好繁殖母牛管理中的常规记录工作。记录内容主要有母牛的出生日期、出生地、母牛编号(或名字)、饲养人地址、牛只生长状况、饲养管理变化、牛病防治情况、发情与配种、产犊情况、与配公牛情况等。做好防疫记录，一旦发现有传染病，严格按当地兽医防疫部门统一安排，按时检疫和注射疫苗，并做好记录。

5.2　繁殖母牛的饲养方式

我国现阶段饲养繁殖母牛有3种情况：一是依赖自然资源饲养繁殖母牛，主要是放牧饲养或配合部分舍饲的方式生产犊牛，这样出售育成犊牛尚有利可图，并可依靠多养母牛来增加获利；二是农户少量舍饲散养繁殖母牛生产犊牛，依靠农户家中不宜直接出售的秸秆等农副产物，通过牛腹变废为宝和集小钱为大钱的方式来增加收入；三是采用集约化大量舍饲养殖繁殖母牛来生产犊牛，进行育肥牛生产。

5.2.1　肉用成年母牛的饲养方式

做好肉用繁殖母牛饲养管理的目的，就是让其受胎率高、犊牛成活多，产犊后正常发情早，保证一年一犊和犊牛健壮，母牛(包括改良牛、当地黄牛)营养正常，8～10月龄初情，营养不好则延迟。一般初配年龄在2岁左右，体重达成年牛体重的70%。因此肉用繁殖母牛的任务是繁育优良犊牛，肉用繁殖母牛的饲养方式主要有放牧饲养、舍饲饲养和放牧加补饲3种(图5.1，图5.2)。

图5.1　牧区繁殖母牛的饲养

图5.2　农村繁殖母牛的饲养

1.放牧

牧草资源丰富、草场宽阔的地区，可采用放牧饲养。放牧时注意将空怀母牛、怀孕母牛分群。放牧无需特殊管理，除围产期(产犊前后2周)母牛外，均可放牧。放牧牛应补充矿物质饲料，特别是镁盐、微量元素。为了有效地利用牧草，可采用轮牧或条牧。

2. 舍饲

舍饲时可一头母牛一个牛床，单设犊牛室；也可在母牛床侧建犊牛岛，各牛床间用隔栏分开。前一种方式设施利用率高，犊牛易于管理，但耗工；后一种方式设施利用率低，简便省事，节约劳动力。舍饲的牛舍要设运动场，以保证繁殖母牛有充足的光照和运动。

3. 放牧加补饲

在饲草资源和牧草品质受限的情况下，采用白天放牧，夜间归牧补饲。

5.2.2 繁殖母牛放牧饲养

放牧方式节省饲料、人力和设备，成本低，有利于提高母牛和犊牛的体质。但由于践踏放牧地或草地，故对牧草的利用率较低，受外界环境影响大，还受体质和性情的影响使采食量有差别，在冬季因牧草干枯、气候寒冷、游牧行走从而使饲养效果降低，合理放牧能最大限度地降低这些不利因素的干扰。

牛群组成应按放牧地产草量、地形地势而定，一般以 50～200 头为宜，并应该考虑妊娠、哺乳、年龄等生理因素组织牛群，妊娠后期和哺乳的牛应放牧于牧草较好、距离牛舍较近的地方。每天放牧时间随牧草的质与量从 7 h 至全天。放牧地载畜量随着牧草产量而变化，在保证吃饱基础上控制牛采食行进的速度，以免把草践踏坏，也不应停留时间太长，否则造成放牧地采食过度。

1. 春季放牧

春季开始放牧的 10 d 左右要避免跑青和践踏放牧地，可等待牧草高于 10 cm 或禾本科牧草开始拔节时放牧。在人工草地或牧草丰盛的草地放牧时，通过控制放牧时间来控制采食量，或者补充干草等方法，逐渐增加放牧时间，以免发生消化系统紊乱、拉稀、臌胀、缺镁和缺磷等症状，还要注意阴坡草与阳坡草的差别。

2. 夏季放牧

夏季牧草生长得最茂盛，营养价值也最高，是牛复膘增膘的好季节。若能采食充分，各种不同生理状态的牛，都能从牧草中得到足够的营养。此时应到远离村庄的地方放牧，来回行走超过 3 km 时，可以在放牧地靠近水源处建立临时牛圈，以便休息和减少出牧回圈及饮水行走所消耗的营养。牛怕热，喜欢凉爽，当气温超过 27℃时开始妨碍牛的采食和正常消化。通常 7、8 月份白天气温往往超过 35℃，严重影响牛的采食、消化和健康。在这个炎热季节中，白天可把牛放牧于阴坡或林间，以便牛休息和纳凉，注意夜间放牧。夏季要充分利用远山、高山和阴坡放牧，把靠近村庄、较平坦的河谷地的野草及时割晒或制作青贮，为越冬备好优质饲草。

3. 秋季放牧

秋季气温逐渐降低，牧草的营养向种子转移。随种子成熟，牧草茎叶所含营养逐日下降。由于气候逐渐凉爽，牛的食欲增加，消化器官机能提高，要充分利用这个时期的特点，让牛充分采食，抓好秋膘，以利过冬。这个季节夜间温度较低，若低于－30℃就停止夜牧，充分利用白天放牧。放牧地也应随天气变化逐渐从阴坡转向阳坡，并逐渐向村庄靠近。这时，当年出生的 4 月龄以上的犊牛(视生长发育是否正常)陆续断奶，从母牛群中分出另组牛群，使其习惯独立生活，也利于补料。断奶时间不要拖到冬天，否则对犊牛和母牛的健康都不利。秋天正是农作物收获的季节，可利用鲜玉米秸、鲜高粱秸、甘蔗尾梢和叶等制作青贮，注意收集秸秆和农副产品作为冬季饲草贮备。

4.冬季放牧

除我国华南地区冬季气候温和适宜放牧之外，北方冬季气温低而风大，牛在野外体热散失很多，而且野草已枯萎，营养价值低，牛单靠牧食难以满足所需的营养，因而很快减重。枯草期超过 60 d 的北方地区，冬季最好不要放牧。冬季不得不放牧的缺草地区，不宜去风大的高山、陡坡和阴坡，应该在有草的向阳缓坡、平地和谷地等暖和的地方放牧。日间迟些出牧，早点收牧，晚间在牛圈补喂秸秆，并按不同生理、营养需要补喂精料。遇严寒、大风和下雪天应停牧舍饲。冬季补饲要注意补充含粗蛋白质和维生素 A（或胡萝卜素）丰富的饲草料，若利用各种尿素配合和加工的蛋白质代用饲料更为经济。

5.放牧饲养应注意的问题

放牧地离牛圈最远不超过 3 km，超过时应在放牧地配置临时牛圈。临时牛圈可充分利用自然条件，因地制宜修建，以实用、造价低为原则。应注意避开泾流、悬崖边、崖下、低洼地和雷击区，以免雷雨天发生意外。还要便于排水，以免圈内潮湿泥泞，使牛无法卧下休息。冬春季节的牛圈应在背风向阳处修建。为了减少牧草资源的浪费，可采取综合配套放牧技术，如采取分区轮回放牧和围栏条牧等方法。分区轮牧可使放牧地得到休养，给牧草的恢复生长提供机会，较均匀地提供牧草。对于质量较好的放牧地，采用围栏条牧。雨天放牧要避开陡坡、悬崖边和悬崖下，以免滑坡及坍塌的危险。出牧和回牧都不要驱赶过急，特别是归牧路上，速度控制在 1.1 m/s，在险道上控制好爱顶架的牛（让其走在最前），让瘦弱牛、妊娠后期和带犊牛走慢些，避免发生滚坡事件。春末夏初是牛发情较为集中的时期，牛群放牧地应与人工授精站或交通线靠近，以便及时给发情牛输精。采用本交繁殖的牛群，可按每 30 头母牛配备 1 头公牛的比例组群，繁殖季节过后应把公牛分开饲喂。放牧人员应随身携带雨具和少量常用药品。春天开始放牧时还应带套管针、抑制瘤胃发泡发酵的药物等。

5.2.3 繁殖母牛舍饲饲养

舍饲方式需要大量饲料、设备与人力，成本高，由于缺乏运动、厩舍空气差而使牛体质较弱。但舍饲可提高饲草的利用率，不受气候和环境的影响，使牛拥有能抗御恶劣条件的环境，能按技术要求调节牛的采食量，使牛群生长发育均匀。合理安排牛床能避免牛之间的争斗，便于实现机械化饲养，提高劳动效率。牧草质量较差或冬春枯草季节，放牧吃不饱时，可采用舍饲办法或放牧加补饲的办法。缺少放牧地的平原农业区，牛群可采取舍饲办法。因为母牛不参加使役，所以应给牛群以一定面积的运动场地，让牛能活动，有利于提高体质。母牛可采取散放或定时上槽，不采用拴系式饲养，尽可能让牛自由采食、自由饮水；气温较低时，一定要饮 20℃以上的温水。母牛厩舍一般不作特别要求，冬季要求能防寒，防止结冻，夏天防雨、防冰雹、防暴晒，并以有产房为好，有利于犊牛和母牛的健康，减少疾病传播。

1.粗料以质量比较好的青草为主的饲养方法

因为青草营养价值比较高，可较好地满足牛的营养需要。只需对未成年母牛、妊娠 6 个月以上的母牛补喂精料，每日补混合料 0.5～1 kg，带犊母牛每日补混合料 1～1.5 kg。哺乳期补料比妊娠期补料意义更大，故妊娠期只宜使母牛营养平衡，产犊后提高其营养供给水平，按日泌乳 8～12 kg 标准奶安排日粮。据测定，补料多少对妊娠母牛本身影响很大，但一般对犊牛初生重影响不大(除非母牛营养状况太差)，却对产后泌乳量影响较大，使犊牛日增重提高。妊娠期和哺乳期对母牛补料是否恰当，明显影响犊牛的断奶重。

2. 以玉米秸类为主的饲养方法

玉米秸的营养价值相当于中等青干草，但蛋白质含量非常低，因此必须补充蛋白质饲料。如果搭配 1/3～1/2 的优质豆科牧草，可按以青草为主的标准补料。如果没有豆科牧草，可用青草补料标准的 1.3 倍补饲混合料，同时要注意玉米秸粗硬，适口性差，须进行适当的加工，改善适口性，增加采食量，减少浪费。

3. 以麦秸或稻草等低质粗饲料为主的饲养方法

麦秸、稻草的营养价值很低，牛很难从这类饲料中得到足够的维持需要，如用这类饲料饲喂时，必须同时补充能量和蛋白质饲料，其混合精料的补给量可按青草的 1.5～2 倍补饲，还要对麦秸、稻草进行细致的物理加工处理。如使用经碱化或氨化处理的麦秸、稻草作粗饲料时，要按营养标准补给维生素 A，并按玉米秸秆的方法补充精料，尽量搭配青绿饲料。

在以玉米秸秆、麦秸为主的饲养方法中，都要注意适当的粗料搭配，以提高其适口性，进行营养互相调节，节约日粮。

5.3 繁殖母牛的日粮组成

母牛繁殖性能的好坏，除遗传、环境因素外，营养因素也是十分重要。而在其配种、妊娠和繁殖的每一个阶段，其生理特点和营养要求各不相同。分别给予适当的营养，是保持和提高繁殖性能的基本条件。为确保母牛有良好的繁殖性能，就营养方面来讲，除给予适宜的蛋白质和能量水平，还必须注意维生素及矿物质的合理供给。尤其维生素 A 在冬春 4～5 个月期间常常缺乏，它明显影响分娩、胎衣排出、泌乳、产后第一次发情及初生犊的健康与成活率。

繁殖母牛的饲料营养供给直接影响母牛发情、配种、受妊和犊牛的生长。饲养肉用母牛的饲料以青、粗饲料为主，母牛不同生长阶段所需营养物质不同，饲料组成也就各有千秋，但总的原则是满足机体营养需要，既不能过多也不能过少，过多机体吸收不了，造成浪费，经济损失；过少满足不了基本的机体需要，影响生长发育。

5.3.1 空怀母牛的日粮组成

空怀母牛饲养的主要目的是保持牛中上等膘情，提高受胎率。繁殖母牛在配种前过瘦或过肥常常影响繁殖性能。如果精料过多而又运动不足，会造成母牛过肥，不发情。但在营养缺乏、母牛瘦弱的情况下，也会造成母牛不发情。因此在舍饲条件下青粗饲料供应充足，可不喂或少喂精料。如果仅饲喂低质粗饲料如秸秆，尤其是在冬春枯草季节，必须进行补饲。对瘦弱母牛配种前 2～3 个月要加强营养，增加补饲精料 1.5～2 kg 以提高受胎率。

精料配方如下：玉米 65%，饼(粕)类 16%，糠麸 15%，磷酸氢钙 2%，食盐 1%，微量元素维生素预混料 1%。

5.3.2 妊娠母牛的日粮组成

母牛妊娠后，饲料要求不仅要满足母牛生长发育需要营养，而且还要满足胎儿生长发育的营养需要和为产后泌乳进行营养蓄积。母牛怀孕前几个月，由于胎儿生长发育较慢，其营养需求较少，可以和空怀母牛一样，以粗饲料为主，适当搭配少量精料；如果有足够的青草供应，可不喂精料。母牛妊娠到中后期应加强营养，尤其是妊娠的最后2～3个月，应按照饲养标准配合日粮，以青饲料为主，适当搭配精料，重点满足蛋白质、矿物质和维生素的营养需要。蛋白质以豆粕质量最好，棉籽粕、菜籽粕含有毒成分，妊娠母牛不宜饲喂或少量饲喂；矿物质要满足钙、磷的需要；微量元素、维生素不足可使母牛发生流产、早产、弱产，犊牛出生后易发病，如缺磷不会影响母牛体况，但能使卵巢静止，影响繁殖。同时饲喂时应注意防止妊娠母牛过肥，尤其是头胎母牛，以免发生难产。母牛的妊娠期分为妊娠前期、妊娠中期和妊娠后期。精料参考配方：玉米60%，饼(粕)类26%，糠麸10%，磷酸氢钙2%，食盐1%，微量元素维生素预混料1%。

1. 妊娠前期

从受胎到怀孕2个月之间的时期为妊娠前期，此期营养需要较低，重点是做好保胎工作。胎儿各组织器官处于分化形成阶段，营养上不必增加需要量，但要保证饲料营养的均衡和全价，尤其是矿物元素和维生素A、维生素D、维生素E的供给。饲料供给以优质青粗饲料为主，精料为辅。例如，一头体重450 kg妊娠前期的母牛日粮给量为：青饲料25～30 kg或秸秆(或干草)4～5 kg，配合饲料1.5～2 kg。

2. 妊娠中期

怀孕2个月到7个月之间的时期为妊娠中期，妊娠5个月后胎儿增重加快，此期的重点是保证胎儿发育所需要的营养。故此期应增加精料喂量，多给蛋白质含量高的饲料。日粮可由青草25～30 kg或秸秆(或干草)3～4 kg，精料2～3 kg组成。

3. 妊娠后期

怀孕8个月到分娩的时期为妊娠后期，此期营养需要较高，重点确保胎儿快速发育所需要的营养。怀孕最后2个月，此期胎儿增重约占胎儿总重量的75%以上；同时，母体也需要贮存一定的营养物质，使日增重达0.3～0.4 kg，以供分娩和分娩后泌乳所需。故应增加精料喂量，多给蛋白质含量高的饲料。日粮可由青草20～25 kg或秸秆(或干草)3～4 kg，精料3～4 kg组成。分娩前最后1周内精料喂量减少一半。

4. 围产期

指母牛产前产后各15 d，此期母牛的饲养在生产上较关键，若饲养不当，会造成瘫痪(产后瘫痪)或影响下一次发情，此期应多给优质青干草。分娩前2周，根据母牛膘情和粗饲料品质供给精料，通常给精料2～3 kg，使母牛的膘情维持中等偏上。分娩后2周内，母牛体质较弱，生理机能差，饲养上应以恢复体质为主。产犊后应给予温热麸皮盐钙汤10～15 kg(水温36～38℃，麦麸1 kg，食盐100 g，碳酸钙100 g、益母膏250 g、红糖1 kg)。可多次供给，以防子宫脱出。供给优质青干草让母牛自由采食，补给少量配合饲料。此期精料最高用量不要超过2 kg。

5.3.3 哺乳期母牛的日粮组成

哺乳期母牛的主要任务是多产乳，满足犊牛的生长发育所需的营养需要。母牛分娩3周后，泌乳量迅速上升，母牛身体已恢复正常，应增加精料用量，供给优质粗饲料，饲喂时青粗饲料少给勤添。饲料要多样化，一般精、粗饲料各由3～4种组成，并大量饲喂青绿、多汁饲料，日粮中粗蛋白含量10%～11%。保证饲料质量，注意蛋白质品质，供给充足的钙磷、微量元素和维生素。分娩3个月后，产奶量逐渐下降，饲养上可适当减少精料喂量，并通过加强运动、梳刮牛体、给足饮水等措施加强母牛体质。

对舍饲母牛，青粗饲料少给勤添。混合精料参考配方：玉米面55%～60%，饼类25%～30%，麸皮5%～10%，磷酸氢钙2%，食盐1.5%，微量元素维生素预混料1%～2%。日喂量1.5～3 kg。

哺乳母牛根据泌乳规律可以分为泌乳初期、泌乳盛期、泌乳中期和泌乳末期4个阶段。

1. 泌乳初期

通常指母牛产犊后7～15 d的阶段。此期母牛身体处于恢复阶段，产后要及时补充水分促进代谢物排出。产后2～3 d喂给易消化的优质干草，适当补饲以麦麸、玉米为主的混合精料，控制喂催乳效果好的青饲料、蛋白质饲料等。产犊3～4 d后可喂多汁料和精饲料，精料喂量每天不超过0.5～1 kg，增加量不宜过多，对于体质较弱的母牛在产后3 d喂给优质干草。如果体质健康，产犊后第1天就可喂给少量多汁料，6～7 d精料喂量可恢复正常水平(1.5～2 kg)。

2. 泌乳盛期

是指母牛产奶量最多的阶段，大致在产犊后16 d至2个月。这个时期母牛食欲逐步恢复正常并达到最大采食量，对日粮营养浓度要求高，适口性要好，应限制能量浓度低的粗饲料，增加精料的喂量，精料喂量每天为2～3 kg，精粗比例在50∶50，如果日粮能量浓度较低，则可添加植物性脂肪，并适当延长采食时间。

3. 泌乳中期

是指母牛产后2～3个月的时期。此期母牛泌乳盛期已过，泌乳量下降。这一阶段，母牛采食良好，采食量达到高峰，能从正常饲料中摄取足够的营养满足自身需要，增加粗料的用量，适当减少精料的用量，精料喂量每天不超过2.5～1.5 kg，将精粗比例控制在40∶60左右。

4. 泌乳末期

是母牛产后3个月至犊牛断奶的时期。此期应尽可能供应优质粗饲料，适当补给精料，做好犊牛断奶、母牛停止泌乳(干乳)的准备，为了保证母牛有中上等膘情，利于发情配种，提高受胎率，精料喂量每天不少于2 kg，如粗饲料质量较好如有青绿饲料或苜蓿干草，可酌情减少精料喂量，精粗料比例控制在30∶70左右。

5.3.4 繁殖母牛放牧补饲的饲料组成

对于牧区放牧母牛，以夏季放牧为主，放牧期一般为5～10月份，舍饲补饲期从11月份到次年4月份。放牧期每天保证8～10 h的采草时间，放牧人员要跟群放牧，注意观察牛的吃草、发情、精神状况。注意补喂矿物质、食盐，可适当补少量精料。放牧期每日补喂精料1～2 kg，舍饲补饲期饲料供给同舍饲母牛。混合精料参考配方：玉米50%，饼(粕)类25%，麸皮 10%，磷酸氢钙 2%，食盐 1.5%，微量元素维生素预混料 1.5%。

5.4 繁殖母牛的饲养管理

饲养母牛，期望母牛的受胎率高，泌乳性能高，哺育犊牛的能力强，产犊后返情早；期望出生的犊牛质量好，初生重、断奶重大，断奶成活率高。繁殖母牛除了必须健康外，还要在遗传能力、繁殖能力、饲料利用性能和生产能力等诸方面具有较优的表现。

5.4.1 空怀母牛的饲养管理

肉牛空怀母牛的饲养管理主要是围绕着提高受配率、受胎率，充分利用粗饲料，降低饲养成本而进行的。繁殖母牛在配种前应具有中等膘情，过肥或过瘦往往影响繁殖。精料饲喂过多而又运动不足，易使牛体过肥，造成不发情；在饲料缺乏，母牛瘦弱的情况下，即营养不良，也会引起母牛不发情而影响繁殖。因此，瘦弱母牛配种前 1～2 个月应加强饲养，适当补饲精料，提高受胎率。

1. 空怀母牛的饲养

舍饲空怀母牛的饲养以青粗饲料为主，适当搭配少量精料，当以低质秸秆为粗料时，应补饲 1～2 kg 精料，改善母牛的膘情，力争在配种前达到中等膘情，同时注意食盐等矿物质、维生素的补充。母牛过肥则增加劳役量，多喂粗料和多汁饲料；过瘦则多补精料和青绿料，力争在配种前达到中等膘情。

以放牧为主的空怀母牛，放牧地离牛舍不应超过 3 000 m。青草季节应尽量延长放牧时间，一般可不补饲，但必须补充食盐；枯草季节，要补饲干草（或秸秆）3～4 kg 和 1～2 kg 精料。实行先饮水后喂草，待牛吃到 5～6 成饱后，喂给混合精料，再饮淡盐水，待牛休息 15～20 min 后出牧，放牧回舍后给牛备足饮水和夜草，让牛自由饮水和采食。草料要新鲜无霉烂变质。初牧 10 d 限制牛采食幼嫩牧草和树叶等，防止有毒植物中毒或膨胀病发生。

2. 空怀母牛的管理

母牛空怀的原因有先天和后天 2 个方面。先天不孕一般是由于母牛发育异常，在育种工作中淘汰那些隐性基因的携带者即可解决。后天性不孕主要是由于营养缺乏、饲养管理和使役不当及疫病所致。母牛空怀会给养牛者造成很大的经济损失，表现为受配率、受胎率低，饲养成本较高。成年母牛因饲养管理不当而造成不孕，在恢复正常营养水平后，大多能够自愈。母牛发情，应及时予以配种，防止漏配和失配。

牛舍内通风不良、空气污浊、夏季闷热、冬季寒冷、过度潮湿等恶劣环境极易危害牛体健康，敏感的个体，很快停止发情。因此，改善饲养管理条件对提高母牛繁殖力，减少母牛空怀十分重要。

此外，运动和日光浴对增强牛群体质、提高肉牛的生殖机能有着密切关系。

5.4.2 肉用妊娠母牛的饲养管理

妊娠母牛饲养管理的基本要求是体重增加、代谢增强、胚胎发育正常、犊牛初生重大、产后生活力强。妊娠母牛的营养需要和胎儿的生长速度有关,胎儿在5月龄前生长速度缓慢,以后逐渐加快,到第9妊娠月时,妊娠需要达到维持需要的50%~60%;胎儿需要从母体吸收大量营养。一般在母牛分娩前,至少要增重45~70 kg,才能保证产犊后的正常泌乳与发情,怀孕最后的2~3个月,应进行重点补饲。同时妊娠期间的营养水平还与产后泌乳量、正常发情有关,如果供给的营养不足,会影响犊牛的初生重、哺乳犊牛的日增重及母牛的产后发情。营养过剩使母牛发胖,生活力下降,影响繁殖和健康,母牛一般应保持中等膘情。对于头胎母牛,还要防止难产,尤其用大体型的牛改良小体型的牛,对妊娠后期的营养供给不可过量。

放牧情况下,母牛在妊娠初期,青草季节应尽量延长放牧时间,一般不补饲,晴天选择背风向阳的地方放牧,增强牛体运动。枯草季节,应根据牧草质量和牛的营养需要确定补饲草料的种类和数量。特别是怀孕后期的2~3个月,多采取选择优质草场,延长放牧时间,牧后应重点补饲,每天加喂0.5~1 kg胡萝卜或干草以补充维生素A或用维生素A添加剂补充,精料每天补1.0~1.5 kg。此外,还要补充食盐及其他矿物质元素,特别在放牧青草时应补充,因为青草中钾盐高,钠盐低,补食盐可维持钾、钠的适当比例,使体液稳定。正确的补盐方法是制成舔剂,任其自由舔食;或根据喂量,化在水中喂饮,或每天随草料拌匀给予。

舍饲妊娠母牛,要根据妊娠月份的增加调整日粮配方,增加营养物质给量。按以青粗饲料为主适当搭配精饲料的原则,参照饲养标准配合日粮;粗料如以玉米秸为主要补饲精料;粗料若以麦秸、稻草等粗料为主,秸秆要适当处理加工,必须补饲精料。饲喂顺序:在精料和多汁饲料较少(占日粮干物质10%以下)的情况下,可采用先粗后精的顺序饲喂,即先喂粗料,待牛吃半饱后,在粗料中拌入部分精料或多汁料碎块,引诱牛多采食,最后把余下的精料全部投饲,吃净后下槽。若精料量较多,可按先精后粗的顺序饲喂。

肉用母牛的妊娠期一般为270~290 d,平均为280 d。一般分为妊娠前期、妊娠中期、妊娠后期和围产前期4个时期。

1. 妊娠前期的饲养管理

妊娠前期是指妊娠后的1~13周龄(1~91 d)的阶段。这一阶段,通过输精配种,精子和卵子结合发育成胚胎。此期的胚胎发育较慢,母牛的腹围没有明显的变化。母牛在妊娠初期,由于胎儿生长发育较慢,其营养需求较少,为此,对妊娠初期的母牛一般按空怀母牛一样进行饲养,以粗饲料为主,适当搭配少量精料。初孕青年母牛身体开始发胖,后部骨骼开始变宽,营养向胎儿和身体两个方面供给,精饲料每头日喂1~1.5 kg,每天饲喂3次。

当母牛以放牧补饲饲养为主时,此期放牧一般可以满足母牛对营养的需要,放牧可以促进母牛生长,减少疾病发生,有利于胎儿发育。但在枯草期要补饲一定的粗饲料和精料,补饲的粗饲料要多样化,防止单一化。有条件的每天补饲青贮玉米10~12 kg或块根饲料2~4 kg或秸秆(干草)4~5 kg。每天补饲2~3次。要定时、定量,避免浪费。补饲时采取先精后粗的次序进行。

放牧时,不要快速驱赶,或者突然刺激母牛做剧烈活动,防止意外流产。青草期,以放牧采食青草为主,定时、定量饲喂精料。保证充足的饮水,每天饮水3次,冬季要饮温水。

牛舍要保持清洁干燥,每天打扫卫生2~3次。床位铺垫草,并且每天更换1次,每天刷拭牛体1~2次。

2. 妊娠中期的饲养管理

妊娠中期是指妊娠14~26周龄(92~182 d)的阶段。这一阶段,胎儿发育加快,母牛腹围逐渐增大。营养除了维持母牛身体需要外，全部供给胎儿。应提高营养水平，满足胎儿的营养需要，为培育出优良健壮的犊牛提供物质基础。精饲料补饲要增加，每头日喂 1.5～2 kg，每天饲喂 3 次。保持放牧加补饲的饲养方法，尤其冬季要补饲青粗饲料和多汁饲料，供给充足的饮水；放牧时，选择背风向阳的地方进行暂短的休息。

重点是保胎，不要饲喂冰冻的饲料，冬季不饮用太凉的水；不刺激孕牛做剧烈或突然的活动。每天刷拭牛体的同时注意观察母牛有无异常变化。所用料桶和水桶每次用后刷洗干净，晾干。饮水槽要定期刷洗，保持饮水清洁卫生。牛舍要保持清洁干燥，通风良好，冬季注意保温。

3. 妊娠后期的饲养管理

妊娠后期是指妊娠 27～38 周龄(183～265 d)的阶段。这一阶段是胎儿发育的高峰，母牛的腹围粗大。胎儿吸收的营养占日粮营养水平的 70%～80%。妊娠最后 2 个月，母牛的营养直接影响着胎儿生长和本身营养蓄积，如果长期低营养饲喂饲养，母牛会消瘦并容易造成犊牛初生重低、母牛体弱和奶量不足，造成母牛易患产后瘫痪；若严重缺乏营养，会造成母牛流产。而高营养水平饲养，母牛则因肥胖出现影响分娩如难产、胎衣不下等。所以这一时期要加强营养但要适量。

保持放牧补饲饲养，供给充足饮水。35 周龄以后，缩短放牧时间，每天上午和下午各 2 h。由于母牛身体笨重，行走缓慢，放牧距离应缩短。严禁突然驱赶和鞭打孕牛，以防流产和早产。孕牛起卧时，让其自行起卧，禁止驱赶。

舍饲时母牛精饲料每头日喂量 2～2.5 kg；37 周龄结束至 38 周龄开始根据母牛的膘情可适当减少精料用量，每头日喂量 2～2.5 kg，每天饲喂 3 次。

由于胎儿增大挤压了瘤胃的空间，母牛对粗饲料采食相对降低，补饲的粗饲料应选择优质、消化率高的饲料，水分较多的饲料要减少用量；38 周龄时，饲喂的多汁饲料要减量，主要提供优质的干草和精料。按时供给饮水。每天注意观察孕牛状况，发现异常，立即请兽医诊治，每天刷拭牛体，清扫牛舍保持卫生。

4. 围产期前期的饲养管理

围产期前期是指妊娠 39～49 周(266～280 d)，即分娩前 2 周，这一阶段称为围产前期。此时胎儿已经发育成熟，母牛腹围粗大，面临着分娩，身体十分笨重。精料每头日喂量 1.5～2.0 kg，每天饲喂 3 次。

以舍饲饲养为主，每天保持 3～4 h 运动。临产前 3 d 做 1～2 h 运动。这样可有效地预防难产和胎衣不下。查阅配种记录，计算预产日期。预产期前 5～10 d，进行昼夜观察监护。同时做好分娩前的各项准备。在围产前期，以饲喂优质粗料(干草)为主，禁止饲喂玉米青贮和块根等多汁饲料。

5.4.3 肉用母牛妊娠期的管理

母牛妊娠后，新陈代谢旺盛，食欲增加，消化能力提高，所以其营养状况改善，毛色变得光润；加之胎儿、胎水的增长，所以母牛体重增加。妊娠后期，胎儿急剧生长，母牛要消耗在妊娠前期所积蓄的营养物质以满足胎儿生长发育的需要。此阶段如果饲养管理不当，母牛会逐渐消瘦；如果饲料中缺钙，母牛就会动用自身骨骼中的钙以满足胎儿发育的需要，严重时会使母牛后肢跛行，牙齿磨损得较快。因此，母牛妊娠期的管理重点是防流产保母子平安，把防止流产和保证胎儿的正常发育视为主要工作。

1. 母牛妊娠诊断

配种后要及早判断母牛是否受孕，妊娠诊断的目的是为了确定母牛是否妊娠，以便对已受胎的母牛加强饲养管理做好保胎工作，对未妊娠者找出原因，及时补配或进行必要的处理，从而提高母牛的繁殖率。生产中妊娠诊断的方法有 3 种，现多采用外部观察法和直肠检查法进行妊娠诊断，外部观察法只对发情规律正常的牛有一定参考价值，并且一些明显的外观症状只在妊娠中后期才较明显，无法做到早期诊断。所以现在广泛采用直肠检查法，但直肠检查法要求有熟练技术，否则非但不能正常诊断而且易造成牛流产。

(1)阴道检查法。妊娠母牛阴道黏膜变为苍白，比较干燥。怀孕 1.5～2 个月时，子宫颈口附近即有黏稠黏液，但量尚少；至 3～4 个月后，就很明显，并变得黏稠灰白或灰黄，如同稀糊；以后逐渐增多，黏附在整个阴道壁上，附着于开膣器上的黏液呈条纹或块状。至妊娠后半期，可以感觉到阴道壁松软、肥厚，子宫颈位置前移，且往往偏于一侧。

(2)外部观察法。怀孕后母牛周期发情停止，食欲增强，被毛出现光泽，性情变得温驯，行动缓慢。在妊娠后半期，腹部不对称，右侧腹壁突出。8 个月以后，右侧腹壁可见到胎动。

外部观察法主要是对配种后的母牛在下一个发情期到来前后，注意其是否再次发情，如不发情，则可能受胎。但这并不完全可靠，因为有的母牛虽然未受胎，但在发情时表现不明显(安静发情/暗发情)或不发情，而有些母牛虽已受胎但仍有表现发情的(假发情)。另外观察其行为、食欲、营养状况及体态等对妊娠诊断也有一定的参考价值。

(3)直肠检查法。这是目前生产单位最常用最可靠的妊娠诊断方法。

2. 妊娠母牛的管理

妊娠母牛管理的重点是做好保胎工作，预防流产或早产，保证安全分娩；在饲料条件较好时，应避免过肥和运动不足；在粗饲料较差时，做好补饲，保证营养供给。

(1)饲料管理。

①应采用先粗后精的顺序饲喂。即先喂粗料，待牛吃半饱后，在粗料中拌入部分精料或多汁料碎块，引诱牛多采食，最后把余下的精料全部投饲，吃净后下槽。

②要注意饲料的多样化，重视青干草、青绿多汁饲料的供应，怀孕牛禁喂发霉变质或酸度过大的饲料，禁喂酒糟等饲料，不可饲喂冰冻或发霉腐败的饲料和饲草，以免引起孕牛的腹痛和消化不良，引起子宫收缩，造成流产。

③分娩前 2 周左右饲料要减少 1/3，以减轻肠胃负担，防止消化不良，特别注意的是要停喂青贮及多汁饲料，以免乳房过度膨胀。

(2)放牧管理。

①在母牛妊娠期间，应注意防止流产、早产，这对放牧饲养的牛群更为重要。妊娠后期的母牛与其他牛群分别组群，单独在附近的草场进行放牧，以防止顶角打架、拥挤和乱爬跨而造成流产。为防止母牛之间互相挤撞，放牧时不要鞭打、驱赶，以防惊群。

②雨天不要放牧和进行驱赶运动，防止滑倒。不要在有露水的草场上放牧，也不要让牛采食大量易产气的幼嫩豆科牧草，不采食霉变饲料，不饮冰碴水和脏水。

(3)妊娠母牛日常管理。

①妊娠母牛在管理上要加强刷拭和运动，特别是头胎母牛，还要进行乳房按摩，以利产后犊牛哺乳。舍饲妊娠母牛每日运动 2 h 左右，以免过肥或运动不足，以防止发生妊娠浮肿，利于

胎儿分娩。每天至少刷拭牛体一次，以保持牛体清洁。

②如有使役任务，在妊娠前期和妊娠中期可适当使役，但不能用于驾辕拉车和转圈，并且使役强度不宜过大，严防打冷鞭、拐急弯、爬高坡等，还要防止惊吓、滑跌等，临产前1个月必须停止使役。群众的护孕保胎的经验有，“六不”，“一不混”，不和其他牛混牧饲养，以防踢伤、撞伤或配而流产；“二不打”，不打冷鞭，不打头、腹部；“三不吃”，不吃霜、冻、霉烂草等；“四不饮”，清晨不饮冷，出汗不饮，冰水不饮，饿肚不饮；“五不赶”，刚吃饱饮足、重役、坏天气、路差、快到家不急赶；“六不用”，配后、产前、产后、过饱、过饥、有病不用。

③妊娠母牛应做好保胎工作，自由饮水，不饮脏水、冰水，水温要求不低于8～10℃。

④对有病的妊娠母牛要慎重用药，防止因用药不当引起流产。

(4)一般管理措施。

①刷拭。定期刷拭牛体，刷拭能清除牛体的污垢、尘土与粪便，保持牛体清洁，促进血液循环，增进新陈代谢，有益于牛的健康，同时还可以防止寄生虫病。刷拭应由颈部开始往后刷。先用毛刷和铁刷刷掉牛体粪便，然后用水清洗牛体。

②修蹄。由于受遗传和环境因素的影响，有的牛蹄会出现增生或病理症状，如变形蹄、腐蹄病等，如不及时修整，会造成牛行动上的困难和产乳量下降。修蹄应每年春秋各进行1次。

③按摩乳房。对青年母牛一般从妊娠5～6个月必须开始按摩乳房，每天1～2次，每次3～5 min，至产前半个月停止按摩。

(5)做好临产前的管理。

①预产期的推算。母牛的妊娠期一般为270～285 d，平均为280 d。以280 d计，可以通过最后一次配种日期、月份各加9来推算预产期。例如，一头母牛2010年8月26日最后一次配种，则预产期为月份8+9=17，需减去12个月即为次年的5月份，日期27+9=36需减去5月份的31 d为下月5日，则该牛预产期为2011年6月5日。

②要注意对临产母牛的观察，及时做好分娩助产的准备工作，保证安全分娩。纯种肉牛难产率较高，尤其初产母牛，须做好助产工作。

③若母牛怀孕前期阴道流出黏液，不断回头看腹部，起卧不安，后期乳腺肿大，弓腰尿频姿势，腹痛明显，胎动停止，则是流产预兆，要及时治疗。可用黄体酮0.5～1 g肌肉注射，每天1次，连用4～6 d。

5.4.4 妊娠母牛的接产技术

临近产期的母牛应停止放牧，给予营养丰富、品质优良、易于消化的饲料。产前半个月，最好将母牛移入产房，由专人饲养和看护，发现临产征兆，估计分娩时间，准备接产工作。

1.接产前的准备

(1)产房。产房应当清洁、干燥，光线充足，通风良好，无贼风，墙壁及地面应便于消毒。在北方寒冷的冬季，应有相应取暖设施，以防犊牛冻伤。产房要求宽敞、冬暖夏凉，无贼风洞，地面铺以清洁干燥的垫草，妊娠母牛产前1周进入产房保产。

(2)准备的用品及药械。在产房里，接产用具及药械(用具：肥皂、毛巾、剪刀、绷带、脸盆、水桶、刷子等。药品：碘酒、酒精棉球、高锰酸钾、消毒粉、抗生素等。70%酒精、2%～5%碘酒、煤酚皂、催产药物等)应放在一定的地方，以免临时缺此少彼，造成慌乱。此外，产房里最好还备有一套常用的手术助产器械，以备急用。

(3)接产人员。接产人员应当受过接产训练，熟悉牛的分娩规律，严格遵守接产的操作规程及值班制度。分娩前应注意观察母牛分娩预兆，以便作好接产准备；分娩时尤其要固定专人，并加强夜间值班制度。

2.母牛的分娩预兆

(1)母牛在临近分娩前数天乳房肿胀，至产前1～2 d可从乳头流出少量清亮胶样液体，乳头中充满初乳。

(2)阴唇从分娩前约1周开始逐渐柔软、肿胀、增大，阴唇皮肤上的皱褶展平，皮肤稍变红。

(3)阴道黏膜潮红，黏液由浓厚黏稠变为稀薄滑润。

(4)子宫颈在分娩前1～2 d开始肿大松软黏液塞软化，流入阴道而排出阴门之外，呈半透明索状。

(5)骨盆韧带从分娩前1～2周即开始软化，至产前12～36 h，尾根两旁只能摸到一堆松软组织，且荐骨两旁组织塌陷，临产前母牛表现不安，常回顾腹部，后躯摇摆，排粪尿次数增多，每次排出量少，食欲减少或停止。

(6)阴道内流出透明的索状物，垂于阴门之外。骨盆韧带进一步松弛，尾根两侧凹陷更为明显。

(7)如果发现母牛精神不安，时起时卧、频频排尿，经常回头看腹部，表明母牛即将分娩，应立即做好接产的准备。

上述各种现象都是分娩即将来临的预兆，但要全面观察综合分析才能作出正确判断。

3.分娩过程

(1)开口期。从子宫开始阵缩到子宫颈口充分开张为止，一般需2～8 h(范围为0.5～24 h)。特征是只有阵缩而不出现努责。初产牛表现不安，时起时卧，徘徊运动，尾根抬起，常作排尿姿势，食欲减退；经产牛一般比较安静，有时看不出有什么明显表现。

(2)胎儿产出期。从子宫颈充分开张至产出胎儿为止，一般持续3～4 h(范围为0.5～6 h)，初产牛一般持续时间较长。若是双胎，则两胎儿排出间隔时间一般为20～120 min。此期特点是阵缩和努责同时作用。进入该期，母牛通常侧卧，四肢伸直，强烈努责，羊膜绒毛膜形成囊状突出阴门外，该囊破裂后，排出淡白或微带黄色的浓稠羊水。胎儿产出后，尿囊才开始破裂，流出黄褐色尿水。因此，牛的第一胎水一般是羊水，但有时尿囊先破裂，然后羊膜囊才突出阴门破裂。在羊膜破裂后，胎儿前肢和唇部逐渐露出并通过阴门，这时母牛稍事休息后会继续把胎儿排出。

(3)胎衣排出期。从胎儿产出后到胎衣完全排出为止，一般需4～6 h(范围为0.5～12 h)。若超过12 h，胎衣仍未排出，即为胎衣不下，需及时采取处理措施。此期特点是当胎儿产出后，母牛即安静下来，经子宫阵缩(有时还配合轻度努责)而使胎衣排出。

4.接产

接产目的在于对母牛和胎儿进行观察，并在必要时加以帮助，达到母仔安全。但应特别指出，接产工作一定要根据分娩的生理特点进行，不要过早过多地干预，接产工作应在严格消毒的原则下进行。其步骤如下：

(1)母牛临产时，先用1%高锰酸钾清洗母牛的外阴部、尾部及整个后躯，并用消毒液(如1%煤酚皂溶液)擦洗，并让母牛呈右侧卧姿势。用绷带缠好尾根，拉向一侧系于颈部。在产出期开始时，接产人员穿好工作服及胶围裙、胶鞋，消毒手臂，为必要的检查做准备。

（2）当胎膜露出至胎水排出前，可将手臂伸入产道，进行临产检查，以确定胎向、胎位及胎势是否正常，以便对胎儿的异常作出早期矫正，避免难产的发生（图 5.3，图 5.4）。除检查胎儿外，还可检查母牛骨盆有无变形，阴门、阴道及子宫颈的松软扩张程度，以判断有无因产道异常而发生难产的可能。当羊膜从母牛阴门露出时，可以看到胎儿的两前蹄或两后肢。胎儿如果是正常胎位分娩（两前蹄先出），应三件（唇及两前蹄）俱全，可等候其自然排出，接产人员可以两手接着前肢的系部，在母牛努责时稍加用力就能顺利产出，但不能强拉。若确诊为倒生，接产人员应及早将胎儿拉出产道，防止胎儿在产道内脐带被挤压，脐带血流受阻而造成胎儿死亡。

在正常分娩过程中，母牛可以将胎儿顺利产出，不需人工辅助。但是对初产母牛，胎位异常及分娩过程较长的母牛要及时进行助产，以缩短分娩过程并保证胎儿的成活。

（3）当胎儿唇部或头部露出阴门外时，如果上面覆盖有羊膜，可把它撕破，并把胎儿鼻孔内的黏液擦净，以利呼吸。但也不要过早撕破，以免胎水过早流失。

（4）注意观察努责及产出过程是否正常。如果母牛努责、阵缩无力，或其他原因（产道狭窄、胎儿过大等）造成产仔滞缓，应迅速拉出胎儿，以免胎儿因氧气供应受阻，反射性吸入羊水，引起异物性肺炎或窒息。在拉胎儿时，可用产科绳缚住胎儿两前肢球节或两后肢系部（倒生）交于助手拉住，同时用手握住胎儿下颌（正生），随着母牛的努责，左右交替用力，顺着骨盆轴的方向慢慢拉出胎儿。在胎儿头部通过阴门时，要注意用手捂住阴唇，以防阴门上角或会阴撑破。在胎儿骨盆部通过阴门后，要放慢拉出速度，防止子宫脱出。

（5）胎儿产出后，应立即将其口鼻内的羊水擦干，并观察呼吸是否正常。

（6）胎儿产出后，如脐带还未断，应将脐带内的血液挤入仔畜体内，这对增进犊牛的健康有一定好处。断脐时，脐带断端不宜留得太长。断脐后，可将脐带断端在碘酒内浸泡片刻或在其外面涂以碘酒，并将少量碘酒倒入羊膜鞘内。如脐带持续出血，须加以结扎。

（7）犊牛产出后不久即试图站立，最初一般是站不起来的，应加以扶助，以防摔伤；同时有条件时对母牛和新生犊牛注射破伤风抗毒素，以防感染破伤风。

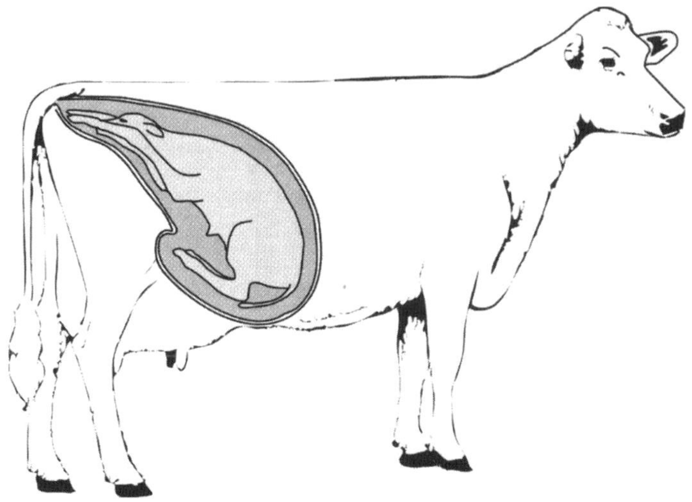

图 5.3　母牛分娩前胎儿正常位置

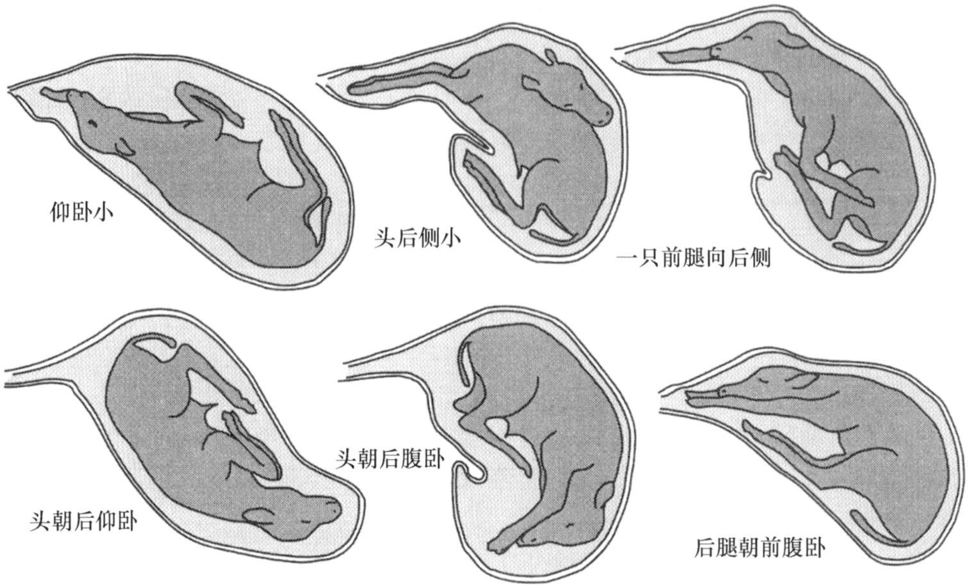

图 5.4 犊牛出生前常见胎儿错位形式

5.5 哺乳期母牛的饲养管理

哺乳母牛就是产犊后用其乳汁哺育犊牛的母牛，哺乳母牛的主要任务是多产乳以供犊牛需要。对哺乳母牛的饲养管理要求是：有足够的泌乳量以满足犊牛生长发育的需要，提高哺乳期犊牛的日增重和断奶体重。母牛用于泌乳的营养取决于其泌乳能力（较好、平均和较差，详见《肉牛营养需要和饲养标准》），还和犊牛的哺乳能力及母牛本身的营养水平有关。由于母牛的泌乳量与产前营养水平呈高度正相关，所以，母牛用于泌乳的营养需要与产前营养水平也相关。母牛在哺乳期能量饲料的需要比妊娠牛高出 50%，蛋白质、钙、磷的需要量加倍，每分泌 1 kg 的乳要消耗 0.3～0.4 kg 精饲料。1 头大型西杂肉用母牛在自然哺乳时，平均日产奶量可达 6～7 kg，产后 2～3 个月达到泌乳高峰；本地黄牛产后平均日产奶 2～4 kg，泌乳高峰多在产后 1 个月出现，此时若不给母牛增加营养，就会使其泌乳量下降，并会损害母牛健康，影响犊牛的生长。保证饲料质量，注意蛋白质品质，供给充足的钙、磷、微量元素和维生素。哺乳母牛也需要较多的维生素 A 和维生素 D，如缺乏这些维生素，就要影响被哺育的犊牛，使其生长停滞、下痢、患肺炎和佝偻病等。由于母乳中含大量水分，因此，要经常供给母牛清洁、不太凉的水，保证泌乳的需要。

5.5.1 母牛分娩产后的护理（围产后期母牛的饲养）

分娩时母牛体内损失大量水，分娩后应立即给母牛饮 36～38℃温水（麸皮汤），在 10 kg 温水中加入麸皮 1 kg，食盐 50 g，搅拌均匀调成稀粥状饲喂，要多次供给，有条件加 1 000 g 红糖和 500 g 益母草膏效果更好。

1.做好产后监护

母牛产后易发生胎衣不下、食滞、乳房炎和褥热等症，要经常观察，注意观察母牛的乳房、食欲、反刍和粪便，发现异常情况及时治疗，并做好分娩后的监护。①产后 3 h 内注意观察母牛产道有无损伤、出血，发现损伤出血及时处理；②产后 6 h 内注意观察母牛努责情况，若母牛努责强烈，要检查是否还有胎儿未产出，并注意是否有子宫脱征兆；③产后 12 h 内注意观察胎衣排出情况；④产后 24 h 内注意观察母牛恶露排出的数量；⑤产后 3 d 内注意观察母牛有无生产瘫痪症状，发现瘫痪症状要及时治疗；⑥产后 7～12 d 注意观察母牛恶露排出程度，发现恶露不净或腐败要及时治疗。

2.做好胎衣排出的观察与处理

注意观察胎衣排出情况，如果胎衣排出，要仔细检查是否完整，胎衣完整排出后用 0.1% 的高锰酸钾对母牛的阴部和臀部进行消毒。如果 24 h 后胎衣仍未排出，为胎衣不下，可用促进子宫收缩药垂体后叶素 100 单位、催产素 8～10 mL、已烯雌酚 15～20 mg，肌肉注射。如果 48～72 h 胎衣仍未排出，应采取手术剥离，剥离后为防止感染可用 0.1% 的高锰酸钾 1 000～2 000 mL 冲洗子宫，每日 1 次，连冲 2～3 d。

3.做好围产后期母牛的饲养

产后 3 d 内，一般饮用粥状饲料(玉米、麸皮、豆粕组成或混合精料调成粥状)较好，3 d 以后，补充少量混合精饲料，精饲料最高喂量不能超过 2 kg。对体弱母牛，产后 3 d 内只喂优质干草，4 d 后可喂给适量的精饲料和多汁饲料，并根据乳房及消化系统的恢复状况，逐渐增加给料量，但每天增加精料量不得超过 0.5 kg。当乳房水肿完全消失时，饲料可增至正常。若母牛产后乳房没有水肿，体质健康，粪便正常，在产犊后的第 1 天就可饲喂多汁料和精料，到 6～7 d 即可增至正常喂量。

头胎母牛产后饲养不当易出现酮病，表现为食欲不佳、产乳量下降和出现神经症状。其原因是饲料中富含碳水化合物的精料喂量不足，而蛋白质给量过高所致，实践中应给予高度的重视。

在产后 7 d 内，每天应饮温水；母牛产犊后的 10 d 内，尚处于体况恢复阶段，要限制精饲料及根茎类饲料的喂量。

母牛分娩 14 d 内饲料应以适口性好、易消化吸收、有软便作用的优质青干草为主，日喂量 3～4 kg，让母牛自由采食；母牛分娩 14 d 后，饲料喂量应随产乳量的增加而逐渐增加，饲料要保证种类多样，粗饲料质量要好，特别要注意蛋白质含量和品质，日粮中粗蛋白含量不能低于 10%，同时供给充足的钙、磷、微量元素和维生素。一般混合精饲料补饲量为 2～3 kg，主要根据粗饲料的品质和母牛膘情确定，可饲喂青绿、多汁饲料，以保证泌乳需要和母牛产后体况恢复。

对舍饲母牛，青粗饲料应少给勤添，饲喂次序一般先粗后精。对放牧母牛，应尽量采用季节性产犊，最好早春产犊。根据草场质量和母牛膘情，确定夜间补饲粗饲料和精料的种类和数量。无论舍饲还是放牧，都要保证充足的饮水，成年母牛日消耗水约 60 kg。

5.5.2 哺乳期母牛的饲养

母牛分娩 2 周后，泌乳量迅速上升，母牛身体已恢复正常，应增加精料用量，每日可进食干物质为 9～11 kg,日粮中粗蛋白含量 10%～11%,供给优质粗饲料,精料补饲量根据粗饲料的品质和母牛膘情而定。饲料要多样化,一般精、粗饲料各由 3～4 种组成,并大量饲喂青绿、多汁饲料,以保证泌乳需要,一般补饲精料 2～3 kg。若粗饲料品质差,可在日粮多添加 1 kg 混合精料;若粗饲料以豆科、禾本科牧草为主,母牛体况达到中等体况,可不增加,以补饲精料 2～3 kg 为宜,以免产乳量急剧下降。

哺乳期母牛饲喂次序上可先喂干草,后给青草和多汁饲料,即先粗后精的饲喂方式;精料也可拌草饲喂。配合饲料最好傍晚单独拌湿饲喂,若量大则早晚供给,量小傍晚一次供给。秸秆和较老的牧草切成 3～5 cm 饲喂,让其自由采食。块根块茎类饲料应切碎,防止食道阻塞。舍饲牛供应粗饲料应少给勤添,槽中不断料,每日给料 4～5 次。

放牧饲养时,尽量让母牛吃饱,若牧草质量差、数量有限,母牛体况较差,应对母牛补饲。根据母牛膘情,确定夜间补饲粗饲料和精料的数量,或者仅补饲粗饲料,或仅补饲精饲料。整个饲养过程中,供给充足的矿物饲料(尤其是钙和磷,并注意钙和磷的比例平衡)、微量元素(尤其是锰、锌、硒、铜、碘)和维生素 A。

早春产犊母牛正处于牧地青草供应不足的时期,为保证母牛的产乳量,要特别注意泌乳早期(产后 40 d 之内)的补饲。除补饲作物秸秆、青干草、青贮料和玉米等,每天最好补喂饼(粕)类蛋白质饲料 0.5～1 kg,同时注意矿物质及维生素的补充,有利于母牛的产后恢复与配种。营养不足对繁殖力影响明显,所以一定要饲喂品质优良的禾本科及豆科牧草,精料搭配多样化,但也不要大量饲喂精料。

5.5.3 哺乳期母牛的管理

哺乳母牛的管理就是保证产犊后的泌乳,哺育犊牛,及时恢复体况,发情配种,为下一个妊娠期做准备。

1. 母牛产后期管理(围产后期的管理)

围产后期即产后 15 d 内。产出胎儿时,子宫颈开张,产道黏膜表层可能造成损伤;产后子宫内又积存大量恶露,都为病原微生物的繁殖和侵入创造了条件,因此,对围产后期的母牛应加以妥善护理,以促进母牛机体尽快恢复到妊娠前的正常状态,预防疾病,保证其具有正常的繁殖机能。产后母牛的护理应做到以下几点:

(1)加强卫生防护。母牛产后易发生胎衣不下、食滞、乳房炎和褥热等症,要经常观察,发现病牛及时医治。因此产后 1 周内,注意产后卫生,应对母牛外阴部及周围区域进行清洗和消毒,并防止苍蝇叮蜇,经常更换、消毒褥草。

产后 1 周内,要经常观察,加强卫生护理,严格消毒制度。牛床铺以清洁干燥垫草,防止受风湿。应根据母牛健康状况、食欲、消化力等来调整日粮。要求日粮易消化、适口性强。分娩之后,要及时供给母牛新鲜清洁的饮水和麸皮汤等,以补充机体水分。

(2)加强饲养。产后 3 d 内,只喂优质干草和少量以麸皮为主的精料,第 4 天起日粮中可适当增加青草、青贮料和精料,随后每天适当增加精料喂量,每天不超过 1 kg,1 周后即可恢复正常饲喂。在产后最初几天,应供给母牛质好易消化的饲料,但不宜过多,以免引起消化道疾病,一般经 5～6 d 可逐渐恢复正常饲养。

母牛产后 10 d 内,身体虚弱,消化机能差,身体尚处于恢复阶段,要限制精饲料及根茎类饲料的喂量。此期若营养过于丰富，特别是精料量过多，可引起母牛食欲下降，产后瘫痪，加重乳房炎和产乳热等病。因此，对于产犊后过肥或过瘦的母牛必须适度饲养。

(3)注意日常监护。在分娩之后，还应观察母牛努责状况。如果产后仍有努责，应检查子宫内是否还有胎儿或滞留的胎衣及子宫内翻的可能，如有上述情况应及时处理。牛产后3～4 d恶露开始大量流出，头2 d色暗红，以后呈黏液状，逐渐变为透明，10～12 d停止排出，恶露一般只腥不臭。如果母牛在产后3周仍有恶露排出或恶露腥臭，表示有子宫感染，应及时治疗。此外，还应观察母牛的精神状态、饮食欲、外生殖器官或乳房等，一旦有异常应查明原因，及时处理。对子宫炎、卵巢囊肿、情期出血、胎衣不下等母牛产科疾病，应请兽医及时诊治。

(4)母牛子宫清洗方法。子宫冲洗是治疗子宫内膜炎时采用的一种方法。冲洗前，应按常规消毒子宫洗涤器具。常使用马的导尿管或硬质橡皮管或塑料管代替子宫洗涤器，用大玻璃漏斗或铁皮漏斗代替唧筒或挂桶。冲洗时，应将导管小心地从阴道插入子宫颈内。冲洗时药液的选择，应根据炎症经过而定，一般常采用生理盐水或0.01%～0.05%高锰酸钾液，或1%～2%的碳酸氢钠和等量氯化钠溶液等。可隔天冲洗1次，每次药液量10 L左右，冲洗至药液流出子宫时保持原状态不变为止。为了使药液和黏膜更充分地接触，冲洗时可用一手伸入直肠，在直肠内轻轻按摩子宫。

2.哺乳期母牛的管理

对舍饲牛，每天让其自由活动3～4 h，或驱赶运动1～2 h，以增强母牛体质，增进食欲，保证正常发情，预防胎衣不下或难产以及肢蹄疾病，同时有利于维生素D的合成。每年修蹄1～2次，保持肢蹄姿势正常。每天梳刮牛体一次，梳遍牛体全身，保护牛体清洁，预防传染病，并增加人畜情感。

加强母牛疾病防治，产后注意观察母牛的乳房、食欲、反刍、粪便，发现异常情况及时治疗。母牛在产后1个月左右，要用丙硫咪唑按25～30 mg/kg内服，驱杀体内寄生虫。

做好犊牛的断奶工作，断奶前后注意观察母牛是否发情，便于适时配种。配种后2个情期，还应观察母牛是否有返情现象。

3.哺乳期母牛的放牧管理

母牛从舍饲到放牧要逐步进行，一般需7～8 d的过渡期。当母牛被赶到草地放牧前，要用粗饲料、半干贮及青贮饲料预饲，日粮中要有足量的纤维素以维持正常的瘤胃消化。若冬季日粮中多汁饲料很少，过渡期应为10～14 d，时间上由最初的每天放牧2～3 h，逐渐过渡到末尾的每天12 h。

在过渡期，为了预防青草抽搐症，当牛群由舍饲转为放牧时，开始1星期不宜吃得过多，放牧时间不宜过长，每天至少补充2 kg干草。并应注意不宜在牧场施用过多钾肥和氨肥，而应在易发本病的地方增施硫酸镁。

由于牧草中钾含量多而钠含量少，因此要特别注意食盐的补给，以维持牛体内的钠钾平衡。补盐方法可配合在母牛的精料中喂给，也可在母牛饮水的地方设置盐槽，供其自由舔食。

4.产后母牛的监控

母牛产后监控，是从分娩开始到产后60 d内，通过观察、检测、化验等方法，对产乳母牛实施以生殖器官为重点、以产科疾病为主要内容的全面系统监控。产后监控可以早期掌握母牛卵巢机能变化，提早发现和适时治疗母牛产后的生殖系统疾病，并根据产后子宫复旧进程确定治疗和繁殖计划。同时，还可对产后体重监控，为控制膘情、改善饲养管理、缩短失重期、提高泌乳量等提供参考。分娩后母牛应有专人看护，当发现努责强烈，产道损伤、流血，子宫脱垂等应及时处理。

初产母牛常因产犊体质消耗严重，卧地不起。可在分娩之后，用5%葡萄糖生理盐水1 000 mL，25%葡萄糖溶液500 mL，以促进体力恢复。

为防止胎衣不下，产后母牛可采用20%葡萄糖酸钙和25%葡萄糖液各500 mL，一次性静脉注射。再用催产素100 IU一次性肌肉注射，也可先注50 IU，隔4～8 h再注50 IU。不要用大量液体冲洗，以免促进炎症加剧和毒素吸收。

产后6～8 d，极易因子宫感染而发生子宫炎，为防止其发生，产床每天消毒1次。用0.1%新洁尔灭，4%次氯酸钠清洗母牛尾根及后躯，每天2～3次。

坚持围产期结束的检查，通常产后15 d母牛泌乳、食欲正常；阴道分泌物清亮或呈褐色、胶冻样无臭味。异常者应治疗。

5.母牛产后监控程序和内容

(1)产后0～24 h。重点观察胎儿产出情况和产道是否有创伤、失血等。要注意产房和牛体卫生，促进母牛体质恢复(除饲喂掺有麸皮的温热盐水或糖水外，应根据母牛情况适量注射或灌服钙、葡萄糖和缩宫药，如益母膏、催产素等)。此间还应注意观察胎衣排出的时间及胎衣是否完整，应特别注意母牛努责，预防子宫外翻、产后瘫痪等。

(2)产后1～7 d。为恶露大量排出期，注意其颜色、气味、内含物等变化。此间应注意母牛的精神状态和食欲，应于早晚各测体温1次。

(3)产后7～14 d。在母牛卧地时检查恶露变化，必要时还可做子宫分泌物的微生物培养鉴定。

(4)产后15～30 d。直肠检查子宫复旧进程、卵巢形态。应详细描述(可用示意图)卵巢的形状、体积、卵泡或黄体的位置和大小。有条件的可检测乳的孕酮含量，并测定体重。

(5)产后30～45 d。对母牛进行产科系统检查，重点检查子宫复旧、卵巢状态、宫颈、阴道等。检查内容为：直肠检查子宫是否已基本复旧；卵巢原黄体萎缩或变软，有无新卵泡生长发育，对卵泡囊肿、卵巢静止的母牛对症治疗；阴道检查子宫颈口闭合情况、有无炎症分泌物。

(6)产后45～60 d。应做第2次产科检查，对检查为生殖系统基本正常的母牛，转入新产待配之列，注意观察断奶后发情；对于患有生殖系统疾病的牛只，复查治疗效果，调整治疗方案，力争在此期治愈；对于断奶60 d以上仍未出现发情征状的母牛，须查清原因，及时采取措施。

(7)建立完善的产后监控记录体系。要求逐头、逐项记录，随时了解掌握所管区域适繁母牛的繁殖动态和监控进程。

(8)采取综合措施。产后监控与饲养、兽医、繁殖管理相结合。

5.5.4 缩短能繁母牛产后空怀期的措施

一年产一犊是养牛业希望达到的重要生产指标，要达到这一指标，最迟必须从产后3个月内犊牛断奶、母牛开始第一次发情配种，保证母牛在产后120 d内受孕。因此促进犊牛早期断奶、母牛产后120 d出现正常的发情周期并进行有效的配种至关重要。

1. 促进子宫复旧

母牛产后恶露较多，持续时间也较长，子宫完全复旧至少需要 20～30 d，图 5.5。子宫复旧的状态除直接影响卵子受精和受精卵的发育和着床外，还与卵巢机能的恢复直接相关。产后卵巢如能迅速出现卵泡活动，即使不排卵，也会大大提高子宫的紧张度，促进子宫内恶露的排出和正常生理状态的恢复。

相反，如卵巢机能恢复慢，特别是存在持久黄体时，子宫长久迟缓、功能恢复慢，并可能出现子宫内膜炎等病症。在正常情况下，反刍动物 $PGF_{2\alpha}$ 主要由子宫内膜产生，产后子宫复旧快的母牛 PGFM(PGF 代谢物)水平高。在子宫复旧未完成时使用 $PGF_{2\alpha}$ 可以缩短产后到出现第一次发情的时间并提高受胎率。$PGF_{2\alpha}$ 此时的主要作用可能首先是促进子宫的复旧，恢复子宫的正常功能。同时又可以调节卵巢的正常功能。

围产期疾病如生产瘫痪、子宫和阴道脱出、难产、胎衣不下以及产后子宫炎、卵巢囊肿等均会延缓子宫复旧时间和第一次配种时间，使空怀期延长。因此，注意围产期和产后期的管理。正确诊治可能发生的疾病将有助于缩短空怀期。

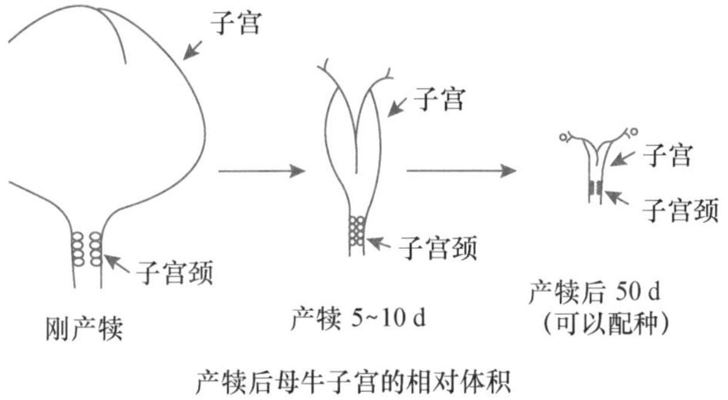

图 5.5 产后母牛子宫的复旧示意图

2. 控制母牛的营养水平

牛产后卵泡不能充分发育和排卵、排卵后出现短周期的直接原因是促性腺激素的分泌频率和分泌量降低，特别是 LH(促黄体生成激素)的分泌频率低。已经证明，体况对丘脑下部-垂体轴的功能有直接的影响，体况差的瘦牛视前区阿片肽增加，减少 GnRH(促性腺激素释放激素)的合成和释放，降低体内胰岛素样生长因子-I 浓度，同时使垂体对生理剂量的 GnRH 反应性降低。

特别是在产后 6～8 周泌乳出现高峰期，而此期也正是卵巢重新出现正常周期性活动和进行第一次配种的重要时期，体况差的母牛，最容易出现能量负平衡，直接影响泌乳量和繁殖效率。但产前过度肥胖的母牛又可能增加出现生产瘫痪、消化紊乱和酮血症的危险性。据报道，如果将母牛体况以 5 记分表示(1 分为瘦，5 分为肥)，母牛产犊时体况分为 3.0～3.5、产后 18～32 d为 2.5～3.0、产后 60～90 d 为 3.0～3.5 者与同期体况分高于或低于此范围者比较，产后第一次配种时间早、空怀期短。在产后配种时体重仍在降低的母牛 LH 峰值低，发情出现较晚，第一次配种受胎率较体重逐渐增加者低 23%～61%。

3. 激素处理

目前已有使用雌激素、孕激素、促性腺激素、GnRH 和 $PGF_{2\alpha}$ 等缩短牛产后空怀期的报道。

(1)子宫内灌注儿茶酚雌激素。排卵前雌二醇浓度的高低是卵泡成熟程度的重要标志之一,同时也与排卵后所形成黄体的寿命成正比。在卵泡中儿茶酚雌二醇的作用之一是抑制基础的和生长因子诱导的颗粒细胞分化。因此,儿茶酚雌二醇对颗粒细胞的抗分裂作用,有助于颗粒细胞产生孕酮,以及排卵后形成正常黄体。

(2)使用促性腺激素和GnRH诱导排卵。在产后16～30 d内一次性或多次注射LH或GnRH(或其类似物)可诱导母牛排卵。由于注射的卵泡发育状态的差异,各实验所报道结果差距较大,一次注射可能诱导18%～93%母牛排卵,多次注射效果为73%～80%,但也有报道为10%～42%者。如果以超声波检测卵泡发育状态,在排卵前一次性注射可取得良好的结果。

(3)孕激素处理。耳部埋植3 mg人工合成的孕酮类似物诺甲酯孕酮(norgestomet)9 d后,在48 h内注射1 000 IU hCG,诱导排卵后黄体期维持正常长度的比例增加。诺甲酯孕酮埋植6 d后LH浓度和分泌频率均有增加,排卵前外周血中雌二醇浓度和大卵泡上LH受体数量也有所增加,由于促性腺激素的增加促进了卵泡的发育。

(4)使用$PGF_{2\alpha}$。产后早期注射$PGF_{2\alpha}$还可以促进子宫复旧,因此产后使用$PGF_{2\alpha}$可以缩短产后出现第一次发情的时间间隔并提高受胎率。

由于各种激素作用不一,要想取得比较理想的结果,应根据个体的体况、子宫复旧程度和使用超声仪器监测卵泡发育状态,然后采用相应的方法和选用适当的激素类药物以缩短产后空怀期。

第6章

幼牛的饲养管理

后备母牛包括犊牛、育成牛和妊娠青年母牛。后备母牛正处于快速的生长发育阶段，因此它的培育正确与否，对母牛体型的形成、采食粗饲料的能力，以及到成年的泌乳和繁殖性能都有影响。

6.1 幼牛生长发育特点

幼牛包括犊牛和育成牛，经过选择(在断乳、周岁和1.5周岁时进行)其一部分作为牛群繁殖的后备牛，另一部分用于育肥生产。因此，幼牛饲养管理的好坏关系到繁殖母牛牛群质量及生产率高低，必须引起重视。犊牛指从出生到6个月的这段时期，而从7月龄到性成熟为止的阶段称为育成牛或吊架子期，这个时期骨骼和肌肉强烈生长，各种组织器官相应增大，性机能开始活动，体躯结构逐渐趋于固定(图6.1 a,b)。

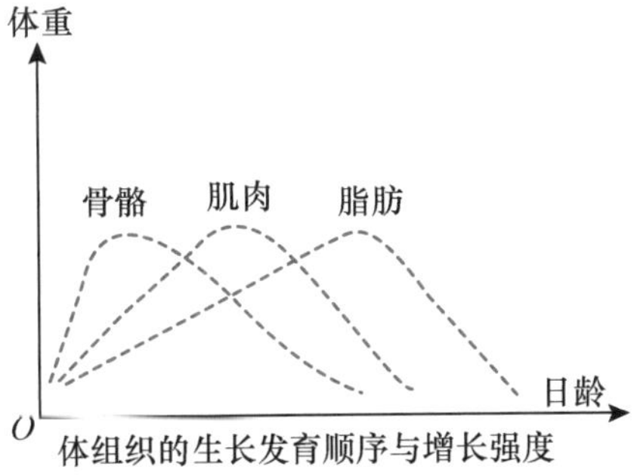

图6.1a 肉牛生长发育的曲线——体组织生长

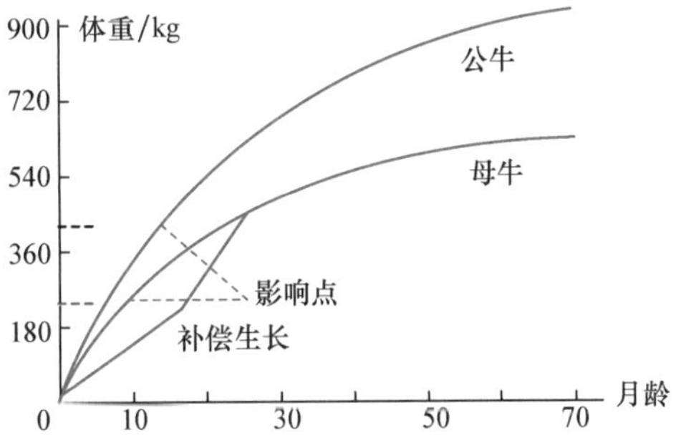

图6.1b 肉牛生长发育的曲线——性别的差异

6.1.1 幼牛体型的一般发育规律

幼牛体型的变化，取决于骨骼的发育情况。犊牛出生时腿相对较长，和整体结构不成比例，体高发育较早，体长、体宽发育较晚。

犊牛出生时发育是否良好，与母牛妊娠期的营养状况密切相关，因为胚胎期的营养依赖母体的供应，所以培育好犊牛应从胚胎期开始。胚胎后期增重较快，特别是妊娠后期或产前2～3个月。

犊牛出生后，其体尺各部位的生长速度也并不相同。牛自初生到2.5岁，如将鬐甲高度的增长设定为100%，则尻高增长为99%，坐骨结节宽度增长为200%。这说明体高是早期生长部位，而体长与体深次之，宽度特别是后躯宽度是较晚生长的部位，牛出生后一周内体型发育最快。

营养水平对幼牛的体型发育有明显影响，营养水平高，幼牛的生长速度加快，体躯各部位发育也快；反之幼牛发育延缓或停滞。留种用母犊的营养水平要适当，幼母牛过肥，对以后的繁殖和泌乳机能都不利，且培育成本较高。

6.1.2 幼牛瘤胃的发育

为使牛的生产力、生产性能得到充分发挥，必须使其瘤胃尽早而且充分地发育。

1.瘤胃和消化道酶的发育规律

犊牛刚出生时，瘤胃的容积很小，占4个胃的33%，10～12周时增长至67%，4月龄时增至70%，1岁半时达到85%，完成全部发育过程，见表6.1和图6.2。

表6.1 不同日龄犊牛各胃室的相对重量 %

日龄	瘤胃和网胃	瓣胃	皱胃
1	34	10	56
14	40	15	45
28	55	11	34
47	66	11	23
100	70	18	12
成年牛	64	25	11

（Wardrop等，1960）

犊牛在1～2月龄时，几乎不能进行反刍；在3～6周龄时，瘤胃内开始出现正常的微生物活动（图6.3）；3～4月龄时开始反刍，6月龄时建立完全的消化功能。此期间对精料和干草只能少量摄取，同时消化这些固体饲料则以第4胃（真胃）和肠道为主，因为前胃没有分泌消化液的腺体，只有真胃能分泌消化液，所以在前3个胃的功能没建立之前，主要靠真胃和小肠来进行消化，不同日龄犊牛小肠内容物中消化酶的活力变化如图6.4，图6.5所示。

2.饲料种类与瘤胃的发育

犊牛除饲喂适量的全乳外，加喂干草及精料可促进瘤胃迅速发育。例如，在犊牛出生后4～12周，除饲喂全乳外，还添加不同比例的精料和粗料，分2组进行试验。

第一组：精料与干草的比例为9∶1（90%精料，10%干草）；第二组：精料与干草的比例为1∶9（10%精料，90%干草）。

结果在16～38周期间，不同比例下粗料和粗料对瘤胃的发育产生了很大影响：①90%精料组，其瘤胃乳头生长较为良好，瘤胃乳头变为暗褐色，瘤胃容积发育不良；②90%干草组，以瘤胃容积和组织发育较好；③如果100%喂精料而不喂干草，则使瘤胃的发育推迟，而且瘤胃乳头发育不良，日增重也会降低；④仅喂全乳至12周龄以后仍不断奶，则瘤胃的发育完全停滞。

由此可见，饲喂干草等粗饲料，对提高瘤胃容积是十分重要的。因为除物理性作用外，其中还包括精料和干草两方面共同发生的营养作用，因瘤胃发酵产生乙酸、丙酸、丁酸等挥发性脂肪酸（VFA），这些脂肪酸的产生也是刺激瘤胃发育的重要因素之一，VFA对瘤胃乳头的生长发育有显著的促进作用。

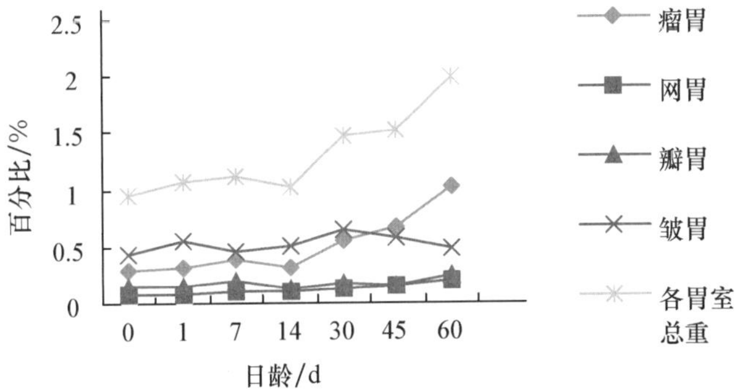

图6.2 不同日龄犊牛各胃室重占体重的比例（李启鹏，莫放，2000）

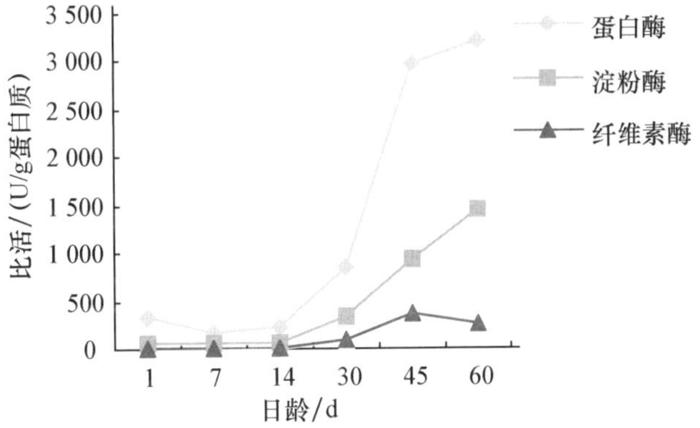

图6.3 不同日龄犊牛瘤胃液内微生物酶的比活（李启鹏，莫放，2000）

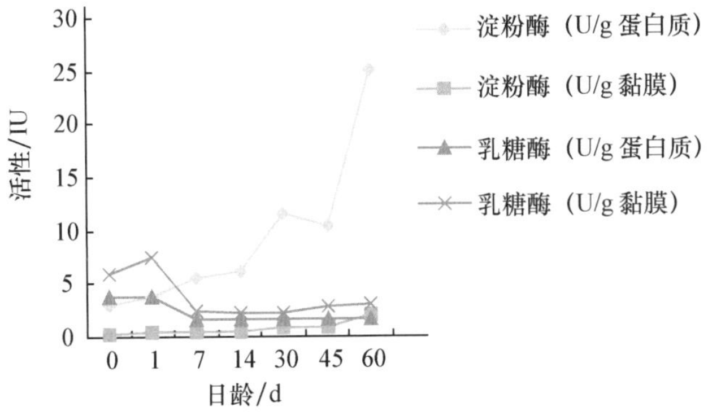

图6.4 不同日龄小肠黏膜中几种消化酶活性的变化（寇占英，莫放，1999）

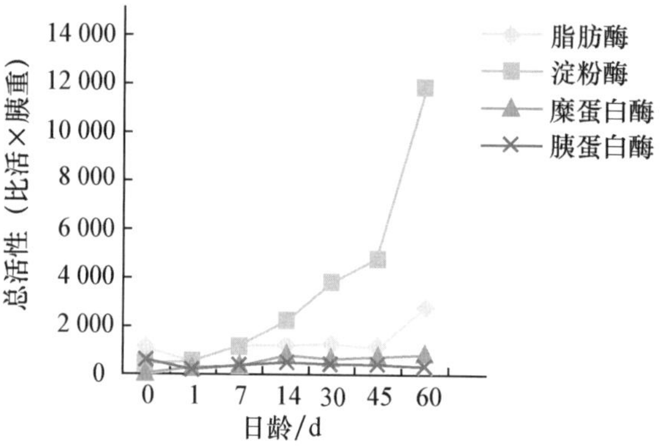

图 6.5 不同日龄犊牛胰脏中各种消化酶总活性的变化(寇占英,莫放,1999)

6.1.3 幼牛营养需要特点

犊牛刚出生后,体重较小,抵抗力很弱,消化道发育也不完全。在母体内,犊牛完全依靠母体获取营养。出生后,立即开始独立生活,环境有了突然改变,犊牛所需要的各种营养全靠母乳供给。此时,如不加强哺喂极易使犊牛发生消化道疾病,严重的还可导致死亡。同时犊牛处于高强度的生长发育阶段,因此必须饲喂较高营养水平的日粮,只有这样,肉用犊牛的潜在发育性能才能充分得到表现。犊牛的营养需要,取决于计划日增重的大小,不同的肉用牛品种及其杂种改良牛又要求不同的日增重。对于特定的肉用牛,可按该品种的日增重要求供给营养,一般肉用品种犊牛可采用乳用犊牛的增重标准,即 6 月龄犊牛达到 160～170 kg,一般大型肉牛平均日增重应达到 700～800 g,小型牛平均日增重应达到 600～700 g。若增重达不到上述水平,应增加哺乳期母牛的补料量,对月龄大的犊牛,则可以直接补料。

6.2 初生犊牛的护理

犊牛由子宫娩出后,随着脐带被扯断,营养供给的途径便发生了重要变化。出生前,犊牛的葡萄糖、氨基酸等是通过胎盘直接提供的。出生后,这些营养物质必须从乳中获得,并由小肠吸收,这些变化的成功实现与初乳中大分子免疫球蛋白和初生犊牛小肠细胞对大分子化合物的通透性密切相关。因此,从初乳获得的大量球蛋白,能够帮助正在发育的免疫系统抵御病原体,并从初乳中获得丰富营养以提供能量保持体温恒定。

6.2.1 新生犊牛对生活环境的要求

犊牛出生最先遇到的是温度变化,即从母体恒温(38.5℃)进入 10～20℃的变温环境。初生犊牛因机体抵抗力较弱,最易患病死亡,犊牛 5%～20%多在出生 1 周内死亡。因此,加强这一时期的饲养管理,是提高成活率、充分发挥生产性能、获得更高经济效益的关键。为了减少犊牛的应激反应，给新生犊牛准备一个相对稳定的犊牛舍是非常必要的。

6.2.1.1 **产房准备**

根据母牛预产日期，产房需事先打扫干净，再用2%的烧碱水喷洒消毒，然后铺上10～15 cm清洁干垫草，产房宜宽敞，30 m^2左右。夏季要防暑，冬季要防寒，注意严闭门窗，以防贼风。母牛临产时最好通知当地兽医站的工作人员，要建立夜间值班制度，助产人员要懂技术，懂操作规程。

6.2.1.2 **新生犊牛牛舍应具备的条件**

(1)新生犊牛应养在犊牛栏或单圈里，用前彻底消毒。因为犊牛生后几分钟，一种致死性大肠埃希氏菌就会感染犊牛，并在犊牛从初乳获得免疫之前就可能出现败血症。

(2)新生犊牛舍的温度以15～25℃、相对湿度70%～75%为宜，并具备防止温湿度骤然改变的措施。

(3)舍内应光照充足，采光系数1∶10，冬季阳光能直射在牛床上。

(4)能自然通风换气，舍内空气流速为0.1 m/s，且无贼风。

(5)备有充足而干燥的垫草。实践证明，厚垫(50 cm以上)稻壳效果较好。稻壳堆积应疏松，渗透性好，不积尿，上面保持干燥。在粪便外面粘一层稻壳，即使不及时清粪，隔一层稻壳也不污染牛体，并能产生热量，对改善冬季犊牛舍阴、冷、湿、脏起良好的作用，优于其他垫草。此外，脐带炎发生少、痊愈快。

总之，安静、清洁、温暖、干燥的环境，是养好新生犊牛的首要条件。

6.2.2 犊牛出生后的护理

初生犊牛对外界环境的适应需有一个过程，其间需要细心管护。对新生犊牛的护理，包括清除口鼻腔黏液、断脐带、去软蹄、擦干体表黏膜、称初生重、编号和打耳标等。

6.2.2.1 **初生犊牛的护理**

犊牛生后哺乳可分为随母哺乳，或几头幼犊由一头泌乳牛代哺，或人工哺乳3种不同育犊方式。不管哪种方式育犊，都必须坚持让新生犊牛吃上1周左右的初乳。

1.清除口鼻腔黏液

犊牛出生后用毛巾等柔软物立即清除其口腔及鼻孔内的黏液，以免妨碍犊牛的正常呼吸和将黏液吸入气管及肺内，见图6.6a。如犊牛产出时已将黏液吸入而造成呼吸困难时，可两人合作，握住两后肢，倒提犊牛，拍打其背部，使黏液排出。如犊牛产出时已无呼吸，但尚有心跳，可在清除其口腔及鼻孔黏液后将犊牛在地面摆成仰卧姿势，头侧转，按每6～8 s一次按压与放松犊牛胸部进行人工呼吸，直至犊牛能自主呼吸为主。

2.断脐

犊牛产出时，往往自然拉断脐带，若不能自行挫断脐带，可用人工断脐法，见图6.6b。护理人员在距犊牛腹部10～20 cm处用5%～10%的碘酒消毒，并用手将脐血挤回犊牛腹部，在距离腹部6～8 cm处将脐带结扎，在结子下方1～1.5 cm处，用消毒过的剪刀剪断脐带或用手扯断，挤出脐带中的黏液，并用5%～10%碘酊消毒敷于断端，或用布包扎，以防感染，以免发生脐带炎。脐带在5周左右干燥脱落，然而实际情况并不都如此，因新生犊牛卧息时间长，卧处不清洁以及公犊牛脐带距尿道口近，易被污染；有的是由于胎儿时期尿细管在脐带断裂的同时，并未与脐动脉退缩至腹腔内而附着在脐部，因而经常有尿液漏出，使脐带长时间不能干燥并有炎症，至数周虽然可康复，但影响生长。

3. 去软蹄

软蹄在母牛腹腔起缓冲作用，为了使犊牛尽快站稳，用手剥去小蹄上附着的软组织——软蹄，避免蹄部发炎。扶助犊牛起立，防止犊牛摔伤。

4. 哺喂初乳

犊牛出生后 1 h 内要吃上初乳，见图 6.6c，b。体弱犊牛要人工辅助哺乳，直到自己会吸乳为止。如果由于某些原因造成犊牛吃不到初乳或母牛乳汁不足，则需用人工乳代替。人工乳应根据犊牛营养需要配制，喂时充分搅拌均匀后，加热至 38～40℃饲喂，每天4～5 次。

5. 检查

母牛产犊后，要及时检查胎衣是否排出，一旦胎衣排出后要及时取走胎衣，以防母牛吞入。

6. 保暖保温

在寒冷的冬季产犊，应采取保暖措施，搞好防寒保温工作，但不宜用柴草生火取暖，以防犊牛遭烟熏患肺炎等疾病。

7. 护理

初生期犊牛所在产房和犊牛舍温度要保持在 18～22℃，以利于母牛体质恢复和犊牛生长发育。勤换垫草，保持牛舍清洁干燥通风，不可有穿堂风或贼风，夏季防止中暑。

图 6.6a　初生犊牛的护理——清除黏液

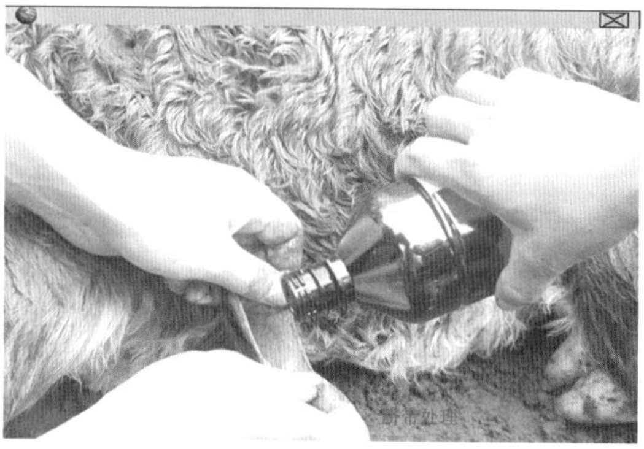

图 6.6b　初生犊牛的护理——断脐

图 6.6c　初生犊牛的护理——喂初乳(一)

注：①尽快让犊牛吃初乳，辅助初生犊到其母乳房处使其能尽早吃到初乳。

②挤奶牛，则于出生后 1 h 内人工喂上初乳。

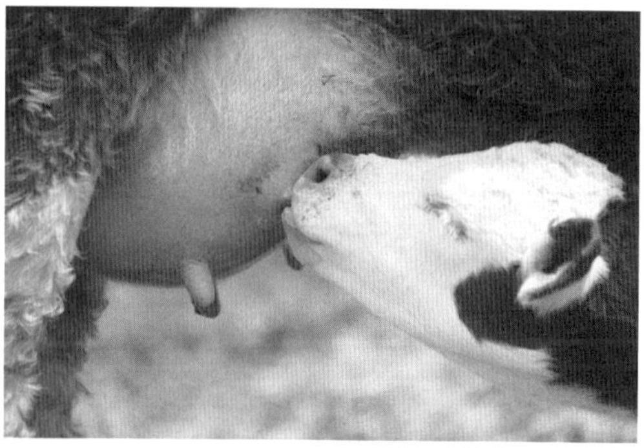

图 6.6d　初生犊牛的护理——喂初乳(二)

6.2.2.2 初生期犊牛初乳的哺喂

犊牛初生期饲养主要任务是尽快使犊牛吃足初乳。吃足初乳的犊牛，精神饱满，活泼可爱，很少患病。对于个别不让犊牛吸吮乳头的初产母牛，应进行人工辅助犊牛吃到初乳。如果产犊母牛的初乳不能利用，可饲喂其他母牛的初乳。若初乳温度过低时，隔水加热到 38℃后饲喂。若没有初乳，可用人工奶代替。人工初乳配方为：鲜牛乳 0.75 kg，鲜鸡蛋 2～3 个，鲜鱼肝油 15 g，食盐 10 g，充分搅拌均匀，隔水加热至 38℃后饲喂犊牛；每日饲喂 3 次，饲喂 5～7 d 后改喂常乳；从第 3 天起每天增加鲜牛奶 200～400 mL。初生期犊牛的哺喂方法有自由哺喂法和人工哺喂法两种。

1. 自由哺喂法

发育健壮的犊牛出生 1～1.5 h 就能站立起来找母牛吃奶，这种跟着母牛随时寻奶吃就叫自由哺乳，犊牛也可以跟随母牛在一起或放入犊牛栏中饲养，并定时喂乳，喂乳时间为 6:00、10:00、14:00 和 19:00。自由哺乳比较省事，不用人工控制。但是，由于犊牛吃奶无定次，就不能很好地掌握母牛的产奶量，而且犊牛长期习惯跟随母牛吃奶，以后与母牛分开时就比较麻烦。

2. 人工哺喂法

把牛奶挤到盆内，定时、定量、定温的喂给犊牛的方法，叫人工哺乳。此法虽然较为麻烦，但好处很多，尤其对出售鲜奶的饲养户更应采用此法哺喂犊牛。采用人工哺乳应在产后将母、犊牛分开饲养。

6.2.2.3 新生犊牛的育种管理

(1)称重。在喂第一次初乳之前称初生重，见图 6.7a，b。

(2)编号。按规定方案编号，并打耳标等，见图 6.7c，d。

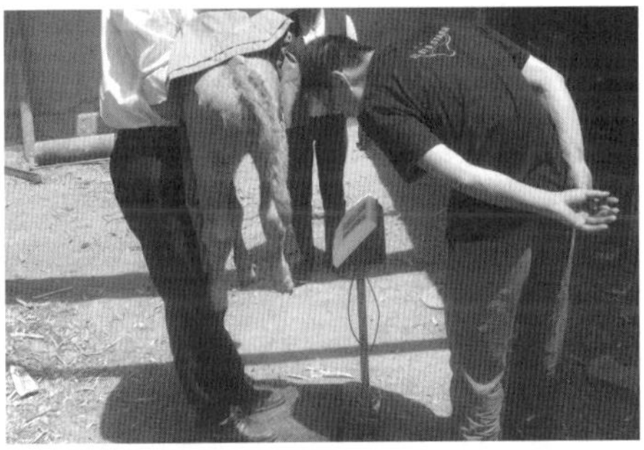

图 6.7a 初生犊牛的管理——犊牛称初生重(一)

图 6.7b 初生犊牛的管理——犊牛称初生重(二)

图 6.7c 初生犊牛的管理——犊牛打耳标

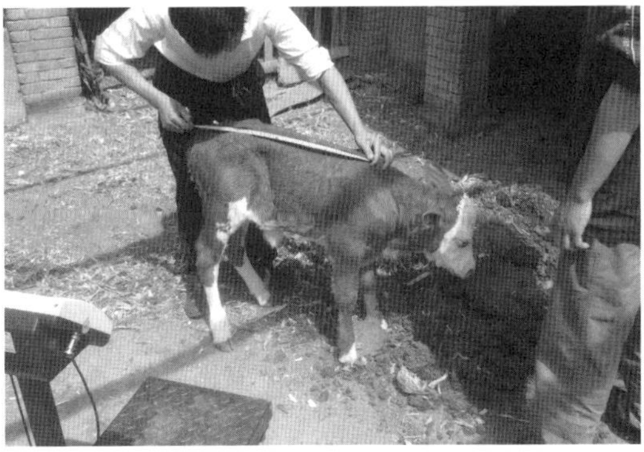

图 6.7d 初生犊牛的管理——测定初生犊牛体尺

(3)建卡。登记犊牛号、性别、出生日期、初生重、父母号等项目,见表6.2。

表6.2 犊牛登记卡片

乡镇　　村社　　号(　　牛场)

牛号		户主		联系电话	
出生日期		出生地		初生重	
特征	牛体左侧图		头型图	牛体右侧图	
血统登记					
父本牛号		品种		体重(年龄)	
外貌等级		育种值/%			
母本牛号		年龄(胎次)		品种	
体况		体重/kg			

6.3 哺乳期犊牛的饲养管理

犊牛培育要求是死亡率低,即成活率达到95%,犊牛具有生长发育快,瘤胃功能不健全,抵抗能力差等特点,所以犊牛培育有一定的技术难度,因此养好犊牛是肉牛生产中关键的环节。我国肉用犊牛多采用“一母一犊”饲养法,让犊牛直接哺育母乳。肉用牛的哺乳期通常为5~6个月,在哺乳同时进行必要的补饲,补料一般从2~3周龄开始,一般采用隔栏补饲的方法,补充的饲料必须是高蛋白质和易消化的能量饲料,并添加维生素和矿物质,其营养必须平衡,还需较好的适口性。自然哺乳的前半期(90日龄前),犊牛的日增重可达到0.5 kg以上。在后半期,犊牛可自觅草料,逐渐代替母乳,减少对母乳的依赖程度,日增重应达0.7~1 kg。为了促进犊牛瘤胃的发育,可用犊牛哺饲栏,从1~2周之后就可给予一定量含优质蛋白质的精料和优质干草,以后就可以精料定量,多加优质干草,这不仅有利于提高日增重,而且还有利于断奶。但是必须要让犊牛发育良好又不过肥。哺乳期如果饲喂过多精料会造成脂肪蓄积,尤其对繁殖用的母犊牛,由于脂肪的积累,往往妨碍子宫、乳腺及其他内脏的发育,从而导致青年母牛受胎率低,降低了繁殖性能。

6.3.1 初乳期犊牛的饲养管理

犊牛初乳期7 d,主要是前3 d,最重要的是第1天。犊牛出生后,营养、呼吸、循环和体温调节等发生了很大变化,要从母牛子宫内的生活环境逐渐适应子宫外的生活条件,有机体承受了外界环境中的各种刺激,并作出了相适应的反应,逐步形成条件反射,从而与外界环境不断的保持统一,逐渐增强对疾病的抵抗力,这种抵抗力主要来自初乳。初乳比常乳的干物质特别是蛋白质、维生素A、镁盐等营养物质含量多,其蛋白质中有大量的免疫球蛋白,及时哺喂初乳,可使犊牛获得免疫力。

6.3.1.1 及早饲喂初乳的理由

初乳是新生犊牛不可缺少的营养品。新生犊牛由于胃肠空虚，真胃及肠壁黏膜不很发达，而初乳黏度大，能代替肠壁黏膜，有良好的保护作用，并可防止细菌侵入血液中，提高对疾病的抵抗力。初乳中含有溶菌酶和免疫球蛋白，能杀灭多种病菌。如 r-球蛋白可抑制某些病菌活动，r-抗原凝集素能抵抗特殊品系的大肠杆菌。初乳酸度高达 50°T，可使胃液变成酸性，可抑制有害菌的繁殖，并能促进真胃分泌大量消化酶，使胃肠机能尽早形成。初乳中含有较多镁盐，能加快排出胎便。初乳中还含有丰富而且易消化的营养物质，初乳的营养成分及其变化见表 6.3。

表 6.3 初乳的营养成分及其变化

日数	酸度/°T	干物质/%	脂肪/%	总蛋白质/%	酪蛋白/%	白十球/%	乳糖/%	灰分/%	胡萝卜素/(mg/kg)
1	49.5	25.3	5.4	15.1	3.68	12.40	3.31	1.20	6 464
2	40.5	22.0	5.0	11.9	3.65	8.14	3.77	0.93	2 836
3	29.8	14.6	4.7	5.3	2.92	3.02	3.77	0.82	1 992
4	28.7	13.8	4.6	4.7	2.88	1.80	3.64	0.85	—
5	26.7	13.3	4.4	3.6	2.74	0.97	3.88	0.81	6
6	25.5	13.0	4.1	3.4	2.72	0.62	4.49	0.77	—
7	21.8	12.5	3.7	3.3	2.22	0.62	4.74	0.75	—

(1)初乳虽营养丰富，但成分变化很快。第 1 天初乳的酸度比常乳高 30°T，即高 1.5 倍，干物质多 1 倍以上，蛋白质多 4～5 倍(其中白蛋白和球蛋白多 10 倍以上)，脂肪多 1 倍，维生素 A、维生素 D 多 10 倍左右，各种矿物质盐类丰富。第 4 天以后初乳比常乳酸度高 10°T，即高 0.5 倍，干物质多 1～2 个百分点，蛋白质、脂肪多 1 个百分点，胡萝卜素和抗体更明显随时间延长而急剧减少。初乳还有轻泻作用，可以促进初生犊牛胎粪的排出。第 7 天初乳同常乳。

(2)初乳中营养成分含量丰富，容易消化，并含有较多的抗体，犊牛生后 4～6 h 内，对初乳中的免疫球蛋白吸收力最强，小肠壁细胞才允许初乳中大分子免疫球蛋白通过；此后，这种作用急剧减弱，35 h 后就不能吸收了，见图 6.8，图 6.9。故在犊牛出生后 0.5～1 h 就应哺喂初乳，最迟不能超过 2 h，使其尽早获得母源抗体，以增强犊牛的抗病能力。

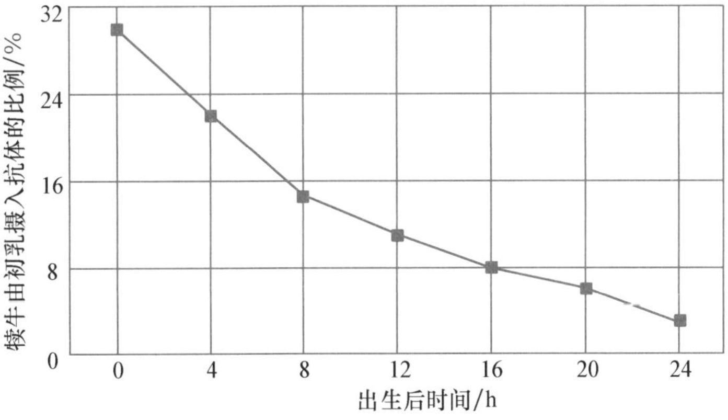

图 6.8 犊牛产后不同时间初乳免疫蛋白吸收的变化

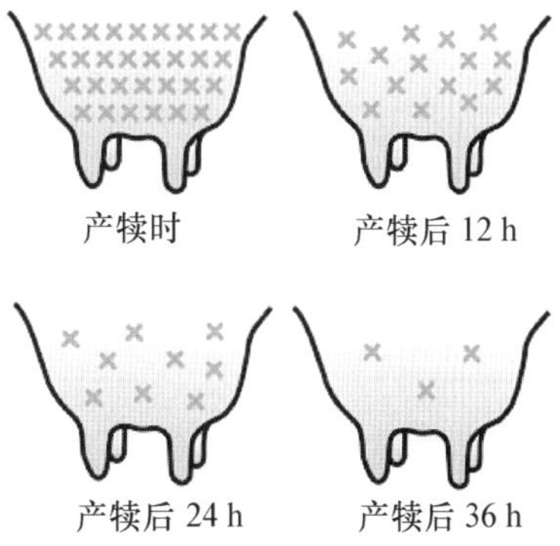

图 6.9 母牛产后不同时间乳房乳中免疫蛋白的变化

注：×表示初乳中抗体数量。

(3)建立和巩固食管沟闭合条件反射。乳通过食管沟越过瘤胃进入真胃,经真胃凝乳酶的作用和酸的分泌导致奶结块,并延缓乳蛋白和乳脂肪进入小肠,在真胃内被逐渐消化吸收。犊牛虽日喂 3 次,但却如同连续饲喂。犊牛食管沟反射性闭合是本能和条件反射的结果,因此,初乳期必须建立起固定的条件反射信号。为使反射巩固下去,必须尽早确立饲养类型。奶公犊牛人工哺乳,最好在 24 h 之内与母牛分开。其行为类型一旦确立,便难以改变。应用定期加强的方法,能使大多数犊牛食管沟闭合反射终生得以适当的维持。维持食管沟反射,对哺乳的犊牛是非常重要的,只有这样,乳蛋白才能被特殊保护,防止被瘤胃的微生物降解。

6.3.1.2 初乳的哺喂

给初生犊牛尽早喂初乳是头等重要的事,犊牛出生后表现出正常的呼吸反射时,就可喂初乳。在出生后 0.5～1 h 内让犊牛吃上母牛的初乳,对体质较弱的,可延迟到出生后 1～2 h。第 1 次初乳不限量,吃饱为止,喂 2 kg 左右,24 h 之内可多次哺喂,在消化正常的情况下,尽量早吃多吃初乳。

如果母、犊分离人工哺乳,第一次初乳量不可低于 2 kg,挤完初乳即喂,温度下降可用温水预热至 38℃喂饲。加温不宜过高,高温会使初乳凝固,并影响初乳功能的发挥。以后日喂量按体重的 1/6～1/5 哺喂。每日分 3～5 次哺喂,冷凉初乳要用水浴加温至 35～38℃。

如果新生犊牛得不到生母的初乳,最好喂同日或次日产犊的其他健康母牛的初乳,喂人工初乳的犊牛可以养活,但病多且生长慢,母犊牛一般不作繁殖用,做商品育肥。

人工哺乳应用带奶嘴的奶壶喂,使犊牛产生吸吮反射,避免呛着或吸进肺部。犊牛吃完初乳,应用干净的毛巾擦干嘴角,避免细菌滋生。如母牛产后患病或死亡,可用同期分娩母牛的初乳或冷库保存的初乳。如得不到初乳,需要用奶粉或常乳饲喂时,应添加维生素 A、维生素 D 和维生素 E,可用如下配方配制:鲜牛乳 1 kg,生鸡蛋 3 个,鱼肝油 30 g,食盐 10 g,土霉素 400 mg 或金霉素 250 mg,充分混匀,加温到 37～38℃喂给,连喂 5 d。

6.3.1.3 新生犊牛的哺喂方法

新生犊牛瘤胃很小且无消化功能,但真胃却发育良好,真胃等于或大于瘤胃。犊牛自然哺乳时,牛乳通过食管沟直接进入真胃。

人工哺乳饲喂犊牛最常用的喂奶用具是奶壶和奶桶,而要犊牛从桶里喝奶必须进行训练。其方法是将手指头浸入奶中,诱导犊牛去吸吮手指,逐渐学会从桶中啜奶。经过训练始终不能从桶中啜奶的犊牛是弱犊。因为喂给的奶进入瘤胃,由于细菌的作用,消化利用率降低。啜奶的条件反射一旦建立,就长时间不会消失。犊牛见到奶桶等信号,就产生条件反射,食管沟闭合,奶或代乳液体物被啜进真胃。摇尾、顶撞等外观信号是食管沟闭合的极好标志。吃完奶一定要用洁净的毛巾将犊牛嘴巴擦干净,以免互相舔吮,疾病交叉传染,或形成恶癖。

6.3.2 常乳期犊牛的饲养管理

常乳期是犊牛实现从单胃消化转为复胃消化,从单一液体饲料转为兼食固体饲料,从单纯依靠乳汁营养转为依靠草料营养的十分重要的过渡时期,也是饲养费用最高的时期。这个时期犊牛易患病,除脐带炎易发生在初乳期外,胃肠炎、肺炎都易发生在此期。

6.3.2.1 犊牛常乳期的适宜环境

搞好犊牛舍内空气卫生,防止肺炎发生。犊牛生后 3～8 周龄时容易发生肺炎,对犊牛健康造成严重威胁，死亡率也高。肺炎是空气中的有害作用（空气中病原菌及有害气体的浓度），超过了动物本身依靠呼吸道黏膜上皮的机械保护作用和机体所产生抗体的生物免疫作用的限度而产生的，是机体内平衡作用丧失的结果，因此搞好犊牛及其舍内空气卫生，对预防犊牛肺炎是非常重要的，犊牛常乳期牛舍的基本条件要求为：

(1)犊牛常乳期或随母混养或单圈饲养（有条件可建犊牛圈或犊牛岛）或小群饲养（如3～5头小圈饲养），每头犊牛要3～4 m^2 运动场，使犊牛在圈内可做适当运动，以补户外运动不足，哺乳（喂奶）时仍采用单桶饲喂或随母哺乳。

(2)舍内温度为10～20℃，相对湿度为70%～80%，保持干燥清洁。

(3)舍内光照充足，采光系数1：(10～12)，冬季阳光能直射在牛床上。

(4)备有充足而干燥的垫草，一次性的厚垫草以稻壳最好。

(5)具有充足而清洁的饮水。舍内设饮水槽，供给充足饮水，每天清洗一次，以保证饮水清洁。并可在饮水槽附近设盐砖，供自由舔食。

(6)舍内通风换气良好。空气流速冬季0.1 m/s，夏季0.2 m/s，无贼风。

6.3.2.2 常乳期的哺喂和补饲

犊牛经过5～7 d初乳期之后开始哺喂常乳，至完全断奶的这一阶段称为常乳期。这一阶段是犊牛体尺、体重增长及胃肠道发育最快的时期，尤其以瘤、网胃的发育最为迅速，此阶段是由真胃消化向复胃消化转化、由饲喂奶品向饲喂草料过渡的一个重要转折时期。

肉用杂交犊牛随母自然吃乳，因此要随时观察母牛泌乳情况，如遇乳量不足或母牛乳房疾病，应及时改善饲养或治疗。如出现乳量过于充足造成犊牛拉稀的情况，应人工挤掉一部分奶，暂时控制犊牛哺乳次数和哺乳量，并及时治疗拉稀。如有条件最好把母牛与犊牛隔开，采用自然定时哺乳的方法，一昼夜哺乳4～6次，但必须让犊牛准时哺乳。如果舍饲管理，2周以后应当训练犊牛采食少量精料和铡短的优质干草。4周龄后可投放少量混合精料饲喂犊牛，以促进犊牛的瘤胃发育，为必要的补饲和断奶后采食大量的饲草料创造条件。在圈舍或运动场内必须备有清洁新鲜饮水，供犊牛随时饮用。为保证母牛按时发情、配种和正常怀孕，必须及时断奶。如果犊牛出生体重太小或曾患病，可通过加强饲养的办法弥补，不应延长哺乳期。

犊牛的哺乳期应根据犊牛的品种、发育状况、农户（牛场）的饲养水平等具体情况来确定。如精料条件较差的牛场，哺乳期可定为4～6个月；如精料条件较好，哺乳期可缩短为3～5个月；如果采用代乳粉和补饲犊牛料，哺乳期则为2～4个月。

1.哺喂常乳的方法

一般肉用犊牛采用自然哺乳，最好用母亲的常乳喂养。如果母牛产后死亡、虚弱、缺乳，或母性不佳，不能进行自然哺乳时，可寻找奶水充足的其他母牛代喂养，或人工哺乳（图6.10a，b，c，d）。

人工哺乳时初乳、常乳变更应注意逐渐过渡（4～5 d），以免造成消化不良。同时做到定质、定量、定温、定时饲喂。

实践证明，给予高乳量长时间哺乳期饲养的犊牛，虽然犊牛增重快，但对其消化器官的锻炼和发育很不利；而且加大了饲养成本，母牛产后长时间不能发情配种。所以应当减少哺乳量和缩短哺乳期。哺乳方案多采用“前高后低”，即前期喂足奶量，后期少喂奶，多喂精粗饲料。建议的人工哺乳方案如表6.4所示。

表 6.4　肉用犊牛 3～4 月龄断奶的培育方案

日龄或月龄	全奶/kg		精料/kg	干草/kg	青贮或秸秆/kg
	日喂量	全期喂量			
0～7 d	初乳(4.0)	30	—	—	—
8～20 d	5.0	60	训食	训食	—
21～30 d	7.0	70	自由	自由	—
31～40 d	6.0	60	0.5	0.2	—
41～55 d	5.0	75	1.0	0.4	—
56～70 d	4.0	60	1.5	0.8	训食
71～90 d	2.0	40	2.0	1.0	自由
91～120 d	1.0	30	2.0	1.0	自由

注:哺乳量合计约 430 kg 全乳,120 d 哺乳期 3～4 个月断奶。

(1)随母哺乳法。犊牛出生后每天跟随母牛哺乳、采食和放牧,哺乳期为 5 个月左右,长者 6～7 个月,这样容易管理,节省劳动力,有利于犊牛的生长发育,是目前多数养殖户选用的培育方法。但该法不利于母牛的管理,会加大母牛的饲养管理成本,小型的肉牛繁育场或农户可采用此法。

(2)保姆牛哺乳法。即 1 头产犊母牛同时哺育 2～3 头出生时间相近的犊牛,应注意选择产奶量较高、哺乳性能好、健康无病的母牛做保姆牛,喂奶时母子在一起,平时分开,轮流哺乳。这种方法可节约母牛的饲养管理成本,也节约劳动力,但缺点是会传染疾病,建议卫生条件好的大中型肉牛繁育场采用。

(3)人工哺乳法。对乳肉兼用和一些因母牛产后泌乳少或没有母乳可哺喂的犊牛,应对犊牛采取人工哺乳。国际上一些先进的肉牛繁殖场采取 90 日龄分期人工哺乳育犊方案:哺乳天数 90 d,总喂乳量 510 kg 全乳。1～10 日龄,5 kg/d;11～20 日龄,7 kg/d;21～40 日龄,8 kg/d;41～50 日龄,7 kg/d;51～60 日龄,5 kg/d;61～80 日龄,4 kg/d;81～90 日龄,3 kg/d。

人工哺乳的方式有桶喂和带奶嘴的奶壶喂两种,后者较好。如用桶喂,奶桶要固定,开始几次要用手引导犊牛吸入,喂完后用干净毛巾擦干犊牛嘴角周围。

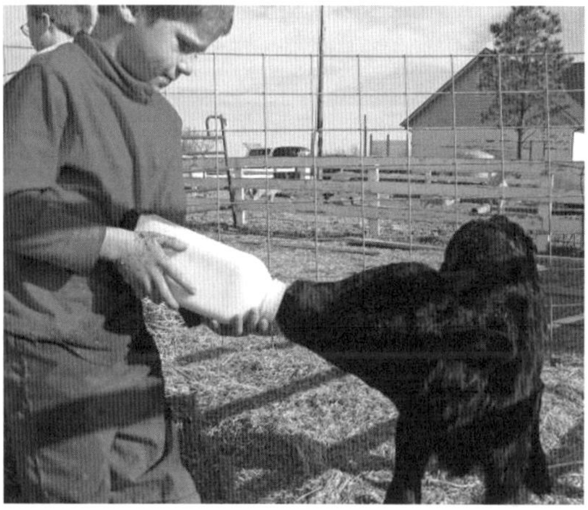

图 6.10a　犊牛哺乳的方法——人工哺乳奶嘴喂

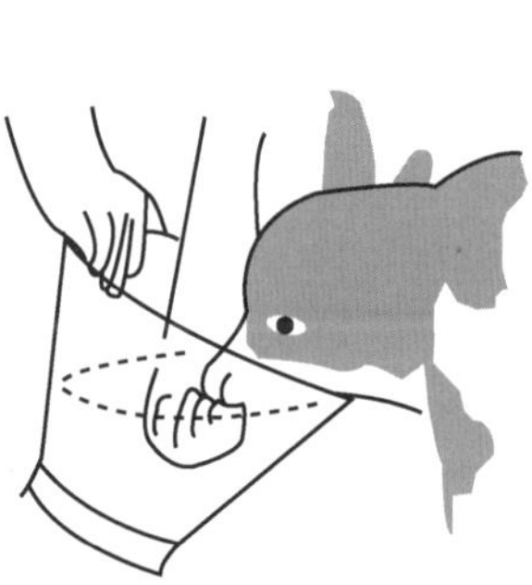

图 6.10b　犊牛哺乳的方法——人工哺乳奶桶喂

图 6.10c　犊牛哺乳的方法——自然哺乳(一)

图 6.10d　犊牛哺乳的方法——自然哺乳(二)

2.犊牛常乳期人工哺喂注意事项

饲喂常乳期犊牛常犯的错误是饲喂过多，或没有给犊牛充足的时间来适应饲料的变化，因此要注意：

(1)防急躁。犊牛开始时不会喝奶，需进行训练使之慢慢习惯。要有耐心，不要强迫犊牛硬喝，否则会把奶呛入气管，造成异物性肺炎而死亡。

(2)定时、定量、定温。“三定”是饲喂哺乳期犊牛的基本原则。为保证犊牛消化良好，食欲旺盛，喂奶时必须掌握“三定”原则，即定时、定量、定温。定时饲喂可使犊牛消化器官活动有一定的规律性，对提高食欲、增进采食量有很大好处，每日喂奶的时间要相对恒定，不可饥一顿饱一顿。定量是按犊牛生长发育的需要给奶，防止因过量而造成消化不良，过少而有空腹感，不能安静休息，并影响发育；掌握具体喂量，初乳喂量，生后 1 h 内应喂给 2 kg 左右，12 h 后再喂 2 kg，哺喂 3～4 次/d；5 d 后可改喂常乳，喂量为体重的 1/8 左右。定温是指奶温在 38℃左右，温度过高或过低都会引起消化疾病。奶在犊牛胃中接近 37℃时才能凝固并被消化吸收，若奶温低于 37℃，不能立即凝固，会使犊牛食后拉稀，易引起消化不良。奶温过高会损伤犊牛胃肠黏膜，也会造成犊牛消化障碍。

(3)注意卫生。喂奶用的容器，每次用完后都应刷洗干净，晾干后再用。同时，要保持犊牛舍清洁卫生，防止潮湿，确保犊牛健壮生长。

(4)饲喂常乳严禁煮沸。全乳过度加热(温度超过 77℃，时间 15 s 以上)就会降低进入真胃以后出现凝块的特性，而使乳变为羽毛状沉淀，同时反射性地减少盐酸及胃蛋白酶的分泌量，胃的消化过程遭到破坏。未被消化的酪蛋白进入十二指肠，由于肠蛋白酶分泌量也被减少，其消化率也受影响，结果引起消化机能紊乱和腹泻。因此，饲喂犊牛的奶一定要选择健康母牛的奶，有乳房炎母牛的牛奶不能喂犊牛。牛奶要新鲜卫生，最好挤完即喂。如果需要灭菌，可经 62～65℃ 30 min 或 72～75℃ 15 s 灭菌，灭菌后降温至 38℃饲喂。喂奶速度应慢，以便增加胃蛋白酶与奶混合的机会，保证犊牛的良好消化过程。

(5)犊牛的饮水。牛乳中虽然含有大量水分，但仍不能满足犊牛正常代谢的需要，为满足犊牛正常代谢的需要，必须补充饮水，做到早期训练，饮好饮足。犊牛在初乳期，可在 2 次喂奶的间隔时间内供给 36～37℃的温开水，10～15 d 后改饮常温水，1 月龄后，可供其自由饮水，但水温不应低于 15℃。饮水要方便，水质要清洁，放牧时严禁喂沟、水塘里的脏水和污染的水，每天饮水3～4次;犊牛在舍饲期要饮温水,水槽要定期刷洗,舍饲期每天饮水3次,不能强迫犊牛多饮水。

3.尽早补饲犊牛精料和干草,刺激瘤胃发育

随哺乳犊牛的生长发育、日龄增加,每天需要养分增加,而母牛产后2～3个月产乳量逐渐减少,出现单靠母乳不能满足犊牛养分需要的矛盾。同时为了促进瘤胃的发育,在犊牛哺乳期,应用“开食料”和优质青草或干草进行补饲。

(1)犊牛补料的必要性。我国的地方黄牛产乳量都不高,其所产的牛犊又是杂交一代肉牛犊,初生体重大,生长发育快,单靠母乳远远不能满足其营养需要,因此需要补料。犊牛生后2～3周开始训练采食犊料,最好是直径3～4 mm、长6～8 mm的颗粒料和优质禾本科、豆科干草。这些饲料此期间虽不起主要营养作用,但能刺激瘤胃的生长发育,见表6.5,图2.2。

表6.5 草料对犊牛胃发育的影响

饲料	周龄	头数	胃容积/(mL/kg体重)		胃重/%体重		乳头状态[(mm·根)/m²]			
			瘤网胃	瓣皱胃	瘤网胃	瓣皱胃	最大高	平均高	密度	色调
全奶	4	2	42.3	30.2	0.58	0.72	1.6	0.53	601	白
	8	2	73.3	21.6	0.58	0.63	1.2	0.48	665	白
奶料草	4	2	86.5	53.7	1.04	0.94	2.5	0.79	529	暗褐
	8	2	101.5	42.7	1.85	1.09	6.2	1.54	245	暗褐

由表6.5可见,喂全奶犊牛8周龄的胃容积,胃重及乳头状态的发育,远不及喂奶、料、草犊牛4周龄发育好。特别是胃重和胃乳头高度,8周龄时喂奶、料、草犊牛是喂全奶犊牛的3倍。犊牛大约在出生后20 d即开始出现反刍,并伴有腮腺唾液的分泌。许多瘤胃微生物特别是原虫要通过唾液从其他反刍动物中获得,而其他瘤胃微生物则通过被污染的饲草料进入体内。到7周龄时,犊牛已形成比较完整的瘤胃微生物区系,具有初步消化粗饲料的能力。如果早期喂给草料,可以加速瘤胃发育。瘤胃微生物区系的繁殖、瘤胃的发酵产物——挥发性脂肪酸(VFA),对瘤蜂胃容积和瘤胃黏膜乳头的发育有刺激生长的作用。

(2)补料的生产意义。犊牛补料可以提高断奶重,杂一代犊牛从3月龄开始,根据不同的体重补给相应的混合料,到6月龄断奶时,体重可达180～220 kg,平均日增重830 g,而不补料的杂交犊牛断奶时仅为156 kg,提高增重15%～41%。犊牛补料可以提高饲料报酬,从3月龄到6月龄断奶,在哺乳期内补料犊牛仅消耗1 kg左右混合料就能增重1 kg,如果排除母乳对增重的作用,也仅消耗混合料2.8～3.2 kg。通过早期补料的犊牛,6月龄断奶后不会出现明显的掉膘现象,可以直接育肥,12月龄体重可达400 kg以上,周岁即可出栏;而不补料的断奶犊牛育肥,一般要到14～15月龄才能达到400 kg出栏体重。

4.由哺乳过渡到采食饲料的技术

犊牛刚出生时瘤胃不具备消化功能,促使犊牛瘤胃发育使犊牛达到目标体重的唯一方法是及早饲喂犊牛料和优质干草,尽早对犊牛补饲精、粗饲料。由于精、粗饲料的刺激,会促进瘤胃的发育,建立正常的瘤胃微生物菌群,促进犊牛生长。

(1)补料时间。为了促进犊牛瘤胃发育,提倡早期补料。一般于生后第1周可以随母牛舔食精料,第2周可试着补些精料或使用开食料、犊牛料补饲,第2、3周补给优质干草,自由采食(通常将干草放入草架内,防止采食污草),也可在饲料中加些切碎的多汁饲料,2～3月龄以后

可喂秸秆或青贮饲料。

(2)补饲方法。为了节省用奶量，提高犊牛增重效果和减少疾病的发生，所用的混合精料要具有热能高、容易消化的特点，并要加入少量的抑菌药物。补料时在母牛圈外单独设置犊牛补料栏或补料槽，每天补喂1～2次，补喂1次时在下午或黄昏进行，补喂两次时，早、晚各喂1次。补料期间应同时供给犊牛柔软、质量好的粗料，让其自由采食，以后逐步加入胡萝卜(或萝卜)、地瓜、甜菜等多汁饲料。补饲饲料量随日龄增加而逐步增加，尽可能使犊牛多采食。根据母乳多少和犊牛的体重来确定喂量，2月龄日喂混合料0.2～0.3 kg；3月龄日喂混合料0.3～0.8 kg；4月龄增加到0.8～1.2 kg；5月龄1.2～1.5 kg；6月龄1.5～2 kg。

有条件时可设立犊牛哺饲栏，从2～3月龄开始，在母牛圈外单独设置补料栏或补料槽，以防母牛抢食，栏高1.2 m，间隙0.35～0.4 m，犊牛能自由进出，母牛被隔离在外。

(3)精料的补喂方法。犊牛生后15 d左右，开始训练吃精料。初喂时可磨成细粉，与食盐、骨粉等矿物质饲料混合，涂擦犊牛口鼻，教其舔食。喂量由最初的10～20 g，增加到数日后的80～100 g，一段时间后，再喂混合好的湿拌料。喂时将混合精料与水1∶2.5混合成湿稠料，开始时，按1∶10的比例用水做成稀料喂给犊牛，也可在一开始就饲喂湿拌料，将混合精料与水按1∶(2.0～2.5)，以后逐渐改为固态湿拌料，2月龄犊牛喂湿拌料。

犊牛精料要求高能量，易消化，适口性好，刺激瘤胃迅速发育，蛋白质含量符合犊牛生长需求，原料质量好，可添加其他特定添加剂以预防疾病，减少发病率，如额外加入寡聚糖，有机硒，必需脂肪酸等；有条件犊牛料可制成颗粒状，直径为4～8 mm。犊牛料的采食量1周内诱食量很少，随着犊牛成长而喂量增加，饲喂量如表6.6所示。犊牛精料营养要求含粗蛋白19%～21%、粗脂肪5%、粗纤维5%～8%、钙1.2%、磷0.8%，混合精料根据犊牛营养需要配制，犊牛出生后3～30日龄，可每天补喂一定量的抗生素，以防止下痢，精料参考配方见表6.7。

表6.6 2～8周龄犊牛精料饲喂量　kg

周龄	2	3	4	5	6	7	8
添加量	0.075	0.175	0.275	0.5	0.6	0.8	1.0

表6.7 不同阶段犊牛料配方　%

日龄	玉米	麸皮	豆粕	其他杂粕	乳清粉	全(脱)脂奶粉	过瘤胃脂肪	磷酸氢钙	石粉	食盐	维生素微量元素预混料
15～30	35	10	25	0	10	8	5	3	2	1	1
31 d至断奶	40	15	26	0	5	5	2	3	2	1	1
断奶后	45	20	15	13	0	0	0	3	2	1	1

(4)补喂干草。从3周龄开始，在牛栏的草架内添入优质干草(如豆科青干草等)，训练犊牛自由采食，以促进瘤网胃发育，防止犊牛舔食异物。最初每天10～20 g，2月龄可达1～1.5 kg。在夏秋季，有条件时犊牛可随母牛放牧，并逐步增加普通饲料。

(5)补喂多汁饲料。一般犊牛出生后20 d开始饲喂。在混合精料中，加入切碎的胡萝卜或甜菜、幼嫩青草等。最初每天20～25 g，以后逐渐增加，到2月龄时可增加到1～1.5 kg，3月龄为2～3 kg。

(6)饲喂青贮饲料。由2月龄开始饲喂，最初每天100～150 g，3月龄时可增加到1.5～2.0 kg。

6.3.2.3 犊牛常乳期的管理

犊牛哺乳期的生长发育直接关系到以后的增重，因此必须加强哺乳期犊牛管理，使犊牛4～5月龄断奶体重一般达到135～155 kg，即哺乳期平均日增重应在500～600 g。如为检查饲养效果，每月应称重一次，达不到日增重要求时应及时采取补饲措施。必须强调的是如果犊牛期尤其是4月龄内生长发育不良，后期生长中将无法弥补这种缺陷。

1.哺乳卫生

犊牛出生后1周内，宜用哺乳器喂奶，3周龄后可用奶桶哺喂。每次使用哺乳用具后，都要及时清洗、消毒，饲槽也应刷洗干净，定期消毒。每次喂完奶，要使用干净的毛巾将犊牛口、鼻周围残留的乳汁擦干，防止互相乱舔而养成"舔癖"。舔癖的危害很大，常使被舔的犊牛造成脐带炎或睾丸炎，以致影响生长发育。同时，有这种舔癖的犊牛，容易舔吃牛毛，久之在瘤胃中形成许多扁圆形的毛球，往往堵塞食道、贲门或幽门而致犊牛死亡。

2.运动

运动能锻炼牛体质，增进健康，犊牛出生7～10 d后，可随母牛牵至室外或运动场内自由运动0.5 h，以后逐渐增加到2～4 h。每天分上、下午进行1次，但应注意防寒、防暑；在舍饲条件下犊牛在运动场进行逍遥运动。但在下雨或冬季寒冷时，不要让犊牛躺卧在潮湿或冰冷的地面上，在夏季必须有遮阳条件。运动场要设草架和水槽，供给充足的清洁饮水，任其自由饮用；设盐槽或盐砖，供自由舔食。

3.去角

对于将来作育肥饲养的犊牛，去角更有利于管理，减少顶撞造成外伤。去角的时间是在生后2周龄左右。方法是将生角基部毛剪去后，在外圈有毛处，用凡士林涂一圈，以防药液流出，伤及头部或眼部。然后用棒状苛性钠或苛性钾稍蘸水湿涂擦角基部，至表皮有微量血渗出为止，或用电烙铁烧烙(见图6.11，图6.12)，待成白色时再涂以青霉素软膏，2周后结痂脱落即可。

4.刷拭与皮肤卫生

用软毛刷每天轻轻刷拭皮肤1～2次，可促进皮肤的血液循环和呼吸，以利于皮肤的新陈代谢，保持皮肤清洁，防止体表寄生虫寄生。犊牛期，刷拭起着按摩皮肤的作用，能促进皮肤呼吸及血液循环，加强代谢作用，有利于犊牛生长发育。同时，通过刷拭，保持牛体清洁，防止外寄生虫滋生，使犊牛养成驯良的性格，所以，每天要刷拭1～2次。刷拭时使用毛刷，逆毛去顺毛归，从前到后，从上到下，从左到右，刷遍全身。禁用铁篦子直接挠，以免刮伤皮肤。若粪结痂粘住皮毛，要用水润湿，软化后刮除。

5.预防接种

结合当地牛疫病流行情况，有选择地进行各种疾病疫苗的接种，如口蹄疫、魏氏梭菌、气肿疽、布氏杆菌、结核等，见第7章。

6.犊牛栏(舍或圈)的管理

犊牛出生后，应及时放进保育栏内，每栏一犊，隔离管理。出产房后，可转到犊牛栏中，集中管理，每栏可容纳4～5头。栏内要保持清洁干燥，并铺以干燥垫草，做到勤打扫、勤更换。犊牛舍内地面、围栏墙壁应清洁干燥，并定期消毒。舍内应有适当的通风装置，保持阳光充足，通风良好，空气新鲜，夏防暑，冬防寒。

7.健康观察

平时对犊牛进行仔细观察，可及早发现有异常的犊牛，及时进行适当的处理，提高犊牛育成率。观察的内容包括：①观察每头犊牛的被毛和眼神；②每天 2 次观察犊牛的食欲以及粪便情况；③查有无体内外寄生虫；④注意是否有咳嗽或气喘；⑤留意犊牛体温变化。正常犊牛的体温为 38.5～39.2℃，当体温高达 40.5℃以上即属异常；⑥检查干草、水、盐以及添加剂的供应情况；⑦检查饲料是否清洁卫生；⑧通过体重测定和体尺测量检查犊牛生长发育情况；⑨发现病犊应及时进行隔离，并要求每天观察 4 次。

8. 调教管理

管理人员必须用温和的态度对待犊牛，经常接近它，抚摸它，刷洗牛体，使其养成成年后驯良的性格。

9. 犊牛断乳

犊牛断奶是提高母牛生产性能的重要环节，犊牛一般经过 4～6 个月的哺乳和采食补料训练后，生长发育所需的营养已基本得到满足，可以进行断奶。断奶时体重超过 100 kg 以上，其消化机能已健全，已能利用一定的精料及粗饲料，一般能采食 1.5 kg 精料。断奶时可用逐渐断奶，将母子分开。具体方法是将母牛和犊牛分离到各自牛舍，减少日哺乳次数，最初可隔 1 日，而后隔 2 日哺一次母乳，直至彻底断奶(完全离乳)。其次应逐渐增加精料的饲喂量，使犊牛在断奶期间有较好的过渡，不影响其正常的生长发育。断奶后保持原来饲养方案并加强营养，日喂精料 1.5～2.0 kg，优质的青、干草任意采食。

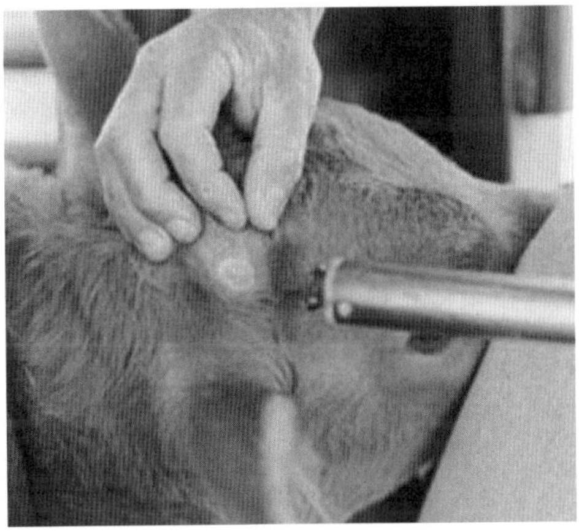

图 6.11　犊牛去角方法

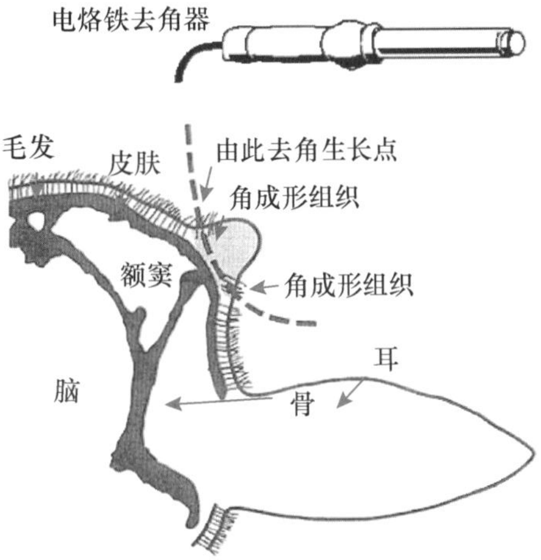

图 6.12　犊牛去角的原理

6.3.3　早期断奶母犊牛培育技术

在肉用犊牛培育过程中，为了提高犊牛生长速度，提高母牛繁殖率，可采用早期断奶方式。早期断奶，具有降低犊牛培育成本和死亡率、促进消化器官的迅速发育、减少消化道疾病的发病率、充分发挥母牛生产力的作用。一般情况下，60～90 日龄的犊牛日采食精料量达到 1.2～1.5 kg 时，即可断奶。犊牛早期断奶能否成效，关键是提早补饲给犊牛营养丰富的全价代乳料和犊牛料。通过早期断奶，饲养和培育公牛犊作肉用育肥，提高资源利用率，通过早期培育，提高母犊育成的效率。同时，早期断奶可促使母牛尽快恢复体况，提早发情配种，是提高母牛繁殖率的重要措施。经过早期断奶和补料的犊牛断奶后进行育肥，周岁体重可达到 420 kg，可当年出栏；而不补料的断奶犊牛育肥，至少在 14～15 月龄时才能达到出栏体重。

6.3.3.1 犊牛早期断乳方案

犊牛早期断乳方案的拟订要根据人工乳、代乳料的生产水平，犊牛饲养管理技术水平和现代化设备条件等方面来具体安排。犊牛早期断乳在生产中已经普遍应用，人工乳配合技术不断完善，见表 6.8，可在犊牛吃完初乳后采用人工乳完全代替了全乳。人工乳是干粉，使用方法按说明书进行，一般用温水稀释 8～10 倍哺喂，1 d 只喂 2 次，每次用 200～250 g 人工乳粉，加水 1.5～2 kg 解后喂给。如果同时备有优质的犊牛代乳料供自由采食，2～3 月龄就可断奶。具体方法为：

(1)生后 1 周内喂给初乳。犊牛应吃其亲生母亲所产的初乳。

(2)从 8 日龄至 35 日龄的 4 周内，将人工乳 1 日 2 次早晚定时喂给。前 2 周内喂量 200 g/d，后 2 周内 250 g/d。喂法：将人工乳溶于 6 倍量的温水(40℃)中喂给。多采用水桶直接哺喂。

(3)从 8 日龄至 3 月龄，除喂人工乳外，同时不断喂给代乳料和优质干草。犊牛从 11 日龄开始，除喂全乳外，也可以饲喂营养完全的代乳料。从生后 36 日龄停喂人工乳，而只给代乳料和干草。哺喂人工乳期间，代乳料的喂量 100～200 g/d；停喂人工乳后，迅速上升到 1 000～3 000 g。

表 6.8 几种商品代乳品(人工乳)的原料配方 %

原料/%	商品名						
	卡比塔尔	基普	晶石	拉台罗	登科维蒂	费列包莫克	纽包比
脱脂奶粉	78.5	72.5	78.37	79.6	75.4	71.5	72.6
动物性脂肪	20.2	13.0	19.98	12.5	10.4	20.0	19.4
植物油	—	2.2	0.02	6.5	5.5		
大豆卵磷脂	1.0	1.8	1.0	1.0	0.3	1.0	1.0
葡萄糖	—	—	—	—	2.5	1.5	4.84
乳糖	—	9.0	—	—	—	—	—
谷类产品	—	—	0.23	—	5.4	5.86	2.0
维生素、矿物质	0.3	1.5	0.4	0.4	0.5	0.14	0.16

(养牛生产学，2010)

6.3.3.2 代乳料的配制与喂法

代乳料，也叫开食料，能起到促使犊牛由以乳为主的营养向完全采食植物性饲料过渡的作用，配成犊牛易于消化吸收而又能满足过渡期营养需要的精饲料，形态为粉状或颗粒状。

1. 代乳料的配制

开食料是根据犊牛消化道及其酶类的发育规律所配制的，能够满足犊牛营养需要，适用于犊牛早期断奶所使用的一种特殊饲料。其特点是营养全价，易消化，适口性好，它的作用是促使犊牛由以吃奶或代乳品为主向完全采食植物性饲料过渡，开食料富含维生素及微量元素矿物质等。此外，开食料一般也含有抗菌素如金霉素或新霉素，驱虫药如拉沙里菌素、癸氧喹啉以及益生菌等。通常，开食料中的谷物成分是经过碾压粗加工形成的粗糙颗粒，以利于促进瘤胃蠕动，可在开食料中加入 5%左右的糖蜜，以改善适口性。犊牛开食料营养指标见表 6.9。犊牛开食料的配方可参考表 6.7。

表 6.9 犊牛开食料营养指标

营养成分	指标与含量	营养成分	指标与含量
粗蛋白	19%～21%	钙	1.1%
综合净能	>0.9RND/kg	磷	0.7%
粗脂肪	>3%	维生素 A，维生素 D	3 200 IU/kg，300 IU/kg

从犊牛生后的第 2 周开始提供，任其自由采食。在低乳量的饲养下，犊牛采食代乳料的量增加很快，到 1 月龄时已能吃到 0.5～1 kg/d 左右，等到 50～60 日龄以后，吃到 1.5 kg/d 时，便可断乳，并限制代乳料的给量，向普通配合料过渡。犊牛计消耗 20～30 kg 代乳料。

2. 代乳料的饲喂方法

第 10～15 天，每天中午 1 次，每次将 50 g 代乳料放入盆(桶)中，加开水 150～200 mL，冲成稀粥料，降温让犊牛自由舔食。如果不采食代乳料，可用手指取料，往犊牛的口里或嘴边抹，进行强制训饲。第 16～21 天，犊牛采食代乳料，吃的比较干净时，每天喂料增加到 100～200 g。第 22～30 天，犊牛代乳料喂量增加到 400～500 g。购买的代乳粉料，用凉水浸泡 30 min 后，让犊牛自由舔食。颗粒料可直接放入槽中或料盆中自由采食。购买的代乳粉料或颗粒料勿用开水浸泡，以防止料中的营养成分因高温而失效。

6.3.3.3　早期植物性饲料的饲喂

犊牛要早日断奶，必须提早补喂料草，可促进消化器官发育，提高犊牛质量，促进瘤胃显著发育，减少消化道疾病的发生，提高犊牛成活率。

1. 精料

犊牛出生后 10～15 d 开始训练采食精料。初喂时可将精料磨成细粉，并与食盐、石粉等矿物质饲料混合，涂擦于口腔、鼻部，使其感受味道和气味，教其舔食。最初每天每头喂干粉料 10～20 g，逐渐增加，数日后可增至 80～100 g。待适应一段时间后，便可训练犊牛采食“干湿料”，即将干粉料用温水拌湿，经糖化后饲喂，这样可提高适口性，增加采食量。要注意不能喂给酸败饲料，以防止引起下痢。干湿料的喂量随日龄而增加，到 1 月龄时，每天能采食 250～300 g，2 月龄达 500 g 左右。犊牛精料的配合(见表 6.7 或表 6.10)，应依据其年龄和生理需要而不同。为预防下痢等消化道疾病，可饲喂含有抗生素的饲料。如每天补喂金霉素 1 万 IU，30 d 后停喂，犊牛的日增重可提高 7%～16%，高的可达 30%，下痢发生率大大降低。在卫生条件较差的情况下，效果更为明显。

表 6.10　犊牛混合精料配方　%

饲料种类	玉米	高粱	大麦	糠麸类	饼(粕)类	磷酸氢钙	食盐	维生素 A/(IU/kg)	维生素 D/(IU/kg)	微量元素
配方 1	37.0	10.0	10.0	15.0	24.0	2.0	1.0	3 800	600	1.0
配方 2	41.0	10.0	—	20.0	25.0	2.0	1.0	3 800	600	1.0

(李建国,《养牛手册》,1997)

2. 干草

犊牛生后 20～25 d，开始训练采食干草，在犊牛栏的草架上放置优质干草，任其自由采食和咀嚼，可促进瘤胃发育，并可防止舔食脏物。

3. 多汁饲料饲喂

犊牛生后 40 d 开始，在混合精料中加入切碎的胡萝卜，开始每天每头 20～25 g，以后逐渐增加，到 2 月龄时可喂到 1～1.5 kg。如无胡萝卜，也可以喂南瓜、甜菜等，但饲喂量要适当减少。需要注意的是多汁饲料要切碎，避免整个吞入堵塞食管，发生危险。

4. 青贮饲料投喂

从犊牛 2 月龄时开始喂给青贮饲料，最初每天每头 100～150 g，3 月龄时可喂到 1.5～2.0 kg，4～6 月龄时增至 4～5 kg。

6.3.4 常乳期母犊牛的饲养管理日程安排

犊牛在哺乳阶段的可塑性很大，是培育优秀母牛和育肥犊牛的最关键时刻，该阶段的规范饲养管理对于提高犊牛成活率以及今后健康地生长发育极为重要。

1.第 2 周龄犊牛的饲养管理

(1)采食与饮水。犊牛仍然跟随母牛生活在一起或在犊牛栏饲养，自行吮乳或定时吮乳。每天喂奶次数应在 4～5 次。开始训练犊牛采食精料，有犊牛颗粒饲料更好。在牛槽里或在犊牛栏边上放置些配合精料或豆粕或玉米等任犊牛自由采食及咀嚼。每天给犊牛饮温水 2 次，饮水要限量，防止过多发生尿血和腹泻。

(2)环境要求。牛舍温度保持 18～20℃，每天清扫牛舍 2～3 次，保持清洁干燥。每天排气 2～3 次，每次排气时间 3～5 min，同时注意保温。垫草每天更换 1～2 次。

(3)管理要点。每天注意观察犊牛的吮乳情况、粪便是否正常，放置粒状饲料，训练犊牛咀嚼、采食精料。

2.第 3 周龄犊牛的饲养管理

(1)采食与饮水。犊牛的胃功能逐渐发育，采食精料量不断增加。可以在草架上或饲槽内放置优质干草，训练犊牛采食。青草期，应刈割鲜嫩的青草，让犊牛自由采食，或随母牛放牧自由采食青草。定时给予充足的饮水，或设置水槽，让犊牛自由饮水。在冬季应饮用温水。晚上应拴系饲养，喂奶时要做到定时、定温、定量。

(2)环境要求。在气温温暖的条件下，犊牛随母牛进行户外饲养，晚间饲养在犊牛舍中。冬季或早春季节出生的犊牛，在天气晴朗时，选择朝阳背风的地方，进行短时间的户外自由活动。根据气候条件，每次活动时间应逐渐延长。

(3)管理要点。本周要把握好喂奶关，饲喂优质精料，饮用清洁的温水；犊牛进行户外活动，增强体质和适应户外环境；保持牛舍清洁干燥。

3.第 4～6 周龄饲养管理

(1)采食与饮水。犊牛的生长发育开始加快，瘤胃、网胃和瓣胃的消化吸收功能增大，对精料的采食量日趋增加，杂交犊牛的日增重在 400～600 g。随母牛放牧采食青草或干草，可以使犊牛增加运动量和采食量，有利于犊牛生长发育。还可以在运动场内食槽放置干草任自由采食，自由运动，或定时在牛舍中拴系饲喂干草。要提供高质量干草，以促进犊牛瘤胃的发育，并且能加快犊牛的生长发育速度，禁喂质量低或有霉味的干草。保证充足的饮水，可采用自由饮水或定时饮水方式，水温在 15℃左右。吮乳或喂乳，每天定时 3 次，每天喂量 3～3.5 kg。

(2)管理要点。犊牛夜间应拴系饲养，缰绳拴系要适中，过短不利于犊牛休息，过长易出现意外。保持牛舍的通风干燥。每天清扫牛舍 2～3 次；更换垫草 1 次；每天刷拭牛体 1 次，既可以保持牛体的卫生，又可以促进犊牛生长。

4.第 7～10 周龄饲养管理

(1)饲养要点。减少哺乳或喂奶的次数，犊牛从出生的 46 d 起，吮吸或喂奶的次数改为每天 2 次，即早晚各 1 次，中午补饲精料。为了降低饲养成本，锻炼犊牛采食植物饲料，可以由犊牛开食料改为犊牛料。

(2)管理要点。犊牛采食开食料，一定要控制喂量，喂量应逐渐增加，过多容易造成拒食、消化不良和腹泻。饮水仍然采用自由式饮水或定时饮水。每天打扫卫生3次,更换垫草1次,并刷拭牛体1次,保证牛体的清洁卫生。

5.第11～15周龄饲养管理

(1)饲养要点。母牛的产乳量开始下降,吃奶次数开始减少,在100～120日龄断奶,犊牛生长发育开始第二转折,依靠采食干草和精料为主的生长发育。

犊牛吮乳或喂奶逐渐由2次改为1次,即早晚各1次改为每天吮乳或喂奶1次(一般可在第90天左右改为1次);100 d后再改为隔天1次直到断奶。同时犊牛料的喂量:第71～80天,每天喂1次,每次喂量300 g;第81～90天,每天喂2次,每天喂量500 g;第91～100天开始喂料3次,每天喂料量800 g;第101～110天喂料3次,每天喂料量1 100 g;第111～120天每天喂料量1 500 g。每天饲喂料的时间为6:00,11:00和18:00。

(2)管理要点。饲养上可以采用放牧或舍饲的方法进行饲养,定时饮水,见图6.13。喂料时应用料桶或料槽喂料,避免抢食别的牛的料过多而造成瘤胃积食。保证供给犊牛充足的优质干草,让其自由采食或定时饲喂,也可以采用放牧采食青草或驯饲采食干草。晚上拴好缰绳,夜间勤检查,防止犊牛掉进料槽或其他地方造成伤亡。床位要干燥,环境潮湿阴冷时犊牛易患关节炎。做好犊牛的断奶工作,断奶后仍饲养在犊牛舍或随母放牧(图6.14)。

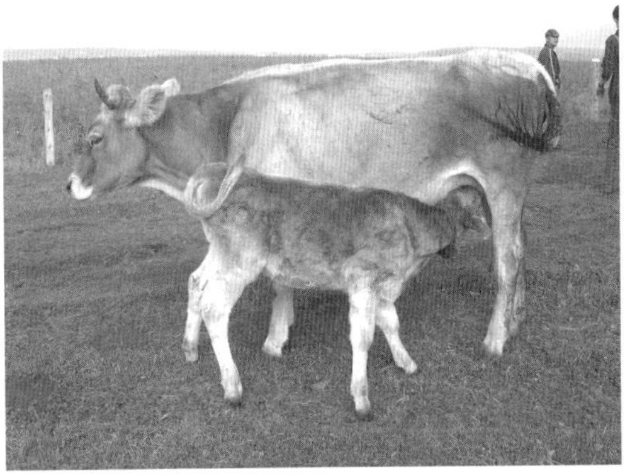

图6.13 繁殖母牛带犊的放牧管理(一)

图6.14 繁殖母牛带犊的放牧管理(二)

6.3.5 断奶至6月龄母犊牛的饲养管理

断奶犊牛一般是指从断奶到6月龄阶段的犊牛,此阶段是犊牛消化器官发育速度最快的时期,发育中的瘤胃体积也不断扩大,犊牛的营养需要也在不断变化。当犊牛两个半月断奶时,它的瘤胃很小,尚未得到完全发育,尚不能够容纳足够的粗饲料来满足生长需要,此时要注意补饲饲料的质量以不断满足其对蛋白质和维生素的需要。

断奶母犊牛的培育目标:①犊牛的日增重平均为760 g;②6月龄的体重达到170～180 kg,体高为95～100 cm,体长为100～115 cm;③6月龄时,犊牛日粮干物质采食量应达到4～4.5 kg/d;④犊牛(6月龄时)混合精料喂量2 kg/d。

6.3.5.1 断奶至6月龄母犊牛的饲养

犊牛断奶后,继续喂开食料(或犊牛料)到4月龄,日喂精料应在1.5～2.0 kg,以减少断奶应激。4月龄后方可换成育成牛或青年牛精料,以确保其正常的生长发育。6月龄前的犊牛,其日粮中粗饲料主要功能仅仅是促使瘤胃发育。4～6 月龄犊牛对粗饲料干物质的消化率远低于谷物，其粗饲料的适口性和品质就显得尤为重要。饲养时可选用商用犊牛生长料加优质豆科干草或豆科禾本科干草混合物，自由饮水，饲料中添加抗球虫病药，并保持适当的通风条件。一般犊牛断奶后有 1～2 周日增重较低，且毛色缺乏光泽、消瘦、腹部明显下垂，甚至有些犊牛行动迟缓，不活泼，这是犊牛的前胃机能和微生物区系正在建立、尚未发育完善的缘故。随着犊牛料采食量的增加，上述现象很快就会消失。

6.3.5.2 断奶至 6 月龄犊牛的管理

犊牛断奶后，如果牛舍条件较差，很有可能成为犊牛死亡的主要原因，这一阶段的犊牛牛舍要求有一个干燥的牛床，充分的新鲜空气，清洁的环境，使牛感到舒适。

犊牛断奶后进行小群饲养，将年龄和体重相近的牛分为一群，每群 10～15 头。日粮中应含有足够的精饲料和含有较高比例的蛋白质，一方面满足犊牛的能量需要，另一方面也为犊牛提供瘤胃上皮组织发育所需的乙酸和丁酸。日粮一般可按 1.8～2.2 kg 优质干草、1.8～2.0 kg 混合精料进行配制。

6.4 育成母牛的饲养管理

犊牛满 6 个月即进入育成期，犊牛断奶后 7 月龄至初配种的母牛或种用之前的公牛称为育成牛。对小母牛来说，通常又将此期分为小育成牛和大育成牛，前者是指发情以前的阶段(7～12 月龄)；后者是指初情期后至配种妊娠前的阶段(13～17 月龄)，此期培育的任务是保证幼牛的正常发育和适时配种。育成牛从 6 月龄至 17 月龄，正处在较快的生长发育阶段，一般到 18 月龄时，其体重应达到成年牛的 70%以上。这一时期的精心饲养管理，可获得较快的增重速度，保证正常生长发育和及时配种，对牛体的生长发育和今后的生产性能影响较大。

6.4.1 育成牛的营养需要特点

对育成牛进行合理的饲养，首先必须了解其在生长过程中体内养分沉积的变化规律。研究表明，育成牛体重的增加并未引起蛋白质和灰分在比例上的改变，而体脂肪的增加却是明显的，也就是说，伴随生长，热能的需要量比蛋白质的需要量相对增加，这就需要在饲料中增加能量饲料的比例。育成牛骨骼的发育非常显著，在骨质中含有 75%～80%的干物质，其中钙的含量占 8%以上，磷占 4%，其他有镁、钠、钾、氯、氟、硫等元素。钙、磷在牛奶中的含量是适宜的，而在断奶后，则需要由饲料中摄取。因此，在饲喂的精料中需要添加 1%～3%的碳酸钙与磷酸氢钙的等量混合物，同时添加 1%的食盐。在育成牛生长过程中，只有维生素 A、维生素 D、维生素 E 需要在饲料中添加。因为除哺乳犊牛外，牛瘤胃内微生物可以合成 B 族维生素(维生素 B_1，维生素 B_2、维生素 B_6、维生素 B_{12}、泛酸、生物素)和维生素 K，肝脏和肾脏可以合成维生素 C。

作为繁殖用的后备小母牛培育的好坏，直接影响其一生的生产性能，对肉牛业的发展至关重要，饲养上应采取自由采食方式，日粮中应供给充足的蛋白质、矿物质和维生素，育成母牛的日粮应以青粗饲料为主，适当补喂精料。

6.4.2 肉用育成母牛的生长发育特点

育成母牛阶段是生长发育最快的时期，消化器官中瘤胃的发育迅速，随着年龄的增长，瘤胃功能日趋完善，12 月龄左右接近成年水平。育成期是母牛的骨骼、肌肉发育最快时期，体形变化大，性器官和第二性征发育很快，体躯向高度和长度方面急剧增长，这个时期饲养管理得好，育成母牛在 16～18 月龄可基本接近成年牛的体高，这个阶段也往往是最容易被人们所忽视的阶段。该阶段应该把四肢、体躯骨骼的发育作为重点培育目标，一头育成母牛发育得好与坏，不绝对在于体重的大小，而应视其体型和外貌。此外育成母牛的性成熟与体重关系极大。一般育成牛体重达到成年母牛体重的 40%～50%时进入性成熟期，体重达成年母牛体重的 60%～70%时可以进行配种。当育成牛生长缓慢时(日增重不足 350 g)，性成熟会延迟至 18～20 月龄，影响投产时间，造成不必要的经济损失。

(1)瘤胃发育迅速。7～12 月龄时瘤胃容积大增，利用青粗饲料能力明显提高，12 月龄左右接近成年牛水平。在 12～18 月龄，育成母牛消化器官容积更加增大。训练育成母牛大量采食青粗饲料，以促进消化器官和体格发育，为成年后能采食大量青粗饲料创造条件。日粮应以粗饲料和多汁饲料为主，其重量约占日粮总量的 75%，其余的 25%为混合精料，以补充能量和蛋白质的不足。为此，青粗饲料的比例要占日粮的 85%～90%，精料的日喂量保持在1.5～2.0 kg。

(2)生长发育快。7～8 月龄以骨骼发育为中心，7～12 月龄期间是体长增长最快阶段，体躯向高度和长度方面急剧生长，以后体躯转向宽深发展。一头培育好的母牛，骨骼、体高、四肢长度及肌肉的丰满程度等生长发育水平至少要在中等标准以上，外形舒展大方，肥瘦适宜，七八成膘。该时期如果饲养管理不当而发生营养不良，则会导致育成母牛生长发育受阻，体躯瘦小，发育不良，初配年龄滞后，很容易产生难配不孕牛，影响其一生的繁殖性能，即使在后期进行补饲也很难达到理想体况。因此该时期牛的膘情相当重要，该时期最忌肥胖，由于脂肪沉积过多，会造成繁殖障碍，还会影响乳腺的发育，宁稍瘦而勿肥，特别是在配种前，应保证其有充分的运动，膘情适度，这样才能有利于其生产性能的发挥。

(3)生殖机能变化大。在 6 月龄至 1 周岁期间，牛的性器官和第二性征发育很快。6～9 月龄时，卵巢上出现成熟卵泡，开始发情排卵，由于母牛周期性发情，卵巢分泌的卵泡素能促进乳导管分支、伸长和乳腺泡的形成；如果母牛过肥，乳房内有大量脂肪沉积，会阻碍乳腺泡发育而影响产后泌乳。一般在 18～20 月龄，体重为成年体重的 70%时可配种。

6.4.3 育成母牛饲养方式

育成牛的培育要求是保证小母牛正常生长发育和适时配种，育成母牛培育得好坏，直接影响其一生的生产性能，对肉牛业的发展至关重要。育成牛的饲养方式有小群饲养、大群饲养和放牧饲养。对于繁殖母牛养殖场，犊牛满 6 月龄后转入育成牛舍时，应分群饲养，应尽量把年龄、体重相近的牛分在一起，同一小群内体重的最大差别不应超过 70～90 kg，生产中一般按 6～9 月龄、10～14 月龄、15 月龄至配种前进行分群。

1. 放牧饲养

我国母牛大多分散在农户，以放牧饲养为主。一般情况下，单靠放牧期间采食青、干草很难满足其生长发育需要，应根据草场资源情况适当地补饲一部分精料，一般每天每头在0.5～1 kg，能量饲料以玉米为主，一般占70%～75%，蛋白质饲料以豆饼为主，一般占25%～30%，还可准备一些粗饲料如玉米秸、稻草等铡短令其自由采食(图6.15a,b)。精粗料的补给与否以及量的大小，应视草场和牛只生长发育具体情况而定，发育好则可减少或停止饲料补给，发育差的则可适当增加饲料给量。夏季应避开酷热的中午，增加早、晚放牧时间，以利于牛采食和休息。

放牧需要行走，牛蹄不好易造成疲劳，应注意观察，适时修蹄。放牧牛易被体内外寄生虫侵害，应注意观察牛的粪便、被毛、眼睑等的变化，并定期驱虫。应备有食盐让牛自由舔食。牛放牧归家后最好拴系，补饲过程中每牛占一槽，以防牛斗架争食，导致强牛肥胖、弱牛瘦小。

2. 舍饲

在没有放牧条件时或大中型牛场多采用舍饲(图6.16a,b)。精料主要以玉米、糠麸、豆饼等为主，粗料主要为优质干草、玉米秸、稻草、氨化秸秆、青贮等，辅以维生素A、维生素D、维生素E、微量元素、磷酸氢钙、食盐等配成全价饲料。一般情况下精料给量在15%～20%(能量饲料70%，蛋白饲料30%)，粗料给量在80%～85%。每天牛采食量为每100 kg体重干物质1.8～2.5 kg，饲养标准可参考中国生长母牛的营养需要标准，断乳至19月龄日增重以控制在0.4～0.8 kg为好。根据牛只生长发育情况，灵活地调整饲料给量，18～20月龄体重以达成年母牛体重的75%～80%为佳。

图6.15a　育成母牛的放牧管理(一)

图6.15b　育成母牛的放牧管理(二)

图6.16a　农村育成母牛的饲养管理(一)

图6.16b　农村育成母牛的饲养管理(二)

6.4.4　肉用育成母牛饲养技术

此期育成牛的瘤胃机能已相当完善，可让育成牛自由采食优质粗饲料如牧草、干草、青贮等，整株玉米青贮由于含有较高能量，要限量饲喂，以防过量采食导致肥胖。精料一般根据粗料的质量进行酌情补充，若为优质粗料，精料的喂量仅需 0.5～1.5 kg 即可；如果粗料质量一般，精料的喂量则需 1.5～2.5 kg，并根据粗料质量确定精料的蛋白质和能量含量，使育成牛的平均日增重达 700～800 g，16～18 月龄体重达 360～380 kg 进行配种。由于此阶段育成牛生长迅速，抵抗力强、发病率低，容易管理，在生产实践中，有时往往疏忽这个时期育成牛的饲养，导致育成牛生长发育受阻，体躯狭浅，四肢细高，延迟发情和配种，导致成年时泌乳遗传潜力得不到充分发挥，给以后犊牛的哺乳造成困难。在不同的年龄阶段，其生长发育特点和消化能力都有所不同。因此，在饲养方法上也有所区别。育成期的饲养可按育成牛不同阶段的发育特点和营养需要等情况分两个阶段进行饲养。

1.第一阶段(6～12 月龄)

此阶段是育成牛达到生理上最高生长速度的时期，是性成熟前性器官和第二性征发育最快的时期。身体的高度和长度急剧增长，前胃发育较快，瘤胃功能成熟，容积扩大 1 倍。在良好的饲养条件下，日增重较高，尤其是 6～9 月龄最为明显。经过犊牛期植物性饲料的锻炼，瘤胃虽然已具有了相当的容积和消化青粗饲料的能力，但由于在犊牛刚断乳时，瘤胃容积有限，不能保证采食足够的青粗料如优质青、干草，多汁饲料来满足其生长发育的需要，消化器官本身也处于强烈的生长发育阶段，需继续锻炼。为了兼顾此期育成牛生长发育的营养需要并进一步促进消化器官的生长发育，此期所喂给的饲料，除了优良的青粗料外，还必须适当补充一些精饲料。粗饲料的干物质中应该至少有一半来自于青干草，这时精饲料的质量和需要量取决于粗饲料的质量。一般日粮中干物质的 75%来源于优良的牧草、青干草、青贮料和多汁饲料外，还必须补充 25%的混合精料。因此在 1 岁以内仍然需要保证饲喂适量的精料，才能保证一定的日增重。按 100 kg 体重计算，参考喂量：青贮 5～6 kg，干草 1.5～2.0 kg，秸秆 1.0～2.0 kg，精料 1.0～1.5 kg。从 9～10 月龄开始，可掺喂一些秸秆和谷糠类粗饲料，其比例占粗料总量的 30%～40%。此期可采用的日粮配方为混合料 2～2.5 kg，秸秆 3～4 kg(或青干草0.5～2 kg，玉米青贮 11 kg)。

2.第二阶段(13～18 月龄)

此阶段育成母牛消化器官容积增大，已接近成熟，消化能力增强，生殖器官和卵巢的内分泌功能更趋健全，若正常发育在 16～18 月龄时体重可达成年母牛的 70%～75%，生长强度渐渐进入递减阶段，无妊娠负担，更无产乳负担，能够尽可能利用青、粗饲料，可以降低饲养成本。为使育成牛消化器官继续扩大，需要进一步刺激其生长发育，日粮应以粗饲料和多汁饲料为主，其比例约占日粮总量的 75%，其余 25%为配(混)合饲料，以补充能量和蛋白质的不足，如粗饲料质量差则需要适当补喂精料，一般可补 2～3 kg 精料，同时补充钙、磷、食盐和必要的微量元素。对于有放牧条件的夏季以放牧为主，冬季要补饲，可自由采食干草和秸秆青贮。

6.4.5 育成母牛的管理

育成母牛的管理目的是培育优良的肉用母牛，为今后的繁殖打下基础，提高母牛养殖的效益。决定母牛配种时间的是体重和体高，而不是年龄。由于育成母牛饲养阶段只有投入，没有收入，因而首次产犊的推迟将增加饲养成本。育成母牛一般需达到成年母牛体重的70%左右才可配种，即地方良种母牛一般15～19月龄、体重280 kg以上配种；肉用杂交母牛一般16～19月龄、体重350 kg以上配种。

1.发育记录和发情记录

做好母牛的体尺、体重记录工作。从发育记录上可以了解母牛生长发育情况，还可以了解饲料给量是否合适，以检查饲养情况，及时调整日粮。一般从断乳开始测量，每月1次，内容包括体高、胸围、体斜长和体重。体重可用下述公式推测：

$$体重(kg)=胸围^2(cm)\times体斜长(cm)/10\ 800$$

另外做好母牛的发情、防疫检疫的记录工作，当母牛发育到接近配种时期，注意观察育成母牛的发情日期，做好记录，确定预定配种日期，以免错过配种时机。

2.严禁公、母牛混放，进行合理分群

在管理上应首先将公母牛分开，既可以舍饲，也可以放牧，还可以采用放牧加舍饲。既可以白天放牧，晚上舍饲，也可以春末秋初放牧，冬季舍饲。既可以拴系饲养，也可散养。育成公、母牛合群饲养的时间以4～6个月为限，以后应分群饲养，因为公、母牛生长发育和营养需要是不同的。公、母牛混放对育成母牛是非常有害的。一般情况下，公牛9月龄即性成熟，13～15月龄就有配种能力，母牛12～13月龄即有受孕能力，如果公、母牛混放，造成早配，会影响育成母牛的生长发育，以致影响其一生的生产性能。如果是改良牛群，杂合子公牛偷配，会导致后代生产性能低下，影响牛群的遗传结构。

3.制订生长计划

根据育成牛不同的品种、年龄、生长发育特点和饲草、饲料供给情况，确定不同月龄的日增重量，以便有计划地安排生产。

为了给后备母牛制订一个有效的生长发育计划，首先要根据后备母牛的平均断乳重制订饲养计划。安格斯牛、海福特牛、短角牛及这些品种的杂种后备牛体重达214.59～242.58 kg时出现初情期；大型品种牛及外来品种——夏洛来牛、利木赞牛等的杂交后备母牛则需达251.91～280.9 kg体重时才出现初情期。利用平均断乳重计算出该品种达到配种时体重所需的平均日增重，从而制订相应的饲养计划。

4.穿鼻环

如需要或便于管理，育成母牛可在8～10月龄穿鼻戴环，第一次戴的鼻环宜小，以后随年龄的增长更换较大的鼻环。

5.运动和光照

为使育成母牛有健康的体况，适当的运动和光照是非常重要的，有利于血液循环和新陈代谢，使牛有饥饿感，食欲旺盛，肋骨开张良好，肢蹄坚硬，整体发育良好，增加对疾病的抵抗力，同时也有利于生殖器官的发育。充足的光照是牛生长发育不可缺少的条件，太阳光中的紫外线不仅能合成牛体内所需的维生素 D_3，而且还能刺激丘脑下部的神经分泌性激素，使之保持正常的繁殖性能。如果以放牧为主，可以保证有充足的运动和光照。如果以舍饲为主，则需有运动场来保证其运动和光照。舍饲时，平均每头牛占用运动场面积应达 10～15 m^2，每天要有 2～3 h 的运动量，可使牛充分运动，以利于健康发育。散放饲养时，可自由采食粗饲料，补料时拴系，保证每头牛采食均匀，从而保证其采食量和生长发育的均匀性。

6. 掌握好发情和配种

在正常饲养条件下，肉用后备母牛在 12 月龄前后开始第一次发情。母牛开始发情只能证明其性成熟，并不代表体成熟，过早地配种会影响其终生的生产性能。观察发情是否正常，对母牛的正常配种有重要的生理意义。有些后备母牛从性成熟开始，发情周期很正常，但要配种时又不发情，这多数是因为卵巢内持久黄体所造成，如不及时治疗，就会一直不发情而影响配种。还有个别牛发情、配种时症状又不明显，因此对牛的生理状态必须仔细观察，以免影响配种。

对初情期的掌握很重要，要在计划配种的前 3 个月注意观察其发情规律，做好记录。在正常情况下，小母牛到 16～18 月龄，体重达成年体重的 70%，开始初配。

(1)初次发情。育成牛的初情期基本上出现在 10～14 月龄以前。一般来说，初次发情的早晚主要取决于合适的体况与体重，而月龄的大小并不是决定因素。营养状态好的牛性成熟早，因此，初次发情月龄是检验饲养管理是否得当的一个标准。正常的初次发情为 10～12 月龄，过早发情可能是营养过剩、牛体肥胖所致；过晚发情则说明营养欠佳。

(2)初次配种。牛身体必须发育到体成熟才能配种，如果过早配种，胎儿发育和产后泌乳会耗费大量养分，使正处于生长发育阶段中的母牛发育严重受阻，造成母牛瘦小而使生产性能下降；如果过晚配种，身体虽然长成，但由于初产年龄滞后，增加额外的饲养费用，延长了繁殖周期，还容易形成持久黄体而造成配种困难成为不孕牛。

何时配种应以个体发育情况而定，一般来说，最佳配种时期应以牛体发育匀称，体重达成年母牛体重 70%以上为宜。如果牛发育较差，配种时间可相应推迟，但最晚应在 19 月龄前配种。放牧牛发育可能稍慢，应加强补饲，使之尽快接近正常配种体况，即使牛体况略小也应在 19 月龄前配种。

7. 刷拭与修蹄

牛有喜卧的特性，保持牛体的卫生是很难的，尤其是在冬季舍饲、饲养数量较多情况下，更难保证牛体清洁，很容易由于皮肤沾有粪便和尘土形成皮垢而影响发育。因此，刷拭就成为牛饲养管理过程中很重要的环节，经常刷拭会有利于牛体表血液循环、预防皮肤病。刷拭时可先用稻草等充分摩擦，再用金属挠子将污物去掉，然后用刷子或扫帚反复刷拭，污染严重的可用含有食用油的湿草把将附着物去掉。在不易刷拭的条件下，可尽量创造好的环境，使牛健康成长。刷拭时以软毛刷为主，必要时辅以铁篦子，用力宜轻，以免刮伤皮肤，每天最好刷拭牛体 1～2 次，每次 5 min。

放牧为主时，为使牛充分自主运动，可在 6～7 月龄、9～10 月龄和 14～15 月龄将磨损不整的牛蹄进行修整；舍饲为主时，每 6 个月修蹄 1 次。

8. 日常卫生管理

注意饮水，牛舍环境卫生及防寒、防暑也是必不可少的管理工作。

放牧时每天应让牛饮水 2～3 次，水饮足才能够吃草，因此饮水地点距放牧地点要近些，最好不要超过 5 km。水质要符合卫生标准。

冬季寒冷地区(气温低于-13℃)做好防寒工作,炎热地区夏天做好防暑工作,

9. 后备母牛的选留

从现有犊牛群中选择后备母牛是更新繁殖母牛的常用方法,首先选择繁殖率高(易发情配种)的母牛所产犊,繁殖配种记录可用于鉴定母牛的繁殖力。如果没有记录,在断乳时选择发育良好的小母牛留作繁殖后备母牛。同时要注意母本的负性状,决不选择难产、流产、乳房不健全、其他组织缺陷或健康不佳的经产母牛所产的母犊牛。

6.4.6 繁殖母牛养殖场育成母牛的管理

育成母牛时期,骨骼和肌肉强烈生长,各种组织器官相应增大,性机能开始活动,体躯结构和消化类型逐渐趋于固定。体重的增加在性成熟以前是加速阶段,绝对增重随年龄增长而增加,育成母牛时期是控制育成母牛生长和定向培育的关键时期。

1. 确定后备母牛的选留数量

首先估计保持 2 年内固定母牛数所必需的后备母牛数。包括死亡损失数、空怀母牛数以及成年母牛的淘汰数。对那些不再适合作种用的后备母牛应在配种前确定淘汰,淘汰的后备母牛育肥作肉用。

2. 分群

按年龄、性别、体重组群,每 40～50 头为一群,每群牛的月龄差异不超过 1.5～2.0 个月,体重差异不超过 25～30 kg。为防止牛因采食不均而发育不整齐,要随时注意牛的膘情变化,根据牛的体况及时进行调整,采食不足和体弱的牛向较小的年龄群调动;反之,过强的牛向大的年龄群转移,12 月龄后会逐渐地稳定下来。

3. 制订生长计划

根据不同品种、年龄的生长发育特点,饲草、饲料的储备状况,确定不同日龄的日增重。

4. 转群

根据年龄、发育情况,按时转群。一般在 12 月龄、18 月龄、初次配种后进行 3 次转群。同时进行称重和体尺测量,对于达不到正常生长发育要求的进行淘汰作商品肉用。

5. 加强运动

尤其是在舍饲条件下,每天至少要驱赶运动 4 h 左右。

6. 刷拭

为了保持牛体清洁,促进皮肤代谢和养成温驯的气质,每天刷拭 1～2 次,每次约 5 min。

7. 按摩乳房

从开始配种起,每天上槽后用热毛巾按摩乳房 1～2 min,促进乳房的生长发育。按摩进行到该牛乳房开始出现妊娠性生理水肿为止,到产前 1～2 个月停止按摩。

8. 初配

在 17～19 月龄根据生长发育情况决定是否参加配种。初配前 1 个月应注意观察育成母牛的发情日期,以便在以后的 1～2 个发情期内进行配种。

9. 防寒、防暑

冬季寒冷地区(气温低于-13℃)做好防寒工作。炎热地区夏天做好防暑工作,持续高温时胎儿的生长受到抑制,配种后 32℃温度持续 72 h 则牛无法妊娠,其主要原因是子宫内部温

度升高影响胚胎的生存，并且还能影响育成母牛的初情期，如在 26℃ 环境温度条件下育成时牛的初情期可延迟 5 个月以上，气温上升则发情周期加长，繁殖效率大幅度下降。

6.5 青年母牛的饲养管理

青年初孕牛指怀孕后到产犊前的头胎母牛，也叫青年母牛。对初次怀胎的母牛，要加强饲养，但不要喂得过肥，以防发生难产；视其原来膘情确定日增重，肋骨较明显的为中等膘，日增重可按 600 g 饲喂，一般以看不到肋骨较为理想。此期的饲养管理极为重要，对以后母牛产犊，产乳的影响也最大；在此期间，应以优质干草、青干草、青贮饲料作为主要饲料，精料可少喂或不喂。可是到妊娠后期，源于体内胎儿生长快速，则须补充精料，日定量为 2～3 kg，并制订较为合理的饲养目标，以母牛顺利地产犊。

6.5.1 青年母牛的营养供给特点和培育目标

青年母牛的饲养应遵循在怀孕初期，其营养需要与配重前差异不大。怀孕青年母牛(19～27 月龄)应注重营养以促进胎儿的生长发育，并保持一定的体膘。由于瘤胃容积逐渐增大，产生更多的微生物蛋白质，这一阶段的母牛不需要优质的蛋白质，精料的多少取决于粗料的质量，质量较差应补充 0.25～0.5 kg 的豆饼加上适量的矿补剂。怀胎的最后 4 个月，营养需要则较前阶段有较大差异，并按母牛饲养标准进行饲养，精饲料每头每天为 2～3 kg，粗饲料如青贮喂量 10～12 kg，干草 2.5～3.0 kg。这个阶段的母牛，饲养喂量一般不可过量；否则将会使母牛过分肥胖，从而导致以后难产或其他病症。在分娩前 30 d，青年怀胎母牛可在饲养标准的基础上适当增加饲料喂量，但谷物的喂量不得超过青年怀胎母牛体重的 0.5%；此时日粮中还应增加维生素、钙、磷等矿物质含量。

在妊娠 180 d 前胎儿对母体的营养压力非常小，妊娠末 3 个月是胎儿生长发育最快的时期，这一时期胎儿的日增重为 0.27 kg，这时的青年母牛最小日增重为 0.38 kg 才能保证胎儿及母体本身正常生长发育，使青年母牛顺利产犊、保证较高泌乳量及产后下一次配种时具有良好的体况。

小母牛妊娠之后，黄体激素与卵泡素一起发挥作用促进乳腺泡发育，为哺乳做准备；青年怀胎母牛应保持中等体状，如果母牛过肥，乳房内有大量脂肪沉积，会阻碍乳腺泡发育而影响产后泌乳，造成犊牛缺乳而发育受阻。

6.5.2 青年母牛的饲养技术

母牛已配种受胎，生长缓慢下来，体躯向宽、深发展。在良好的饲养条件下，体内容易蓄积大量脂肪，为了节省开支，应充分利用粗饲料及牧草地。在此期间，应以优质干草、青干草、青贮料作为基本饲料，精料可以少喂甚至不喂。但是到妊娠后期，由于体内胎儿生长迅速，则须补充精料，日喂量为 2～3 kg，按干物质计算，粗料占 70%～75%，精料占 25%～30%。如有放牧条件，则应以放牧为主，在良好的放牧地上放牧，精料可减少 30%～50%，放牧回来后，如未吃饱，仍应补喂一些干草或青绿多汁饲料。

青年母牛的饲喂和饲养采取散放饲养、自由采食。按月龄和妊娠情况可细分为：

(1)19～20月龄：日粮以粗饲料为主，干物质采食量8～10 kg，精料每日每头1.5～2.0 kg，日粮蛋白水平10%。

(2)21月龄至预产前60 d：精料每日每头2.0～2.5 kg，粗蛋白水平12%。

(3)预产前60 d至预产前21 d，日粮以中等质量的粗饲料为主，干物质采食量8～10 kg，粗蛋白水平14%，精料(每日每头)2.5 kg。

(4)预产前21 d至分娩，采用过渡期饲养方式，干物质进食量8～10 kg，粗蛋白水平14%，每头每日精料2.5 kg左右。

6.5.3 青年母牛的管理

重点做好妊娠检查、保胎保膘、产前准备等。依据膘情适当控制精料给量防止过肥，产前21 d控制食盐喂量。观察乳腺发育，减少牛只调动，保持圈舍、产房干燥、清洁，严格消毒程序。注意观察牛只临产症状，做好分娩准备和助产工作，以自然分娩为主，掌握适时、适度的助产方法。

初次怀胎的母牛，未必像经产母牛那样温驯，因此管理上必须非常耐心，并经常通过刷拭、按摩等与之接触，使之养成温驯的习性，使其适应产后管理。

(1)加大运动量，以防止难产。青年母牛与育成母牛一样，更应该注意运动，每日运动1～2 h，有放牧条件的也可以进行放牧，但要比育成母牛的放牧时间短。青年母牛的运动场及牛舍，必须保持卫生，供给充足饮水，最好设置自动饮水装置。

(2)防止驱赶、跑、跳运动，防止相互顶撞和在湿滑的路面行走，以免造成机械性流产，在牛群通过较窄的通道时，不要驱赶过快，防止互相挤撞，冬季要防止在冰冻的地面或冰上行走以免滑倒，严禁打牛踢牛，尤其是妊娠后期。

(3)防止饲喂母牛发霉变质或冰冻饲料，饮冰冻的水，避免长时间雨淋。

(4)加强对青牛母牛的护理与调教如定时刷拭，培养其温驯的习性，以使其能适应分娩后的管理。如需修蹄，应在妊娠5～6个月前进行。

(5)定时乳房按摩。配种受胎5～6个月后，母牛乳房组织处于高度发育阶段，为了促进其乳腺组织的发育，一般早晚可按摩2次，每次按摩时用热毛巾擦拭乳房，每次持续1～2 min，产前1个月停止按摩。在乳房按摩时，切勿摩拭乳头，以免擦去乳头周围的蜡状物，引起乳头龟裂，或因擦掉“乳头塞”而使病菌从乳头孔侵入，导致乳房炎和产后瞎乳头。

(6)保持牛舍、运动场卫生、供给充足饮水。环境应干燥、清洁，注意防暑降温和防寒保暖。

(7)计算好预产期，产前2周转入产房，以尽早适应环境，减少应激，顺利分娩，其饲养管理与成年母牛围产期相同。

6.5.4 初产母牛的产科管理

正常情况下，多数母牛可自然分娩，而一些过肥或过瘦或与配公牛体型较大的初产母牛会出现难产，对于难产母牛要进行助产处理。

1.分娩管理

分娩母牛出现临产征兆，对牛进行后躯消毒，再进入产房，产后2～3 d无异常情况方可离开产房。产房每天消毒1次，牛每天进行后躯消毒，经常更换垫草。以自然分娩为主，需要助产时，由专业技术人员按产科要求操作。

2. 产后监护

产后6 h内，注意观察母牛产道有无损伤，发现损伤应及时处理。产后12 h内观察母牛努责情况，对努责强烈的母牛，要注意子宫内是否还有胎儿或有无子宫脱落征兆，并及时处理。产后24 h内，观察胎衣排出情况。3 d内观察产道和外阴部有无感染，同时观察母牛有无生产瘫痪症，并及时治疗。产后7 d内，监视恶露排出情况，发现恶露不正常或有隐性炎症表现，应立即治疗。产后14 d，进行第1次产科检查，主要检查阴道黏液的洁净程度；发现黏液不洁时，轻微的可先记录，暂不处理，严重的进行治疗。产后35 d，进行第2次产科检查，通过临床检查、直肠检查子宫恢复的程度和卵巢健康状况，并重视对第1次检查有异常征兆记录的牛进行复查。对检查中发现子宫疾病的牛，都要进行治疗。产后50～60 d，对一检、二检的治疗牛进行复查，如未愈，应继续治疗。对卵巢静止或发情不明显的牛，采用诱导发情法催情处理。

3. 胎衣排出情况的检查

产后5 h胎衣未下时，应予以处理。推荐方法：肌肉注射催产素或前列腺素。产后24 h胎衣仍未下时，行剥离术或保守疗法。胎衣剥落后，检查胎膜是否完整，尤其要注意子宫角末端的检查，如发现有部分绒毛膜或尿膜仍留在子宫内未排出，要及时向子宫内投药，以防残留胎膜腐败。

6.6 犊牛的育肥

我国肉牛生产渐成规模，普遍采用架子牛短期育肥生产育肥牛，丰富了市场供应。近年来架子牛生产数量不足，且架子牛异地育肥这种方式生产周期长，导致出栏率低，总体饲料消耗高，经济效益差。随着国民生活水平的提高，高档牛肉的需求量也越来越大，应用犊牛直线育肥技术则能较好地弥补上述不足与缺陷。

犊牛直线育肥也叫犊牛持续强度育肥，就是犊牛断奶后不吊架子，采用“高精料”的育肥体制，直接转入生长育肥阶段。采用舍饲与全价日粮饲喂的方法，使犊牛一直保持很高的日增重量，直到达到屠宰体重时为止。一般12～15个月时，体重可达500 kg以上，平均日增重量可达1.0 kg以上，平均每千克增重消耗精饲料3～4 kg。肉牛直线育肥的优点是缩短了生产周期，较好地提高了出栏率；改善了肉质，满足市场高档牛肉的需求；降低了肉牛饲养生产的整体成本，提高了肉牛生产的经济效益；提高繁殖母牛养殖者的经济效益，促进当地养牛业的发展，对于牧区可以减少草场载畜量，提高生态效益。

犊牛的育肥包括小牛肉(小白牛肉)的生产和优质高档牛肉的生产。在畜牧业发达国家，大部分公犊和淘汰的母犊用作生产小牛肉和犊牛肉，即完全用全乳、脱脂乳或代用乳，或者用较多数量牛奶搭配少量混合精料饲喂犊牛，哺乳期可分为3月龄或7～8月龄，断奶后屠宰。优良的乳肉兼用品种或乳用品种牛犊均可生产优质犊牛肉。严格说来，犊牛生后90～100 d，体重达到100～120 kg，完全由乳或代用乳培育所产的牛肉，称为“小白牛肉”。而在生后7～8月龄或12月龄以前，以乳为主，辅以少量精料培育，体重达到300～400 kg所产的肉，称为“小牛肉”。

6.6.1 白牛肉生产

白牛肉是将不作繁殖用的公母犊经过全乳或代乳品育肥的牛肉，这种肉幼嫩、多汁、芳香，是一种昂贵的高档牛肉。犊牛从出生到出栏，经过 90～100 d，完全用脱脂乳或代用乳饲养，不喂任何其他饲料，让牛始终保持单胃（真胃）消化和贫血状态（食物中铁含量少），体重达 100 kg 左右屠宰。若要犊牛增重快，应加喂植物油，但植物油必须氢化如氢化棕榈油。牛肉呈白色，柔嫩多汁，味道极为鲜美，是牛肉中的上品。其价格是一般牛肉的 8～10 倍。因小白牛肉生产成本过高，目前我国生产还很少。

1. 生产小白牛肉的犊牛

优良的肉用品种、兼用品种、乳用品种或杂交种均可。选健康无病，身体健康、消化吸收机能强、生长发育快，初生体重一般要求在 38～45 kg。

2. 饲养方案

犊牛从初生至 3 月龄（或 100 d），完全靠牛乳（或代用乳）来供应营养，不喂给其他任何饲料，甚至连垫草也不能让其采食。

犊牛出生后要尽早喂给第一次初乳，不限量，吃饱为止。在 1 周龄内，一定要吃足初乳，实行人工哺乳，哺喂常乳，每日哺喂 3 次。生产小白牛肉每增重 1 kg 牛肉约消耗 10 kg 鲜牛乳，很不经济。近来采用代乳料（严格控制其中含铁量）和人工乳来喂养，平均每生产 1 kg 小白牛肉需要 1.3 kg 的代乳料或人工乳干物质，降低生产成本，育肥期平均日增重 0.8～1.0 kg。犊牛初生时，瘤胃发育较差，如生后完全用全乳或代用乳饲喂，可以抑制胃的活动和发育，使犊牛不反刍和不发生“空腹感”，从而使犊牛快速生长发育。生产小白牛肉的饲养方案如表 6.11 所示。

表 6.11 **小白牛肉生产方案** kg

日龄	日喂乳量	需乳总量	日增重
1～30	6.5	195.0	0.80
31～45	9.0	135.0	1.10
46～100	10.0	550.0	0.85

6.6.2 小牛肉生产——犊牛育肥

初生犊牛可以采用随母哺乳或人工哺乳的方法喂养，但出生 5 d 后必须人工哺乳。1 月龄内可按体重的 8%～9%喂给牛奶（或代用乳），精料量逐渐增加至 0.5～0.6 kg。1 月龄后日喂奶量基本保持不变，喂料量要逐渐增加。粗料（青干草或青草）自由采食，见表 6.12。喂奶（或代用乳）直到 6 月龄为止，可以在此阶段出售，也可以继续育肥至 7～8 月龄或 1 周岁出栏。其肉质呈淡粉红色，柔嫩多汁，味道鲜美，营养价值很高，是牛肉中的上品。

1. 选择犊牛

优良的肉用品种、兼用品种、乳用品种或杂交种均可。选头方大，前管围粗壮，蹄大，健康无病，初生体重不少于 38 kg 的公犊。

2.犊牛育肥的饲喂

初生犊牛要尽早喂给第一次初乳,不限量,吃饱为止,按 35 kg 体重计,第一次喂量为 1~1.5 kg,以后至 4 周龄前,每日可按体重的 8%~10%喂给。从 5 周龄开始,训练犊牛采食料草;10 周龄起,喂乳量按体重的 7%~8%哺喂,精料日喂量增加到 0.5~0.6 kg。以后的喂乳量可基本上维持在这一水平上,而精料喂量却逐渐增加。粗料(青干草或青草)任犊牛自由采食,小牛肉饲养生产方案见表 6.12。为了节省用乳量,提高犊牛增重效果和减少疾病的发生,所用混合精料要具有热能高、易消化的特点,并要加入少量的抗生素药物。犊牛育肥期混合精料配方为玉米 60%,油饼类 18%~20%,糠麸类 13%~15%,植物油脂类 3%,石粉或磷酸氢钙 2.5%,食盐 1.5%。混合精料加适量抗生素、微量元素和维生素,如每千克饲料中加入 20 mg 土霉素或金霉素,维生素 A 2 万~4 万 IU。

表 6.12 小牛肉生产方案 kg

周龄	日增重	日喂乳量	配合料喂量	青干草
0~4	0.95	8.5	训练采食	—
5~7	1.20	10.5	自由采食	训练采食
8~10	1.30	13	0.5~0.8	自由采食
11~13	1.30	14	1.0	自由采食
14~16	1.30	10	1.5	自由采食
17~21	1.35	6	2.0	自由采食
22~27	1.35	0	2.5	自由采食

3.犊牛育肥的管理

(1)初生犊牛要及时哺喂初乳,初乳哺喂要 5~7 d,可以提高机体免疫力,减少疾病(尤其是胃肠炎和肺炎)的发生。

(2)对 4 周龄以内的犊牛,注意哺乳卫生,喂奶要做到定时、定量、定温,并保证奶及喂奶用具的卫生,以预防消化不良和下痢的发生。

(3)天气好时可放犊牛于室外活动,但场地宜小些,使其能充分晒太阳而又不至于运动量过大。如无条件晒太阳,可每日每头补饲维生素 D 500~1 000 IU。

(4)5 周龄后,应拴系饲养,减少运动,但每天应能晒太阳 3~4 h。犊牛育肥的最适温度为 18~20℃,相对湿度 80%以下,夏季要注意防暑降温,冬季宜在室内饲养,室温应保持在 0℃以上。

(5)在育肥期间,每天饲喂 3 次,自由饮水,夏季饮凉水,冬季饮 20℃左右的温水。

(6)犊牛若出现消化不良,可酌情减喂精料,并给予药物治疗。为预防胃肠病和呼吸道病,还可在牛乳或精料中加入抗生素。

(7)保持牛体清洁,日刷拭牛体 2 次,以增加血液循环,促进食欲。

6.6.3 幼龄牛强度育肥

幼龄牛强度育肥是指犊牛断乳后直接转入生长育肥阶段,一直保持很高的日增重,达到屠宰体重时为止，也叫持续育肥。育肥期间采用全舍饲、高营养饲养法集中育肥，使牛日增重保持在 1.2 kg 以上，周岁时结束育肥，体重达 400 kg 以上。这种方法生产的牛肉仅次于犊牛肉。育肥前期混合精料配方见犊牛育肥的配方，育肥后期混合精料配方为玉米 75%，油饼类 10%～12%，糠麸类 10%～12%，石粉或磷酸氢钙 2%，食盐 1%，混合精料加适量微量元素和维生素。精料日喂量达到 3～5 kg。

1. 选择犊牛

在进行犊牛育肥时，品种的选择十分重要。一般情况下育肥的品种可选择优良的肉用品种、兼用品种、乳用品种或杂交品种。选头方、大，前管围粗壮，蹄大，健康无病，体重不少于 35 kg的初生犊牛，最好是公犊。注意避免畸形、双生和难产犊牛。

2. 犊牛育肥方式

犊牛育肥大致分为哺育阶段、育成阶段、育肥阶段 3 个阶段。犊牛断奶后，即转入育肥阶段。可采取放牧、补饲的方式和舍饲方式两类。前者立足于草场情况，根据季节变化确定育肥期的补料情况，“放牧加补饲育肥模式”以青粗饲料为主，18 月龄出栏的育肥模式；舍饲以精料为主，在完全舍饲情况下育肥。

3. 犊牛舍饲育肥技术

犊牛舍饲育肥方式有两种情况：一是糟渣为主体饲料进行持续育肥；二是高精料为主体饲料进行持续育肥。采用持续育肥方法，要求犊牛在 4 月龄前断奶时，体重达到 150～200 kg 以上才能进入育肥期；外购断奶犊牛也必须符合这一条件，并在进入育肥前进行隔离观察 15～20 d，同时训练犊牛利用青贮饲料和少量精料的能力，待消化正常时才可进入育肥期。

(1)断奶前的哺喂。犊牛生后必须哺喂 5～7 d 的初乳，从第 8 天开始给予代乳料，还要保证犊牛能随时喝到清水。到 1 月龄后，要逐渐把代乳料换成犊牛精料混合料，每天饲喂数量可按体重的 1% 计算，由于犊牛早期断奶后，主要依靠精饲料提供营养，需补充精饲料 1.5～2.0 kg，直到 4 个月为止。

(2)育肥犊牛的具体饲养方法。定量喂给精料和副饲料，粗料不限量；自由饮水，冬天饮不低于 20℃的温水。若出现消化不良，可酌情减喂精料，并用药物治疗。但是由于乳用品种的代谢类型不同于肉用品种，故每千克增重所需精料量较肉用品种高 30%以上。

犊牛育肥期混合精料配方：玉米 60%、饼(粕)类 20%、麦麸皮 10%、油脂 6%、磷酸氢钙 2.0%、食盐 1.0%、维生素微量元素预混料 1%，土霉素或金霉素 20 mg/kg。

犊牛育肥期日粮消耗与增重情况见表 6.13 和表 6.14。

表 6.13 犊牛育肥哺乳期日粮消耗与增重情况 kg

周龄	体重	日增重	喂奶量	混合精料量	青草或青干草
0～4	40～59	0.6～0.8	5.0～7.0	0.0	
5～7	60～79	0.9～1.0	7.0～7.9	0.1	
8～10	80～99	0.9～1.1	8.0	0.4	自由采食
11～13	100～124	1.0～1.2	9.0	0.6	自由采食
14～16	125～149	1.1～1.3	10.0	0.9	自由采食
17～21	150～199	1.2～1.4	8.0	1.3	自由采食
22～27	200～250	1.1～1.3	6.0	2.3	自由采食
合计			1 410.0	1 680.0	折合干草 150

表 6.14　精料为主体饲料直线育肥牛日粮组成　kg

体重阶段	鲜玉米青贮	或秸秆(干草)	精料
200	10	2.5	2.0～2.5
300	12	3.0	2.5～3.0
400	15	4.0	3.0～4.5

(3)育肥犊牛的具体管理方法。①要有固定的圈舍，犊牛舍要尽量保持清洁、干燥，空气新鲜，做到冬暖夏凉，饮水方便，要经常保持舍床干燥，通风良好。不同日龄的犊牛要求临界温度也不同，如3～4日龄时为12～13℃，20日龄时为7～8℃。在营养相同的情况下，环境温度比犊牛的临界温度每低1℃，则每昼夜犊牛的体重损失21～27 g。因此，犊牛在哺乳期牛舍的温度应保持在15℃左右为宜，最好不低于12℃。断奶后，犊牛体重大，舍内温度可以低一些。到了夏季牛舍不要闷热，并注意防暑，否则就会影响犊牛生长发育，提高饲养成本。②1月龄以内的犊牛，要严格控制喂奶速度、奶的卫生和温度。还要注意哺乳卫生，喂乳应做到定时、定量、定温。③天气好时可放到室外活动，但场地宜小些，使其充分晒太阳而不至于运动量过大。5周龄后，应拴系饲养，减少运动，每天晒太阳3～4 h。④保持牛体清洁，日刷拭牛体2次，以增加血液循环，促进食欲。⑤公犊育肥不要去势(即阉割)。⑥要给犊牛单独设置补料栏和补料槽。⑦日喂3次，定时、定量投喂饲料，喂量以每次吃尽吃饱为宜。

4. 犊牛放牧育肥技术

犊牛2～3月龄断奶后，转入育肥阶段直到18月龄出栏，这一阶段应以青粗饲料为主，立足于草场情况，根据季节变化确定育肥期的补料情况；一般在春季放牧条件下，饲草中水分、蛋白质、维生素含量都比较高，利于犊牛生长发育，但能量、纤维和钙磷等矿物质添加剂不足，需补充干草；由于干草适口性差，牛采食干草的食欲降低，会导致采食量下降，营养摄入不足，所以应在出牧前补饲干草，并且应适当控制放牧时间，防止发生消化不良和臌胀。冬季大雪封地后可转入舍饲育肥，根据我国草场的实际情况，以春季产犊，再经过一个冬季，第二年秋季活重达到500 kg左右出栏较好，饲养全程18个月。

6.6.4　肉用犊牛管理与培育

肉用犊牛的培育，除了严格按照饲养规范外，还应该根据本场(农户)实际情况，制订符合自身的培育方案和管理措施，才能提高犊牛成活率，提高日增重，为培育优良后备母牛或肉用犊牛打好基础。

1. 育种和登记管理——称重及编号

在犊牛生后吃第1次初乳之前，称量初生重；在断奶时，称量断奶重；根据断奶重和初生重之差及哺乳天数，计算哺乳期的平均日增重。在称量犊牛初生重的同时，还应进行编号。对新生犊应统一编号、打耳牌、称重，建立登记档案(参见表3.12和表6.2)，如果初生犊牛的体格较小难以使用耳牌时可做临时标记，1～2月龄后打耳牌(编号标记)。3月龄内每月称重1次，6月龄称重1次，做好记录，以便掌握生长发育情况。

2. 去角

对于肥育犊牛和群饲的牛去角后更有利于管理，去角的时间一般在生后5～10 d内，这样可减少犊牛的痛苦。

去角的方法有:①固体苛性钠腐蚀法。选晴天哺乳后,先剪去犊牛角基部的毛,再用凡士林在角基部涂一圈,以防止药液流出,伤及皮肤和眼部。然后用苛性钠稍蘸水在剪毛处画圈,面积为 1.6 cm^2 至表皮有微量血渗出为止。应注意的是,在伤口未变干之前不宜让犊牛吃奶,以免腐蚀母牛乳房及皮肤。②电烙铁去角法。电烙铁加热到一定的温度后,牢牢压在犊牛角基部,直到其下部组织烧灼成白色为止。但不宜烧烙太久、太深,以免伤及深层组织,然后涂以青霉素软膏或硼酸粉。

去角后的犊牛要分开饲养,防止互相舔食伤口,而且禁止小牛淋雨,以防雨水将苛性钠冲入眼内。手术后要经常检查,如果发现伤口化脓,可用双氧水冲洗,再涂碘酊处理。

3. 运动与放牧

犊牛从生后 8～10 日龄起,即可开始在舍外运动场作短时间的运动,以后可逐渐延长时间。如果犊牛出生在温暖季节,开始运动的日龄仍可提前,但必须根据气温的变化,掌握每日运动的时间。

放牧饲养的犊牛从生后 3 周到 1 个月开始放牧,放牧时要避免环境和饲养方法的急速改变。放牧前 1 周左右应将牛群赶到户外,使之增加对外界大自然的适应能力,同时加强运动。放牧应使犊牛跟随母牛,采取就近放牧的方式,逐渐延长放牧时间,放牧完后还要给母牛补料,在放牧地也可设立犊牛单独饲喂设施,供应清洁饮用水,应有遮荫条件。

4. 防寒保暖

犊牛舍应保持通风、干燥、明亮、安静、清洁卫生,并保持温度适宜,一般 10～25℃。冬季注意保暖,夏季要注意通风。冬季天气严寒、风大,牛舍应厚垫褥草,并常换;夜间应关闭通风孔,以防贼风。要确保室温初生时在 20～24℃,2 月龄后在 7℃以上。

5. 常晒太阳

犊牛常晒太阳,既可减少疾病,还可促进皮肤维生素 D 的合成,从而有利于钙的吸收、利用和骨骼的钙化。圈舍常晒太阳,保持干燥卫生,有利于犊牛的防病保健。

6. 刷拭与耐心调教

在犊牛期,由于基本上采用舍饲方式,因此皮肤易被粪及尘土所黏附而形成皮垢,这样不仅降低皮毛的保温与散热力,使皮肤血液循环恶化,而且也易患病,为此,对犊牛每日必须刷拭 1 次。饲养人员经常接近、抚摸、按摩和刷拭牛体,有利于建立人畜感情,能使牛对管理人员亲近而不陌生和胆怯,并能使牛养成良好的采食习惯。

7. 卫生管理

要做到"三勤"即勤打扫、勤换垫料、勤观察,"三净"即饲料净、畜体净和用具净。检查脐带和耳号,随时检查脐带,如有肿胀、化脓者,必须及时治疗;耳号如有不显或脱掉者,应及时补上。

8. 母仔分栏

在小规模拴系式的母牛舍内,一般都设有产房及犊牛栏,但不设犊牛舍。在规模大的牛场或散放式牛舍,才另设犊牛舍及犊牛栏。犊牛栏分单栏和群栏两类,犊牛出生后即在靠近产房的单栏中饲养,每栏一犊,隔离管理,一般 1 月龄后才过渡到群栏。同一群栏犊牛的月龄应一致或相近,因不同月龄的犊牛除在饲料条件的要求上不同以外,对于环境温度的要求也不相同,若混养在一起,对饲养管理和健康都不利。

9. 预防疾病

犊牛在出生后的前几周最易患肺炎和下痢。肺炎多是由环境温度的骤变而引起的，因此，一定要加强犊牛的防寒保暖工作，特别是在冬季。

下痢多是由病原菌感染、营养不当、哺乳不当或腹部受凉而引起的。及时清洗奶具和饲槽，打扫畜栏卫生，常晒太阳、保持干燥，能够预防病原菌感染所引起的下痢。对于营养不当所引起的下痢应减少难以消化食物的喂量，给牛开食时，应给其一个缓慢适应的过程。对于哺乳不当所引起的下痢，应减少哺乳次数和哺乳量，并应增饮温开水。为预防犊牛拉稀，可补饲抗生素饲料，每头补饲 1 万 IU 的金霉素，30 日龄以后停喂。

10. 预防接种

肉牛传染病的防治措施通常分为预防措施和扑灭措施两部分，前者是经常性工作，以预防为目的；后者是以消灭已经发生的传染病为目的。二者是相互联系相互补充的。防治肉牛传染病，应以预防为主。2～3 月龄的犊牛，特别是转入放牧之前，要接种气肿疽疫苗；断奶前 3 周要接种传染性牛鼻气管炎疫苗(IBR)；在断奶后 2～3 周，接种牛病毒性腹泻疫苗。此外，还要进行布氏杆菌病及结核病的预防接种。

11. 分群管理

当犊牛头数多时，将犊牛按不同的月龄、体格和性别分成若干小群，每群 30～50 头，固定专人进行饲养或放牧。

12. 注意观察

要经常观察犊牛的精神状态及粪便，发现疾病应及时治疗，以提高犊牛成活率。健康犊牛一般表现为机灵、眼睛明亮、耳朵竖立、被毛闪光，否则就有生病的可能。

13. 阉割(去势)

越来越多的肉牛生产者不再对公犊牛进行阉割，如果饲养水平适当，公犊牛在没有表现出性别特征以前就可以达到市场收购体重标准。尽管如此，生产高档大理石纹牛肉(俗称雪花牛肉)的公牛在肥育前还需进行阉割，时间一般为 12 月龄以前，同时在夏季前，天气凉爽，使伤口很少感染，缺点是影响生长发育。如果没有机会在春季去势，就要等到在没有蝇虫活动的秋末、冬初时进行，缺点是出血较多，但对犊牛的生长发育影响较小。阉牛的生长速度比公牛慢 15%～20%，但脂肪沉积明显增加，牛肉的质量改善，应用于生产高档牛肉。去势的方法目前有手术法、去势钳法、锤砸法，亦可用注射法，即将专用药物注入睾丸组织，致使其变性、坏死、萎缩，最后被机体吸收。

6.7 吊架子期幼牛的饲养管理

架子牛通常是指未经育肥或不够屠宰体况的幼牛，是幼牛在恶劣环境条件下或日粮营养水平较低情况下，没有引起牛生长发育的变化，但使牛生长速度下降，骨骼、内脏和部分肌肉优先发育，搭成骨架，形成架子牛。架子牛是我国北方特有气候、季节、农事等因素影响下的产物，春季产犊，犊牛随母哺乳，随牧青草，断奶时已是冬季，天气寒冷，使得维持营养需要增加，而越冬饲料营养贫乏，形成架子牛。按年龄大小可分为犊牛(1 岁以下)、1 岁龄牛(1～2 岁)和 2 岁牛(2～3 岁)，它是专门用于育肥的牛，通常由牧场或农户选购至育肥场，但 3 岁以上的各种用途淘汰牛属于老残牛的范畴。采用在产区“吊架子”,“架子牛”再转移到产粮区和粮食加工业(酿酒、榨油)较发达,距市场较近,经济较好的地区“催肥”,即肉牛异地阶段育肥方法,是比较符合目前我国肉牛生产的实际,也是肉牛育肥的主要方法。

架子牛处在幼牛的生长期,是犊牛断奶后至育肥前因饲料营养投入不足造成,也称吊架子期,这是在肉牛生产中不提倡做法。但由于我国肉牛生产现仍是带犊繁育体系,即农牧户养母牛、培育犊牛,限于经济和饲料条件,犊牛断奶后没有足够的投入或赶上枯草期,不得而采取吊架子牛的饲养方法饲养处在生长旺盛期的育成公牛。从获得同等屠体胴体重来说,吊架子牛的饲养方法要比直线育肥投入较多的营养。吊架子的饲养主要是以粗饲料为主,适当补以精料,满足生长牛对能量、蛋白质和矿物质的需要,保证骨骼的正常发育。

6.7.1 吊架子期幼牛的饲养

架子牛是我国农村普遍的传统肉牛饲养方式,“吊架子”阶段的饲养目标是促进幼牛骨骼、肌肉生长发育,在15～18月龄(20月龄)体重达300～400 kg。日增重0.6～0.8 kg,不得低于0.4 kg。架子牛的营养需要由维持和生长发育速度两方面决定。根据补偿生长的规律,在架子阶段的平均日增重,一般大型品种牛不低于0.45 kg,小型品种不低于0.35 kg。架子牛营养贫乏时间不宜过长,否则肌肉发育受阻,影响胴体质量,严重时,丧失补偿生长的机会,形成小老头牛。营养贫乏也使得消化器官代偿性地生长,内脏比例较大。当小型品种架子牛体重达到250～300 kg时,即可开始育肥,架子阶段拉的越长,用于维持营养需要的比例越大,经济效益越低;大型品种牛的架子牛体重在400 kg以上即可开始育肥。

架子牛是消化器官发育的高峰阶段,所以饲料应以粗料为主,粗料过少,消化器官发育不良。架子牛体组织的发育是以骨骼发育为主的,日粮中的钙、磷含量及比例必须合适,以避免形成小架子牛,降低其经济价值。架子牛饲料以粗料为主,适当辅以精饲料,一般控制精粗料之比在3∶7(精料1.5～2 kg),充分保证架子牛骨骼生长良好,即吊架子,减少脂肪沉积。应用粗饲料还可以降低饲养成本,所需的精料要注意蛋白质的浓度(在18%以上),精料中蛋白质量不足,能量较高时,增重的主要为脂肪,会大大降低架子牛的生产性能;待达300 kg以上时,再选择合适的饲养方法育肥。

6.7.2 吊架子期幼牛的管理

架子牛的饲养方式可以采取放牧饲养或舍饲饲养,舍饲可采取散放式,不可拴饲,充分利用竞食性提高采食量;采取放牧饲养可节约成本,在夏秋季节放牧,不需要补料也可获得正常日增重;放牧饲养方式要注意补充食盐,牧草中的钾含量是钠的几倍甚至十几倍,在放牧中采食牧草相应吸收大量的钾,容易引起缺钠症;补充食盐的最好方式是自由舔食盐砖,也可按每100 kg体重每天按5～10 g喂给,不能数天集中补一次。

在管理上主要是要根据自身的牛品种、体重、饲料资源、架子牛市场价格、饲料价格和自身的圈舍条件确定是出售还是自育肥或确定何时出售,一般来说,是本地牛或小型品种杂交牛体重达280～300 kg就可以进行育肥或出售,大型最好达到400 kg。

1. 冬季应备足饲草

一般情况下，每头牛应备足青贮饲料、青干草、稻草、玉米秸等饲草 1 500 kg 左右；饲草要码垛好，严防风吹雨淋，确保饲草不霉烂变质；秸秆细铡，寸草三刀；应先喂草料，后喂精料；草料应多样化，青草、稻草、麦秸、玉米秸、甘薯藤、花生秧等混合搭配饲喂；每天除喂足够的粗料外，还应喂给玉米、油饼类、麸皮、大麦等精饲料。

2. 驱虫

架子牛阶段往往是比较寒冷的季节，周围的寄生虫等会聚集于牛体过冬，干扰牛群并使牛体消瘦、致病，牛皮等产品质量下降，可在春秋两季各进行 1 次体内外驱虫，可选用下列药物：①虫克星（阿福丁，有效成分为阿维菌素）粉剂每 100 kg 体重 10 mg，灌服或拌于饲料中喂给，也可用虫克星针剂（阿维菌素）皮下注射，剂量为 100 kg 体重 0.2 mL。②左旋咪唑，剂量 8 mg/kg 体重，混料喂服，饮水内服，或溶水灌服 1 次；亦可配成 5%注射液，进行 1 次皮下或肌肉注射。③枸橼酸哌嗪，剂量 0.2 g/kg 体重，混饲或饮水，1 次内服。④哈乐松，剂量 30 mg/kg 体重，制成混悬剂或糊剂，1 次口服。⑤丙硫苯咪唑，剂量 10～20 mg/kg 体重，混饲喂服或制成水悬液，1 次口服。

3. 饮水

由于架子牛是以粗饲料饲养为主，食糜的转移、消化吸收、反刍等都需要大量的水，应供给洁净、充足的温水，自由饮水时，控制水温不结冰即可。

4. 称重

每月或隔月称重，检查牛体生长发育情况，作为调整日粮的依据，避免形成僵牛。

5. 运动

架子牛有活泼好动的特点，但主要用于育肥，一般不强调运动，可把放牧当作一种运动的方式。

第7章

繁殖母牛疾病防治与管理

畜牧业是现代农业的重要组成部分，养牛业又是畜牧业中重要组成部分，而随着人们生活水平提高和膳食结构的变化，牛肉的需求呈逐年增加的趋势，绿色环保、无公害的牛肉制品已成为市场新宠，这也为养牛业的发展提出了更高的要求，因此，养牛业的健康和快速发展就是我们要认真去做好的一项重要的工作。要满足市场需求、提高养殖者的效益，就要从母牛抓起，为保证母牛的健康，必须建立健全科学的饲养管理制度和严格的动物疫病防制措施。本章所叙述的重点是，在如何做好动物疫病防制的前提下，更加有效地治疗动物疫病。

7.1 健全防疫检疫制度

牛传染病的发生、蔓延甚至流行，常常会造成牛的淘汰或死亡，养殖成本加大，给养牛业带来巨大的损失，甚至是毁灭性的打击。因此，要采取严格的措施做好卫生防疫和疾病防治（制）工作。结合不同地区传染病流行情况，观察牛群异常表现，及时发现牛群中已经出现的疾病，并及时采取有效地控制措施，防止传染病的流行，减少疾病带来的损失；饲养繁殖母牛应对繁殖器官疾病、消化系统和呼吸系统等常见多发病进行必要的监控；某些体内外寄生虫病，在一些发病率高的地区，应定期驱虫和制定预防措施；有的养殖场（户）往往很注重学习研究疫病的治疗，而对如何科学的预防动物疫病却重视不够，这种意识和做法对养殖业的稳定健康发展十分不利，因此我们一定要坚持“预防为主，防重于治”的原则。

7.1.1 母牛养殖场的兽医卫生要求

母（肉）牛养殖业逐步向规模化、集约化方向发展，规模化养牛场也越来越多，这就需要建立健全完善的兽医卫生防疫制度和配套的兽医卫生要求，从而保证养牛业的健康发展。

7.1.1.1 牛场的兽医卫生要求

牛场场址的选择、环境条件、卫生状况及病原体的污染程度与牛群健康有直接关系。因此，牛场建设前要有考察论证、要有专业设计，运行有严格的制度，更重要的是在坚持制度上做好工作。

(1)牛场应选择地势高燥、水源洁净充足、用电便利、通路及地势较平坦之处，距离村庄、工厂、交通要道等 500 m 以上，建设前要先向当地兽医卫生行政主管部门提出申请，经审核批准后方可建设。

(2)牛场环境要相对封闭，布局合理，生产区和办公区要严格分开，要考虑牛场的主风向，办公区在上风向，其次是生产区(犊牛舍在上风向、其次是育成牛舍、再是成年牛舍)，下风向布局依次是兽医室、隔离圈舍、病牛舍、粪便及污物处理设施，草料库和青贮窖在生产区上风向；场区内的道路要把净道和污道严格区分，不可混用，以减少交叉感染。场门、生产区和牛舍出入口处应设置消毒池。

(3)牛舍建造本着冬季保暖、夏季凉爽、环境干燥、安静、通风良好的原则进行，牛床建设时要牢固但不宜过于光滑，以免滑倒对母牛和胎儿造成伤害。

(4)牛场应有为其服务的兽医、配种等专业技术人员(最好是专职)。

(5)牛场内不准饲养与牛无关的动物。不能将动物及其产品带入场区清洗、加工；不在场区内进行解剖、屠宰等活动；牛、牛奶的出售应在场外进行。

(6)非本场工作人员和车辆未经场长或兽医部门同意不准随意进入生产区；生产区和牛舍入口应设消毒池，内置消毒液，并定期更换，以保证药效。大门的消毒池长度以 1.5～2 倍该场进出最大车轮周长，池深应以浸没半只轮胎以上为宜，任何车辆和人员经消毒后方可进入；有条件的牛场可设消毒室及更衣间，人员更换专用消毒工作服、鞋帽后方可进入；工作人员和挤乳、饲养人员的工作服、工具要保持清洁，饲养用具要专用，经常清洗消毒，不得带出牛舍；饲养人员不要进入与自己工作无关的圈舍、饲草料加工等场所。

(7)制订卫生消毒制度，注重产房、隔离舍及病牛舍的卫生消毒工作；要加强牛体的刷拭，注意保持牛体卫生；牛舍每天都要进行粪便等污物的清理工作，保持干燥洁净；每年春、夏、秋季，要进行大范围灭虫灭鼠、大扫除和大消毒活动，平时要有经常性的灭虫灭鼠措施，以降低虫鼠害造成的损失；建立符合环保要求的牛粪、尿等污物处理系统。

(8)消毒液的选择要结合本场疫病发生种类、污染程度等因素综合考虑，选取几种不同化学成分的消毒剂交替使用，减少病原微生物的耐药性和抗药性，以提高消毒质量。

(9)牛场全体员工每年必须进行一次健康检查，发现结核病、布氏杆菌病等人畜共患传染病的患者，应及时调离生产区。新来员工必须进行健康检查，证实无上述疫病时方能上岗工作。

(10)有条件的牛场应设立兽医室。兽医室应有常规记录登记统计表及日记簿，如牛的病史卡、疾病统计分析表、药品使用情况记录、结核病及布氏杆菌病的检测结果表、预防注射疫苗的记录、寄生虫检测记录、病(死)牛的尸体剖检记录表及尸体处理情况表等，具体见表 7.1 至表 7.10。

表 7.1 母牛(肉牛)疾病与治疗记录登记表

牛号	畜主	发病日期	诊断日期	病因病况			他断结果	治疗方法	治疗结果	兽医
				繁殖疾病	消化道疾病	其他疾病				

表 7.2　母牛(肉牛)疾病与治疗日记簿(一)

牛号	畜主	日期	主诉	营养状况	既往病史	临床症状	兽医

表 7.3　母牛(肉牛)疾病与治疗日记簿(二)

牛号	畜主	日期	诊断	治疗方案	简要处方	治疗结果	兽医

表 7.4　母牛(肉牛)疾病统计分析表

乡镇　　　村(社)　　　牛场

日期	病种类,头数/治愈数							统计人
	繁殖疾病	呼吸道病	消化道疾病	肢蹄病	中毒症	传染病	其他疾病	

表 7.5　母牛(肉牛)药品使用情况记录

日　期	领用人	药品名称/数量						管理员
		针剂	抗生素	激素类	酊剂	中成药	其他	

表 7.6　母牛(肉牛)结核病及布氏杆菌病的检测结果表

牛号	结核病(抗原/牛提纯结核菌素)					布氏杆菌病(琥红平板凝集试验)			
	检测日期	初测量皮褶厚	72 h后测皮褶厚	检测结果	检测人	采集血清日期	试验时间	检测结果	检测人

表 7.7 母牛(肉牛)预防注射疫苗的记录表

免疫耳标号	畜 主	免疫日期	免疫方法	疫苗名称			动物状态	防疫员

表 7.8 母牛(肉牛)寄生虫检测记录表

牛 号	畜 主	样品采集时间	样品名称	检测日期	检测方法	寄生虫(卵)名称数量			检测人

表 7.9 母牛(肉牛)病(死)牛的尸体剖检记录表

牛 号	畜 主	剖检日期	疾病描述	尸体剖检记录表								剖检人
				心	肝	脾	肺	肾	胃肠道	生殖道	其他	

表 7.10 母牛(肉牛)尸体处理情况表

牛 号	畜 主	死亡时间	确诊病名	治疗用药概况	尸体处理方法			主治兽医签字	参与人员
					焚烧	深埋	深埋地点		

7.1.1.2 牛群健康保健管理

牛场和牛舍的环境卫生状况及病原体的污染程度与牛群健康有直接关系，牛场(牛舍)一定要经常清除场内的杂物、污水、粪便及垃圾等，并根据需要进行定期消毒，使牛场(牛舍)保持良好的卫生环境。同时，注意保持牛体卫生，牛场工作人员要注意个人卫生，上下班要更换工作服和鞋；牛场内的土质和水源一定要符合卫生标准。

(1)严格执行《中华人民共和国动物防疫法》有关规定的防疫措施，建立和健全防疫消毒制度。牛场应建围墙或防疫隔离带，门口应有消毒池，消毒间，工作服、鞋不能穿出场外；车辆、行人不能随意进入牛场内，全年最少大消毒 2 次，于春季、秋季用 2%的苛性钠溶液和 10%的石灰乳等对牛舍、周围环境、运动场地面、饲槽、水槽等进行消毒处理。尸体、胎衣应深埋；粪便应及时清除，堆积发酵(或发酵沼气等)处理；兽医器械、输精用具应按规定消毒后使用。

(2)坚持定期检疫，在春、秋两季要进行结核病和布氏杆菌病的检疫，按农业部规定标准进行。如发生流产，对流产胎儿胃内容物、肝、脾取样作布氏杆菌病细菌学检查。无论是结核病还是布氏杆菌病，如发现阳性病牛，在动物卫生管理部门监督下及时无害化处理。

(3)严格执行预防免疫。对每头牛都要免疫和检疫,执行定期预防接种和补种计划。

(4)建立经常性消毒制度,规范并完善牛场一般防疫消毒设施,切断传播途径,防止疫病的发生或蔓延,保证牛群健康和正常的生产。

(5)进行牛群健康普查,构建良好生产环境,做好相关业务记录,保存好资料。

(6)保持繁殖母牛牛舍环境、牛体清洁,做好乳房卫生保健措施,预防乳房炎的发生。养殖户对西杂母牛进行挤奶时,乳房用温水洗净后应进行按摩,使其膨胀后即应挤奶,采用正确挤奶方法和操作规程,头 3 把奶应挤在特定容器内弃掉,完成挤奶后务必对乳头进行消毒(药浴)。

(7)实施繁殖母牛牛蹄卫生保健规程,蹄的保健是保证母牛健康的重要措施之一,护蹄不良,牛体质下降,逐渐消瘦,抗病力降低,易感染其他疾病。护蹄良好,可提高牛的利用年限,降低因蹄变形、蹄病造成的淘汰率。①经常保持牛蹄卫生。冬天刷蹄,夏季冲蹄。②建立定期修蹄制度,每年对全群牛蹄肢进行普查 1～2 次,于春季、秋季统一全群修蹄 1～2 次。加强观察,对蹄变形的牛应随时修正;蹄变形严重和蹄病牛要及时修蹄,并要对症治疗,促进痊愈过程。③加强圈舍及环境卫生,改善饲养条件,建立经常的卫生管理制度。及时清除粪尿和积水,保持运动场干燥、平坦、无砖石瓦块等物品。

(8)加强病牛的管理,促进痊愈,减少淘汰。病牛室或病牛栏(圈)必须铺垫草,使牛卧得温暖舒适,病牛有的不吃不反刍,说明瘤胃内发酵微弱,产热也少,这时病牛尤其是犊牛就怕冷,特别是寒冷季节,要注意保温;牛肢蹄受伤或因其他疾病不能起卧,卧下又不能翻身或饮食,这时就需要设法用结实肚带数条将牛吊起来;病牛室应天天清扫,消毒,如果牛患的是传染病,须采取特殊消毒措施和特殊的饲养管理日程;病牛应有病历档案,详细记载病史、症状、诊断、治疗情况以及防疫、检疫等情况;凡属患有布病、结核病等疫病死亡或淘汰的牛,必须在兽医防疫人员指导下,在指定的地点剖解或屠宰,尸体应按国家的有关规定处理。

7.1.2 母牛疫病综合防制技术方案

7.1.2.1 平时预防措施

(1)加强饲养管理、增强母牛的一般抵抗力。保证草料的品质和数量,不要骤变,饮水洁净充足,勤观察牛采食、饮水、精神、反刍、鼻镜水珠、皮毛光泽及粪便等情况,发现问题及时采取措施加以解决。

(2)调查疫情、把好检疫关。在母牛养殖场(户)的选址和引种等环节上,要调查当地的历史疫情和近期疫病流行情况,引进牛(或出栏)时要注意临床检查和规定疫病的检疫,特别是进牛后,必须在隔离圈舍饲养观察 2～4 周,确认健康后方可合群饲养。

(3)合理分群。按牛的品种、性别、年龄、强弱等分群饲养,以便制订适宜的饲养方案。

(4)创造适宜的饲养环境。有的母牛养殖场(户)采取的是舍内拴系式饲养方式,不运动、采光少、湿度大、空气不良等因素导致产科及内科病等疾病逐年增多,所以营造一个阳光充足、通风良好的牛舍环境,做到自由饮水(冬季喝温水)、夏季防暑、冬季保暖、干燥洁净、刷拭牛体、自由活动(运动)等以提高母牛的繁殖率。

(5)定期做好免疫接种和寄生虫的驱治工作。根据当地兽医行政主管部门制订的免疫计划,结合本场疫病流行特点,及时做好免疫接种工作;按当地寄生虫流行情况,驱虫前做 1 次粪便检查，根据寄生虫感染种类和程度，有针对性地选择驱虫药，母牛在空怀期驱治为好，并做好记录工作；不用毒性大、残留期长、严重危害人畜健康和国家明令禁止的各类兽药。

(6)做好圈舍内外及饲养用具的卫生消毒工作。养殖场(户)要有严格的卫生防疫制度，圈舍内外定期清扫、消毒，饲养用具保持洁净整齐并定期消毒，做好杀虫灭鼠和粪便的无害化处理。

(7)预防各类中毒事故发生。毒素和有毒物质不仅使牛中毒，损伤牛的免疫功能，而且对胎儿会造成极大的伤害，因此不用霉烂变质及有毒有害的饲草料喂牛。加强有毒有害物品管理。

(8)需要淘汰和屠宰的家畜，要经当地官方兽医检疫，确认无传染病，对人和动物无害，出具相关检疫证明后方可进行。

7.1.2.2 发生传染病(尤其是《动物防疫法》中规定一类病的发生和二、三类病的暴发)时应采取的措施

(1)发现疑似某种传染病(尤其是烈性传染病)应及时隔离、及时报告上级兽医行政主管部门，由当地县级以上人民政府动物防疫主管部门派人到场，经确诊后，划定疫点、疫区及受威胁区，进行流行病学调查，并由县级以上人民政府对疫区发布封锁令，实行封锁，并通知友邻。

(2)对疫区进行封锁、隔离、消毒、紧急免疫接种、扑杀、销毁及无害化处理等强制性措施，对疫畜、垫草、剩余饲料、饲养用具、粪便及被污染环境要进行严格消毒及无害化处理(焚烧、深埋等)；当有传染病发生时，根据诊断结果，将该牛群分为患病、疑似感染和假定健康三类；患病牛和疑似感染牛分别进行隔离，对假定健康牛进行紧急预防接种；根据疫病情况，病牛隔离治疗或急宰淘汰或扑杀，可疑牛进行紧急预防接种或治疗，疫情得到有效控制和扑灭后，解除封锁由发布封锁令的人民政府根据疫情情况和相关法规，适时解除。

(3)在封锁期间，禁止染疫、疑似染疫和易感动物及其产品流出疫区，禁止非疫区动物进入疫区；进出疫区的人员、车辆及有关物品进行严格消毒；传染病扑灭后及疫区解除封锁前，进行一次大消毒(也称终末消毒)，先将牛舍及运动场清理干净，或铲去表层土壤，然后再喷洒消毒药液，用药量根据地面和墙壁等的结构适当增减；法规规定可治疗的要及时治疗，以迅速控制和扑灭疫病。

7.1.3 树立良好的动物防疫意识

动物防疫就是采取各种预防措施，将疫病排除于一个未受感染的动物群之外，或者将已发生的疫病控制在最小的范围内加以扑灭。通常包括采取检疫等措施避免传染源进入目前尚未发生该病的地区；采取群体免疫接种、药物预防，以及改善饲养管理和加强消毒等措施，保障一定的动物群不受已存在于该地区疫病的传染；采取隔离、封锁、扑杀、紧急免疫接种或治疗等措施，把疫病限制在尽可能小的范围内，并降低已出现于动物中疫病的发病率和死亡率，最终将该种疫病得到有效控制并加以扑灭。

7.1.3.1 传染病及其传播环节

(1)凡是由病原微生物引起的，在动物机体的一定部位寄居、生长繁殖，引起一系列的病理反应，并具有传染性的疾病称为传染病，传染病有一定的潜伏期和临床表现。传染病和非传染性疾病不同，传染病的致病因子是活的病原微生物(如细菌、放线菌、螺旋体、霉形体、立克次氏

体、衣原体、真菌和病毒),必须是同一种病原微生物从一个被感染动物侵入另一易感动物,经过一定潜伏期后,能引起同样的临床症状,并具有传染性,才能称为传染病。每一种传染病都有一定的潜伏期(从动物被病原微生物侵入的时候开始,直到出现最初的临床症状为止的时间)、临床表现(症状)和相应的病理变化。

(2)传染病的发生和发展条件。传染病的发生和发展必须具备以下 3 个条件:①具有一定数量和足够毒力的病原微生物;②具有对该传染源(病原体)有感受性的动物;③具有可促使病原微生物侵入易感动物机体内的外界条件。如果缺少任何一个条件,就不可能出现传染病的发生与流行过程,3 个环节(传染源、传播途径及易感动物)连接在一起时,则可发生疫病流行过程。当传染源被隔离或消灭时,不可能发生传染病;而缺少传播途径时,动物没有机会感染病原微生物,流行过程不可能发生;如果不存在易感性动物时,也不可能发生该传染病;我们的动物防疫工作就是紧紧围绕这 3 个环节来实施的。

7.1.3.2 动物防疫工作的方针和基本原则

1.防疫工作的方针

我国党和政府历来十分重视动物疫病防疫工作,制定了“预防为主、综合防制”的方针。近年来,各级政府不断加大了动物防疫的投入力度,以保证养殖安全和人民群众的身体健康。

2.防疫工作的基本原则

(1)依靠党和政府的领导,只有建立健全各级动物防疫卫生监督机构,才能保证动物防疫措施的贯彻实施。

(2)坚持因地制宜,专业防疫队伍与群众性防疫相结合。

(3)严格执法,依法办事,动物防疫工作是一项政策性和专业性很强的工作,必须严格执法,依法办事。

7.1.3.3 消毒

消毒是指应用物理的、化学的和生物学的方法,杀死物体表面或内部病原微生物的一种方法或措施。消毒的目的是消灭被传染源散播于外界环境中的病原体,以切断传播途径,阻止疫病的发生和蔓延。消毒和灭菌是两个经常应用且易混淆的概念。灭菌的要求是杀死物体表面或内部所有的微生物,而消毒则只要求杀死病原微生物,并不要求杀死全部微生物。

1.消毒的种类

根据消毒的目的不同,可以将消毒分为两类,即预防性消毒、疫源地消毒。

(1)预防性消毒。是指一个地区或养殖场平时经常性进行的、以预防一般疫病发生为目的的消毒工作。包括平时饲养管理中对动物圈舍、场地、用具和饮水等进行的定期消毒。

(2)疫源地消毒。可分为随时消毒和终末消毒。

①随时消毒(亦称紧急消毒)。是指在发生动物疫病时,为了及时消灭从患病动物体内排出的病原体而采取的消毒措施。消毒的对象包括染疫动物分泌物、排泄物污染和可能污染的一切场所、用具和物品,通常在疫区解除封锁前进行定期的多次消毒,疫畜生活过的及死亡场地和患病动物所隔离的区域,应每天和随时进行消毒。

②终末消毒。在染疫动物痊愈、死亡或扑杀后一定时间(一般是该传染病最长潜伏期)后,或者在疫区解除封锁之前,为了消灭疫区内可能残留的病原体所进行的全面彻底的大消毒。

2.消毒方法

(1)物理消毒法(包括机械、热、光和放射等)。方法主要有:

①机械性清除。如清扫、洗刷圈舍,通风换气等。清扫、洗刷圈舍地面,将粪尿、垫草、饲料残渣等及时清除干净,洗刷畜体被毛,除去体表污物及附在污物上的病原体,这种机械性清除的方法虽然不能杀灭病原体,但可以有效地减少动物圈舍及体表的病原微生物,若再配合其他消毒方法,常可获得较好的消毒效果。如果不先进行清扫、洗刷,圈内因积有粪便、污垢等有机物,不仅需杀灭的病原体数量太多,而且这些污物还将直接影响常用消毒剂的消毒效果。同样,通风换气虽不能直接杀灭病原体,但通过交换圈舍内空气,可减少圈舍内空气中病原微生物和有害气体的数量及浓度。

②阳光、紫外线和干燥。太阳光谱中的紫外线具有较强的杀菌消毒作用。一般病毒和非芽孢病原菌在强烈阳光下反复曝晒,其致病力可大大减弱甚至死亡,而且阳光照射的灼热以及水分蒸发所致的干燥亦具有杀菌作用。所以,利用阳光曝晒,对牧场、草地、运动场、用具和物品等的消毒是一种简单、经济、易行的消毒方法。

③热消毒法。A.火焰焚烧。这是简单而又有效的消毒方法。结合平时清洁卫生工作,对清扫的垃圾、污秽的垫草等进行焚烧,对染疫动物或可疑动物的粪便、残余饲料以及被污染的价值不大的物品,均可采用焚烧的方法来杀灭其中的病原微生物。对不易燃烧的圈舍地面、栏笼、墙壁、金属制品等可用喷火消毒,但应注意安全。B.煮沸消毒。煮沸能使蛋白质快速变性,是一种简单而有效的方法。一般病原微生物的繁殖体在水中加热至60℃,15～45 min即死亡;100℃时,1～2 min内死亡;而当煮沸1～2 h,能杀灭所有病原微生物。因此,各种耐煮物品如注射器、针头等可用此方法进行消毒。C.高压蒸汽消毒(灭菌)法。用高压蒸汽灭菌器(锅),加热至121℃并维持30 min,能杀死所有的微生物繁殖体和芽孢;凡耐高温,不怕潮湿的物品,如各种培养基、溶液、玻璃器皿、金属器械、敷料、工作服等均可用高压蒸汽灭菌器进行灭菌。D.干热消毒。相对湿度在20%以下的热空气,使蛋白质迅速失去水分而凝固变性来杀灭微生物,但效果差,需要120～160℃,维持1 h以上才能达到消毒效果,主要用于需要消毒并且干燥的器皿的消毒。

(2)化学消毒法。是用化学药物杀灭病原微生物的方法,在防疫工作中最为常用。选用消毒药应考虑杀菌谱广,有效浓度低,作用快,效果好,对人畜无害,性质稳定,易溶于水,不易受有机物和其他理化因素影响;也应具备使用方便,无味,无臭,价廉,易于推广,不损坏被消毒物品,使用后残留量少及毒副作用小等优点(如一定要使用毒副作用大的消毒剂时,应特别注意人畜安全)。

根据消毒药剂的化学成分可分为:①酚类消毒药,有石炭酸、甲酚皂、克辽林、菌毒敌、农福等;②醛类消毒药,有甲醛、戊二醛等;③碱性类消毒药,有氢氧化钠、生石灰(氧化钙)、草木灰等;④含氯消毒药,有漂白粉、次氯酸、二氯异氰尿酸钠、氯胺(氯亚明)等;⑤过氧化物消毒药,有过氧化氢、过氧乙酸、高锰酸钾等;⑥季铵盐类消毒药,有新洁尔灭、洗必泰、杜米芬、消毒净等;⑦醇类消毒药,如乙醇、甲醇、异丙醇等;⑧杂环类气体消毒药,环氧乙烷、环氧丙烷等。生产实践中,应根据用途来选用消毒液。

下面对部分常用消毒剂举例说明。

①氢氧化钠(烧碱、苛性钠)。对细菌和病毒有强大的杀灭力。可用2%～3%热溶液对圈舍、地面、用具等消毒。本品有腐蚀性,要注意人畜安全,消毒后应用清水冲洗。

②漂白粉(又称氯石灰)。是一种应用较广泛的消毒剂。漂白粉的消毒作用与有效氯含量有关,其有效氯一般在25%～36%之间。有效氯含量在16%以下的则不适合消毒用。漂白粉常用浓度为5%～20%,其5%溶液可杀死一般病原菌,10%～20%溶液可杀灭细菌芽孢。一般用于动物圈舍、地面、水沟、粪便、水源及运输车船等的消毒。

③过氧乙酸。本品为无色透明液体,易溶于水,易挥发,有醋酸味,高浓度遇热易爆炸,20%以下浓度较安全。该品具有高效、广谱的杀菌作用,消毒时可配成0.05%～0.5%,对圈舍、食槽及畜体等有很好的消毒作用。

④甲酚皂(来苏儿)。本品为黄棕色或红棕色液体,对大多数细菌有杀灭作用,对寄生虫和病毒也有效,可配成2%～5%的溶液喷洒。

⑤新洁尔灭。本品为淡黄色液体,易溶于水,振荡有泡沫,对大多数细菌有效,但对病毒、结核杆菌、霉菌及炭疽杆菌效果差,可配成0.05%～0.1%的浓度进行消毒。

⑥甲醛溶液(福尔马林)。本品为无色透明液体,有刺激性,放阴凉处保存,甲醛有广谱的杀菌作用,消毒时1份甲醛加1 000～2 000份水即可。

以上消毒液大多有毒性,请妥善保管,用时注意防护。

消毒的实施方法有以下几种:

①喷洒法。是将配制好的消毒剂喷洒于被消毒物体表面的一种消毒方法。常用于畜舍地面、墙壁等的消毒,也可用于家畜体表的消毒。

②喷雾法。是将稀释好的消毒剂装入气雾发生器(喷雾器)内,使消毒液通过压缩空气雾化后形成雾化粒子,以雾化粒子达到消毒目的的一种消毒方法。常用于圈舍内空气、围栏、地面、畜禽体表的消毒,也可用于带畜消毒(即不将动物清出圈舍的清毒方法)。

③浸泡法。是将稀释好的消毒剂放入消毒池或消毒盆(缸)中,将被消毒的物体浸泡于消毒剂中一定时间,以达到消毒目的的一种消毒方法。常用于饲养管理工具、手术器械及衣物等物品的消毒。

④熏蒸法。是于密闭的圈舍内使消毒剂产生大量的气体(或烟雾),通过气体的熏蒸以达到消毒目的的一种消毒方法,常用的如甲醛高锰酸钾熏蒸法(温度不低于15～25℃、湿度在60%～80%为宜),对圈舍及舍内物品能达到很好的消毒效果,但切不可用于带畜消毒。

(3)生物消毒法。在动物防疫实践中,常用该法将被污染的粪便堆积发酵,利用嗜热细菌繁殖时产生高达70℃以上的温度,经过1～2个月可将病毒、细菌(芽孢除外)、寄生虫卵等病原体杀死,既达到消毒的目的,又保持了肥效。但本法不适用于炭疽、气肿疽等芽孢性病原微生物引起的疫病的处理,这类疫病的粪便等污物应焚烧或深埋。

3.影响消毒效果的因素

我们在动物防疫的消毒工作中,总认为只要做了消毒工作就应该达到消毒的目的,但影响消毒效果的因素较多,主要有以下几个方面:

(1)消毒剂的浓度。消毒剂必须按要求的浓度配制和使用,浓度过高或过低均会影响消毒效果,如乙醇的最佳消毒浓度是70%～75%,高于或低于这个浓度均不能发挥其有效的消毒作用。

(2)消毒剂作用时的温度。大部分消毒剂在较高的温度下消毒效果好,可增强消毒剂的效力,并能缩短消毒时间,但有的消毒剂随着温度升高,其杀菌效力反而降低。所以,应掌握各种消毒剂的使用温度。

(3)环境湿度。一般来讲,适当的湿度,可增加消毒剂对病原微生物穿透力,尤其对熏蒸消毒的影响较大,用甲醛或过氧乙酸气体熏蒸消毒时,相对湿度以60%~80%为宜。

(4)消毒剂作用的时间。一般消毒剂接触到微生物后,不可能立刻就将其杀灭,必须与其消毒对象作用一定时间才能发挥效果,最快的几秒钟,一般几分钟或几十分钟,长的可达数小时至数天。消毒时间长短主要取决于病原微生物的抵抗力和消毒剂的种类、浓度和温度等。

(5)环境的酸碱度。酸碱度(pH值)的变化可影响某些消毒剂的作用。如新洁尔灭等阳离子消毒剂在碱性环境中杀菌力强,而石炭酸、来苏儿、氯消毒剂和含碘消毒剂在酸性环境中杀菌作用增强。

(6)环境中的有机物。当环境中存在有机物质(如排泄物、分泌物)时,由于消毒剂氧化作用降低或者有机物质能吸附消毒剂,从而会降低消毒剂的杀菌能力。受有机物影响较大的消毒剂有新洁尔灭、乙醇及次氯酸盐等。

(7)配制消毒剂时的水质。硬水中含过多的矿物质,尤其是钙,可影响某些消毒剂的杀菌能力。

(8)环境中的中和剂。当环境中存在某些消毒剂的中和剂时,将影响该消毒剂的杀菌能力。因此,多种消毒剂配合使用时,应慎重。

7.1.3.4 如何做好免疫接种

免疫接种是给动物接种免疫原(菌苗、疫苗、类毒素)或免疫血清(抗毒素),使机体自己产生或被动获得特异性免疫力,是预防和治疗传染病的一种重要手段,使易感动物转化为非易感动物(对某种或几种疫病有免疫力的动物)。

免疫接种是动物防疫措施中一种很重要的手段,它能够使易感动物转化为非易感动物,从而防止疫病的发生与流行。由于免疫接种可以使动物产生针对相应病原微生物的特异性抵抗力,所以它是一种特异性强且非常有效的防疫措施。有计划、有组织地进行免疫接种,是预防和控制动物疫病的最重要措施。在某些烈性传染病如家畜口蹄疫、炭疽等疫病的防制过程中,免疫接种具有关键性的作用,又由于免疫接种与药物预防、消毒等措施相比,具有省人、省力、节省经费等特点,所以,它还是一种极具经济实用性的防疫措施。任何部门和单位在动物防疫工作中,都必须重视免疫接种工作。

1.免疫接种可分为预防免疫接种和紧急免疫接种两大类

(1)预防接种。在经常发生某些疫病的地区,或有某些疫病潜伏的地区,或受到邻近地区某种传染病威胁的地区,为了防患于未然,在平时有计划地给健康动物群进行的免疫接种,称为预防免疫接种。

预防接种通常使用疫苗、菌苗、类毒素等生物制剂作为抗原激发免疫。根据所用生物制剂的品种和制作工艺不同,采用皮下、皮内、肌肉注射或皮肤刺种、点眼、滴鼻、喷雾及口服等不同的接种方法。接种后经一定时间(一般为数天至3周),可获得数月至1年以上的免疫力。

根据我国的疫(菌)苗研制应用状况和传染病流行规律,特制订母牛饲养场传染病免疫程序,见表7.11。

表 7.11　疫苗种类、接种时间、剂量应按免疫程序进行操作(仅供参考)

年龄	疫苗(菌苗)	接种方法	免疫期
1 月龄	第Ⅱ号炭疽芽孢菌	皮下注射 1 mL	免疫期 1 年
	(或无毒炭疽芽孢苗)	皮下注射 0.5 mL	(免疫期 1 年)
	明矾沉淀破伤风类毒素	皮下注射 0.5 mL	免疫期 1 年 6 个月后需再注射 1 次
	牛气肿疽甲醛明矾菌苗	皮下注射 5 mL	免疫期 6 个月 犊牛 6 月龄时再注射 1 次
6 月龄	狂犬病弱毒苗	皮下注射 25～50 mL	免疫期 6 个月
	布氏杆菌 19 号苗	皮下注射 5 mL	免疫期 9～12 个月
	气肿疽牛出败二联苗	皮下注射 1 mL	用 20%氢氧化铝盐水稀释 免疫期 1 年
	口蹄疫弱毒苗	皮下或肌肉注射 1 mL	免疫期 6 个月
12 月龄	狂犬病弱毒苗	皮下注射 25～50 mL	免疫期 6 个月
	口蹄疫弱毒苗	皮下或肌肉注射 1 mL	免疫期 6 个月
18 月龄	气肿疽牛出败二联苗	皮下注射 1 mL	用 20%氢氧化铝盐水稀释 免疫期 1 年
	口蹄疫弱毒苗	皮下或肌肉注射 2 mL	免疫期 6 个月
	第Ⅱ号炭疽芽孢苗(或无毒炭疽芽孢苗)	皮下注射 1 mL	免疫期 1 年
24 月龄	破伤风类毒素	皮下注射 1 mL	免疫期 1 年
	狂犬病疫苗	皮下注射 25～30 mL	免疫期 6 个月
	口蹄疫弱毒苗	皮下或肌肉注射 2 mL	免疫期 6 个月
成年牛	牛气肿疽甲醛明矾苗	皮下注射 5 mL	每年春季接种 1 次
	炭疽菌苗	皮下注射 1 mL	每年春季接种 1 次
	破伤风类毒素	皮下注射 1 mL	每年定期接种 1 次
	口蹄疫弱毒苗	肌肉注射 2 mL	每年春、秋各 1 次
	狂犬病疫苗	皮下注射 25～50 mL	每年春、秋各 1 次
怀孕母牛	大肠杆菌菌苗	见疫苗生产标签	母牛产前 2～4 周使用

提示:应根据当地兽医行政主管部门的免疫计划和本场疫病发生、流行情况,选择某些疫苗进行免疫注射,不可完全照搬,用法和剂量等以产品使用说明书为准。

做好预防接种工作应注意以下两个方面:

①预防接种应有周密的计划,每年都要根据实际情况拟订当年的预防接种计划,使预防接种工作做到有的放矢,有章可循,真正落到实处,有时也进行计划外的预防接种,例如输入或运出动物时,为了避免在运输途中或到达目的地后暴发某些传染病而进行的预防接种。一般可采用抗原主动免疫(接种疫苗、菌苗、类毒素等),若时间紧迫,也可用免疫血清进行抗体被动免疫,后者可立即产生免疫力,但维持时间仅半个月左右。如果在某一地区过去从未发生过某种传染病,也没有从别处传进来的可能性时,则没有必要进行该传染病的预防接种,一般要求做到因病设防。

②接种前应了解动物的饲养状况及疫病情况,应对被接种的动物进行详细地检查和调查了解,特别注意其健康与否、年龄大小、是否正在怀孕或泌乳期,以及饲养条件的好坏等情况。成年的、体质健壮或饲养管理条件较好的牛,接种后会产生较强的免疫力。反之,年幼的、体质

弱的、有慢性病或饲养管理条件不好的牛，接种后产生的免疫力就会差些，也可能引起较明显的接种反应。怀孕母牛，特别是临产前的母牛，在接种时由于驱赶、捕捉等影响或者由于疫苗所引起的反应，有时会发生流产或早产，或者可能影响胎儿发育；泌乳期的母牛预防接种后，有时会暂时减少产奶量；所以，对那些年幼的、体质弱的、有慢性病的和怀孕期的母牛，如果不是已经受到传染病的威胁，最好暂时不接种。对那些饲养管理条件不好的牛，在进行预防接种的同时，必须创造条件改善饲养管理。接种前，应注意了解当地有无疫病流行，如发现疫情，则首先安排对该病的紧急防护，有可能促使它们更快发病，因此，在紧急接种后一段时间内，牛群中发病的头数反有增多的可能，但由于这些急性传染病的潜伏期较短，而疫苗接种后很快就能产生抵抗力，因此发病不久即可下降，终能使流行很快停息。

(2)紧急免疫接种。是在疫区及周围的受威胁区进行的免疫接种，受威胁区范围的大小视疫病的性质而定。某些流行性强的传染病如口蹄疫等，则是在疫区周围 5～10 km 以上。这种紧急接种，其目的是建立“免疫带”以包围疫区，就地扑灭疫情，但这一措施必须与疫区的封锁、隔离、消毒等综合措施相配合，才能取得较好的效果。

2.母牛免疫接种的方法——注射免疫法

注射免疫法常用的有皮下接种、皮内接种、肌肉接种及静脉注射接种等方法。

(1)皮下接种法。牛皮下接种的部位，在颈侧中部上 1/3 处为宜，用左手拇指和食指将动物的皮肤提起，针头 45°进针后，将疫苗注射在皮肤与肌肉之间即可；皮下接种的优点是操作简单，吸收较皮内接种快，缺点是使用疫苗剂量多。大部分常用的疫苗和高免血清均可采用皮下注射。

(2)皮内接种法。皮内接种的部位，牛除颈侧外，还可在尾根或肩胛中央部位进行，注射器进针与提起的皮肤呈 180°，注射完成后，皮肤表面有突起(类似青霉素皮试)才算正确，如结核菌素皮内变态反应。皮内接种的优点是使用药液少，同样的疫苗较皮下注射反应小，同量药液量较皮下接种产生的免疫力高；缺点是操作麻烦，技术要求高。

(3)肌肉接种法。其接种部位，牛在肌肉丰富的臀部或颈部，肌肉接种的优点是药液吸收快、注射方法简便，其缺点是在一个部位不能大量注射，若在臀部接种不当，易引起跛行。

(4)静脉接种法。接种部位，牛在颈静脉。兽用生物药品中的免疫血清除了皮下注射和肌肉注射外，均可静脉注射，特别是在紧急治疗某种疫病时常用。疫苗、诊断液一般不作静脉注射。静脉接种的优点是可使用剂量大，奏效快，可及时抢救患畜，缺点是要求一定的设备和技术条件。此外，如用异种动物血清，可能引起过敏反应(血清病)。

另外，免疫接种方法还有刺种、点鼻、点眼、口服、气雾等，因牛不常用，这里就不介绍了。

3.疫苗的种类、保存、运送及使用

(1)疫苗的种类。菌苗：是用细菌、螺旋体等通过生物技术制作的，用于动物预防接种并能产生特异性免疫的生物制品。疫苗：是用病毒、衣原体、立克次氏体等通过生物技术制作的，用于动物预防接种并能产生特异性免疫的生物制品。类毒素：利用厌氧菌(如破伤风梭菌)生长繁殖过程中的外毒素，通过生物技术制作的，用于预防接种并能产生特异性免疫的生物制品。

我们习惯把疫苗和菌苗统称疫苗，疫苗根据其制作方法和用途又分为强毒疫苗、弱毒疫苗、灭活疫苗等，因此，在生产实践中要根据实际情况选用正确的疫苗。一般而言，接种活疫苗约经过 7 d 后、接种灭活疫苗则约经过 14 d 后动物才能产生主动免疫而具有免疫力。动物在预防接种后，能抵抗相应病原微生物而不受感染发病的期限称免疫期。

(2)疫苗的保存。各种疫苗应保存在低温、避光及干燥的场所,严禁阳光直射;一般情况下,一些灭活疫苗(包括油乳剂苗)、免疫血清、类毒素及各种诊断液等应在 2~8℃条件下保存,防止冻结;弱毒冻干疫苗等,应在 −15℃以下温度保存,因此,应阅读产品说明,按要求保存。

(3)疫苗的运送。各种疫苗要求包装完整,防止损坏疫苗容器和散播病原微生物。运输途中要避免高温和日光直接照射,应在低温条件下,尽快送至保存地点或预防接种点。

(4)疫苗的使用。需要注意的有以下几点:

①疫苗用前检查。疫苗在使用前必须进行详细检查并记录该产品的相关信息,存在下列情况之一则不能使用,没有标签或标签模糊不清或没有经过合格检查的;过期失效的;疫苗质量与产品说明书不符的,如色泽有变化、发生沉淀、疫苗内有异物、发霉及有异味等有变质情况的;瓶塞松动或包装破裂的(可能已被污染)。

②疫苗的稀释配制。疫苗稀释时必须在无菌条件下操作,所用注射器、针头、瓶盖等必须严格消毒。稀释液应用灭菌的蒸馏水(或无离子水)、生理盐水或专用的稀释液。稀释液的用量必须准确。活菌疫苗稀释时稀释液中不得含有抗生素。

③疫苗使用的注意事项。在大批的免疫接种前,应首先进行小范围的免疫接种试验,无异常后,方可做下一步工作;参加免疫接种的工作人员应分工明确,紧密配合,以免重复或遗漏;工作人员需穿工作服及胶鞋,必要时戴口罩,工作前后均应洗手消毒,工作中必须保持手的清洁,禁止吸烟和饮食;注射器、针头经严格消毒后方可使用,注射时每头动物须更换一个消毒针头;疫苗的瓶塞上应固定一个消毒过的针头,上盖灭菌干棉球。吸液时必须充分振荡疫苗,使其均匀混合,疫苗开瓶后夏季 2 h、冬季 4 h 用完为好;炎热夏季在清晨或黄昏时进行,寒冬季节在午时免疫为佳,疫苗反应也会减少。免疫接种时,应注意认真做好免疫登记工作。

如效价不清或保存时间较长的疫苗,应重新测定效价后使用;使用后的疫苗瓶等包装不得乱丢,应消毒或深埋等无害化处理。

4.影响免疫效果的因素

免疫反应是一个复杂的生物学过程,免疫效果受到多种因素的影响,如环境因素、母源抗体水平、免疫抑制性疾病、营养因素、免疫方法失误及应激因素等。了解影响免疫效果的因素,对于做好免疫接种工作、提高免疫效果具有重要的意义。

(1)环境因素。当环境中有大量的病原微生物污染时,使用任何一种疫苗,往往都不能达到最佳的免疫效果。

(2)母源抗体水平。新生动物可以从母体、初乳或卵黄(禽类)中获得一定量的母源抗体,这些母源抗体对于防止幼畜(禽)早期感染疫病具有特殊的意义。但是,如果当母源抗体水平较高时进行免疫接种,进入体内的疫苗(抗原)就可被高水平的母源抗体中和,从而使免疫效果下降,甚至发生免疫失败。因此,在免疫接种时一定要注意母源抗体对免疫效果的影响,通过抗体监测等手段获得牛群中总体母源抗体的水平,当母源抗体水平下降到接近临界值时再进行免疫接种,就可获得良好的免疫效果。

(3)免疫抑制性疾病。有一些疾病可以造成机体免疫系统的损害,从而抑制免疫反应的产生。

(4)营养因素。牛发生严重的营养不良,特别是蛋白质营养缺乏时,会影响免疫球蛋白的产生,因此影响免疫效果。近年来营养免疫学的研究表明,多种营养物质,如维生素 A、维生素

E、硒及锌等,都与机体的免疫功能有关,缺乏这些营养物质,就可造成机体免疫功能下降,从而影响免疫效果。

(5)免疫方法失误。免疫方法失误是常见的影响免疫效果的因素,主要包括疫苗保存不当、疫苗稀释不当、免疫途径错误、免疫剂量不准等。

(6)应激因素。饲养密度过大、舍内温度及湿度过高、寒冷、舍内通风不良、严重的噪声、突然惊吓及突然换料等因素,均可对牛群造成不同程度的应激,从而使其在一段时间内抵抗力降低,影响免疫效果。因此,免疫接种时应尽量避免产生应激因素。

7.1.3.5 坚持定期驱虫和健胃

结合本地情况,选择驱虫药物。一般是每年春秋两季各进行1次全牛群的驱虫,平常结合转群、转饲时实施;犊牛在1月龄和6月龄各驱虫1次,肥育牛在肥育之前也要给牛驱虫,母牛在空怀期进行为宜。若采用内服驱虫的方法,则前一天晚上不喂牛草料,给足饮水,第2天早晨,根据牛的体重大小来定用药量,驱虫药用温水稀释灌服效果较好,驱虫7 d后,用同样方法再驱1次效果更好。驱虫后3 d内的粪便要及时清除,因随粪便一同排除的寄生虫和虫卵不会全部死亡,这样做可减少二次(或交叉)感染的几率。驱虫后2～3 d后,用健胃散(或适量的人工盐、酵母片及大黄苏打片等)为牛健胃,以增强牛胃肠道的消化功能和对营养物质的吸收作用。驱虫用药期间,要加强护理和必要的对症治疗,重症的要单槽饲养,多给温的淡盐水,少给富含脂肪的草料,驱虫3 d后,仍有腹泻不止的,可用磺胺咪等药物治疗,症状较重(如瘦弱或浮肿)的牛,可采取强心补液,加强营养和护理等对症治疗措施。

常用驱虫药:丙硫咪唑每10～20 mg/kg体重,驱牛新蛔虫、胃肠线虫、肺线虫;吡喹酮30～50 mg/kg体重,驱绦虫、血吸虫;别丁(硫双二氯酚)40～60 mg/kg体重驱肝片吸虫;贝尼尔3～5 mg/kg体重,配成5%～7%的溶液,深部肌肉注射驱伊氏锥虫、梨形虫和牛泰勒虫;磺胺二甲基嘧啶100 mg/kg体重,驱牛球虫;近年上市的新驱虫药较多,如伊维菌素、阿维菌素及其复方制剂等效果较好,可根据实际情况选用。

7.1.4 建立疫病监测制度

疫病监测是利用血清学、病原学等方法,对仍在养殖场(户)饲养的动物疫病的病原或免疫(感染)抗体进行动态监测,以掌握动物群体的健康状况,及时发现疫病和疫情隐患,尽快采取有效防制措施。

(1)适龄牛必须接受布氏杆菌病、结核病的检疫监测。母牛养殖场(户)每年开展2次结核病及1次布氏杆菌病的监测工作,要求对适龄牛监测率达100%。

(2)布氏杆菌病、结核病监测及判定方法按农业部颁布标准执行。布氏杆菌病采用琥红平板凝集试验、试管凝集试验、补体结合反应的方法判定,结核病用牛提纯结核菌素皮内变态反应方法进行检疫。

(3)结核病检疫。初生犊牛,应于20～30日龄时,用牛提纯结核菌素皮内注射法进行第1次监测;假定健康牛群的犊牛除隔离饲养外,还应于100～120日龄进行第2次检测;凡检出的阳性牛只应及时淘汰处理,疑似反应者,隔离30 d后进行复检,复检为阳性牛只应立即淘汰处理,若其结果仍为可疑反应时,经30～45 d后再复检,如仍为疑似反应,应判为阳性;检出结核阳性反应的牛群,经淘汰阳性牛后,认定为假定健康牛群。假定健康牛群还应该每年用牛提纯结核菌素皮内变态反应进行2次以上检测，及时淘汰阳性牛，对可疑牛处理同上方法；连续2次监测不再发现阳性反应牛时，可认为是健康牛群。健康牛群结核病每年检测率需达100%，如在健康牛群中(包括犊牛群)检出阳性反应牛时，应于30～45 d进行复检，连续2次监测未发现阳性反应牛时，认定是健康牛群。

(4)布氏杆菌病的检疫。每年牛群监测率100%，凡检出阳性牛只应立即淘汰，对疑似反应牛只必须进行复检，连续2次为疑似反应者，应判为阳性。犊牛在80～90日龄进行第1次监测，6月龄进行第2次监测，均为阴性者，方可转入健康牛群。

(5)牛的引进与出售时的检疫。运输前应报告当地动物防疫监督机构，经检疫合格，签发检疫证明后，方准运出，禁止将病牛出售和经营疫区内的动物及其产品。由外地引进牛时，应先向当地兽医行政主管部门提出申请，并经批准后方可进行，必须在引进地进行口蹄疫、布氏杆菌病、结核病等疫病的检疫，呈阴性者，凭当地防疫监督机构签发的有效检疫证明方可运输和引进。入场后，隔离、观察1个月，经布氏杆菌病、结核病等检疫呈阴性反应者，转入健康牛群。如发现阳性反应牛只，应立即隔离淘汰，其余阴性牛再进行1次检疫，全部阴性时，方可转入健康牛群。

(6)上述所谓阳性牛的淘汰，要按照《动物防疫法》规定进行，严禁转移出售，以防止新的疫情发生和蔓延，不准当普通牛进行屠宰、加工和出售，以防止该病传染给人。

7.2 牛传染性疾病的防制

牛的主要传染病有口蹄疫、炭疽病、牛出血性败血症、牛结核病、牛布氏杆菌病等。牛群一旦发生某种传染病，应及时准确地进行疾病诊断，并根据该病的特点采取综合防制措施。

7.2.1 口蹄疫

口蹄疫是由口蹄疫病毒引起的一种急性、热性、高度接触性传染病，人也可以感染，世界动物卫生组织(OIE)将此病列为A类动物疫病之首，我国将该病归为一类之首，是世界范围内重点防控的动物疫病。其特征是在口腔黏膜、蹄部及乳房上发生水泡和烂斑。牛常见于口腔及蹄部，因此叫口蹄疫。

本病早在15世纪阿拉伯国家就有记载，虽致死率不高(成年动物不到5%)，但该病毒存在广泛，传染性极强，病毒变异型多，各型之间不产生交叉免疫，又常通过空气传播，一旦发生常呈大流行性(故又称世界疫)。该发病率极高，又不易控制和消灭，因而至今世界上许多国家仍见有流行，给经济上带来巨大损失。

1.病原体

(1)该病毒属于小核糖核酸病毒科的口蹄疫病毒属，口蹄疫病毒具有多型性、易变性等特点。根据病毒的血清学特点可分7个主型即A型、O型、C型、南非1型、南非2型、南非3型和亚洲Ⅰ型。各型在发病症状方面没有什么显著不同，但各型之间抗原性不同，彼此之间不能交互免疫。每一个主型又分若干亚型，目前发现有60多个亚型。

(2)口蹄疫病毒的毒力。该病毒对动物的致病力很强，1 g新鲜的牛水泡皮捣碎稀释成

10 万 mL，吸取 1 mL 接种于牛体仍可引起发病。

(3)口蹄疫病毒的抵抗力。对外界环境的抵抗力很强，但怕光、怕热、怕酸、怕碱，不怕干燥、不怕寒冷(即四怕两不怕)；因此可根据其特点进行消毒，如高温、2%的烧碱溶液、30%的草木灰水，1%的甲醛溶液等都是良好的消毒剂。

2. 流行病学

(1)传染源。病畜和潜伏期带毒动物是最危险的传染源。病毒主要存在于水泡皮和水泡液中，在发热时的奶、尿、唾液、眼泪及粪便都含有病毒，甚至康复 1 年的动物仍可排毒。

(2)易感动物。口蹄疫侵害多种动物(30 多种)，但主要是偶蹄动物，其中以奶牛、黄牛最易感，其次是水牛、牦牛、猪，再次是绵羊、山羊、骆驼及大象，野生动物也有发病，如黄羊、野牛、野猪、鹿等，狗、猫及人也感染。通常幼畜较成年动物易感，症状更重。

(3)流行特点。①本病与其他传染病不同的是较易从一种动物传染到另一种动物，同等条件下饲养，牛总是最先表现临床症状，然后是羊，羊的症状一般较轻，猪的排毒量远远超过牛，因此又有牛是“指示灯”、羊是“保持者”、猪是“放大器”之说。②本病在不同的地区表现出不同的季节性，一般是秋季开始，冬季加剧，春季减轻，夏季平息。③本病在自然条件下，常呈流行性或大流行性，或者呈跳跃型大流行性。④有的单纯性的猪口蹄疫只感染猪，而不感染牛羊，有的只感染牛羊而不感染猪。

3. 发病机理

口蹄疫病毒→经过消化道、呼吸道、破损皮肤、黏膜进入动物机体→在局部组织生长繁殖→出现原发性水泡→病毒血症(在这以前是潜伏期，约 1～2 d，这一时期幼畜表现为胃肠炎、心肌炎)→病毒在口腔黏膜、蹄部皮肤、乳房生长繁殖→出现继发性水泡(这一时期是前驱期，体温升高、食欲减退、精神沉郁、流涎)→水泡破溃→烂斑(症状明显期，口腔、蹄、乳房的水泡逐渐破溃变成烂斑)→溃疡愈合，逐渐恢复健康或症状加剧而死亡，但多数康复动物可带毒 1 年左右，因此该病潜在的危害性也很大。

4. 临床症状

由于易感动物不同、毒力不同、侵入方式不同，潜伏期和症状也不完全一样。牛的潜伏期平均 2～4 d，最长为 1 周左右。体温 40～41℃，精神委靡，食欲减退，流涎，1～2 d 后，在舌面、唇内面、齿龈和颊部黏膜发生蚕豆至核桃大的水泡，口温高，此时口角流涎增多，呈白色泡沫状，挂满嘴角，采食反刍完全停止，水泡经一昼夜破溃后形成浅表的边缘整齐的红色烂斑。常常是水泡破溃后体温降至正常，糜烂逐渐愈合；口腔变化的同时，在指(趾)间及蹄冠的皮肤表现为红、肿、痛并发生水泡，很快破溃，形成烂斑，结痂，愈合也较快，饲养管理不当则化脓、坏死，牛表现站立不稳，行走跛行，少数严重的甚至蹄匣脱落；乳房皮肤可出现水泡，很快破溃形成烂斑；泌乳量减少，甚至停止泌乳，纯种乳牛发病较重；哺乳犊牛发病时，水泡并不明显，主要表现为出血性肠炎和出血性心肌炎，致死率较高。

5. 病理变化

成年畜的病理变化同外观症状，幼畜则表现为出血性肠炎、心脏的左心室壁和室中隔上的出血性变化，似老虎皮，又称为“虎斑心”。

6. 诊断

本病临床症状比较特殊，一般可做初步诊断，要鉴别毒力和毒型则必须通过实验室诊断方法来确定。

结合流行病学调查、临床症状等方面进行初步诊断；确诊则需要由当地兽医行政主管部门采取病畜舌面、水泡皮或水泡液等病料，置于50%的甘油生理盐水中加入双抗，送国家指定的参考实验室诊断。

鉴别诊断：应注意与牛瘟、牛黏膜病、牛恶性卡他热和传染性水疱病相区别。

7. 综合防制措施

为防止口蹄疫传播和扩散蔓延，依据《中华人民共和国动物防疫法》，按照国家有关口蹄疫防治技术规范、应急预案的规定，本着从严处置、分类指导的原则进行综合防制，结合前面所述平时防疫和发生传染病时采取的措施进行操作。

7.2.2 炭疽病

本病是由炭疽杆菌引起的家畜、野生动物和人共患的一种急性、热性、败血性传染病。其解剖特征是败血性变化，脾脏显著肿大，皮下及浆膜下有出血性胶样浸润，血液凝固不良，呈煤焦油样，并引起败血症的症状，常呈散发。

1. 病原体

本菌的繁殖型是一种长而直的大杆菌并能形成菌链(但较短)，革兰氏染色呈阳性，而在培养物中能形成数个或数十个菌体相连长链的竹节状，加适量青霉素于培养基中能形成似珍珠项链的串珠状。炭疽杆菌在动物体内不能形成芽孢，而脱离动物体后形成芽孢，造成长期或永久性的疫源地，一旦遇到适合的条件后，又可重新生长发育成繁殖型，而导致动物发病，因此疑似炭疽尸体严禁解剖。

炭疽杆菌的繁殖型抵抗力不大，75℃、5～10 min、煮沸 2～5 min 即可死亡，而炭疽芽孢具有强大的抵抗力，煮沸需 15 min 以上、高压灭菌 110～115℃需 15 min、干热灭菌 120～140℃需 2～3 h 才能杀灭芽孢。临床上常用20%漂白粉、1%碘溶液、0.5%过氧乙酸、0.1%升汞作为消毒剂，效果好。

2. 流行病学

(1)传染源。主要是病畜和持久疫源地，炭疽杆菌主要存在于病畜和尸体的各器官、组织及血液中，特别在临死前由天然孔流出的血液中含菌量最多，肠型炭疽可随粪便排出细菌，皮肤型炭疽可随分泌物排出炭疽杆菌。

(2)传播途径。主要经消化道传染，其次是昆虫的叮咬及呼吸道传染。尸体处理不当，甚至扒皮吃肉，病畜分泌物、排泄物消毒不严，污染了土壤、水源、饲料、用具和牧场都可传播炭疽病，人多经损伤的皮肤或呼吸道传染。

(3)易感动物。各种家畜、野生动物及人均有不同的易感性，易感性排序一般是，草食畜(马＞牛＞羊＞鹿＞骆驼＞水牛)＞猪＞犬＞猫，人的易感性较低，但仍可导致发病甚至死亡。

(4)流行特点。本病的发生有一定的季节性，多发于6～8月份，常呈地方性流行。夏季天气炎热有利于土壤中的芽孢繁殖，吸血昆虫多，雨水多，江河泛滥及放牧等，容易发生传染，但其他季节如果污染了饲料等也可发生本病。

3. 发病机理

炭疽芽孢侵入易感动物(从消化道、皮肤、呼吸道)→在局部组织生长→然后分4种情况：

(1)抵抗力强(抗体水平高、自身免疫力强)→不发病。

(2)细菌迅速入血→大量繁殖、产生毒素→败血症(突然倒地、天然孔出血)→最急性型(急性死亡且多数无任何临床表现)。

(3)细菌繁殖→产生毒素→局部炎性肿胀→菌血症→脾(显著肿胀变形)→败血症(高热不安、呼吸困难、腹痛、痈肿、血尿、血便)→急性或亚急性型(往往导致死亡)。

(4)颌下、颈、咽、肠系膜等淋巴结或肺部→细菌大量繁殖→炭疽痈→症状不明显→慢性(常见于猪)。

4.症状

潜伏期一般为1～3 d,最长的可达14 d。

各种家畜的共同症状,根据临床上的病程不同可分为3种型:最急性型、急性型、亚急性型。

最急性型:多发于炭疽病流行初期。病畜突然发病,全身战栗,呼吸困难,走路摇晃,迅速倒地,昏迷、可视黏膜呈蓝紫色,在濒死期和死后可见口鼻流出血样泡沫,肛门及阴道流出不凝固的血液,有的牛不表现任何临床症状,在放牧、使役(运动)及圈舍中突然死亡。

急性型:此型最为常见。体温高达40～42℃,精神沉郁,食欲减退或废绝,瞳孔散大,恶寒战栗,心悸亢进,脉搏快而弱,呼吸困难,可视黏膜呈蓝紫色,并有小出血点,初便秘,后泻带血,尿暗红色,有的混有血液,母牛泌乳停止,怀孕牛流产,濒死期体温急速下降,呼吸高度困难,一般经1～2 d死亡。

亚急性型:症状与急性型基本相似,但病程较长,一般为2～5 d死亡。病牛常在颈部、胸前、腹下及直肠、口腔黏膜等处出现炭疽痈,肿胀迅速增大,发病初期患部硬有热痛,后逐渐变冷无痛,最后中央部坏死,有的形成溃疡。肠黏膜有炭疽痈时,往往出现腹痛症状。

牛多呈急性经过,一般症状较轻,虽有高热,但还能采食和作业,常在使役、放牧或休息时突然死亡。在濒死期和死后可见口鼻流出血样泡沫,肛门及阴道流出不凝固的血液,重的尿中带血,一般10～36 h死亡。

5.病理变化

炭疽尸体一般迅速腐败,腹围迅速增大,且显著肿胀;不出现尸僵或尸僵不全,天然孔流出暗红色、凝固不良的血液,可视黏膜呈蓝紫色,并多有小出血点,血液呈暗红色乃至黑色,凝固不良,黏稠如煤焦油样。皮下、肌间、浆膜下(胸膜、肠系膜)、肾周围的结缔组织、咽喉部等处有黄色胶样浸润并有出血点。浆膜、黏膜、肌间有较多的出血点。脾脏显著的急性肿大,增至正常的2～5倍,包膜紧张,易破碎,脾髓呈暗红色,软化如泥状或糊状。心、肝、肾充血肿胀,质软而脆。肺及呼吸道黏膜充血水肿。全身淋巴结肿大,呈黑红色,切面湿润呈褐红色并有出血点。

6.诊断

炭疽的诊断方法较多,根据临床、流行病学及病理学、细菌学、血清学等。

细菌学诊断:①镜检:生前采静脉血、死后采耳尖血涂片,自然干燥后,用甲醛龙胆紫液染色5～15 s(或用荚膜染色法、美蓝染色法、革兰染色法都可以),镜下可见短链,竹节状带荚膜的大杆菌。但死后12 h的病畜血液中很难找到完整的细菌,所以此法只适用于生前或死亡时间较短的疫畜。②培养:新鲜病料接种普通琼脂平板上,37℃培养18～24 h,观察菌落生长情况及形态(菌落呈不透明、灰白色、干燥、表面粗糙、边缘不整齐的火焰状,低倍镜观察,可见有卷发状结构,若每毫升培养基中加10～100 IU的青霉素则可出现串珠状)。

血清学诊断:环状沉淀试验(又称 Ascoli 反应):这是一种简单、快速、检出率和准确率都很高的方法,无论陈旧还是新鲜的病料均可采用此方法,也是国家规定的确诊方法(方法略)。

7. 防制措施

在经常或近几年内曾发生炭疽病地区的易感动物,每年应作预防接种。发生该病时,应立即上报疫情,划疫区,封锁发病场所,实施一系列防疫措施。病畜隔离治疗,可疑者用药物防治,假定健康群应紧急免疫接种。

治疗:如发现及时诊断准确,用炭疽血清、抗菌素治疗(青霉素和链霉素)及磺胺类药物均能收到良好疗效。

7.2.3 布氏杆菌病

本病是由布鲁氏杆菌引起的人、畜共患的一种慢性传染病。其特征主要是侵害生殖系统,妊娠母畜发生流产、公畜发生睾丸炎,人的发病症状与动物相似并伴有关节炎、波浪热等。布氏杆菌可分为 6 种型,我国流行的有牛型、羊型和猪型。

1. 病因

本病的传染源是病畜、带菌动物(包括野生动物)及患该病的人。最危险的传染源是受感染的妊娠母畜,其流产后的胎儿、阴道分泌物以及乳汁中都含有布氏杆菌。

2. 传播途径

本病的主要传播途径主要是消化道,其次是经皮肤感染,吸血昆虫可以传播本病,也可从呼吸道和交配而感染。

3. 临床症状

潜伏期一般 2 周至 6 个月。母牛最显著的症状是流产,通常发生在怀孕后的 5～7 个月。流产前一般体温不高,外阴和阴道黏膜潮红肿胀,流出淡褐色或黄红色黏液,乳房肿胀,继而流产;胎儿多为死胎,过半患牛发生胎衣停滞或子宫内膜炎,常继续排出污灰色或棕红色分泌液,有时恶臭,分泌物至 1～2 周后消失;有关节炎和跛行。牛的易感性是随其生长发育接近性成熟年龄而增高,疫区内大多数初产牛流产较多,再配种后则能正常分娩,但也有连续几胎流产的。性别对易感性并无显著差异,从发病情况看,公牛抵抗力一般高于母牛。

4. 防制措施

应当着重体现“预防为主”的原则。牛群 1 年 1 次布氏杆菌病的监测,对流产母牛和胎儿进行诊断监测,一经发现,即应淘汰,流产胎儿要无害化处理,不能随意丢弃,母牛生活及污染过的地方要严格消毒。消灭布氏杆菌病的措施是定时检疫监测、引进畜时隔离、控制传染源、切断传播途径、培养健康牛群及主动免疫接种。本病流行地区,定期检疫监测和疫苗免疫接种是预防和控制本病的最有效措施。消毒药液可用 3%石碳酸、3%来苏儿及 3%克辽林等。

7.2.4 结核病

结核病是由结核分枝杆菌所引起的多种家畜、家禽、野生动物及人的一种慢性传染病。其病理特点是在多种组织器官形成肉芽肿、干酪样坏死和钙化结节病变。结核分枝杆菌主要有

3种型,即牛型、人型和禽型。本病一年四季都可发生。用牛提纯结核菌素作变态反应,对牛群进行检疫监测,是诊断和净化本病的主要方法。

1.病因

牛结核病主要由牛型结核分枝杆菌所致,也可由人型结核分杆菌引起。结核病患畜及患本病的人是主要的传染源,特别是患畜通过各种途径,向外排菌的开放性结核病患畜。本病主要通过呼吸道和消化道感染,交配也可感染。

2.临床症状

本病潜伏期长短不一,短者10~45 d,长的数月甚至数年。牛常发生肺部的结核,病初食欲、反刍无变化,但易疲劳,常发短而干的咳嗽,随后咳嗽加重,胸部听诊可听到摩擦音(初期有湿啰音,逐渐转化为干啰音)。多数病牛乳房常被感染侵害(乳房结核),见乳房上淋巴结肿大、无热无痛,泌乳量减少,严重时乳汁呈水样稀薄。肠道结核多见于犊牛,表现消化不良,食欲不振,顽固性下痢,迅速消瘦;生殖器官结核,可见性机能紊乱,孕畜流产,公畜睾丸肿大,阴茎前部可发生结节,糜烂等。中枢神经系统主要是脑与脑膜发生结核性病变,压迫大脑,常引起神经症状,如癫痫样发作,运动障碍等。还可见浆膜结核和严重时的全身性结核。肠道结核时,便秘下痢交替或持续性下痢。

3.防制措施

主要采取综合性防制措施,防止疫病传入,净化污染牛群,培育健康牛群(无结核病畜群),平时加强防疫、检疫监测和消毒措施。每年春秋2季定期进行结核病检疫监测。被污染牛群,反复进行多次检疫,一旦发现阳性牛只,均作淘汰处理。犊牛应分别在出生后1个月、6个月、9个月时进行3次检疫,同时加强消毒工作。消毒选用70%酒精、10%漂白粉、3%甲醛等。

7.2.5 牛巴氏杆菌病

牛巴氏杆菌病又称牛出血性败血症(简称牛出败),是一种由多杀性巴氏杆菌引起的,多种动物共患的一种急性、败血性传染病。本病以高热、肺炎、急性胃肠炎以及内脏器官广泛出血为特征,犊牛多发且症状较重。

1.传染源及传播途径

病畜和带菌动物是本病的主要传染源,尤其是健康带菌和病愈后带菌的动物更具有危险性(因为其排菌一般不被重视,感染健康牛的几率反而加大),抵抗力下降时,也可能从内源性感染。本病通过直接接触,也可通过被污染的草料、牛床间接接触而传播,其次为呼吸道、受损的皮肤以及吸血昆虫叮咬而感染。本病可发生于各种年龄、不同品种的牛,水牛的易感性更高。该病一年四季均可发生,常见于春、秋两季。畜体抵抗力下降时可引起、促进本病发生,一般呈散发或地方性流行,热带地区比温带地区多发。

2.临床症状

潜伏期1~7 d,多数为2~5 d。最急性型(败血型)病例,通常无临床症状,突然倒地死亡。症状稍轻的有高热、精神委靡或丧失、反刍停止、流涎、流泪、流浆液性鼻液;下颌、颈部的肿胀蔓延至胸前、前肢(水肿型);咳嗽、呼吸急迫、继而呼吸困难、卧地不起、体温下降导致死亡(肺炎型)。从发病到死亡,约数小时到2 d,水牛多呈败血性,牦牛以水肿型常见。

3. 防制措施

(1)防制。对本病常发生地区,可以定期给牛免疫注射巴氏杆菌病菌苗。对发病地区,除重视对病畜的隔离、治疗外,要加强对环境、圈舍、场地、用具等消毒工作。加强饲养管理,增强畜体抵抗力,避免各种应激,可以减少本病的发生。

(2)治疗。以抗菌消炎、抑制渗出、强心补液、对症治疗为原则。早期治疗一般效果较好。犊牛用高免血清或磺胺类药物治疗,效果良好,两者同时应用效果更佳。严重病例,加用抗菌药物,如青霉素、链霉素等。补液主要是静脉注射5%葡萄糖生理盐水、生理盐水、维生素C及适量安钠咖强心,10%葡萄糖液体,5%碳酸氢钠液以防止酸中毒。

7.2.6 牛沙门氏菌病

牛沙门氏菌病又称牛副伤寒,是由沙门氏菌属细菌引起的畜禽及人共患的传染病,临床上以病畜毒血症、败血症或胃肠炎(严重的下痢)、孕畜流产为特征,在世界各地均有发生。

1. 病因

病畜和带菌畜是本病的传染源,由患畜粪便、尿液、乳汁及流产胎儿等中的沙门氏菌污染草料和饮水,通过消化道感染,其次经呼吸道感染,亦可通过病畜与健康畜的交配或用病畜污染精液人工授精而感染。本病往往是其他疾病的继发感染或并发症。

2. 临床症状

牛沙门氏菌病主要症状是下痢。犊牛多发且往往呈流行性发生,出生20 d后大批发病,体温40～42℃,精神沉郁,食欲废绝,呼吸加快,脉搏增速,排灰黄色液状粪便,恶臭,混有黏液和血液,最后脱水而死。成年牛呈散发性,体温升高,精神高度沉郁,食欲废绝,呼吸困难,继而下痢,粪便带血和纤维素碎片,恶臭,脱水,怀孕母牛多流产。

3. 防制措施

(1)综合防制措施。加强牛的饲养管理,保持圈舍清洁卫生,定期消毒;犊牛出生后应及时吃足初乳,注意产房卫生和保暖;发现病畜应及时隔离、治疗(参照上述“平时预防措施”)。

(2)治疗。抗菌消炎,防止菌血症及毒素引起的休克,强心补液。可选庆大霉素、卡那霉素、氨苄青霉素及磺胺嘧啶等都有较好疗效(强心补液可参照犊牛大肠杆菌病)。

7.2.7 牛传染性胸膜肺炎(牛肺疫)

牛传染性胸膜肺炎是由牛丝菌霉形体引起的,一种危害严重的传染病。其特征主要是呈现纤维素性肺炎和胸膜肺炎症状。常呈现亚急性或慢性经过。本菌对热的抵抗力较弱,日光和干燥均可迅速将其致死。0.25%来苏儿、0.1%升汞、2%石碳酸、5%漂白粉和1%～2%氢氧化钠液,均能迅速将其杀死。“914”和链霉素,都能抑制本菌生长,而青霉素效果不好。

1. 传染源

病畜是本病的传染源。病原微生物主要存在于病畜的肺组织、胸腔渗出液和气管分泌物中,从呼吸道排出体外污染环境而引起其他动物发病。

2. 传播途径及易感动物

主要是由于直接接触,是通过被病原微生物污染的空气飞沫经呼吸道而传染,这是很早就为人们所熟知的，但病牛还能从尿中排菌，污染草料及环境，使牛经消化道而传染。

易感动物：主要侵害黄牛、奶牛、牦牛和犏牛，羊和骆驼多不感染。在本病常发地区，多为慢性或急性传染，呈散发；在新疫区的牛，不论任何品种都可100%感染此病。其发病率和致死率与牛的年龄因素有关，幼龄牛和老龄牛的易感性高，成牛抵抗性强。

3. 症状和病变

潜伏期一般为2～4周，最短的为1周，最长的可达1个月之久。病初，症状不明显，只出现轻微的全身反应，精神不振，食欲减退，被毛粗乱，泌乳量降低，有时体温升高。运动时发生干而短的弱咳，往往易被忽视。随着病程的发展，症状逐渐明显，按其经过不同可分为急性和慢性两型。①急性型：主要呈急性胸膜肺炎症状。病牛体温升高到40～42℃，呈稽留热。鼻孔扩大，前肢张开，呼吸困难，往往发"吭"声，按压肋间，有疼痛表现，病牛不愿卧下，呈腹式呼吸，常发弱痛咳。有时流浆液性或脓性鼻液（常呈铁锈色）。如果肺的病变面积变大，或有大量的胸腔积液时，胸部叩诊，呈浊音或水平浊音，该部听诊，肺泡音减弱或消失，可听到啰音、支气管呼吸音，常有胸膜摩擦音。病的后期，心脏衰弱，胸前、腹下和肉垂发生水肿，可视黏膜呈蓝紫色。消化机能障碍，反刍迟缓或停止，常有慢性臌胀，或腹泻、便秘交替发生。乳牛则完全停止泌乳。病牛迅速消瘦，多因窒息而死亡。②慢性型：大多数由急性转来，少数病例从一开始就取慢性经过。病牛消瘦，常发生短咳，胸部听诊、叩诊不如急性明显。运动能力降低，食欲时好时坏。这种病畜在良好护理及妥善治疗下，可以逐渐恢复，但成为带菌者；若病变区域广泛，则病畜日益衰竭，预后不良。

病理变化：牛肺疫病理解剖具有特征性变化。主要病理变化在肺脏和胸腔。初期，以小叶性支气管肺炎为特征，肺炎灶充血、水肿，呈鲜红色或紫红色。中期，呈纤维素性肺炎和浆液性纤维素性胸膜炎变化；肺实质往往同时见到不同时期的肝变，红色与灰白色互相掺杂，外观似大理石样；肺间质水肿、增宽，呈灰白色，淋巴管高度扩张，也可看到病死灶；胸膜增厚，有纤维素性附着物，胸腔积液，内杂有纤维蛋白凝块。后期，肺部病灶坏死，被结缔组织包围，有的结缔组织崩解（液化），形成脓腔或空洞，有的病灶全部疤痕化；胸膜肥厚，肺、胸膜和肋骨互相粘连。肺门淋巴结和纵膈淋巴结肿大、出血。

4. 治疗

早起治疗可以得到临床治愈，病牛症状消失，肺部病灶被结缔组织包围。但是这种病灶较难迅速消散，所以治愈的牛仍长期带菌，应继续隔离饲养，以防传染。

治疗：用"914"治疗，黄牛（包括奶牛）用3～4 g（按牛100 kg体重，用1 g计算），溶于5%葡萄糖溶液或生理盐水50～500 mL中，一次静脉注射，间隔4～7 d，用同剂量重复注射1次或2次。疗效可达80%左右治愈。

链霉素、土霉素和泰乐霉素均有效，但症状消失后多为带菌牛。此外还应根据病情，施行强心、利尿、健胃等对症治疗。

中药治疗：牛患病初期应用清肺热、祛痰、止咳、镇痛药物治疗，有一定的疗效。

处方：郁金25 g，当归25 g，制乳香19 g，制没药19 g，延胡索19 g，连翘25 g，黄芩19 g，牡丹皮19 g，花粉19 g，贝母19 g，青皮19 g，白芍19 g，柴胡12 g，甘草9 g，共研为细末，用开水冲，候温灌服。每天1付，连用5～6付。加减：出现胸水去柴胡、甘草、花粉，加泽泻、猪苓、木通各19 g；心脏衰竭时，减去郁金、黄芩，加入党参31 g；久病体虚无力而消瘦时，减去郁金、黄芩、花粉、柴胡、青皮，加入党参25 g、黄芪31 g、白术19 g。

5.防疫措施

(1)在非疫区,做到不从疫区买牛,已购买的牛,要隔离观察1个月后,确认健康,方可混群饲养。

(2)在牛肺疫的地区,每年定期注射牛肺疫菌苗,连续注射2～3年。

(3)在暴发牛肺疫的地区,要通过临床检查,同时采血送检,以便及时检出病牛,加以隔离、治疗或扑杀。饲养管理用具、牛舍等用漂白粉、氢氧化钠等消毒。

7.2.8 犊牛大肠杆菌病

1.病因

大肠杆菌病又称大肠杆菌性腹泻(或犊牛白痢),是由致病性大肠杆菌引起的一种新生幼畜的急性传染病。本病特征为败血症和严重腹泻、脱水,引起犊牛大量死亡或发育不良。传染源主要是病畜和能排出致病性大肠杆菌的带菌动物,通过消化道、脐带或产道传播,多见于2～3周犊牛,尤其2～3日龄犊牛最易感,成年牛为慢性经过或带菌者。本病多见于冬春季节,呈地方流行性或散发性。

2.临床症状

本病潜伏期很短,仅为数小时,常以败血型、肠毒血型、肠型的形式出现。败血型:常见于出生后至7日龄没有吃过初乳的犊牛,病犊体温升高到40℃左右,精神委顿,腹泻,拉水样稀便,突然死亡。肠毒血症:见于生后7 d内吃过初乳的犊牛,病犊肠道内大肠杆菌大量繁殖,产生毒素,进入犊牛血液,引起突然死亡。肠型:见于7～10日龄吃过母乳的犊牛,病犊体温升高到39.5～40℃,食欲减少,喜卧,水样下痢,粪便开始为黄色,后变为灰白色,混有凝乳块,血丝或气泡,病后期,大便失禁,体温正常或下降,脱水而死亡。病程稍长的病犊出现肺炎、关节炎、脑炎症状。成年牛引起急性乳房炎症状。

3.防制措施

(1)综防措施。对初生幼畜注射大肠杆菌高免血清;对孕畜要供给充足的蛋白质、维生素和矿物质;保持圈舍干燥,清洁卫生;分娩前要将产房进行消毒,母畜乳房洗净;初生幼畜1 h内要吃到初乳;发病牛要及时隔离和治疗(主要参照上述“平时预防措施”)。

(2)治疗。治疗原则为抗菌消炎、强心补液、调节胃肠机能。抗菌主要是用庆大霉素、卡那霉素、磺胺类药物。补液主要是静脉滴注生理盐水或葡萄糖生理盐水,必要时加入碳酸氢钠防止酸中毒,若不具备静脉注射技术,可用口服补液盐饮水或灌服。调节胃肠机能主要是指病初对体质强壮的牛犊投服泻盐,因为前期粪便中的含菌量大,肠道内腐败发酵的产物多,粪便很臭,需要缓泻,使胃肠内大肠杆菌及毒素等内容物排出,此后投服收敛药止泻和健胃药以促进胃肠道恢复功能。

7.3 牛常见寄生虫病的防治

在自然界中,两种生物在一起生活的现象是很普遍,是生物长期进化过程中逐渐形成的,它们相互依赖,彼此受益,称之为共生;而当一方受益,另一方受害,受益的动物性生物就称为寄生虫;寄生虫病的感染与流行必须具备的3个基本环节是:感染来源、感染途径和易感动物,切断其中任何一个环节,就可以从根本上防止寄生虫病的发生与流行。

感染来源通常是指寄生有某种寄生虫的病畜、带虫宿主等为主,病原体(虫体、幼虫、虫卵)通过粪便、尿液、痰液、血液及其他排泄物、分泌物不断排出体外,污染环境而致。

感染途径是指从感染来源感染给易感动物所必须经过的途径。主要有:①经口感染;②经皮肤感染;③经动物感染(如昆虫等);④接触感染;⑤胎盘感染;⑥自身感染等。

易感动物通常是指一种动物只对一定种类的寄生虫有易感性,如猪只感染猪蛔虫而不感染马蛔虫,但也有多种动物对同一种寄生虫有易感性,如人、马、牛、羊均可感染日本血吸虫。动物对寄生虫的易感性常受年龄、品种、体质的影响。

7.3.1 牛寄生虫病的诊断要领和防治原则

寄生虫常寄生于动物肠道、组织和血液内,消耗动物营养,使动物不能安静和很好的休息,损伤局部组织,释放毒素等给动物带来严重的伤害,甚至导致死亡,给养殖业带来严重危害,因此我们要给予足够的重视。

1.寄生虫病的诊断要领

寄生虫病的诊断和其他疾病一样,应根据患畜临床症状的搜集和分析,因此,寄生虫病的诊断应着重于流行病学材料的调查研究和通过实验诊断的手段,查出虫卵、幼虫或虫体等以建立生前诊断。必要时辅以尸体剖检,建立死后诊断。

(1)临床诊断。详细观察症状,分析病因。有些寄生虫病在临床观察之中就可以发现病原体而建立诊断。如体外寄生虫(蜱、螨等),使皮肤粗糙、增生、发炎及脱毛等,可从粪便中发现虫体。

(2)流行病学材料的分析。全面了解病畜的生活环境、使役(运动)情况、发病季节、流行状况、传播者的活动规律等,详细地了解和分析有关的材料,常能对正确的诊断提供重要依据。

(3)实验室诊断。从各种病料中查出病原体(虫卵、幼虫或成虫)是诊断寄生虫病的重要手段,这种诊断包括粪、尿、血液以及病发部位的分泌物和病变器官、组织检查等。必要时采取病料接种实验动物,然后从实验动物体内检查虫体,有时借助尸体剖检发现特殊病变及虫体而建立诊断。

(4)诊断性驱虫。有些寄生虫病在患畜粪、尿及其他病料中没有虫体、虫卵存在,或数量很少难以检出,影响诊断,而流行病学材料及临床症状又有若干疑点,此时可采用针对某些寄生虫的特效驱虫药进行驱虫试验,等患畜排出虫体时进行检查鉴定而达到确诊。

(5)剖检检查。剖检检查最容易获得蠕虫病正确的诊断结果,通常是应用全身性蠕虫学剖检以确定寄生虫的种类和数量作为确定诊断的依据。此外,还可以根据宿主的病理变化来判断感染寄生虫的种类和程度。

2.寄生虫病的预防原则

预防寄生虫病是关系到人畜健康和养殖效益的一件大事。寄生虫病的流行情况,是外界环境状况的一种反映,消化道寄生虫的蔓延,是卫生状况低下;囊尾蚴病、旋毛虫病和棘球蚴病的流行时生活状况差,缺乏良好的卫生习惯和多方面欠缺管理制度的表现;若干个媒介传播的疾病的流行,常常说明圈舍所处条件不良造成的。

由于寄生虫的种类繁多,各有不同的生物学特性,又因宿主的饲养管理、地区分布不同,因此预防家畜寄生虫病是一项极其复杂的工作。但不管情况如何千变万化，首要的是贯彻“预防为主、防重于治”的方针。在制订措施时，要紧抓住造成寄生虫病流行的3个基本环节。

(1)控制和消灭传染来源。一方面要及时治疗病畜，驱除杀灭其体内或体表的寄生虫，同时防止治疗过程中扩散病原。另一方面要根据寄生虫的生长发育变化的规律，有计划地进行定期的预防性驱虫，某些蠕虫可根据流行病学材料，选择虫体进入宿主体内还没有发育到成虫阶段的时机及时驱虫，这样既可以减轻动物体的损伤，又能防止外界环境的污染。对某些寄生虫病应当查明带虫动物，采取治疗、隔离检疫等措施，防止病原的散布。此外，对那些保虫宿主、贮藏宿主也要采取有效的防制措施。

(2)切断传播途径。家畜通常是在圈舍、牧地生活，由于采食、互相接触或经吸血昆虫的叮咬而感染各种寄生虫病。为了减少或消除感染的机会，要注重搞好圈舍及环境卫生，特别注意妥善处理粪便(如高温堆肥等就是最简单有效地杀灭其中虫卵、虫体的最常用方法)，杀虫灭鼠，保护水源，改良牧地和圈舍环境。那些需要中间宿主的寄生虫，要设法避免终宿主与中间宿主接触、消灭中间宿主及破坏中间宿主滋生地。如预防日本血吸虫病，要避免在有钉螺的水网草滩放牧，开展灭螺的活动。

(3)保护易感动物。搞好日常的饲养管理，增强家畜的体质，提高它们的抗病能力，这是预防工作的重要任务。对于某些寄生虫病可在必要时采用杀虫药物，动物定期驱虫，对于一些卓有成效的寄生虫虫苗，可通过人工接种产生免疫力而达到免疫预防的目的。

3.寄生虫病的治疗(驱虫)原则

家畜寄生虫病确诊后，应根据病情和病畜的体质制订治疗方案。采取特效药物驱虫和对症治疗相结合的原则。因为寄生虫病患畜体质较虚弱，所以在治疗时必须考虑患畜的全身情况和对药物的耐受程度。

选择驱虫药物时，要从高效、低毒、低残留、广谱、价廉以及使用方便几个方面考虑。也可以将两种或两种以上的驱虫药联合使用，从而扩大驱虫效果和范围。

治疗过程中还应当对病畜加强护理和观察，给以足够的恢复时间。在治疗前后，最好先进行寄生虫检查鉴定，以判断用药种类和驱虫效果。使用驱虫药物要求剂量准确，投药后的一定时间内要注意观察病情，及时解救出现严重副作用的病畜。使用驱虫药时，事先要禁饲，并且要让病畜停留在指定场所，以便及时收集排出的粪便和虫体，加以适当处理，以防止散布病原。在进行大规模驱虫工作之前，必须先进行小群试验，取得经验并肯定药效和安全性得以验证之后，再开展全群的驱虫工作。

7.3.2 肝片吸虫病(肝蛭病)

肝片吸虫病是由肝片形吸虫或大片形吸虫引起的，严重危害反刍动物的一种寄生虫病，是世界和我国各地普遍存在，而且感染率高，致病力强，危害严重，寄生于反刍动物肝脏胆管的寄生虫病。临床特征是营养障碍和中毒所引起的慢性消瘦和衰竭，病理特征是慢性胆管炎及肝炎。

1.病因和机理

该病寄生虫的终末宿主为反刍动物，中间宿主为椎实螺。患畜粪便中的虫卵在水中发育成毛蚴，一个毛蚴进入螺体就能发育繁殖成成百上千的尾蚴，离开螺体后，在水中进一步发育成囊蚴，牛吃了被囊蚴污染的草或饮水时，囊蚴的包膜在胃肠内经消化液溶解后致幼虫钻入小肠壁，随门静脉入肝或穿透肠壁到腹腔经肝表面入肝后，幼虫由肝实质入胆管，幼虫在胆管内经2～4个月发育成为成虫，以肝脏为食，其卵随胆汁进入肠道由粪便排出污染环境。成虫寄生寿命3～5年。

2. 症状

患肝片吸虫的牛，其临床表现与虫体数量、宿主体质、年龄、饲养管理条件等有关。当牛体抵抗力弱又遭大量虫体寄生时，症状较明显。急性症状多发生于犊牛，表现为精神沉郁、食欲减退或消失、体温升高、贫血、黄疸等，严重者常在3～5 d内死亡。慢性症状常发生在成年牛，主要表现为贫血、黏膜苍白、眼睑及体躯下垂部位发生水肿，被毛粗乱无光泽，食欲减退或消失，肠炎等，往往死于恶病质。

3. 防治措施

定期驱虫，消灭中间宿主(用氨水或茶籽饼泼洒水田等)，不在被螺污染的水源和低洼地饮水放牧，粪便堆积发酵以杀死虫卵。

治疗：①硫双二氯酚(别丁)，按40～60 mg/kg体重，配成悬浮液口服，其副作用为患牛轻度腹泻，1～4 d会自行恢复。②硝氯酚(拜耳9015)，按3～7 mg/kg体重，一次口服，对成虫有效。③三氯苯咪唑(肝蛭净)，按12 mg/kg体重，一次口服，该药对成虫和幼虫均有效。④丙硫咪唑，按15 mg/kg内服，对成虫效果好。

7.3.3 血吸虫病

血吸虫病主要是由日本血吸虫(日本分体吸虫)所引起的，寄生在动物血管内的一种人畜共患血液吸虫病。主要寄生在肠系膜静脉系统的小血管内，牛感染率最高，病变也较明显。主要症状为贫血、营养不良和发育障碍。传染来源主要是带虫的人、家畜、野生动物及污染的草场水源等。我国主要发生在长江流域及南方地区，北方地区少有发生。虫卵随粪便排出体外，在水中形成毛蚴，侵入中间宿主钉螺体内发育成尾蚴，从螺体中逸出进入水中。可经口或皮肤而感染，寄生在血管中以血液为食，危害十分严重。

1. 病因

与肝片吸虫相似，只是血吸虫寄生于血管内。

2. 症状

本病犊牛及3岁以下牛反应较成牛重。急性病牛，主要表现为体温升高到40℃以上，呈不规则的间歇热，精神委顿，离群呆立，卧地不起，可因严重的贫血致全身衰竭而死。常见的多为慢性病例，病牛仅见消化不良，发育迟缓，腹泻及便血，逐渐消瘦。若饲养管理条件较好，则症状不明显，常成为带虫者。母牛多有不孕或流产。

3. 防治措施

搞好血吸虫病的预防要采取综合防治措施：根治患畜，搞好粪便管理，牛粪是感染本病的根源，因此，把粪便集中起来，进行无害化处理，如堆积发酵等，以杀死虫卵。管好水源，改变饲养管理方式，在有血吸虫病流行的地区，牛饮用水必须选择无螺水源，以避免有尾蚴侵袭而感染，放牧远离低洼处，消灭中间宿主——钉螺。

治疗：用吡喹酮，按30～40 mg/kg体重，一次口服，能取得良好疗效。对本病有效的药物还有血防846、硝硫氰胺等。

7.3.4 牛绦虫病

本病是由莫尼茨绦虫、曲子宫绦虫及无卵黄腺绦虫等引起的，寄生在牛消化道以及其幼虫寄生于各组织器官的一类寄生虫病。绦虫背腹扁平，左右对称，呈白色或乳白色、不透明的带状虫体。其中莫尼茨绦虫危害最为严重，常可引起病牛死亡。由于绦虫种类多，生物学特性各异，分布广泛，对畜禽危害很严重，甚至危害人类健康，所以对该病应采用有效的防控措施。绦虫雌雄同体，成熟的体节或虫卵随粪便排出体外，被地螨吞食，六钩蚴从卵内逸出，并发育成为侵袭性的似囊尾蚴，牛吞食含囊尾蚴的地螨（绦虫的中间宿主）而被感染。

1. 病因和机理

粪便中的虫卵（虫体孕卵体节）→地螨吞食→发育成似囊尾蚴（感染性幼虫）→牛吞食地螨虫→感染→似囊尾蚴逸出→在肠道发育→成虫→从粪便排出虫卵。在胃肠道中从机械性刺激、夺取营养和排出毒素等方面对动物机体造成伤害。

2. 症状

莫尼茨绦虫主要感染生后数月的犊牛，以 6、7 月份发病最为严重。曲子宫绦虫不分犊牛还是成年牛均可感染，无卵黄腺绦虫常感染成年牛。严重感染时表现精神不振，有的伴有神经症状，腹痛腹泻，粪便中混有成熟的节片，病牛迅速衰弱，消瘦，贫血，虫体使肠道变窄甚至阻塞，腹围增大，腹痛，食欲减退，腹泻，最后引起全身衰竭死亡。

预防措施：对病牛粪便集中进行无害化处理，然后才能用作肥料。采用翻耕土地、更新牧地等方法消灭地螨。及时确诊并早期治愈患牛，定期和预防性驱虫。

3. 治疗

①硫双二氯酚，按 40～60 mg/kg 体重，一次口服，内服后 4～5 h 多有下痢，一般 2～3 d 恢复，有腹泻的牛用药后可能死亡，因此应减量分次内服。②丙硫苯咪唑，按 7～20 mg/kg 体重，用水稀释成 1%的液体，一次口服。③氯硝柳胺（灭绦灵），按 60～70 mg/kg 体重，用水稀释成 10%的液体，一次口服。

7.3.5 牛囊尾蚴病（绦虫蚴病）

1. 病因

囊尾蚴（即绦虫幼虫）病是由绦虫的幼虫寄生于家畜及人体引起疾病的总称，其结果是往往比患绦虫（成虫）病更严重，它常寄生在动物脏器的实质内，可导致死亡，在食品卫生学上有重要意义。绦虫的幼虫阶段（牛囊尾蚴）寄生在牛体咬肌、舌肌、心肌、膈肌，严重时全身肌肉都可发现虫体。人食用未煮熟或生的含有囊尾蚴的牛肉及其制品就会被感染。囊虫进入人体消化道后，约经 3 个月发育为成虫，含卵节片随粪便排到外界环境中去。牛吞食被污染的饲料或饮水后被感染，虫卵到达牛的胃肠道后，钻入肠黏膜血管，随血流散布并寄生于牛体各部肌肉组织。

2. 症状

一般不出现症状，只有当牛受到严重感染时才表现症状，病初体温升高到 40℃以上，虚弱，下痢，短时间的食欲减退，喜卧，呼吸急促，心跳加快。在触诊四肢、背部和腹部肌肉时，病牛感到不安。黏膜苍白，带黄疸色，开始消瘦。

3. 防治措施

预防：采取综合性预防措施，严格执行动物卫生检疫制度，严禁将动物的患病器官用来喂犬。

常用的药物有：在投药前须停食 12～18 h，但应保证充足的饮水；氢溴酸槟榔碱，按 2 mg/kg 体重，一次口服，具有好的疗效；吡喹酮，按 50 mg/kg 体重剂量，每天 1 次，连用 2～3 d，重症感染应少剂量分次给药，以免发生意外；丙硫咪唑，按 20 mg/kg 体重，隔 48 h 一次，连服3 次，效果较好。

7.3.6 消化道线虫病

1. 病因

寄生于牛消化道内的线虫种类很多，它们往往以不同的种类和数量同时或单独寄生在牛的胃肠道，对牛的危害很大。本类病在全国各地均有不同程度的流行。引起牛消化道线虫病的病原较多，主要有捻转血毛线虫，仰口线虫，食道口线虫，夏伯特线虫等。

2. 症状

主要表现为牛体消瘦，食欲减退，胃肠道炎症，腹痛，黏膜苍白，贫血，下颌间隙水肿，胃肠道发炎，腹泻，感染严重时甚至可引起肠道阻塞。严重的病例如不及时进行治疗，则发生死亡。

3. 防治措施

本病的预防参照寄生虫病的常用预防方法。

治疗：盐酸左旋咪唑，按 7.5 mg/kg 体重，一次口服或注射。②丙硫咪唑，按 20 mg/kg 体重，一次口服。③伊维菌素，按每 0.2 mg/kg 体重，皮下一次注射。

7.3.7 牛球虫病

1. 病因

牛球虫病是由艾美耳属的几种球虫寄生于牛肠道引起的以急性肠炎、血痢等为特征的寄生虫病。球虫是细胞内寄生虫，通常寄生于肠道上皮细胞内，有的则在胆管或肾脏上皮细胞内。在温暖潮湿的环境易发球虫病，多发生于犊牛，2 岁以下的牛发病率、死亡率均较高。

2. 症状

潜伏期为 2～3 周，犊牛一般为急性经过，病程为 10～15 d。患病初期牛精神稍差，食少，但体温、脉搏、呼吸均正常，粪便带有鲜红血液和凝血块，当牛球虫寄生在大肠上皮细胞内繁殖时，肠黏膜上皮大量被破坏脱落，黏膜出血并形成溃疡，这时在临床上表现为出血性肠炎、腹痛，血便中常带有黏膜碎片，粪便恶臭。约 1 周后，肠蠕动增强、下痢，多因营养及体液过度消耗而死亡。慢性病例，则表现为长期下痢、贫血，最终因极度消瘦衰弱而死亡。

3. 防治措施

(1)预防。犊牛与成年牛分群饲养，以免球虫卵囊污染犊牛的草料和环境。舍饲牛的粪便和垫草需集中消毒或生物热堆肥发酵。保存圈舍干净、干燥。在发病时可用 3%～5%克辽林等对牛舍、饲槽消毒，每周 1 次。

(2)治疗。①氨丙啉，按 20～25 mg/kg 体重，一次内服，连用 4～5 d。②磺胺二甲嘧啶，犊牛 100 mg/kg 体重内服，连用 2 d，配合使用酞磺胺噻唑，前者抑制球虫繁殖，后者预防继发感染。③盐霉素，按每天 2 mg/kg 体重，连用 7 d。

7.3.8 梨形虫病

1. 病因

梨形虫病主要包括双芽巴贝斯虫病、巴贝斯虫病、环形泰氏梨形虫病，也称焦虫病或巴贝斯虫病。主要寄生在牛血液中的红细胞内，危害性很大，死亡率高。蜱是梨形虫病的传播者。

2. 症状

主要特征是高热(40～42℃、呈稽留热)、贫血、黄疸和血红蛋白尿。精神沉郁，呼吸加快，喜卧地，食欲减退或消失，反刍迟缓或停止，便秘腹泻或交替，尿液由淡红变为棕红甚至黑红色，母牛泌乳减少或停止，怀孕母牛常发生流产。一般 2 岁以下的牛发病率高，症状轻微，死亡率低，成年牛发病率低，症状重，死亡率高；临床上常表现为病牛体表淋巴结肿大或出现红色素尿为特征两种类型。

3. 防治措施

预防方法：①灭蜱是预防梨形虫病的关键。②在发病地区，发病季节之前，给牛按 0.2 mg/kg 体重皮下注射伊维菌素做预防，或用贝尼尔、台盼蓝等药物预防注射。③在每年发病前 20～30 d 给牛预防注射牛环形泰勒焦虫裂殖体细胞苗，大牛 2 mL，小牛 1 mL。④不到患病地区购牛，购进或出栏的牛应隔离检疫。

4. 治疗

①贝尼尔(血虫净)，按每 3.5～3.8 mg/kg 体重，配成 5%～10%的水溶液，深部肌肉注射，牛偶有卧地不起，肌肉震颤等副作用，但很快能消失。②阿卡普林(硫酸喹啉脲)，按 0.6～1 mg/kg 体重，配成 5%水溶液，皮下注射，有的牛用药后数分钟出现起卧不安、肌肉震颤、流涎、流汗及呼吸困难等副作用，母牛可能流产，一般几小时消失，严重的可皮下注射阿托品(10 mg/kg 体重)，可迅速解除副作用。③咪唑苯脲，按每 1.5～2 mg/kg 体重，用丙二酸盐配成 5%～10%注射溶液，皮下或肌肉注射。④锥黄素，按每 3～4 mg/kg 体重，配成 0.5%～1%水溶液静脉注射，必要时在 24 h 后重复注射 1 次。

对症治疗。①健胃缓泻：用人工盐、健胃散、碳酸氢钠等加温水灌服。②预防流产：用黄体酮等。③强心补液：樟脑、安钠咖及 5%～10%葡萄糖溶液(或葡萄糖生理盐水)静脉注射。

7.3.9 牛胎毛滴虫病

1. 病因

本病由毛滴虫科毛滴虫属的牛胎毛滴虫引起的，该种原虫主要寄生在母牛的阴道和子宫，公牛的包皮腔、阴茎黏膜及输精管等处。在严重情况下，生殖器官的其他部位也有寄生。母牛怀孕后，在胎儿体内、胎盘和胎液中均有大量的虫体寄生，约经数日至数周即导致胎儿死亡并流产。本病主要以交配传染或通过流产胎儿、阴道排泄物直接接触感染。主要特征是母牛群中引起早期流产、不孕和生殖系统的炎症。

2. 症状

母牛感染虫体后首先是在阴道内子宫(公牛的包皮内、阴茎黏膜及输精管)繁殖，引起黏膜炎症，病初期阴道前庭潮红肿胀，出现小疹块，1～2周后开始有絮状的灰白色分泌物自阴道排出，以后发展为子宫颈和子宫内膜炎，从阴道排出絮片状黏性分泌物，同时在阴道黏膜上出现小丘疹，然后变为粟粒大的结节。患牛空怀不孕，或母牛受孕后8～12周内可发生早期流产，胎儿死亡但不腐败，胎衣包裹完整；可从胎儿胃内、阴道分泌物、胎液及公牛包皮分泌物中通过压片检查（或瑞氏染色，姬姆萨染色），可检查出大量瓜子形或卵圆形虫体。流产2～4周后可能再发情，再次交配后可能受孕也有再次流产的。公牛感染后，包皮肿胀，分泌大量脓性物质，阴茎黏膜有红色小结节，公牛性欲减退或不愿交配。因此该病又可称作牛的"花柳病"。

3. 防治

（1）预防。应加强饲养管理，定期消毒，增强牛机体抵抗力；采用人工授精配种，防止自然交配感染；人工授精所用的器械，必须彻底消毒；在流行区内，应在配种前进行普查，根据检查结果分群饲养。发现病牛立即隔离并积极治疗，待病愈后方可混群饲养。对新引进的牛要进行隔离检疫，以防传入本病。

（2）治疗。对本病的治疗，可采用全身疗法与局部冲洗疗法相结合。在治疗期间，对牛生殖道排泄物、用具及地面、垫草应进行严格消毒。

全身疗法：①甲硝哒唑（灭滴灵）：按10 mg/kg体重配成5%溶液静脉注射，每日1次，连用3 d为1疗程；②0.5%新斯的明溶液：每头牛2 mL，皮下注射，隔日1次，连用3次为1疗程，5 d后再重复1个疗程。

局部冲洗法：冲洗病母牛阴道、子宫、公牛阴茎及包皮的药物有：碘溶液（碘1 g，碘化钾2 g）溶于500 mL蒸馏水、0.1%雷佛奴尔、0.5%硝酸银、0.1%黄色素、5%鱼石脂甘油溶液、2%红汞液、10%甲硝哒唑。可选用任一种药品冲洗病牛的阴道、子宫，冲洗时，要让药液在腔内停留数分钟，使药液与病变组织充分接触，隔日1次，连用2～3次为1疗程，间隔5 d进行下个疗程。25%的大蒜水溶液（或1%的大蒜酒精浸出液）对患部进行冲洗，也能收到满意疗效。

7.4 母牛内科病防治技术

母牛常见普通内科病多是由于在饲养管理过程中不能正确操作，饲养失宜，饲料、饮水品质不良，饲料配合不当或突然更换饲料，饲草过长或过短，含沙土多，精料采食量过多、过细，饲料营养单一或某些微量元素缺乏，维生素缺乏；或是管理失当，过冷或过热，雨淋，曝晒，圈舍内不洁等诸多因素引起。所以对这类疾病主要应抓好日常饲养管理，除去草料中的玻璃、铁丝及塑料等。勤观察、早发现、早治疗，杜绝或减少内科疾病的发生，以保证母牛养殖的健康发展。

7.4.1 口炎

口炎为口腔黏膜或深层组织的炎症。临床上以流涎、口腔黏膜潮红、肿胀甚至溃疡为特征。

1. 病因

①机械性刺激，如饲料粗硬、尖锐性异物、管理粗暴等；②刺激性药物，如误食生石灰、霉变

草料、口服刺激性药物浓度过大等；③某些疫病的继发所致。

2. 症状

往往有采食、咀嚼障碍，流涎较多时才被发现，口腔温度高，黏膜呈充血、发红、肿胀。此外，在牛场内一旦有口腔黏膜溃烂、流涎出现时，应重视对口蹄疫的症状和病理变化相鉴别，后者溃疡面浅表、一般边缘整齐。

3. 防治

首先应查明原因，及时去除病因，加强护理，及时治疗，容易治愈。病畜应给予柔软优质的饲料，同时进行药物治疗：①用2%～3%硼酸液或0.1%高锰酸钾液冲洗口腔；②口腔内患处撒布收敛、消毒、杀菌药如青黛散、西瓜霜、明雄散等；③患处涂碘甘油；④全身体温升高者，用抗生素治疗。

7.4.2 食道梗塞(阻塞)

1. 原因

牛因吞食较大块根类饲料(甘薯、胡萝卜、甜菜等)堵塞食道而发病，临床以突然发生吞咽障碍为特征。

2. 症状

病牛咽下困难、流涎、瘤胃臌胀。常突然发病，有时梗塞在颈部食道时，可在颈部左侧见到硬块，食道前部阻塞可以在颈侧摸到，而胸部阻塞可从食道积满唾液的波动感触摸诊断。食道梗塞应与食道麻痹区别，食道麻痹时，食道内有食物但触诊食道无疼痛，亦无逆蠕动；与瘤胃臌胀区别，单纯臌胀，插胃导管容易，而且插入导管后臌气随即减轻；与咽炎区别，咽炎无食道逆蠕动。

3. 治疗

主要是及时排出食道阻塞物，使之畅通。包括：①5%水合氯醛酒精200～300 mL静脉注射，或静松灵肌肉注射，使食管壁迟缓，多数可治愈。②将阻塞物从口中取出法(将阻塞物向口腔轻而慢地推压，然后一人用手从口腔中取异物，但要保定好牛，应有开口器，避免人畜受伤)。③送入法：在胸部食道的阻塞物，用胃管先将食管积液抽出后，灌入200～300 mL石蜡油，再用胃管向下推送入胃。④打气法：将胃导管插入食道内，然后打气或边插边达到推送阻塞物入胃的目的(需要注意力度)。

4. 预防

主要是饲料加工规格化，块根饲料加工达到一定的细度，可以从根本上预防本病发生。

7.4.3 前胃弛缓

前胃弛缓是前胃兴奋性降低，收缩力减弱和收缩次数减少的疾病，临床上以食欲减退、反刍障碍、前胃运动机能减弱或停止是本病的特征。

1. 病因

①原发性原因：长期饲喂大量粉料或难以消化的粗硬饲料；过食浓厚、劣质、发霉变质糟渣饲料；突然变更饲养制度和改变饲料；天气寒冷，运动不足等；②继发性原因如产后瘫痪、酮血

症、创伤性网胃炎、创伤性心包炎、瘤胃酸中毒、乳房炎以及巴氏杆菌病、口蹄疫、传染性胸膜肺炎时都有前胃弛缓的症状。

2. 症状

食欲减少或废绝，反刍减少甚至停止，瘤胃蠕动音弱，次数减少，有时有间歇性臌气，粪便干，后期稀软或交替发生。初期：食欲减退、胃蠕动弱或丧失，反刍次数减少，按压左侧肷窝时，瘤胃绵软无力，后期停止，或间歇性臌胀。后期排出黑便、干块，外有黏液、恶臭、有时干稀交替发生，呈现酸中毒症状。久病不愈者多数转为肠炎、排棕色稀便。前胃弛缓使内容物异常发酵或腐败分解，因此本病常伴发轻度的瘤胃臌气，腐败分解产物被吸收后，常引起全身性的中毒反应。

3. 预防

①杜绝上述各种致病原因的发生。②饲料配方中精饲料比例较高(60%以上)时，每头牛每天喂瘤胃素 200～300 mg。③喂牛的饲料防止铁丝、铁钉混入，以免伤及网胃等。④针对病因进行预防。

4. 治疗

禁食 1～2 d，多饮水，然后少量饲喂柔软易消化的饲料有助于恢复。治疗原则是缓泻止酵、兴奋瘤胃。

缓泻止酵：①如硫酸钠 500～800 g、酒精 80 mL、松节油 30～40 mL(或石脂10～20 g)，常水 4 000～6 000 mL，一次内服。②或液体石蜡油 1 000～2 000 mL，苦味酊20～40 mL，一次内服。

兴奋瘤胃：治疗前先测定瘤胃内的 pH 值。①pH 值为 5.8～6.9 时宜用碱性药物，人工盐 80～120 g(或碳酸氢钠 80～140 g)，加水适量一次内服，同时用 10%氯化钠液 250～500 mL，10%安钠咖 20～40 mL，一次静脉注射，每日一次，效果良好。②pH 值为 7.6～8 时，宜用偏酸性药物，如苦味酊 60 mL，稀盐酸 30 mL，番木鳖酊 15～25 mL，酒精 100 mL，水 500 mL，一次内服，每日一次，连用数日。

对症治疗：25%葡萄糖 500 mL、10%氯化钙(或葡萄糖酸钙)200 mL、5%碳酸氢钠 500 mL、维生素 C 20 mL、维生素 B_1 用 20 mL，静脉注射，对缓解症状，提高血钙(促进瘤胃蠕动)，促进胃肠道运动机能具有良好疗效。

7.4.4 瘤胃臌胀

俗称胀肚，是反刍动物采食了大量易发酵饲料，在瘤胃、网胃内发酵，短期聚集大量气体而牛又不能嗳气所致，使瘤胃迅速扩张。临床上以呼吸困难、腹围急剧臌大，触至瘤胃紧张富有弹性为特征。

1. 病因

①原发性臌气，大多发生在大量摄入易发酵的饲料之后，如苜蓿、藤蔓或春天首次吃入大量幼嫩多汁的青草，特别是开花前的豆科牧草、块茎块根或经冰冻、霜雪露水浸湿的饲料；饲喂发霉、变质的饲草料；误食某些毒草。②继发于食道梗塞、创伤性网胃炎、腹膜炎、产后瘫痪、前胃弛缓、肠梗阻等。

2. 症状

急性瘤胃臌气，发病急，腹围臌胀增大迅速，左肷窝部尤其明显，常在采食后不久或采食过程中发病。病畜弓背呆立，腹围迅速增大，并有回顾腹部、不安等腹部疼痛症候；左肷凸起，超过背脊之上，叩诊为臌音，听诊初期尚可听到蠕动音，后期完全消失，偶有金属音。病初频频努责，排泄少量稀软粪便。随臌气严重发展，病情迅速恶化，呼吸高度困难，黏膜发绀，体表静脉郁血怒张，脉搏细弱，心跳每分钟达 120 次以上，不安惊惧，眼球突出，出冷汗，站立不稳，突然倒地死亡。继发性瘤胃臌气，病状时好时坏。

慢性瘤胃臌气（经常反复发生），大多数是某些疾病的一种症候表现，常因慢性创伤性网胃炎，前胃内有毛球及其他异物等而引起。其他如皱胃炎、慢性肠炎、慢性前胃弛缓、纵膈淋巴结结核病、消化器官或附近组织的肿瘤等也能引发此病。

3. 治疗

治疗原则是促进瘤胃排气、缓泻止酵、解毒补液、恢复瘤胃功能。继发性的则要首先消除病因。

（1）排气减压。促进瘤胃气体排出，如牵引作上坡运动、插入胃管排气、瘤胃穿刺放气。把导管经食管插入瘤胃，使气体由导管排出。要掌握排气速度，切忌放气速度太快。也可用套管针头排气。在腹部左侧隆起最高处，剪毛、消毒，将套管针刺入瘤胃后再取出套管针针芯，气体由套管排出，缓慢排气，排气过快会发生死牛现象。放气后 0.5 h 可口服或从套管针注入止酵药物。当呼吸极度困难，情况紧急时，可从套管针向瘤胃内注射来苏儿或甲醛 20～30 mL（加水适量），以制止继续发酵产气。为促进瘤胃内游离气体排出，可用植物油 250 mL 内服。病情较轻时，用木棒消气法可获得较好的治疗效果。具体方法是，用 1 根木棒（长 30 cm），压在牛的口腔内，木棒两端露出口角，两侧用细绳拴在牛角上，并在木棒上涂抹食盐之类有味的东西，利用牛张口、舔木棒动作，帮助胃内气体逐渐排出。

某些瘤胃臌气病畜（常见于突然大量采食紫花苜蓿等青嫩豆科牧草），瘤胃内发酵分解产生的小气泡常附着在草渣上，不浮升到瘤胃上部融合成大的臌气层，造成所谓泡沫性瘤胃臌气。对这种臌气类型作瘤胃穿刺放气，治疗效果不大，消泡剂（聚合甲基硅油）30～60 片、或 2%二甲基硅煤油溶液 150～200 mL、或二甲基硅油 20～25 g（加水适量），灌服。

（2）制止发酵产气。①常用药物如来苏儿或克辽林（10～25 mL），溶于 200～1 000 mL 水中，一次内服。②用鱼石脂 15～20 g、酒精 50 mL、松节油 30～60 mL 加水 500 mL，混匀后一次灌服，对泡沫性和非泡沫性臌胀都有良好疗效。

（3）缓泻。要内容物加速排泄，灌服泻剂。硫酸镁 500～800 g 或人工盐 500～800 g 或液体石蜡油 1 000～2 000 mL，松节油 30～40 mL，加水适量，1 次灌服。

（4）兴奋瘤胃神经机能，强心补液，具体治疗可参考前胃弛缓。

4. 预防措施

①避免在清晨的露水或下霜牧草地放牧，防止牲畜短时间内过多的采食青嫩豆科草及薯块、甜菜等块茎饲料，杜绝饲喂发霉腐败饲料。②切实做好牛的饲料配合与搅拌均匀，饲料配方不轻易变更，如果一定要更换饲料，应有 5 d 左右的适应和缓冲期。③采用野草喂牛，要检查有无毒草，如野草毒芹、毛茛等。防止用霉烂变质饲料喂牛。④饲养管理制度化，并防止牛逃出围栏偷吃而发病。总之制订正确的饲养制度、饲料的配合是预防本病的关键。

7.4.5 瘤胃积食

瘤胃积食指采食大量难消化或瘤胃积滞大量的饲料，引起瘤胃壁扩张，体积增大，神经麻痹，使瘤胃运动机能障碍所致，是瘤胃正常生理机能紊乱的一种疾病，称为瘤胃积食。

1. 病因

①过食是主要原因，特别是饥饿后大量采食；②饲喂精料及糟粕类饲料过多，同时粗饲料过少而在瘤胃积存过多所致；采食过多的干硬易膨胀的饲料（如豌豆、豆饼、大麦），或饲料品质低劣不易消化，特别是低劣的粗藤类饲料；③饲料突然变更，由低劣而变优质，牛贪食、过食所致；④饲料保管不严，如偷吃黄豆之类；⑤牛过肥，全身张力下降所致；⑥毒草、霉败饲料和农药中毒也可引起继发性瘤胃积食。

2. 症状

①食欲废绝、反刍完全停止；②牛鼻镜无水珠（干燥），腹痛不安（回头望腹、后肢踢腹、摇尾弓背）；③腹围增大，左侧部尤为明显；④排粪次数增加，排粪数量减少；⑤触摸瘤胃时可感到瘤胃坚实，听诊瘤胃时瘤胃蠕动音减弱，次数减少，严重时瘤胃停止蠕动；⑥呼吸困难。

轻度积食时，心跳、呼吸、体温等无明显变化，通常仅表现为食欲减少，反刍次数减少，不舐鼻，流涎。腹围增大（左肷窝部突出最为明显），左肷窝触诊则有充满捏粉状或坚硬状的感觉。听痧时瘤胃蠕动音减弱或消失。病初期不断努责，频频排泄少量软粪，后期排粪减少或停止。少数病畜还有轻度腹痛症候。严重积食时，特别是伴发臌气腹压过大时，还表现出食欲废绝，反刍停止，呼吸困难，心跳急速，黏膜发绀，皮温降低，步样蹒跚或卧地不起，张口呼吸，体温下降，这些都是病危的征象。

如经常发生积食，并有时伴发臌气，食欲时好时差，劳役（或运动）能力降低，逐渐消瘦，应考虑这种慢性瘤胃积食可能继发于慢性创伤性网胃炎、慢性皱胃炎等疾病。

3. 治疗方法

瘤胃积食的治疗原则：主要是排出胃内容物，其次是促进瘤胃运动机能的恢复。

饥饿疗法：用于治疗病情较轻的病牛，在发现牛病后，停止喂精饲料 1～2 d，但饮水供应要充足，好转后限量饲喂优质干草、青贮饲料和鲜草。

轻症的可按摩瘤胃 10～20 min，1～2 h 1 次，结合灌服温水更好。重症的可用：①温水（或4%的碳酸氢钠溶液）反复洗胃；②灌服泻剂用硫酸钠或硫酸镁 500～1 000 g，溶解于水，配制成 10%的溶液，加鱼石脂 15～20 g，一次灌服。或用石蜡油 1 000～1 500 mL 或蓖麻油 500～1 000 mL，一次灌服。用过泻药后，给牛补充生理盐水 5 000 mL 和适量 5%葡萄糖生理盐水。

兴奋瘤胃蠕动。如瘤胃内容物已经泻下，牛的食欲仍不见好转，可用番木鳖酊 20 mL、苦味酊 80 mL 加水适量，一次内服；或用酒石酸锑钾 8～10 g，溶于水，每日灌服 1 次，连用 2～3 d。其他症状要对症治疗，如强心补液，预防酸中毒，健胃等。重症顽固性的积食，经上述措施无效时，可尽快实施瘤胃切开术，取出瘤胃内容物。

4. 预防措施

建立合理的劳役（运动）和饲喂制度，制订正确合理的饲料配合比例，预防过食。防止母牛在较长时间内吃不到饲料，饥饿后暴食，在短时间内饲料采食过量，造成瘤胃积食；配合饲料的变更要逐渐完成，突然变更饲料配方，易引起母牛在短时间内饲料采食过量，造成瘤胃积食；防止母牛出栏偷吃精饲料等。

7.4.6 瘤胃酸中毒

瘤胃酸中毒是由于过食含有丰富的碳水化合物类的饲料，瘤胃内产生大量发酵产物，形成乳酸积聚，引起前胃机能障碍为特征的疾病。临床上以起病突然，病程短急，全身症状重剧，死亡率高为特征。

1. 病因

精料饲喂量过多，粗细比例不当或母牛偷食大量谷物饲料或粗饲料品质差；因瘤胃弛缓、瘤胃积食等疾病而继发。

2. 症状

急性者常无明显的临床症状，于采食后几小时突然死亡。症状稍轻者，食欲废绝、精神狂躁，甚至攻击人畜，后期逐渐发展为沉郁、后肢麻痹，卧地不起，角弓反张，眼球震颤，脱水，乃至昏迷而死。腹泻的牛排出黏性粪便，无尿或少尿，有的瘫痪卧地，体温多正常，高乳酸血症，红细胞压积、白细胞总数、嗜中性白细胞、血钠、血尿素氮、球蛋白、总蛋白均升高。

3. 治疗

治疗原则：制止瘤胃继续发酵产生乳酸，缓解酸中毒，提高肝脏解毒能力，促进胃肠道消化功能的恢复。用1%的氯化钠或碳酸氢钠液体反复洗胃，直到碱性为止；根据血浆中二氧化碳结合力，确定静脉注射5%的碳酸氢钠用量；为解除机体脱失，可用生理盐水、5%葡萄糖生理盐水等，每天4 000～10 000 mL，分2次静脉注射；如发病急，每100 kg体重可先用5%碳酸氢钠液体100 mL，输液速度要快(但要注意观察心肺功能)；若脉搏110～130次/min，胃内容物的pH值4以下时，应立即进行瘤胃切开术，取出内容物，移入健康牛的胃内容物或胃液10～20 L(一般牛的前胃病治愈后仍不反刍时，均可采用比法或灌服)注意术后护理，以促进恢复健康。

7.4.7 创伤性网胃(心包)炎

反刍动物误食尖锐异物(主要是金属)，进入网胃内，损伤网胃壁而引起的炎症。临床上以顽固的前胃迟缓症状和触压网胃表现明显疼痛为特征。本病是牛淘汰的主要原因之一。

1. 病因

因牛的采食是较粗糙的，混入饲料中的铁丝、铁钉、玻璃片等尖锐异物进入网胃并沉底，以后随瘤胃、网胃蠕动被刺伤或刺穿网胃壁引起炎症。穿孔向前刺伤膈肌，称为创伤性网胃—膈肌炎。再向前刺入心包，称为创伤性心包炎。其他比较少见的还有刺伤肺、肝、脾等，引起相应器官的炎症。

2. 症状

病牛表现为顽固性的前胃弛缓，食欲减退或废绝，反刍减少或停止，瘤胃臌气，病牛起卧动作谨慎，卧地时常头颈伸直，站立时常肘部外展，肘肌发抖。如是创伤性心包炎，牛不愿意走下坡路，若异物向后刺，则不愿走上坡路。个别牛会出现反复的剧烈呕吐，甚至从鼻腔中“喷粪”的现象。多数病牛体温中度偏高1～1.5℃(稽留热型)，出现浅表的胸式呼吸，心跳加快。血象检查表现白细胞升高，核左移。本病转为慢性时，其特征是逐渐消瘦，食欲减少、反刍少而缓慢，经常发生慢性瘤胃食滞、臌气、前胃弛缓，消化不良性腹泻等。

3. 治疗

目前尚无特别有效的疗法。唯一有效的是加强预防，加强饲养管理，清除饲料中异物。

(1)保守疗法。禁食数天，垫高前躯所站的位置，安静休息。内服无刺激兴奋作用的缓泻药(如液体石蜡)，静脉注射葡萄糖等营养药，应用抗生素、磺胺药物消除炎症。急性发病时采取保守疗法，经 5～7 d 部分能恢复(注意可因再次刺伤发病而加重)；网胃和膈部分粘连时可转为慢性，它往往引起慢性前胃消化紊乱、逐渐消瘦、病畜生产性能下降，被迫淘汰。

(2)行瘤胃切开手术，经瘤胃到网胃取出异物。

预防本病发生在于精心饲养，有条件者实行铡草、过电筛、过水池、除去异物；投放磁铁(瘤胃取铁)预防；对症处理，如减少瘤胃臌气、实施抗菌消炎处理，严禁饲养员及其他人员在牛舍中做针线活。

7.4.8　瓣胃阻塞

由于前胃机能障碍，瓣胃收缩力减弱，内容物滞留干涸而发生阻塞疾病。临床上以前胃迟缓、瓣胃听诊蠕动音减弱或消逝，触诊疼痛，粪便干少、色暗为特征。多发于冬、春季节。

1. 病因

长期饲喂粗硬含粗纤维多的、带泥沙不洁的糟、糠、经霜冻的饲料，长期饲喂刺激性小或无刺激性的饲料，前胃蠕动减缓，饮水量长期不足而导致瓣胃秘结而阻塞。继发于前胃弛缓、瘤胃积食、真(皱)胃阻塞、扭转等病的过程中。

2. 症状

本病发病过程较为缓慢，常空咀嚼，磨牙，食欲减少直至废绝，排粪数量少而干、色暗，呈算盘珠状，粪的表面有白色黏液。最有意义的诊断是在病牛右侧 8～9 肋间的肩关节水平线处听诊，其瓣胃蠕动消失，而且 7～9 肋间叩诊其浊音区扩大并有疼痛表现。后期发生自体中毒，体温升高，呼吸脉搏增数等全身症状。

3. 治疗

治疗原则是，软化干硬内容物促使其排出，促进瓣胃蠕动。

用液体石蜡或蓖麻油内服以及浓盐水、葡萄糖液、安钠咖静脉注射。可往瓣胃内注射硫酸镁液、液体石蜡、鱼石脂。①瓣胃注入泻剂疗法。于母牛右侧第 9 肋骨间和肩骨前端水平线交叉点，针尖垂直刺入肋间肌后，斜向对侧肘突刺入 6～12 cm，用硫酸钠 300～500 g 溶于 1 500～2 000 mL 水，一次性注入。②硫酸钠 500～800 g、液体石蜡油 1 000～1 500 mL、鱼石脂 20 g，加水 10 000 mL，一次灌服(或瓣胃注射)。同时应注意补充体液及对症治疗：5%葡萄糖生理盐水 1 500～2 000 mL，10%安钠咖 20 mL，40%乌洛托品 50 mL，一次静脉注射。③手术治疗，切开瘤胃或皱胃(顽固性阻塞)，取出瓣胃的食物，再用生理盐水冲洗瓣胃，注意术后护理。

4. 预防

加强饲养管理，制订正确的饲养管理制度，减少坚硬的粗饲料，避免长期饲喂单纯的麸皮、糟渣等刺激性小的饲料，给予充足的饮水，如能每天饲喂些青草或青贮饲料，更能积极地预防本病的发生。

7.4.9 皱胃阻塞(食滞)

主要是迷走神经调节机能紊乱,皱胃内容物积滞,形成阻塞。多发于黄牛。

1.病因

皱胃阻塞的发病率较低,但在某些地区或某些季节发病率较高,由于常不被重视以及诊断和治疗都较困难,所以死亡极高。本病主要见于黄牛、肉牛,水牛、乳牛很少发生。饲料品质低劣、缺乏青饲料,大量饲喂粉末状或糊状饲料,长途运输、惊吓等应激和毛球、塑料、布头等原因常可促进发病。犊牛由于消化不良,奶酪蛋白可形成坚韧的乳凝块,引起皱胃阻塞。

2.症状

食欲、反刍减退或完全消失,具有前胃弛缓、轻度臌气、食滞的症候表现,频繁地出现排粪姿势,有时仅能排出少量混杂有黏液的棕色粪便,沿右肋弓的腹部,可见局限性的隆起,触诊或叩诊常呈现出敏感疼痛。体温一般无变化,少数病例由于继发皱胃炎,故体温升高。随着病情发展,病畜精神高度沉郁,全身虚弱,心力衰竭,卧地不起。

3.治疗

病初期投放大剂量泻药(可参考瘤胃食滞),或将药直接注入皱胃。操作部位:右侧12～13肋骨下缘,针刺入皮肤后,斜向对侧肘突刺入7～8 cm,如有坚实感,表明已刺入皱胃,先注入生理盐水50 mL,立即抽吸出来,如其中混有草渣,pH值1～4,则证明诊断和部位无误,然后再注入泻药并对症治疗。

7.4.10 真(皱)胃变位

皱胃正常解剖学位置的改变,称为皱胃变位。本病发病率较低,但死亡率极高,常见有两种变位形式,即皱胃左方变位(转移到瘤胃的左侧或左下侧位置)和皱胃扭转(处于腹底正中线偏右的扭转变位,常在肝脏与腹壁之间,也称右方变位)。该病多发生在卧地翻滚、分娩前后。

1.病因

母牛妊娠期间由于膨大的子宫从腹底将瘤胃抬高并将真胃向左前方推移到瘤胃左侧下方,分娩后,重力突然解除,瘤胃下沉,而真胃不能立即恢复原位,导致该病发生;饱食后打滚等。原因归于皱胃弛缓和皱胃的运动,主要是分娩前过食高蛋白精料引起胃酸过多及代谢紊乱,胃壁弛缓加之充有气体,使皱胃具有较强的游走性。

2.症状

病牛食欲减少及胃肠蠕动减退或消逝、消化紊乱、粪少呈糊状,显著的特征是酮尿,拒吃精料和多汁料,但尚能吃些干草;粪便量少,稀糊状或便秘。随着病程延长,病牛多表现消瘦、脱水、产奶量下降;小便检查呈中度或重度酮尿,右侧肷窝下陷,左侧腹部第11肋弓下方膨大,听诊时有钢管音。右方变位时,突然发生腹痛、不安、呻吟、踢腹等重剧的临床表现。直检可发现瘤胃背囊向正中移位,而右侧空而无压力。

3. 治疗

保守疗法:强心补液,维持体液和电解质平衡。本病应由兽医以外科手术治疗,可治愈。药物没有多大效力,但有一定的缓解作用。翻转体位法,或60°摇晃,翻转前需要进行直肠检查,确定变位性质后,再确定翻转方向,方可实施,但成功率不太高。

7.4.11 胃肠炎

分原发性胃肠炎与继发性胃肠炎。

1. 病因

原发性是由饲料质量不好(腐败、发霉、变质、带泥沙与霜冻的块根)伤害胃肠黏膜所致。还有饲养管理不当,如饲料变化突然、饥饱不均,饲喂方式打乱等,致使消化机能紊乱,消化液分泌减少,胃肠内异常发酵。继发性者多见于前胃弛缓、创伤性网胃炎、子宫炎、乳房炎等。

2. 症状

持续腹泻、精神委顿、食欲不振、体温升高、肠蠕动音亢进、粪便臭或腥臭。病的后期肛门松弛,排粪失禁或里急后重,机体脱水,四肢无力,起立困难,呈酸中毒症状。

3. 治疗

药物治疗首先考虑用抗菌消炎药,掌握缓泻和止泻的时机,做好补液、解毒、保护心脏机能。如土霉素、金霉素、黄连素、磺胺咪抗菌消炎,粪便恶臭时,用人工盐缓泻,同时使用安钠咖或樟脑磺酸钠,机体脱水时补葡萄糖、生理盐水,必要时使用预防酸中毒药物(5%的碳酸氢钠)对症治疗(无论什么性质的腹泻,都应首先考虑电解质的补充,如市售“口服补液盐”,或自行配制。即:氯化钠3.5 g,氯化钾1.5 g,碳酸氢钠2.5 g,葡萄糖粉20 g加水1 000 mL即可,任其饮用或灌服)。

4. 预防

经常检查饲料,发现霉变、酸败、变质情况,不可饲喂;定时定量饲喂;注意食槽卫生;药物治疗时注意坚持满疗程的治疗,切忌稍有好转就停药或频繁更换治疗用药物。

7.4.12 肠炎

肠炎是肠道黏膜及其深层组织的炎症。常伴发严重的腹泻、消化紊乱和全身性一系列征候,幼犊发病率较高且重。按病程可分为急性和慢性两种。

1. 病因

饲料潮湿霉败、堆积发热变质、霜冻或混杂过多泥沙的饲料;饲养管理不当,如突然变换草料、饲喂不定时、不定量、饮水不洁、淋雨受寒;毒物如毒草、砷、有机氯农药、补饲尿素不当等;长途运输、营养不良等因素能降低畜体抵抗力,致使肠道常在细菌如大肠杆菌、沙门氏菌等大量繁殖、毒力增强而引起发病。继发性肠炎见于某些传染病、内科病和寄生虫病。

2. 症状

腹泻(单纯的肠炎腹泻常不明显),排泄物恶臭,可混有血液、黏液、脓液、伪膜等。重症病牛肛门松弛、排粪失禁、频频努责,大多数病牛体温升高,无食欲和反刍,少数还伴有腹痛症状,严重腹泻引起机体脱水和眼球下陷，重症末期精神极度委靡，末梢冷凉，心力衰竭，可视黏膜发绀，衰竭，卧地不起，抽搐、昏迷死亡。

3. 治疗

急性及时治疗，预后一般良好，病程 5 d 左右。应用庆大霉素等抗生素，磺胺咪等多种磺胺药及磺胺增效剂甲氧苄氨嘧啶，用磺胺咪首次加倍，每日 2 次，其量为首次的 1/2，连用 5～7 d，并注意补液，效果良好；反刍兽应用抗生素，一般采取注射治疗，以避免因口服不当，在前胃内将正常参与生物消化的微生物杀死，引起继发性的消化紊乱。止泻药用鞣酸蛋白、次碳酸铋等。防治脱水和酸中毒，静脉注射等渗葡萄糖液、复方氯化钠液和 5%碳酸氢钠液。重症肠炎腹泻应在输液中增添氯化钾溶液缓慢静注（补充钾离子）。其他对症治疗如中枢神经兴奋药和强心药安钠咖、尼可刹米等治疗。

4. 预防

建立和坚持合理的饲养管理制度，如不喂霉败、冰冻的饲料，定时定量饲喂，防止饥饱不匀，清洁的饮水，防止空腹大量的饮水（尤其防止在冬季喝大量凉水，这常可引起肠痉挛），圈舍清洁干燥等。

7.5 中毒性疾病的防治

我国幅员辽阔，牧区广大，有毒植物繁杂，使用农药、化肥的数量、范围及品种很多，饲草料的生产、加工、储藏和使用过程中均不同程度存在一定隐患，这就给动物养殖的安全提出了挑战，如何预防、控制和治疗中毒疾病，是我们不能忽视的一个重要工作。凡在一定条件下，有一定数量，经过一定途径，通过化学作用对动物机体呈现毒害影响，造成组织器官机能障碍、器质性病变乃至死亡的物质，称为毒物，由于毒物而引起的病理状态，称为中毒。毒物可分为内源性和外源性毒物两种，前者主要指机体代谢产物、体内细菌、病毒和寄生虫等的代谢产物；而后者是体外所形成或存在而进入机体的毒物，如植物毒、动物毒及矿物毒等，我们所称的中毒一般是指外源性毒物引起的中毒。

中毒的途径主要经消化道，其次是经皮肤和呼吸道等。

中毒的临床基本表现：①最急性中毒：突然起病，呼吸极度困难，全身抽搐，1 h 左右死亡。如氢氰酸中毒和亚硝酸盐中毒。②起病突然，病程短急，多为数日内死亡。通常表现明显的神经症状，重剧的消化障碍，体温正常或稍低，呼吸迫促或困难，脉搏亢进等，如有机磷中毒等。③慢性中毒起病较慢，病程较长，一般表现为消瘦、贫血和消化障碍，如重金属中毒等。

7.5.1 中毒的一般诊断方法

1. 确定中毒应具备的特点

①在同等饲养管理条件下，同时或相继发病。②畜群具有相同的临床表现和相似的剖检变化，常以消化系统和神经系统症状尤为明显，平时健壮而食欲旺盛的，发病头数多，症状重。③有相同的发病原因，饲喂过同一种饲料或在同一个草场放牧。④病畜体温多不高，有的体温

甚至下降，但并发症重的炎症或肌肉强烈痉挛时可能发热。⑤病畜与健康畜同圈饲养不发生传染。

2. 确定是何种中毒

①病史调查：了解草料的质量、种类、保管和加工调制情况，农药、化肥保管情况，饲喂霉变或有毒牧草等情况。②临床检查：中毒病畜必须进行全面临床检查，尤其是消化系统和神经系统的异常表现，如神经症状极其明显的，可能是有毒植物中毒；消化障碍十分重剧的，可能为矿物毒中毒；呼吸紊乱为主的，可能是氢氰酸中毒和亚硝酸盐中毒；皮肤症状为主的，可能是三叶草、马铃薯中毒。③剖检变化：一般消化道症状较明显，胃肠道黏膜充血、出血甚至坏死；肌肉和实质器官常见变性，血液凝固不良或不凝固，但如氢氰酸中毒，剖检变化不明显。④毒物化验：常可确定中毒性质的有效方法。应采集可疑草料、胃肠内容物、血液、肝脏、肾脏、膀胱及尿液等送检，但应注意，多数检验材料不应少于 0.5 kg，包装用洁净干燥不透(渗)水、不漏气的容器，不同材料分别包装，口要封严，不渗不漏；材料要新鲜，附临床病例、剖检记录并提出化验目的。⑤动物实验：用可疑材料对实验动物或同种动物进行人工饲喂实验，观察其发病、临床表现和剖检变化。

7.5.2 中毒的一般急救措施

发现牛中毒时应立即报告，积极组织抢救，调查原因，更换可疑草料和放牧地，停用可疑水源，以防止中毒继续发生和加重。

中毒救治的原则是：尽快促进毒物排除，针对毒物性质应用解毒药物，实施必要的全身治疗和对症治疗以及手术排除毒物。

1. 促进毒物排除，减少毒物吸收

①洗胃或催吐。食后 4～6 h，毒物仍在胃内，应洗胃或催吐，可用温水、生理盐水或温水加吸附剂(木炭粉 100～200 g)，毒物明确时可加解毒剂，紧急时可行瘤胃切开术。②缓泻与灌肠。中毒发生时间长，大部分毒物已经进入肠道，用盐类泻剂加木炭末或灌淀粉浆，以减少吸收，牛肠道较长，以泻下为主，灌肠为辅。但应注意，盐类泻剂浓度掌握在 5%以下，升汞和盐类中毒不能用盐类泻剂，磷化锌和有机氯中毒不能用油类泻剂，重度脱水时不用盐类泻剂。③泻血与利尿。毒物吸收入血液时，根据牛的体质，可泻血 1 000～3 000 mL，用利尿药、乌洛托品，以促进毒物排出。

2. 应用解毒剂

毒物性质不明之前，用通用解毒剂，毒物种类已经了解时，则采用一般解毒剂和特效解毒剂。①通用解毒剂。活性炭或木炭末 100 g、氧化镁 50 g、鞣酸 50 g，混匀后加水 500～1 000 mL一次灌服，木炭能吸附大量生物碱、汞、砷等，氧化镁能中和酸性物质，鞣酸能中和碱性物质、生物碱、重金属等。②一般解毒剂。毒物在胃内尚未吸收时，包括中和解毒、沉淀解毒和氧化解毒。中和解毒酸性毒物类中毒用碱性药物解毒，如碳酸氢钠、石灰水等；碱类毒物中毒时用酸性药物，如稀盐酸、食醋等。沉淀解毒生物碱以及铅、铜、锌、汞、砷等重金属及金属盐类中毒，可灌服鞣酸 20 g 或 10%蛋白水或牛乳 1 000～2 000 mL，使其生成不溶的化合物沉淀而不被吸收。氧化解毒亚硝酸盐、氢氰酸和一些生物碱中毒可用 0.1%高锰酸钾液体 2 000～4 000 mL 洗胃、灌肠和内服。

3.特效解毒剂

如有机磷中毒用解磷定，砷中毒用二巯基丙醇，亚硝酸盐中毒用美蓝液等。全身治疗及对症治疗，大量静脉注射复方氯化钠(但食盐中毒时则要少用)和高渗葡萄糖液体，可稀释和促进毒物排出，增强肝肾解毒功能；静脉注射高渗葡萄糖用 1 000～1 500 mL 后，用复方氯化钠缓慢静脉注射 2 000～4 000 mL，每日 3～4 次，直到解除危险为止，为提高机体解毒机能，可用 20%硫代硫酸钠液 100～300 mL，每日 2 次。心衰时用安钠咖等；兴奋不安时用氯丙嗪等；肺水肿时静脉注射氯化钙液；呼吸衰竭时用尼可刹米；体温低下时应注意保温。

7.5.3 中毒的预防原则

(1)建立健全物品保管使用制度，特别是农药、化肥、药物处理过的种子及有毒有害物品的保管。

(2)注意饲草料质量和加工调制方法，不喂发霉变质草料；榨油及酿造的副产品饲喂不宜饲喂过多，含毒饼(粕)应脱毒后利用；需蒸煮的草料，要快速煮开煮透，迅速冷却后使用。

7.5.4 黄曲霉毒素中毒

黄曲霉毒素是黄曲霉和寄生曲霉的代谢产物。各种用来喂牛的精饲料(玉米、花生、小麦、大麦、麸皮、米糠等)，如含水量较高(含水量大于 18%)，仓库温度较高，极易为黄曲霉菌感染。牛吃食被黄曲霉毒素污染的饲料后发病。

1.症状

精神沉郁，对外界反应迟钝，食欲不振、反刍减少或停止，产乳减少或停止，流产等，瘤胃臌胀，出现腹水，间歇性腹泻，贫血，消瘦，最后昏厥死亡。

2.治疗

现无特效的治疗方法，重症的一般难以治愈，轻度中毒，可采用停喂饲料，强心补液及对症治疗，在较长时间可能康复。对症治疗：硫酸镁(硫酸钠)500～1 000 g 或人工盐 500～800 g，加水溶解，一次灌服，连用 3 d；静脉注射，高渗葡萄糖溶液 1 000 mL，5%葡萄糖生理盐水 1 000 mL，20%安钠咖 10 mL，40%乌洛托品 50 mL，四环素 250 IU，连用数日。多喂青绿多汁饲料、青贮饲料等。

3.预防措施

精饲料的含水量 15%以下才能贮存，仓库要通风良好。定期检查草料保存情况。不用霉变饲料喂牛。有的人认为发霉变质饲料扔了可惜，但这种草料喂牛是有百害而无一利的。

7.5.5 有机磷中毒

有机磷农药有触杀、胃毒、熏蒸、内吸收等杀虫作用，主要包括敌敌畏、乐果、敌百虫等。

1.症状

因有机磷农药的品种、摄入量、进入途径和机体的抵抗力等不同，表现的症状也不尽相同。基本症状是：突然发病，先兴奋不安，肌肉震颤，瞳孔缩小，后精神沉郁，流鼻液，口吐白沫，腹泻，有时粪便混有黏液或血丝，有大蒜味。重症表现为，全身大汗，体温多升高，脉搏急速，呼吸困难，多有肺水肿，最后因呼吸中枢麻痹而死亡。

剖检。见胃肠黏膜出血、充血，易剥离，心肌出血，肝脏、脾脏肿大，肺充血、出血、水肿、气肿等病理变化。

2. 防治。

(1)立即实施特效解毒，常用的特效解毒药有解磷定和氯磷定等，用量是10～30 mg/kg体重，以生理盐水配成2.5%～5%溶液，缓慢静注，以后每隔2～3 h注射1次，直至症状缓解。在应用上述药物的同时，配合使用硫酸阿托品，用量是0.25 mg/kg体重，皮下或肌肉注射，每隔1～2 h给药1次，药物相互配合，效果更佳。

(2)经皮肤沾染中毒的，用5%石灰水、0.5%氢氧化钠或肥皂水洗刷皮肤；经消化道中毒的，可用2%～3%碳酸氢钠或食盐水洗胃，并灌服活性炭200～300 g。但敌百虫中毒不能用碱水冲洗，只能用食盐水冲洗。

7.5.6 尿素中毒

尿素含氮量在46%左右，是固体氮素化肥中最高的，在反刍动物养殖过程中，瘤胃内微生物能利用非蛋白氮合成机体蛋白质，但误食或饲喂过多、喂法不当(若同时饲喂豆粕或蚕豆饼，会加重病情)，使牛体血氨浓度升高，会引起剧烈中毒症状。

1. 症状

牛食后0.5～1 h，不安或狂躁，大量流涎(泡沫样)，瘤胃臌气，反刍停止，瞳孔散大，出汗。反复发生强直性痉挛，牙关紧闭，角弓反张，皮温不均。呼吸困难，心跳加快，脉搏快而弱。排粪失禁，窒息死亡。

2. 治疗

早期可灌服食醋1 000～3 000 mL，静脉注射10%葡萄糖酸钙100～200 mL，25%葡萄糖溶液500 mL、20%硫代硫酸钠25～50 mL。重症的，静脉注射高渗葡萄糖和水合氯醛溶液，可提高疗效，结合强心利尿，促进已经吸收的毒物排出。必要时可实行瘤胃穿刺放气及手术治疗。

7.5.7 亚硝酸盐中毒

由于饲料中常含有硝酸盐，在饲料的调制不当或瘤胃内产生大量亚硝酸盐时，造成高铁血红蛋白症，致使组织缺氧而引起中毒。临床特点是起病突然，黏膜发绀，血液褐变，呼吸困难，精神紊乱，病程短，死亡率高。该病猪常发生，其次是牛羊，其他动物少见。

1. 症状

发病快，食后0.5～5 h内即可发病。全身痉挛，口吐白沫，腹胀，呼吸困难，站立不稳；可视黏膜发绀，迅速变为蓝紫色，脉搏加快，瞳孔散大，排尿次数增多；剖检可见血液黑红色，凝固不良，遇空气后呈鲜红色变化。

2. 防治

本病可用特效解毒药，迅速静脉注射或肌肉注射1%美蓝(亚甲蓝)溶液，0.1～0.2 mL/kg

体重，必要时可重复应用一次；静脉注射或肌肉注射 5%甲苯胺蓝注射液，5 mg/kg 体重。如无上述药物，静脉注射 25%～50%葡萄糖 500 mL、5%维生素 C 40～100 mL，可极大缓解中毒症状，如与上述方法合并使用，效果更佳。

7.5.8 氢氰酸中毒

是由于采食富含氰甙类的植物，在氰糖酶作用下生成氢氰酸，使呼吸酶受到抑制，组织呼吸发生窒息的一种急剧性中毒病。突然起病、极度呼吸困难、肌肉震颤、全身抽搐和病程短促为临床特征。主要由食入某些植物，如高粱、玉米的幼苗或二茬苗而引起，牛羊多发。

1. 症状

采食过程中或食后 1 h 左右，突然发病，起卧不安，呼吸困难，黏膜发红，流涎，很快转为呼吸抑制，肌肉震颤，体温下降，重者瞳孔散大，阵发性惊厥，最后因呼吸中枢麻痹死亡。剖检时，尸体长时间不腐败，血液凝固不良，呈鲜红色。

2. 防治

特效解毒药有亚硝酸钠、美蓝和硫代硫酸钠。立即用 10%亚硝酸钠 20 mL，10%～25%葡萄糖 200～500 mL 缓慢静脉注射，再用 5%～10%硫代硫酸钠 30～50 mL 脉注射。还应注重强心，补充维生素 C 等对症治疗。

7.5.9 棉籽饼中毒

棉籽饼是良好的精饲料，但它含有有毒成分，即棉籽油酚，长期、大量饲喂含棉酚多的棉籽饼就会引起中毒。临床上以出血性胃肠炎、肺水肿、心力衰竭、神经紊乱、血尿、蛋白尿和血红蛋白尿为特征。

1. 症状

急性中毒呈瘤胃积食症状。脱水，酸中毒和胃肠炎，尿量少，粪稀常带血；慢性中毒则食欲减少，尿频或尿闭，常继发呼吸道炎、肝炎和黄疸、夜盲和干眼病。剖检可见消化道、肝脏、心肌及肺充血、出血、变性、肿大等病变。

2. 治疗

本病无特效治疗办法，以对症治疗为主。停饲有毒饲料，禁饲 2～3 d 后，给予青绿多汁饲料，供足饮水。用高锰酸钾或碳酸氢钠洗胃或灌肠。对症治疗原则是：解毒、保肝、强心和制止渗出。25%～50%高渗葡萄糖 500～1 000 mL，10%安钠咖 10～20 mL，10%氯化钠150～300 mL，静脉注射，每日 2～3 次。

7.5.10 砷中毒

动物误食含砷农药处理过的种子、污染的草料、含砷的灭鼠药及砷污染的饮水等引起的中毒。无机砷中毒主要表现为胃肠道炎症和神经症状，而有机砷中毒则以神经症状为主。

1. 症状

(1)急性中毒：食后半天到 2 d，突然发病，主要呈现剧烈的胃肠炎症状，呻吟，流涎，腹痛不安、腹围增大，严重腹泻，粪便恶臭、混有黏液、血液及伪膜；同时有神经症状，数小时内病牛全身抽搐而死。

(2)亚急性中毒：病情延续 2～7 d，临床仍以胃肠炎为主要症状。在剑状软骨后方发生疼痛性肿胀或化脓性炎症，最后昏迷而死。

(3)慢性中毒：精神沉郁，被毛粗乱、脱落，流涎有蒜臭味，腹痛，持续下痢，感觉神经麻痹。尸体长久不腐。

2. 防治

治疗原则是排出胃肠内容物、减少吸收、应用特效解毒药加对症治疗。用温水或 2%的氧化镁溶液反复洗胃，灌服牛乳 1 000～3 000 mL(或硫代硫酸钠 25～50 g)，稍后灌服缓泻剂。特效药有 3 种：二巯基丙醇(BAL)、二巯基丙磺酸钠和二巯基丁二酸钠(DMS)。二巯基丙醇(BAL)注射液肌肉注射，首次剂量为 5 mg/kg 体重，以后每隔 4 h 肌肉注射 1 次，剂量减半，直至痊愈。同时静脉注射 10%～20%硫代硫酸钠 100～300 mL，结合实施补液、强心、保肝、利尿等对症疗法。

7.5.11 食盐中毒

食盐是动物、特别是草食性动物日粮中不可缺少的成分，按 0.3～0.5 g/kg 体重(或占日粮总量的 1%)添加在日粮中，可增进食欲，有助于消化，保证机体水盐代谢平衡，但误食或摄入量过多，若又限制饮水，则发生中毒或加重。以消化道炎症和脑组织水肿、变性甚至坏死为病变；临床以突出的神经症状和消化功能紊乱为特征。

1. 症状

急性中毒，主要表现为食欲废绝，贪饮、呕吐、腹痛、腹泻，粪便中带黏液或血液等消化道明显的刺激症状；视觉模糊、肌肉麻痹、昏睡、卧地不起等神经症状，多在 1 d 内死亡。慢性中毒和急性中毒比，症状基本相同，但症状要轻，3～4 d 后死亡。

2. 治疗

食盐中毒无特效药，主要是促进盐的排出，恢复阳离子平衡和对症治疗。首先消除病因，停喂停饮含盐的饲草料及水，少量多次给予清水，切不可大量给水任其暴饮，使病情恶化。静脉注射 5%葡萄糖酸钙液 300～500 mL(或 10%氯化钙液体 100～300 mL)。为缓解脑水肿、降低颅内压，可静脉注射山梨醇或高渗葡萄糖液体，这时的输液速度要求适当加快，以缓解脑水肿，降低颅内压，迅速解除神经症状；为促进毒物排出，可用油类泻剂；为缓解兴奋和痉挛发作，可用硫酸镁、溴化物及氯丙嗪等。

7.6 繁殖母牛产科疾病防治

母牛的生殖器官由卵巢、输卵管、子宫、阴道、尿生殖前庭及阴蒂组成，卵巢的机能是产生卵子和性激素，因此，它既是生殖腺又是内分泌腺，其分泌的性激素主要是卵泡素(雌激素)和孕酮(黄体酮)；中等个体母牛卵巢长 2～3 cm，宽 1.5～2 cm，厚 1～1.5 cm，呈扁椭圆形，左右各一个，位于子宫角尖端两旁，青年母牛卵巢位于耻骨前缘稍后的骨盆腔内，胎次多的则在耻骨前缘的腹腔内；因卵巢上皮很薄，成熟的卵泡和黄体突出于卵巢表面，这为直肠检查时触摸卵巢，鉴定卵泡发育和持久黄体等卵巢疾病的诊断提供了重要依据。输卵管是卵子进入子宫的必经管道，也是精子获能、精子卵子结合及早期胚胎的生活场所，牛输卵管长度 20～25 cm。子宫由子宫角、子宫体和子宫颈三部分组成，未经产或胎次少的母牛子宫位于骨盆腔内，胎次多的子宫的一部分垂入腹腔，宫角长 20～40 cm，长度差异大，是因品种、年龄及胎次不同，宫角与宫体黏膜上有 70～140 个小丘状子宫阜，怀孕时发育成母体胎盘。阴道是子宫颈部至尿生殖前庭之间的部分，它既是交配器官，又是分娩胎儿和胎膜排出的通道，正常时阴道呈粉红色、有少量黏液，发情时潮红充血、有大量清亮液体流出，若流出液体是脓性或污秽不洁的，则应考虑子宫疾病等。

母牛的繁殖过程从发情（一个发情周期为 18～21 d）、排卵开始，经过配种、受精、受精卵附植、妊娠及分娩，任何一个环节出现异常均可导致繁殖障碍的发生。母牛繁殖障碍原因较多，如母牛不发情或发情不正常、持久黄体、卵巢囊肿、流产或死胎、子宫炎症、幼稚子宫等。

7.6.1 流产

流产即胎盘或胎儿与母体的正常关系受到破坏，妊娠过程中断的病理现象，导致流产有内外多种因素的作用，但主要是传染性流产和非传染性流产两大类。

1. 病因

某些传染病或寄生虫病引起，如布氏杆菌、滴虫病等；有毒有害因素使胚胎发育不良而死亡，如有毒物质或辐射等；孕畜本身严重性疾病；长期营养不良或营养成分缺乏；机械原因，如强行驱赶、踢打等；人为医疗失误等。

2. 症状

隐性流产（胚胎消逝：妊娠早期胎盘死亡、液化而被吸收的流产现象，这种流产无明显的临床症状，不易被发现）；产出不足月的死胎儿；产出不足月的活胎儿（早产）；死胎停滞，包括胎儿干尸化（俗称木乃伊）、胎儿浸溶（胎儿组织被分解、液化后排出，而骨骼仍留在子宫内）和胎儿腐败（胎儿在子宫内，由厌氧菌将其腐败分解）。习惯性流产（连续 3 次），因幼稚子宫、孕酮不足等导致的。

3. 治疗

流产一旦发生，防治较难。迅速查明病因，尤其首先应排出传染性流产；对有先兆的和习惯性流产牛，先检查子宫颈口（若黏液栓存在而未被溶解），直肠或 B 超检查证明胎儿存活，应注射孕酮，否则应尽快实行引产。对死胎停滞（胎儿干尸化、胎儿浸溶和胎儿腐败），要尽快从子宫排除，并控制感染；方法是先肌肉注射己烯雌酚，使子宫颈口开张，然后注射子宫收缩剂，如麦角新碱、垂体后叶素或前列腺素等，如产道干燥时，可向子宫及产道灌注消毒过的润滑剂，如死胎过大，则需要助产、剖腹产（活胎儿）或实施截胎术（死胎），上述工作完成后，应向子宫内灌注大量消毒药液并使其流出，子宫内注入土霉素发泡剂，每天 1 次，连用 3～5 次，并注意全身的对症治疗。对流产母畜应像对待正常产后母畜一样，注意护理及观察。

7.6.2 难产

分娩是母畜的一种生理过程，这个过程是否正常取决于产力、产道和胎儿三因素，如产力弱或产道狭窄或胎位不正或胎儿过大等因素均可导致难产。难产有很大的危险及责任性，同时难产的治愈率通常不高，加上难产的种类多，原因复杂，因此难产的诊断、助产、手术及治疗方法对难产的治愈就十分重要。

1.难产的临床诊断

临床实践证明，难产越早发现并及时合理地处理，难产就可能转变为顺产，取得良好效果。当母牛到了预产期，在强烈的分娩作用下，久不见胎膜露出和破水，或胎膜已破，胎水流失，而胎儿未露出阴门外，或露出胎儿部分而母牛努责却无进展，通常可认定是难产。同时要检查母牛的体温、脉搏、呼吸、可视黏膜、精神状况等。

(1)了解病史。何时应产犊(预产期)、是否足月、胎次、以前是否发生过难产、是否已助产过等。

(2)产道检查。产道松软和润滑程度，有无损伤和疤痕、水肿及狭窄，产道内液体的颜色气味，骨盆大小等。

(3)难产检查。胎儿的大小、胎势、胎位、胎向是否正常，胎儿进入产道的程度及外露部分是什么，胎儿存活或死亡或畸形，胎水流出情况，子宫是否有扭转等。

胎儿是否存活对助产很重要，判定胎儿存活方法有：①术者手伸入胎儿口腔，有吸吮则活；②手轻拉舌头，有收缩是活；③手压心区或颌下动脉或脐动脉，有搏动是活的；④若是倒生可用手指插入肛门，有收缩是活的。

2.助产的目的

保全母畜的生命，尽可能地救出活的胎儿，而且要保持母畜继续繁殖的机能。

3.助产的基本原则

(1)术者穿防护服、手臂、器械及术部严格消毒。

(2)注意牛的全身症状，强心补液、镇静，并考虑是否需要麻醉等。

(3)动物的保定，最好采用站立保定，如母畜不能站立需横卧时，要将胎儿异常部位朝上，以便操作。

(4)用石蜡油润滑产道。

(5)正确应用牵引术、矫正术(推、拉等)和截胎术，(需要器械：产科绳及钩、挺、刀、铲、锯等)，手法、力度合适，要保护好还存活的胎儿和母畜的产道。

(6)当母牛体质较差、产道(骨盆)狭窄、难产纠正难度大时，可采用剖腹产术。

7.6.3 子宫套叠及脱出

子宫角尖端发生翻转突出于子宫腔或阴道内，称子宫套叠。子宫全部翻转突垂于阴门外称子宫脱。子宫脱出呈不规则的紫红色长形囊状物，严重脱出时可达到飞节部。脱出的子宫表面常附着尚未脱落的胎衣和子叶状的母体胎盘。病牛起卧不安，频频努责。如母体胎盘擦破或损伤则常有出血。脱出时间过长，则黏膜水肿、发亮、增厚而变成肉胨样，有时干裂。严重的往往与阴道一同脱出致使尿道受压迫而出现排尿困难。

1.病因

①母牛营养不良，缺乏运动，体弱多病，年老而子宫韧带弛缓；胎儿过大，双胎、胎水过多；难产时产道干涩，助产时拉动胎儿过速；母牛腹压过大、努责过强；胎衣不下时人工牵引过度；

胎儿脐带过短等。

2. 症状

子宫套叠及脱出程度差异情况不同，症状也不同。子宫套叠时患畜频频努责、不安，随时间延长，则会发生子宫脱出。脱出的子宫悬垂于阴门外如囊状、柔软，初呈红色，表面横列子宫阜呈暗红紫色，或附有部分胎衣。久之，黏膜淤血，水肿，发硬或结痂，色呈暗红。病畜常出现严重的全身症状。

3. 治疗

子宫脱出须及时进行手术整复。子宫脱出越久，整复越难，预后不良。一般按下列顺序处理：①患牛站立保定（前低后高），将尾巴拉向一侧，用消毒溶液把脱出的子宫和后躯擦洗干净，如有出血则须止血，如胎衣尚未脱落则先行剥离，温消毒液自上而下清洗。②清理、缝合或收敛（用 3%明矾水），用消过毒的纱布包裹脱出的子宫，调整好子宫方向，将子宫颈拉出阴门并将其撑开，用拳头伸入子宫角凹陷处，顶住子宫角尖端，趁母牛不努责时，经子宫颈口，用力向内推进，同样方法再推另一个子宫角，使子宫恢复到正常位置；为了防止感染，可同时送入青霉素链霉素粉各 4～5 g。如病牛强力努责时可施行麻醉（荐尾麻醉）后再整复。④为了防止子宫再次脱出，整复后可进行缝合，采用纽扣状缝合固定阴门，但下方要留出一定的排尿通道。缝合后在后海穴注射普鲁卡因青霉素油剂 10 mL，每天 1 次，3～5 次，皮下或肌肉注射催产素以促进子宫收缩，静脉注射 10%葡萄糖酸钙 200～500 mL，每天 1 次，如无强烈努责，一般 3～5 d 后即可拆线而治愈。⑤如果脱出时间长，损伤面积大，缝合难度大等，为挽救母畜生命，可实行子宫切除术。

4. 预防

加强饲养管理，饲喂体积小、营养丰富的饲料，舍饲牛应适当增强运动，在产道干燥进行助产时，必须首先灌注大量润滑剂并缓慢拉出胎儿，胎衣不下时不要在外部系重物，剥离胎衣时，不要强拉强拽。

7.6.4 胎衣不下

母畜正常娩出胎儿后，超过胎衣排出期而仍不排出的叫做胎衣不下。母牛正常分娩后超过 12 h 未排出胎衣就属此病。

1. 病因

引起产后胎衣不下的原因很多，如母牛体质弱，营养不良或过肥，运动少，产后子宫弛缓、阵缩微弱，高产母牛多发；胎儿过大，双胎妊娠，胎水过多，难产；胎儿胎盘和母体胎盘病理粘连；产道阻滞。

2. 症状

停滞的胎衣部分悬垂于阴门之外或阻滞于阴道之内；母牛弓腰举尾，排尿困难，有腹痛；体温升高，精神不振，食欲减退，反刍减少，下泻等。

3. 治疗

(1)药物疗法。病初期采用药物疗法，使子宫收缩，促进胎衣排出，用垂体后叶素或催产素，50～100 IU，肌肉或皮下注射，但分娩超过 24 h 后，这种方法往往效果不好，此时可先肌肉或皮下注射己烯雌酚 10～30 mg 或苯甲酸雌二醇 5～15 mg，这既可促进子宫收缩，又能防止子宫颈口过早关闭。投喂益母草汤;灌服中药生化汤等。

(2)手术剥离法。术前准备:母牛外阴部按常规消毒,以清除子宫感染源,术者应将指甲剪短磨光,手臂除按常规消毒外,先涂擦0.1%碘酊,然后涂石蜡油(或带长橡胶手套并消毒),将牛尾固定一侧。手术方法:一手握住阴门外胎衣,稍用力外拉并向一个方向拧转,另一手顺着它伸入子宫,找到在子宫内沿胎衣摸到粘连的子叶基部,以食指和中指夹住胎衣,以拇指由子宫阜和胎衣结合部向手心方向剥离(宫腔方向向前轻扯下胎衣),剥离由远及近,先剥一个子宫角,再剥另一个子宫角,剥离的过程中,在外面的手要把胎衣稍微拉紧,以便顺着它去找尚未剥的胎衣,并将胎衣剥离后取出。然后向子宫内注入土霉素发泡剂(或注入青霉素、链霉素),每日1～2次,如有感染则需配合子宫冲洗(0.2%高锰酸钾)和对症治疗。胎衣剥离应在产后72 h内完成,否则子宫颈关闭,给手术带来不便。

7.6.5 子宫内膜炎

子宫内膜炎是母畜产后子宫黏膜急性化脓性炎症。是母畜分娩时或产后子宫感染而发展成炎症,饲养不良、机体抵抗力弱、病原体致病力强、治疗不及时或方法不当,可引起子宫全层炎、输卵管炎、卵巢及腹膜炎、甚至发展为全身感染、败血症而危及生命,转为慢性子宫内膜炎时,常导致屡配不孕,母牛的发病率较高。

从炎症的性质可分为卡他性、脓性-卡他性、纤维素性、坏死性、坏疽性。从炎症的过程可分为急性、亚急性和慢性。

1.病因

子宫内膜炎的发病原因主要是人工授精时不遵守技术操作规程及消毒不严,精液污染和产褥期感染等。①圈舍、产房等卫生条件差;②在母牛分娩助产或难产手术时自然或人为的感染;③子宫脱出、胎衣不下,阴道脱时严重污染;④传染病及寄生虫病如布氏杆菌等;⑤流产、死胎感染。

2.症状

急性子宫内膜炎(化脓性子宫内膜炎),常在产后7～10 d内发病,具有典型临床症状,阴道内流出大量有腥臭味污红色或棕黄色黏液脓性、含有絮状或豆腐渣样分泌物,尾部和外阴周围常附有上述分泌物及干痂;病牛体温升高、食欲不振、举尾弓腰,直肠检查子宫角变粗,宫壁增厚、敏感、收缩反应弱,触摸有波动感。慢性子宫内膜炎是由急性治疗不及时或不彻底发展而来的,常发生在产后20 d,由于症状较轻,一般不易作出正确诊断,在不孕牛中,大多是由本病引起。隐性子宫内膜炎,一般在分娩30 d以后发生,症状不明显,发情周期也正常,但屡配不孕,有时虽受孕也会造成胚胎死亡或早期流产。

3.治疗

治疗的任务是排出炎性异物,抗菌消炎和对症治疗。

常采用冲洗子宫及注入药液的方法,每日一次,3～5 d一疗程,冲洗时最好是在母牛发情时冲洗,若子宫颈口开张不好,先用雌激素促使其开张后再治疗,冲洗时水温在30℃左右为宜。

(1)1%温盐水,适于较轻病例;5%～10%温盐水,适于各种子宫内膜炎的早期。

(2)消毒性溶液0.5%来苏儿、0.2%雷夫奴尔、0.2%高锰酸钾、0.02%的新洁尔灭等,适于各种子宫内膜炎。

(3)腐蚀性溶液。1%硫酸铜,1%碘溶液等,适于顽固性子宫内膜炎,一般只用一次,冲洗时间要短,用后要及时冲洗。

向子宫内注入药液,常用的为抗生素,如用青霉素 80 万 IU,链霉素 100 万 IU,生理盐水 500 mL。用法:子宫内灌注,1 d 1 次连用 4 次,可治愈。用抗生素制成的栓剂、发泡剂、缓释剂等投入子宫内,临床上也能收到较好的效果。为有针对性的有效治疗,可无菌采取子宫分泌物,在实验室做药敏实验,选择对其最敏感的抗生素进行治疗,这样做能取得极好的疗效,既降低了成本,又不会滥用抗生素。治疗时还有综合全身情况进行对症治疗。

4. 预防

首先应从改善饲养管理着手,以提高母牛机体的抵抗力。

(1)母牛产犊要在清洁、易于观察的地方进行,牛体要保持清洁卫生。

(2)产犊需助产时,要使用清洁、消毒的器械;助产前胳膊、手消毒,涂抹非刺激性润滑剂;助产前应确定胎儿胎位是否正常,如果是难产,应及时找兽医处置;助产时应配合母牛的阵缩和努责,不要猛拉强拽。

(3)应用抗生素预防感染。如果胎衣正常脱落可直接向子宫内投土霉素片或发泡剂。

(4)肌肉注射维生素 A、维生素 D、维生素 E,对治疗本病有良好的辅助作用。

7.6.6 持久黄体

在分娩或排卵(未受精)后,黄体超过正常时间而不消逝称为持久黄体。由于黄体分泌助孕激素,抑制卵泡发育,使母牛发情周期停止或不发情,而引起不孕,母牛常有发生。

1. 病因

饲料中缺乏矿物质、维生素;舍饲母牛运动不足,冬季饲料营养不足;某些子宫问题如子宫疾病(子宫内膜炎、积液、产后子宫恢复不够等);下丘脑或脑垂体产生激素水平降低等。

2. 症状

母牛发情周期停止、长期不发情,阴户皱缩,直肠检查时,在卵巢同一部位,间隔 5~7 d,2~3 次检查,黄体形状、质地、大小和位置完全相同。但为了与怀孕黄体相区别,须仔细检查子宫。

3. 治疗

首先是查明致病因素,消除病因,促进黄体自行消退。为使黄体迅速消退,可用前列腺素及其合成类药物,它是疗效确实的黄体溶解剂,用后 3~5 d 内发情,配种并受孕。肌肉注射促卵泡素 100~200 IU,隔 2 d 再注射 1 次,或肌肉注射前列腺素 3~5 mg;前列腺素(PC)0.2 mg 稀释成 20 mL 溶液子宫内输注,一般用药后 3~5 d 后即可发情。

4. 预防

改善饲养管理,净化处理子宫,注射前列腺素,直肠内挤压黄体或按摩黄体,刺激其消退。

7.6.7 卵巢机能减退(或卵巢静止)

卵巢机能减退(或卵巢静止)是指卵巢机能暂时受到干扰,出现不完全发情周期,或处于静止状态,出现不发情现象。处于不活动状态,若弹性尚好称卵巢静止,若弹性降低,卵巢变小、硬实可视为萎缩,表现为有发情症状,但不排卵或排卵而无发情症状,尤其是衰老母畜易发生。

1. 病因

维生素不足，饲料单一、营养不良；母畜过肥；天气很冷，母牛衰老；母畜全身性疾病及子宫疾病；母牛分娩消耗过大，产奶量过高的牛易发。

2. 症状

母牛常不发情，直肠检查时，卵巢大小无变化，其表面无特殊结构（黄体或卵泡）称卵巢静止；卵巢变小或较硬实称卵巢萎缩。直肠检查时卵巢变小、变硬，如豌豆粒大，手摸不到卵泡，子宫也随之缩小。

3. 治疗

根据其发病原因予以解除，按其病因进行治疗。用公畜通过视觉、听觉、嗅觉和触觉对母畜进行发情影响；用 50℃ 1%盐水 500～1 000 mL 隔日冲洗 1 次子宫，用 2～3 次，促进发情；从直肠内按摩卵巢 3～5 min，隔日 1 次，3～5 次，与前者配合，促进发情效果好。肌肉注射促性腺激素释放激素（LRH）0.2～0.4 mg 每日 1 次，用 1～3 次，对卵巢静止和排卵延迟疗效好；注射促卵泡激素（FSH）200 IU，隔日 1 次，用 2～3 次，促进卵泡发育和成熟。还可用绒毛膜促性腺激素（HCG）、孕马血清及雌激素等都有良好疗效。

7.6.8 卵巢囊肿

卵巢囊肿分为卵泡囊肿和黄体囊肿两种。前者是由未排卵的卵泡所形成的，卵泡上皮细胞发生变性，卵泡壁结缔组织增生、变厚，卵细胞死亡使卵泡发育中断，而卵泡液未被吸收或增多形成的囊肿。卵泡囊肿的主要特征是不规律地平凡发情或持续发情，甚至出现慕雄狂。黄体囊肿是由于排卵后黄体化不足，在黄体内形成空腔并蓄积液体而形成，或者未排卵的卵泡壁上皮发生黄体化而形成，特征是长期不发情。

1. 病因

主要是垂体后叶分泌促卵泡素过多而促黄体素不足，使卵泡过度生长而不能正常排卵和形成黄体。在生产实践中，某些因素可能影响正常排卵，而导致卵巢囊肿的发生，如饲料中缺乏维生素 A 或含有多量的雌激素，精料过多，而又缺乏运动，使役过重，长时间发情不配种，卵泡发育过程中，气温突变等原因。

2. 症状

母牛卵泡囊肿直肠检查时，卵泡直径达 3～5 cm，有时发现卵巢上有许多小的囊肿，卵泡显著增大，发情周期被破坏，发情症状明显，甚至持续发情。如果囊肿的卵泡与正常卵泡大小相似，为了鉴别诊断，可隔 2～3 d 再检查 1 次，以防混淆。

卵泡囊肿严重时，可呈现慕雄狂症状，临床上表现出强烈地发情行为，极度不安、咆哮、拒绝进食、频繁排粪尿、追逐和爬跨其他母牛。因过度消耗体力，使体质消瘦，被毛失去光泽，颈部肌肉增厚，荐坐韧带水肿松弛，臀部肌肉塌陷。长期表现慕雄狂的患牛，可引起子宫内膜变性及子宫的萎缩，骨骼钙丢失严重。母牛患黄体囊肿时，缺乏性欲，长期不发情。直肠检查时囊肿黄体显著增大。

3. 治疗

促黄体素释放激素类药（LRH-A）肌肉注射 0.4～0.6 mg，连用 1～4 次，一般 15～30 d 后，恢复发情、排卵；促黄体素（LH）肌肉注射 100～200 IU，15～30 d 恢复发情，若 1 周未见好转，第二次用药，剂量可稍大于第一次；绒毛膜促性腺激素（HCG）静脉注射 2 500～5 000 IU，收效良好；配合维生素 A、维生素 D 则更好，后期以前列腺素治疗为主。早期施治，越早效果越佳，6 个月以内的病例 90%可以治愈，而 6～12 个月以上只有 60%左右治愈。

4. 预防

改善饲养管理，饲喂全价饲料，补充维生素 A 和维生素 E。

7.6.9 乳房疾病

1. 乳房结构简介

母牛乳房由 4 个小叶组成，每个乳叶下方有各自的乳头，有的牛有不发达的副乳头；乳房皮下有皮脂腺和汗腺，而乳头没有，需要特殊护理，以防皲裂；乳房韧带由两个叶组成，把乳房分成左右各半并紧贴于下腹壁；乳房的腺体组织由生产乳汁的腺泡组成，以结缔组织间隔为界的腺泡群构成腺小叶，每个乳腺由 9～20 个腺小叶构成；腺泡的乳汁由终末管排出，有 2～3 个终末管汇合小叶内腺管，又汇集成小叶间集乳管，再汇集成 9～20 个大的输乳管，也称乳道，它们都开口于一个乳头的乳池；乳头壁有发达的肌肉，有可关闭的乳头括约肌；乳房有丰富的血管、淋巴管和神经。

2. 乳房检查方法

（1）临床检查。①问诊：年龄、品种、饮食、草料品质、发情、妊娠、产乳、发病时间、经过及治疗情况等。②视诊：精神、外貌、皮肤被毛、营养、步样、乳房大小、对称、乳头状况等。③触诊：对乳房疾病早期诊断很重要。首先检查乳头，挤奶难易，乳头括约肌松弛则易患乳腺炎症，乳头有无伤及硬结等；检查乳房皮肤温度、弹性，有无疼痛、肿胀及硬结等，比较乳腺大小，触摸乳房上淋巴结大小、质地和有无疼痛。

（2）乳汁的理化学指标检查。母牛患隐性乳房炎和乳房炎初期时，乳房和乳汁的变化轻，故眼观上难以发现变化，而通过检查乳质理化学变化，如白细胞数量、种类及 pH 值的变化就能早期判定乳腺的炎性疾病。①乳汁中的白细胞分类法：患乳房炎时，嗜中性白细胞增多。②乳汁中白细胞计数法（又分双氧水法、苛性钠凝乳法和烷基硫酸盐实验法等）：根据白细胞数量，高于正常值的程度来判断乳腺炎症的情况。③溴香草酚兰法：健康牛乳呈弱酸性，pH 为 6.0～6.5，患乳房炎时，偏碱性，根据这一原理来诊断乳房炎症。

3. 乳房炎

在母牛养殖生产过程中，乳房炎不仅发病率高，而且造成的危害和损失也是很大的。

（1）病因。在产前 2～3 周，乳腺发育旺盛水肿，若饲养管理不当易患；乳房炎的 80%～90%是由葡萄球菌及链球菌感染所致，而且多是经乳头管感染，因此要保证圈舍、产房、周围环境、牛体及乳房卫生的重要性。胎衣不下、子宫感染及机体的其他感染性疾病等，通过循环系统，造成乳房炎；当发生中毒性或胃肠道疾病，引起乳房炎；挤奶方法不当，如乳头破损、乳汁停留过久、机器榨乳时负压过大等。

（2）症状。一般多为急性症状，乳房局部发红、硬肿、热痛，奶量减少，奶呈浅棕色或黄褐色，甚至奶中出现白色絮状物，带血丝，患牛精神沉郁、食欲减退、体温升高、乳房上淋巴结肿大等全身症状。如转为慢性，则乳房内有大小不一的硬块，挤不出奶，甚至化脓。

①浆液性乳房炎。多发于产后 1 周内，患叶水肿、体积增大、皮肤紧张、充血变红、增温、质

地坚实、疼痛剧烈、乳汁稀而量少、含絮状物、患测乳房上淋巴结肿大，全身症状同上。体质好、治疗及时方法得当，5～7 d痊愈。

②黏液性乳房炎。是乳池、乳管黏膜和腺泡的炎症。触诊患叶乳头基部及乳房下1/3有索状硬结(榛子大到核桃大)，乳量减少且稀，含有凝块，治疗及时5～7 d痊愈。

③纤维素性乳房炎。是一种严重的乳房炎疾病。有原发和继发(由上述乳房炎转变而来)。病牛全身症状明显，伴有后驱肌群颤抖、跛行。患叶肿大、坚实、增温、剧痛、乳房上淋巴结肿大，乳量显著下降或停止，乳中含纤维素性凝块及脓汁、血液和坏死组织，即使临床治愈，其产奶量也不能得到完全恢复。

④黏液脓性乳房炎。黏液脓性乳房炎常继发于前三种乳房炎，全身症状较重，乳少或停止，乳汁浑浊、呈淡红色味苦咸、含脓性絮状物。经几天好转或转为慢性。而慢性时，黏液脓性分泌物较多，结缔组织增生加剧，乳腺实质变性，即使有效治疗，乳房也不能完全恢复。

⑤乳房脓肿。一般是多发性散在脓肿，不易发现，乳汁有絮状物，特别是含有大量脓球。有全身症状，结缔组织增生，如患叶有广泛硬结时则丧失泌乳功能。

⑥乳房蜂窝组织炎。是皮下组织和间质结缔组织的化脓性和坏死性炎症，以浆液性炎转变为主，全身反应较重，有时伴有脓毒血症。因结缔组织增生广泛，即使痊愈，泌乳功能依然很差。

⑦出血性乳房炎。通常是急性(如浆液或黏液性乳房炎)基础上，循环障碍引起血栓所致，全身反应重。

(3)治疗。乳房炎的治疗，越早疗效越好，饲养上少喂精料和饮水，患牛在洁净、干燥、温暖的圈舍饲养，保持安静。

①挤乳与按摩疗法。每2～3 min挤乳1次，以及时排出炎性渗出物，降低乳房张力，挤乳时，按摩乳房20～30 min(浆液性炎由下往上按摩以促进吸收，黏液及黏液脓性炎症由上往下以促进排出)，其他乳房炎禁止按摩。

②冷热敷和外用药。在炎症初期冷敷以减少渗出，2～3 d后热敷(或红外线照射)以促进吸收。涂擦樟脑酊、樟脑软膏、鱼石脂软膏或复方醋酸铅散等刺激性药物，可促进吸收，消散炎症。

③封闭疗法。静脉注射用生理盐水稀释的0.25%～0.5%普鲁卡因200～300 mL，有利于改善病情。0.25%～0.5%普鲁卡因150～200 mL进行乳房神经封闭，封闭前叶时，将乳房向后下方推压，在乳房与腹壁间，针头对准对侧膝关节刺入8～10 cm注射即可；后叶在乳房中线旁开2 cm，乳房基部后缘，针头对准同侧腕关节注药，发病2～3 d内用此方法，一般1～3 d可治愈。

④抗生素疗法。发病后可先无菌采样，在实验室进行分离培养及药敏试验后，有针对性的选择抗生素治疗，成本低效果好；如链球菌对青霉素敏感，但葡萄球菌敏感性低；一般也可静脉或肌肉注射盐酸四环素(盐酸土霉素)5～10 mg/kg体重，每天1次，连续3 d；青霉素肌肉注射4 000～8 000 IU/kg体重，每隔12 h注射1次，链霉素200万IU每日1次；也可把青霉素用鱼腥草注射液稀释后，把乳挤尽后，用乳导管注入乳池内，并由下向上轻轻揉动乳房，使药液扩散到乳腺中去。

⑤外科疗法。乳房脓肿浅表，可切开排脓，按化脓的外科处理，深部脓汁抽取后，可注入抗生素或防腐药。

⑥全身疗法。当有全身症状时，可注射10%的氯化钙(或葡萄糖酸钙)150～200 mL，25%

葡萄糖注射液 500～1 000 mL，根据病情，可加用维生素 C、5%碳酸氢钠及抗生素等。

7.6.10 母牛产后瘫痪

产后瘫痪，又叫生产瘫痪，是产后母牛突然发生严重钙代谢障碍性疾病。本病以意识和知觉丧失，四肢瘫痪、消化道麻痹、体温下降和低血钙为特征。该病多发于 5～9 岁高产乳牛，常在产后 12～48 h 大量挤奶后发生，怀孕后期也有发生。

1. 病因

产后瘫痪是母牛产后突然发生的一种疾病，多发生在 4～5 胎以上的经产母牛中。主要是由于产后泌乳功能加强，从乳中丢失大量的钙引起血钙急剧下降而引起的。妊娠期间饲料中钙含量不足或钙磷比例失调或在干乳期及怀孕期长期给予高钙饲草料，当机体需要大量的钙时，甲状旁腺分泌功能受到抑制，一时难以动员机体钙盐溶解和骨钙释放，母牛泌乳开始对血钙急剧下降的适应性差是发病的原因。产奶量高的乳牛和纯种乳牛发病率较高。发生过此病的牛，在以后的分娩中仍有可能再发生。

2. 症状

在产后 3 d 之内发生，也有少数在产前几小时发生。病症较轻的表现食欲不振，精神沉郁，对事物反应迟钝，走路不稳，体温一般正常，不愿站立，卧地时头颈向侧后弯曲至胸部，呈“S”状弯曲。病重的，反刍停止，后躯摇摆，卧地不能站立。卧地时将同侧前、后肢伸向一侧，头弯至同侧胸部，搭于腿上，体温下降至 36℃以下，四肢末梢发凉。

3. 治疗

本病发现后治疗越早疗效越高。本病特效治疗方法是静脉内注射大量钙制剂或乳房送风法。

(1)5%葡萄糖酸钙(氯化钙)800～1 500 mL 静脉注射，但应根据牛的大小、病情轻重、心脏状况等情况来决定钙的用量，注射前先进行心脏的听诊(记住心率)，并了解全身情况；方法是：首先静脉注射 5%葡萄糖生理盐水 500 mL 后，用 5%葡萄糖酸钙 250～500 mL，然后又是 5%的糖盐水 500 mL 后再注射 5%葡萄糖酸钙，每次均应间隔使用，但一定要监听心脏情况，当钙剂用到需要量的 1/4～1/3 时，心率可能从注射前的心率次数降到 70～90 次/min，继续注射钙剂到心率上升到原来心率次数时，必须立即停止钙剂注射，此时应是最佳钙的需要量，还可用 25%葡萄糖 500 mL、5%的碳酸氢钠 250～500 mL、维生素 C 20 mL、20%安钠咖 10 mL 静脉注射；病牛一次治愈效果不够巩固，还需要 1～3 d 的维持治疗，但第二次治疗应在首次治疗后 12 h 进行，维持治疗量是首次用钙量的 1/3～1/2；本治疗方法效果很好，正确的治疗方法，首次治疗完成时，一拉缰绳多数牛就可以站立，但若监听心脏不够、用药量过多，有可能导致牛的死亡；注射时应注意，钙剂不能漏于皮下。

(2)乳房送风法。此法是治疗本病简单有效的方法。挤出乳汁，用酒精棉球消毒乳头和乳导管后，把导管从乳头管插入乳池内，接上送风器或打气筒，分别向 4 个乳叶轻轻打气送风；注入的气体量，以乳房饱满(皮肤紧张)、手指轻敲似臌音为度、基部边缘轮廓清楚为准；用绷带扎住乳头根部(不能扎太紧，以不漏气为宜)，1～2 h 后解开，如效果不好，在 3 h 后重复一次。但应注意：充气的量不足无疗效，量过大则发生乳腺腺泡破裂，因此，操作时应特别注意。

(3)对症治疗。应注意体温下降、褥疮感染的护理和治疗，强心补液，瘤胃臌胀和膀胱积尿的处理。

4. 预防

配种后的母牛饲料中适当增加钙磷含量，比例合适；母牛应有运动场，并每天要有一定的运动量；妊娠牛营养状况良好时，在分娩前及分娩后 1 周内适当减少精饲料；对患过瘫痪的牛及高产牛，产前补加钙粉或静脉注射葡萄糖酸钙或维丁胶性钙、维生素 D_3 等。分娩后挤乳，第一次只挤乳房内 1/3～1/2 量的奶(以防血钙消耗太多)，每天逐步增加，3 d 后再挤净。

7.7 初生犊牛及犊牛的疾病防治

7.7.1 新生犊牛衰弱

1. 病因

主要是因母牛怀孕期蛋白质、维生素、矿物质和微量元素等营养物质缺乏。同时，孕畜患妊娠毒血症、产前截瘫、慢性胃肠病和某此传染病以及早产、近亲繁殖或双胎也是产生该病的原因。

2. 治疗

①首先应把犊牛放在温暖的屋子里，室温应保持在 25～30℃，必要时用覆盖物盖好。②为了供给养分及补氧，可静脉注射 10%葡萄糖 500 mL，加入双氧水 30～40 mL、也可用 5%葡萄糖 500 mL、10%葡萄糖酸钙 30～80 mL、维生素 C 10 mL、10%安钠咖 5～l0 mL，一次静脉注射。③根据病情还可应用维生素 A、维生素 D、维生素 B 等制剂和能量药物如三磷酸腺苷、辅酶 A、细胞色素 C 等。对衰弱仔畜的护理，要定时实行人工哺乳。犊牛如不能站立，应勤翻动，防止发生褥疮。

7.7.2 新生犊牛窒息

刚出生的犊牛因缺血缺氧，而呈现呼吸障碍或呼吸停止，但仍有心脏跳动的状态称作窒息或假死。

1. 病因

由于气体代谢不足或胎盘血液循环障碍。分娩时间过长、胎儿产出受阻、早期破水、胎盘早期剥离、胎膜破裂过晚、胎儿倒位产出时脐带受到压迫、阵缩过强或胎儿脐带缠绕等，引起胎儿严重缺氧，体内二氧化碳急剧上升，刺激胎儿过早地呼吸，以至吸入羊水而发生窒息；分娩前母牛患有某种热性病或全身性疾病以及早产胎儿，同样能使胎儿缺氧而发生窒息。

2. 治疗

主要是实施人工救护。①倒提仔畜，抖动并轻拍和按压胸腹部，同时用消毒过的布擦净鼻孔及口腔内的羊水，促使呼吸道内黏液排出；②将其背部垫高、头部放低，有节律地按压仔畜胸腹部，进行人工呼吸或输氧；③应用兴奋呼吸中枢的药物，皮下或肌肉注射山梗菜碱 5～10 mL，或 25%尼可刹米 1.5mL，在紧急情况下，可静脉注射 0.01%肾上腺素 1 mL；④窒息缓解后，用静脉注射 10%葡萄糖 500 mL，为纠正酸中毒，可静脉注射 5%碳酸氢钠液 50～

100 mL,为预防继发呼吸道感染,可应用抗生素。对衰弱仔畜的护理,要定时实行人工哺乳。犊牛如不能站立,应勤翻动,防止发生褥疮。

7.7.3 脐炎

脐炎是新生子畜脐带断端受感染而引起的脐血管及周围组织的炎症。按其性质可分为脐血管炎和坏死性脐炎,犊牛多发该病。

1.病因

新生仔畜的脐带残段,一般在生后 3～6 d 即干燥脱落,在此期间脐带受到污染及尿液浸渍,或接产时对脐带消毒不严,均可使脐带受病原微生物感染而发炎,为犊牛常见多发疾病。饲养管理不当,外界环境不良,如运动场潮湿、泥泞,褥草更换不及时,卫生条件较差,均会导致脐带感染发炎。

2.症状

发病初期常不被注意,仅见犊牛消化不良、下痢。随病程的延长,犊牛逐渐精神沉郁,体温升高至 41℃,常不愿行走。脐带与周围组织肿胀,触诊质地坚硬,患畜有疼痛反应。脐带断端湿润,用手压可挤出恶臭的脓汁,有的因断端封闭而挤不出脓汁,但见脐孔周围形成脓肿。病牛常表现为拉稀、肚胀、弓腰、瘦弱、发育受阻。

3.治疗

初期,用青霉素普鲁卡因溶液(青霉素 80 万～160 万 IU、0.25%～0.5%普鲁卡因 10～20 mL),在脐孔周围分点注射,5%碘酊涂擦脐部;有脓肿时,须切开排脓及脐孔形成瘘管时,先用 1%～2%的高锰酸钾溶液进行局部清洗后,再用 3%过氧化氢洗净脓汁,涂布碘仿醚(碘仿 1 份、乙醚 10 份)或青链霉素粉;脐带发生坏疽时,必须切除脐带残段,除去坏死组织,用消毒液冲洗后,再涂以碘仿醚或 5%碘酊;防止全身性感染,可用磺胺类药物或抗生素治疗,常用青霉素 80 万～100 万 IU,一次肌肉注射,每天 2 次,连注 3～5 d;如有消化不良症状,可给病牛内服磺胺脒、苏打粉各 6 g,酵母片或健胃片 5～10 片,每天服 2 次,连服 3 d。

4.预防

犊牛正常出生后,距犊牛腹壁 8～10 cm 处剪断脐带(最好用手指按压钝性扯断)、消毒(用 5%～10%的碘酊浸泡脐带断端 15 s 以上)、结扎(如不出血,不结扎为好,若要结扎,所用的线需在 5%的碘酊浸泡后方可使用);保持良好的卫生环境,运动场应经常消毒,褥草使用前应是阳光暴晒过的,每天更换,新生犊牛应单栏饲养,避免犊牛相互吮吸。

7.7.4 犊牛腹泻

腹泻是新生犊牛最常见的疾病,2 周内多发,此病以腹泻、脱水甚至死亡为典型特征。

1.病因

一是防疫意识差,环境卫生不好,由细菌、病毒感染引发;二是由于管理因素造成,怀孕母牛饲养管理差,先天营养不良,初乳质次量少,环境阴冷、潮湿等因素。生产中常常是两类腹泻合并发生,治疗不及时,可导致犊牛死亡,造成经济损失。

2. 症状

患病牛常表现为：水样、淡黄色、灰白色、绿色稀便，便中混有大量黏液或带少量血液及气泡；病牛眼窝下陷、被毛粗乱、皮肤粗糙、弹性降低的脱水症状；患病犊牛精神沉郁，食少或废绝，多有体温升高，四肢发凉，嗜睡，虚弱，不能站立等全身症状。

3. 治疗

症状轻的以调整胃肠机能为主，重症则抗菌消炎和补液解毒。

首先是除去病因，减少喂乳次数或不喂，饮温水或葡萄糖生理盐水，重症犊牛须自由饮用或灌服温 5%葡萄糖生理盐水或温的口服补液盐液体。

轻症患牛用胃蛋白酶 6 g、乳酶生(或酵母)6 g、葡萄糖粉 20 g，加水适量，每日 3 次分服。

重症犊牛应及时快速补充体液和电解质。5%葡萄糖生理盐水或复方氯化钠液，每日 3 000 mL，分 3 次静脉注射，为解除酸中毒，静脉注射 5%碳酸氢钠溶液 100～150 mL/次。

腹泻可选用，氟哌酸，犊牛内服 10 片/(头・次)，即 2.5 g，每日 2～3 次；磺胺咪，0.1～0.3 g/kg 体重，首次用量加倍，维持量为首次的 1/2，每日 2 次，用 3～5 d，效果较好；也可氨苄青霉素、头孢噻唑等；配合使用维生素 B_1、维生素 C、地塞米松；治疗本病时，最好通过药敏试验，筛选出敏感药物后，再行给药。

消化不良性腹泻。治疗原则为健胃消炎，防止继发感染和脱水。用胃蛋白酶、乳酶生、酵母片做辅助治疗。

4. 预防

对妊娠后期母牛加强营养，保证生产健康犊牛；保持牛舍干燥和清洁卫生；犊牛出生后，母牛乳房及乳头应清洗消毒，犊牛 1 h 内应及时吃到初乳，增强犊牛抵抗力；饲喂牛乳或高质量代乳粉，每天做到定温、定时、定量、定人；器具用后及时清洗消毒；新生犊牛最好单栏饲养，犊牛舍保持干燥、通风、向阳，定期对环境消毒；发现病牛立即隔离，防止病原菌交叉感染。

7.7.5 犊牛肺炎

肺炎是新生犊牛第二高发病，往往严重降低生产性能，不及时有效治疗会造成犊牛死亡。患慢性肺炎的犊牛很少能够完全康复，一般不应再作为后备母牛使用。

1. 病因

除了与犊牛腹泻病因相似外，还有通风不良、被污染的空气、应激反应、畜舍内氨气含量高等都是引发肺炎的重要因素(非感染性肺炎)；许多病原微生物能够引发肺炎，如细菌、支原体和真菌等，由病原微生物引起的肺炎称为感染性肺炎，但犊牛患非感染性肺炎后，常常继发感染性肺炎。

2. 症状

主要表现为精神沉郁，食欲减退，呼吸急促，咳嗽，发热，眼鼻分泌物增多，鼻液初期为浆液性，后期为黏液性甚至脓性，呈黄白色，胸部听诊为湿啰音，叩诊有浊音。

3. 治疗

治疗原则是除去病因，消除炎症，祛痰止咳，制止渗出和促进炎性渗出物吸收。消除炎症：硫酸阿米卡星、头孢噻呋钠、强力霉素、多粘菌素结合氨茶碱，早期治疗效果明显；也可用磺胺类药物，但最好通过无菌采取痰液后，做药敏试验，筛选出敏感药物后，再行施治。祛痰止咳：复方樟脑酊或磷酸可待因等。

4. 预防

及时吃到初乳，及时更换垫料，保持畜舍温暖、干燥、通风，避免贼风、潮湿，同时应避免饲养密度过大，减少应激反应。

7.8 母牛的外科病治疗与预防

外科病在母牛养殖场也是常见病和多发病，如创伤是最为常见的外科病之一，处置不当往往导致全身感染，甚至死于败血症，而肢蹄病也是导致母牛淘汰的主要原因，机械性损伤、寒冷和高湿环境会使关节炎等疾病多发。

7.8.1 创伤

创伤在牛场往往时有发生，因处理不当，导致局部感染及全身症状，影响生产性能甚至淘汰，造成经济损失。

7.8.1.1 创伤的概念和分类

创伤是因各种机械性外力作用于机体组织或器官，使皮肤或者黏膜的完整性遭到破坏而引起的软组织开放性的损伤。若仅皮肤的表皮完整性破坏时，则称为擦伤。创伤的主要临床症状是：出血及组织液外流，创伤哆开和创伤疼痛。严重者，也可呈现较明显的机能障碍和全身性反应。

在养牛生产中的创伤主要有切创、砍创、刺创等3种：①切创是由各种刀具、铁片等锐利的切割物体所造成的组织损伤，其特征是创缘及创壁比较平整，组织被挫灭的轻微，创口哆开明显，出血量多，疼痛较轻，污染较少；所以只要不发生创伤性感染，经缝合后常能迅速愈合。②砍创是使用劈砍类的物体（如斧、马刀、犁尖等）砍击畜体所发生的创伤。因致伤物体重，致伤力强，故创口哆开大，组织损伤严重，出血较切创少，疼痛剧烈。③刺创是由尖锐或稍钝的细长物体（如钉子、叉子、竹竿或木桩等）引起的创伤；其特征是创伤哆开小或有时创缘相互接触而封闭，只有细致检查才能发现；创道狭窄而较深，一般是直的，有些部分因肌肉收缩而变弯曲；外出血少，发生在胸、腹部有时造成内出血，应引起重视；刺创总容易引起化脓性感染。因创口小、创道深、组织挫灭程度较严重，常为厌氧菌繁殖造成良好条件；当致伤物的尖端破折残留于创伤内时，容易形成久治不愈的化脓性窦道或瘘。当刺创与某一解剖腔相通时，称为透创。如果致伤物体贯通组织，并在对侧面具有刺出口时，称为贯通创。刺创通常只有刺入口，而无刺出口。

7.8.1.2 创伤感染和创伤愈合

当创伤发生时，总会有各种微生物与致伤物体一起随同空气进入创内，初期侵入创内的微生物与损伤组织仅仅发生机械性的接触，并未侵入组织深部并发育繁殖，也未呈现致病作用，只是被细菌和异物所污染，称创伤污染，创伤污染可分为原发性污染和继发性污染。随后，进入创内的病原微生物在一定条件下，可进行发育繁殖，对机体呈现致病作用，使伤部组织出现明显的创伤感染症状，甚至引起显著的全身反应者成为创伤感染。

1. 创伤感染表现的特征

(1)全身症状。病畜大失血、脱水、休克、营养不良、过劳、饥饿和衰竭等均可使机体抗感染能力降低，促进创伤感染的发生和发展。

(2)受伤局部。健康组织具有较强的杀菌和抑菌能力,若组织受到刺激或因缺血缺氧而失去生活能力以后,这种作用即被削弱,甚至完全丧失。组织损伤后,血液循环发生障碍时,可失去其固有的抗菌能力,将有利于微生物的发育繁殖;创内存有创囊、凹壁、凝血块及异物时,都会给侵入创内的病原微生物的发育繁殖创造有利条件。

(3)细菌方面。当侵入创内的细菌数量越多以及其毒力越强时,则越易于使创伤发生感染,特别是在侵入创内的细菌中,有能形成透明质酸酶的可使创伤感染的发展更为迅速。

(4)外界环境。在寒冷、雨淋、圈舍不洁和受伤后,动物得不到安静等外界条件时,皆可促进创伤感染的发生和发展。

2.创伤感染发生、发展的经过

创伤感染可能为单一微生物,也可能为多种微生物;可能是原发性感染,也可能是继发性感染;不仅可由外源微生物而引起,也可能是内源性感染所致。这些感染均由创伤污染引起。现将其发生、发展的经过概述如下:

创伤发生后,被污染的组织在最初的 4 h 内一般尚未出现感染症状。4~8 h 后,病原微生物在一定条件下,可逐渐突破机体的防卫力,在坏死的组织中开始生长、发育和繁殖,并分泌毒素及其生活活动中的其他有害产物。开始时,仅限局于创伤表面,以后可侵入创伤附近的深部组织,尤其在透明质酸酶的作用下,可迅速破坏疏松结缔组织的基质,沿皮下、筋膜下,甚至肌间扩散。此时,病原微生物及其毒素可大量进入淋巴管,并沿淋巴管进入淋巴结血液内,因而可由限局性感染发展为全身性感染。

3.创伤感染的分类及临床症状

常依据创伤感染的细菌种类不同,将其划分为化脓性、厌氧性及腐败性感染三种。在临床上还可见到化脓菌与厌氧菌的混合感染。

(1)化脓性感染。能引起创伤化脓的病原微生物种类虽然很多,但常见的主要是各种球菌,即链球菌及葡萄球菌。其中葡萄球菌最为常见。

(2)厌氧性感染。引起厌氧性感染的病原微生物一般是恶性水肿性杆菌(腐败梭菌)、溶组织杆菌和产气荚膜杆菌等。

(3)腐败性感染。其病原微生物主要是变形杆菌和大肠杆菌。在腐败性感染病原体的作用下,使组织蛋白腐败分解,变为腐烂黏泥样无结构的恶臭物。表面被浆液性血样污秽物(有时呈褐绿色)所侵润并流出,初呈灰红色后变为巧克力色恶臭的腐败性渗出物。

4.创伤愈合

创伤愈合的过程也就是受伤机体通过一系列反应,如消除病因、清除坏死组织、促进细胞增生和新生组织成长,以及功能恢复等,把受伤组织修复的过程。临床上将创伤愈合分为第一期愈合、第二期愈合和痂皮下愈合等 3 种愈合形式。第一期愈合:是最完全、最理想的愈合,其特征是创缘与创壁整齐,密闭吻合,炎性反应轻微,且愈合后无机能障碍及外观的损征(常见于无菌手术创、污染轻微及外科处理效果好的污染创)。第二期愈合:在创伤愈合过程中,发生感染化脓,创内存在坏死组织、异物等,而后创腔由新生肉芽组织填充,并由新生上皮组织覆盖,最后形成明显的疤痕而愈合(常见于感染创、损伤较重和组织缺损创)。痂皮下愈合:仅见于皮肤浅在性损伤(如擦伤、烧伤),创面有大量纤维蛋白渗出,凝固后形成痂皮覆盖创面,痂皮下无感染,取第一期愈合,否则是第二期愈合,痂皮下愈合本身不是一个单独的愈合方式。

5.影响创伤愈合的因素

创伤感染化脓是延迟创伤愈合的主要因素。创内存有较多需要净化的物质，或自身不能将其彻底根除，以及创液排出受阻。创伤组织缺损较多，或创口哆开较大，以及创伤得不到安静。伤部血液循环不良。全身因素。

7.8.1.3 创伤的治疗

创伤的治疗原则：预防和治疗创伤的感染；清楚创内坏死组织、异物、凝血块和各种分泌物，加速创伤净化过程；缩小相对创面的距离，保持创伤安静，以减少过多疤痕的形成，加速组织修复过程；改善伤部血液循环，提高受伤组织的再生能力；正确处理全身和局部的关系，促进创伤愈合。

1.创伤的急救

(1)止血。创伤时，少量的出血对机体影响不大，而且还可起到一定的清创作用；但出血较多时，会因为机体虚弱而降低其抵抗力和组织再生能力。因此，必须及时采取止血措施。

(2)包扎。对于创伤进行包扎，除起到止血作用外，还可防止继发性污染和继发性损伤。但包扎材料一定要清洁无菌，否则对于出血较少的创伤宁可不包扎，也不能用不清洁的东西造成人为的污染。

2.创伤的基本治疗方法

(1)创围清洁法。对于创围皮肤剪毛、剃毛、清洗等机械性清洁和药物消毒，不仅能将病原菌洗掉、杀灭，可达到预防创伤继发性感染的目的。

(2)创内清洁法。①创面清洁法：用生理盐水或其他刺激性小的防腐药液冲洗创面后，持消毒镊子除去创面上的异物、血凝块或脓痂。再用上述药液反复清洗创伤，直至清洁为止。常用的药物有2%氯亚明、0.1%雷佛奴尔、阳离子表面活性剂、0.1%高锰酸钾等。②清创术：它是以外科手术的方法，切除创内所有的死灭组织，取出可见的异物，消灭创囊、凹壁，保证排液通畅，力求使新鲜污染物甚至感染创成为或接近手术创的状态(力求无菌，利于愈合)，借以消除污染和感染，促进创伤防卫面的形成和组织再生，以增强病畜的抵抗力。主要方法有创伤全切除术、创伤的一部分切除术和扩创术。

(3)创伤局部用药。创伤局部用药最有效果的是磺胺粉，常用的磺胺粉剂有氨苯磺胺粉和醋酰磺胺粉。它们对溶血性链球菌及葡萄球菌有较强的抑菌作用，可用于较小的新鲜创面撒布，而当创内含有大量坏死组织时，能使磺胺的抑菌作用减弱或完全丧失。其他用于局部创伤的药物还有龙胆紫、碘酊、碘甘油等。

(4)创伤缝合法。根据创伤情况可分为初期创伤缝合和次期创伤缝合。初期创伤缝合是对新鲜手术创或自然灾害创，在手术后立刻或伤后最初几小时所进行的缝合。次期创伤缝合是对肉芽创进行缝合称为次期缝合或二次缝合。

(5)创伤引流法。当创伤深部具有潴留创囊、挫灭及坏死组织，创道较长，而排液不畅时，可人为地向创内导入引流药物，以利创内分泌物的排出和借助于引流物将药物导入创内。常见引流物有灭菌的棉纱条等。

(6)创伤绷带法。当创伤进行治疗时，装着绷带不仅能保护创伤免遭继发性损伤及反复污染，同时还能使创伤安静、固定药物与敷料，以及吸收创内分泌物，从而对创伤的愈合也起着良好的作用。

(7)创伤的理学疗法。创伤发生 24 h 内应用冰袋等冷敷,以减少渗出。其后可用温热疗法,如温热绷带、微波照射、温浴、蒸汽热风疗法及石蜡疗法等,以促进渗出物的吸收。但无论哪种方法都不应污染创口,应是无菌方式方可实施。

3.各种不同创伤的治疗

(1)新鲜污染创。受伤后 8～12 h 以内且被污物、细菌感染,而又没有出现感染症状的创伤,通常称为新鲜污染创。大多数的新鲜污染创,创内不仅严重污染,而且存有组织破坏及各种异物,以引发创伤感染。因此新鲜污染创的治疗任务是:预防继发性感染及继发性损伤;尽可能早期、迅速地、彻底地施行清创术,将已侵入的病原微生物及存于创内的坏死挫灭组织、创囊及异物等清除干净,并为第一期愈合或保证顺利地通过第二期愈合而治愈。为达到此目的,需做到以下工作:止血后对创围行剪毛消毒,并对创内进行冲洗;创伤初期对新鲜创伤所进行的外科处理,不但可以施行扩创术,必要时还可施行创伤全切除术和部分切除术;应用防腐消毒剂可以创造不利于病原微生物发育的条件;缝合,创伤防腐后,根据具体情况可施行缝合,如对有厌氧性及腐败性感染可疑时,则以开放性的治疗方法为好,但需用 3%过氧化氢进行冲洗。

(2)化脓创。创伤内的病原菌,获得了良好的发育条件后,就大量的繁殖并侵入创伤深部,对病畜呈现毒害作用。创伤局部出现大量的脓性分泌物,如被机体吸收,则有发生酸中毒、菌血症、甚至败血症等危害。对化脓创的治疗任务是:限制感染进一步发展,特别防止细菌侵入血液循环系统及淋巴系统,借以防止全身感染和在组织间形成转移性脓肿,防止脓汁蓄留,促进伤口尽快地净化。为此,对化脓创治疗需注意以下各点:创伤的次期外科处理;限制血管及淋巴管吸收有毒产物;保持创伤安静;应用吸收绷带及引流;合理地选择防腐剂;改善创伤部的血液循环条件;全身疗法。

7.8.2 关节炎

关节炎是关节部分发炎的总称,常以四肢关节多发,致使运动机能障碍,生产能力下降,是导致淘汰的主要原因之一。

1.病因

多由机械性损伤、长期在寒冷潮湿环境条件下而引起,也可由血液循环转移而引发。按病原性质可分无菌性和感染性关节炎;按渗出性质分浆液性、浆液纤维素性、纤维素性、脓性炎;按病程分为急性、亚急性和慢性。

2.症状

急性浆液性滑膜炎,关节腔积蓄大量浆液性炎性渗出物,关节肿大、热痛,指压关节憩室突出部位有明显波动。而浆液纤维素性(含纤维素性)炎时,用注射器吸取关节液时,液体中有絮状物,脓性炎时则是脓液状液体。

3.治疗

急性期治疗原则是制止渗出、促进吸收、排出积液、消除炎症、恢复机能。抽去关节内积液后,可用 0.5%普鲁卡因 5 mL、青霉素 80 万 IU、2.5%氢化可的松 3～6 mL,关节腔内注射,每天 1～2 次,用 3～4 d 为一个疗程,效果较好。发病初期实行冷敷疗法,转为慢性时可用温热疗法,外敷鱼石脂软膏等。若为纤维素性和脓性炎时,应先抽去关节液后,用生理盐水反复冲洗至吸出液体清亮后，再向关节腔内注药。

4.预防

圈舍特别是牛床要保持干燥洁净，不要放置尖锐物品，以防人畜受伤。

7.8.3 腐蹄病

在大多数母牛养殖场，重视的是饲料、产奶及产犊等方面的工作，却忽视了肢蹄病，而牛的蹄病是多发病和主要淘汰原因之一，据统计，牛蹄病占牛病的7%左右(母牛和乳用牛更高)。常见的蹄病有，指(趾)间皮炎、指(趾)间蜂窝织炎、弥散性无败性蹄壁真皮炎和蹄底真皮炎。牛蹄间皮肤和软组织多因长期处在污秽不洁的环境中，具有腐败、恶臭特征的疾病总称为腐蹄病。

1.病因

圈舍或运动场地面粗糙，蹄长期处在潮湿和粪尿堆积的场地时腐蹄病多发，母牛钙、磷代谢紊乱、蹄变形时腐蹄病易多发。

2.症状

开始在蹄间裂的后面发生肿胀，后逐渐向上蔓延至蹄冠，出现严重的肢跛，局部红、肿、热、痛，破溃，逐渐变为组织坏死，流出红黄色脓汁，形成漏管，恶臭，严重时出现全身症状，如体温升高，食欲废绝、蹄壳脱落等，生产性能下降或严重降低，若不及时治疗，母牛可因极度消瘦或败血症而死亡。

3.防治

加强饲养管理，饲料营养全价；圈舍、运动场粪尿及时清除，保持干燥，牛床上用厚橡胶垫或锯木屑做垫料；每年修蹄1～2次，每周清理1次蹄叉，保持其洁净干燥；在过道、牛床地面定期用10%硫酸铜或0.1%高锰酸钾喷洒，并建过道水池，用上述药液作蹄浴；发病初期可用5%的碘酊、1%～2%的甲醛等涂抹患处；如有异物刺入，先清洗，5%碘酊消毒后再拔出，用3%过氧化氢(双氧水)冲洗消毒，撒布青霉素和链霉素或消炎粉等，并包扎，以防感染，若已经形成蹄漏，应采取引流及前述方法，如有全身症状，则要对症治疗。

参考文献

[1] 陈俊阳.中国农业大学硕士论文.2009.
[2] 陈幼春.现代肉牛生产.北京:中国农业出版社,1999.
[3] 冯仰廉.肉牛营养需要和饲养标准.北京:中国农业大学出版社,2000.
[4] 冯仰廉.实用养牛学.4版.北京:科学出版社,1995.
[5] 冀一伦.实用养牛科学.北京:中国农业出版社,2001.
[6] 李建国,冀一伦.养牛手册.石家庄:河北科学技术出版社,1997.
[7] 李英,桑润滋.现代肉牛产业化生产.石家庄:河北科学技术出版社,2000.
[8] 刘卫东,孔庆友.家畜环境卫生学.北京:中国农业大学出版社,2000.
[9] 刘颖,等.黄牛改良效果普查总结报告(上、中、下)黄牛杂志,1993,19(1-3).
[10] 莫放.养牛生产学.2版.北京:中国农业大学出版社,2010.
[11] 邱怀.中国黄牛.北京:农业出版社,1992.
[12] 万宏民,等.畜禽棚室养殖.合肥:安徽科学技术出版社,2001.
[13] 王根林.养牛学.2版.北京:中国农业出版社,2006.
[14] 昝林森.牛生产学.北京:中国农业出版社.1999.
[15] 昝林森.牛生产学.2版.北京:中国农业出版社,2008.
[16]《中国牛品种志》编写组.中国牛品种志.上海:上海科学技术出版社,1988.